全国特种设备无损检测人员资格考核统编教材

承压类特种设备无损检测相关知识

（第 二 版）

中国特种设备检验协会组织编写

主编　王晓雷

中国劳动社会保障出版社

图书在版编目(CIP)数据

承压类特种设备无损检测相关知识/王晓雷主编. —2版. —北京：中国劳动社会保障出版社，2007

全国特种设备无损检测人员资格考核统编教材

ISBN 978-7-5045-6091-9

Ⅰ. 承… Ⅱ. 王… Ⅲ. 承压类特种设备-无损检测-技术培训-教材 Ⅳ. TH49

中国版本图书馆CIP数据核字（2007）第050951号

中国劳动社会保障出版社出版发行

（北京市惠新东街1号 邮政编码：100029）

出 版 人：张梦欣

*

三河市华骏印务包装有限公司印刷装订 新华书店经销

787毫米×1092毫米 16开本 18.5印张 423千字

2007年4月第2版 2024年4月第19次印刷

定价：65.00元

营销中心电话：400－606－6496

出版社网址：http://www.class.com.cn

《全国特种设备无损检测人员资格考核统编教材》
编审委员会名单

内容提要

本书是由中国特种设备检验协会牵头，在全国特种设备无损检测人员资格考核委员会直接领导下编写的无损检测人员资格考核统编教材。全书共分三篇十四章。主要内容有，金属材料、热处理及焊接基本知识、锅炉基本知识、压力容器基本知识、压力管道基本知识、无损检测概述、缺陷的种类及产生的原因、射线检测基础知识、超声检测基础知识、渗透检测基础知识、涡流检测基础知识、声发射检测基础知识、磁粉检测基础知识、无损检测人员必备的法规和相关资料。本书深入浅出通俗易懂，对Ⅱ、Ⅲ级无损检测人员必须掌握的基础知识作了全面的介绍。本书既是Ⅱ、Ⅲ级无损检测人员资格考核的培训教材，也是特种设备无损检测相关人员，各企业质量管理人员、各高校相关专业师生的理想学习参考用书。

前　言

无损检测是在现代科学基础上产生和发展的检测技术，它借助先进的技术和仪器设备，在不损坏、不改变被检测对象理化状态的情况下，对被检测对象的内部及表面的结构、性质、状态进行高灵敏度和高可靠性的检查和测试，借以评判它们的连续性、完整性、安全性以及其他性能指标。作为一种有效的检测手段，无损检测在我国已广泛应用于经济建设的各个领域，例如特种设备的制造检测和在用检验，以及机械、冶金、石油天然气、化工、航空航天、船舶、铁道、电力、核工业、兵器、煤炭、有色金属、建筑等行业。尤其在保证承压类特种设备产品质量和使用安全方面，无损检测技术显得特别重要。

无损检测应用的正确性和有效性，一方面取决于所采用的技术和装备的水平，另一方面更重要的是取决于检测人员的知识水平和判断能力。无损检测人员所承担的职责要求他们具备相应的无损检测理论知识和技术素质。因此，必须制订一定的规则和程序，对特种设备无损检测人员进行培训和考核，鉴定他们是否具备这种资格。国家特种设备安全监督管理部门对无损检测人员培训和考核十分重视。在 20 世纪 80 年代，就组织成立了锅炉压力容器无损检测人员资格鉴定考核机构，制定了无损检测人员考核规则，开展了培训和人员资格考核工作。1990 年，全国锅炉压力容器无损检测人员资格鉴定考核委员会组织编写了无损检测人员资格考核培训教材。多年的实践证明，该套教材的使用，对系统地进行知识和技能培训、严格地实施考核鉴定制度，对提高我国无损检测人员的水平，保证无损检测技术的正确应用，发挥了重要作用。

无损检测技术的发展日新月异，随着时间的推移，第一版教材的内容已显得陈旧，无法满足培训考核的需要。为保证我国特种设备无损检测人员的考核工作质量，使我国无损检测技术培训跟上国际水平，全国特种设备无损检测人员资格考核委员会决定编写第二版特种设备无损检测资格考核统编教材。

第二版教材的编写工作是由中国特种设备检验协会牵头，在全国特种设备无损检测人员资格考核委员会的直接领导下进行的。由国内无损检测专家担纲，以无损检测人员资格考核大纲为依据，紧扣 JB/T 4730—2005《承压设备无损检测》，全面系统地体现了无损检测技术的进步和特种设备无损检测的特点与要求。教材编写以Ⅱ、Ⅲ级检测人员的培训内容为主体，注重体现Ⅲ级所要求的深度和广度，强调实际应用，增加典型应用实例、典型案例的介绍，并力图反映无损检测技术发展的最新动态、满足特种设备行业的实际要求。在内容安排上，全套教材在充实理论基础的前提下，突出理论、工艺和应用之间的联系，使之更加实用。第二版教材共计5种：《承压类特种设备无损检测相关知识》《射线检测》《磁粉检测》《渗透检测》《超声检测》。上述教材写出后经过试用和反复修改，由中国劳动社会保障出版社出版。

第二版教材的出版不仅给报考特种设备无损检测Ⅱ、Ⅲ级人员资格考核的广大考生提供了一套具有权威性、实用性、科学性的教材，同时也为无损检测行业的技术人员、特种设备质量管理人员、大专院校相关专业的师生提供了有价值的参考书。

第二版教材的编写工作得到了有关领导、专家和全国无损检测人员资格考核委员会考评人员的大力支持和帮助，并提出了宝贵意见，在此表示衷心感谢！由于时间仓促、水平有限，书中内容若有不妥和错误之处，热切希望广大读者不吝赐教。

《全国特种设备无损检测人员资格考核统编教材》编审委员会

2007年3月30日

编写说明

受全国特种设备无损检测人员资格考核委员会的委托，我们承担《承压类特种设备无损检测相关知识》的第二版的编写任务。此书作为全国特种设备无损检测人员资格考核统编教材，用于承压类特种设备无损检测人员资格培训。

本书重新编写中，增加“压力管道”一章，其余各章内容也作了进一步的充实完善，附录承压类特种设备现行标准有关无损检测内容摘录增至 20 个，新增了中国特种设备法规体系表、压力容器分类表和承压类特种设备法规目录，以及承压类特种设备常用材料的化学成分和力学性能表。

第二版采用两种字体编排。其中，宋体字为Ⅱ、Ⅲ级无损检测人员共同学习的内容，楷体字为Ⅲ级无损检测人员增加的学习内容，Ⅱ级无损检测人员可选学。书中的 20 个附录仅供学员学习时参考，实际工作中应用请查阅相应法规标准文本。

此书由王晓雷主编，各章编写人员为：第一章，强天鹏；第二章，周天锡、强天鹏；第三章，潘解季、蔡诗国；第四章，缪春生；第五章，王晓雷；第六章至第十四章，强天鹏。

（意见请寄：全国特种设备无损检测人员资格考核委员会秘书处，北京朝阳区和平街西苑 2 号楼 A511 室，邮编：100013）

《承压类特种设备无损检测相关知识》编写组

目　录

第1篇　金属材料、热处理及焊接基本知识

第2篇 承压类特种设备基本知识

第3篇 无损检测基础知识

第1篇

金属材料、热处理及焊接基本知识

第1章 金属材料及热处理基本知识

金属材料是现代工业、农业、国防以及科学技术各个领域应用最广泛的工程材料。这不仅是由于其来源丰富，生产工艺简单、成熟，而且还因为它们具有优良的性能。

通常所指的金属材料的性能包括以下两个方面：

1. 使用性能　即为了保证机械零件、设备、结构件等能正常工作，材料所应具备的性能，主要有力学性能（强度、硬度、刚度*、塑性、韧性等），物理性能（密度、熔点、导热性、热膨胀性等），化学性能（耐蚀性、热稳定性等）。使用性能决定了材料的应用范围，使用安全可靠性和使用寿命。

2. 工艺性能　即材料在被制成机械零件、设备、结构件的过程中适应各种冷、热加工的性能，例如铸造、焊接、热处理、压力加工、切削加工等方面的性能。工艺性能对制造成本、生产效率、产品质量有重要影响。

金属材料是制造承压类特种设备最常用的材料，其性能介绍是本章的主要内容。作为承压类特种设备无损检测人员，应了解材料方面的有关知识。

1.1 材料力学基本知识

金属材料在加工和使用过程中都要承受不同形式外力的作用。当外力达到或超过某一限度时，材料就会发生变形甚至断裂。材料在外力作用下所表现的一些性能称为材料的力学性能。承压类特种设备材料的力学性能指标主要有强度、硬度、塑性、韧性等。这些性能指标可以通过力学性能试验测定。

1.1.1 应力与应变

内力是指材料内部各部分之间相互作用的力。材料在未受外力作用时，其内部各质点之间本来就有相互平衡的力在相互作用，以保持其固有的形状。当受到外力时，原来的平衡被破坏，材料发生变形，其内部各质点的相对位置发生变化，各质点之间的相互作用力也有所变化。这种内力的改变，是材料在外力作用下产生的附加内力。通常简称它为内力。

考虑一个最简单的情况，如图1—1所示的杆，当受到外力 P 的作用，杆将发生变形，如 P 为拉力，杆将伸长；如 P 为压力，杆将缩短。在变形的同时杆内部将产生内力，可以

* 工程上把材料的弹性模量称为它的刚度。

假想将杆截断，则截面上存在内力 N，且在数值上有以下关系：$N=P$。

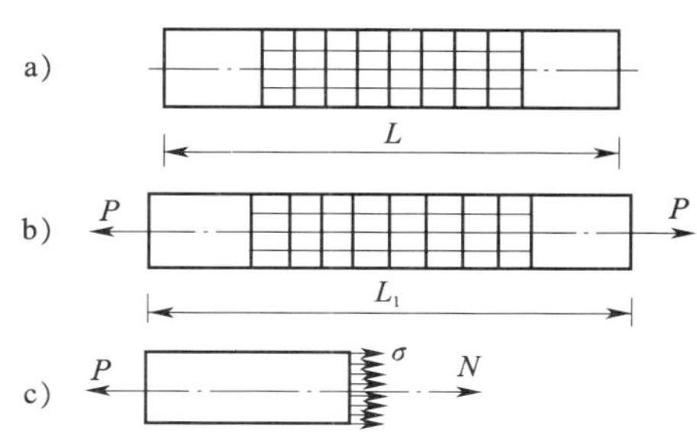

图 1—1　内力的概念

物体在外力作用下，其形状尺寸所发生的相对改变称为应变，物体内某处的线段在变形后长度的改变值与线段原长之比称为线应变。图 1—1 中，设杆的原长为 L，受拉力 P 作用而伸长后，其长度为 L_1，则杆的纵向伸长量为 $\Delta L=L_1-L$，每单位长度的伸长为 $\Delta L/L$，则线应变 $\varepsilon=\Delta L/L$。物体在外力作用下而变形时，其内部任一截面单位面积上的内力大小通常称为应力；方向垂直于截面的应力称为正应力。正应力可分为拉应力和压应力两种。如果应力是由于试件在工作中受到外加载荷作用而产生的，则该应力称为工作应力。图 1—1 中，已知截面上存在内力 N，设杆的截面面积为 A，则杆横截面上正应力 $\sigma=N/A$。

1.1.2　强度

金属的强度是指金属抵抗永久变形和断裂的能力。材料强度指标可以通过拉伸试验测出。把一定尺寸和形状的金属试样（见图 1—2）装夹在试验机上，然后对试样逐渐施加拉伸载荷，直至把试样拉断为止。根据试样在拉伸过程中承受的载荷和产生的变形量之间的关系，可绘出该金属的拉伸曲线（见图 1—3）。在拉伸曲线上可以得到该材料强度性能的一些数据。图 1—3 所示的曲线，其纵坐标是载荷 P（也可换算为应力 σ），横坐标是伸长量 ΔL（也可换算为应变 ε）。所以曲线称为 P—ΔL 曲线或 σ—ε 曲线。图中曲线 A 是低碳钢的拉伸曲线，分析曲线 A。

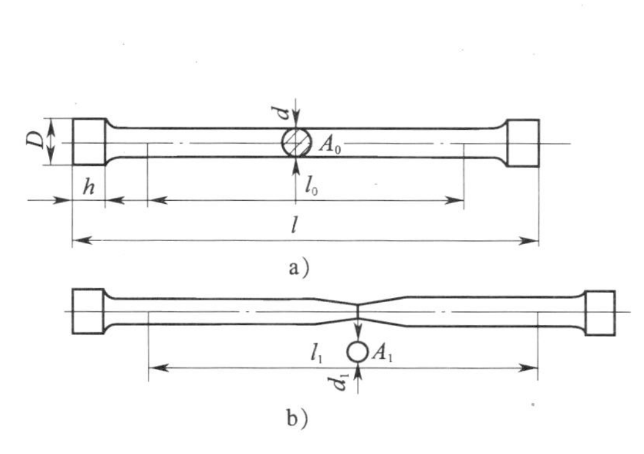

图 1—2　钢的标准拉伸试棒
a）拉断前　b）拉断后

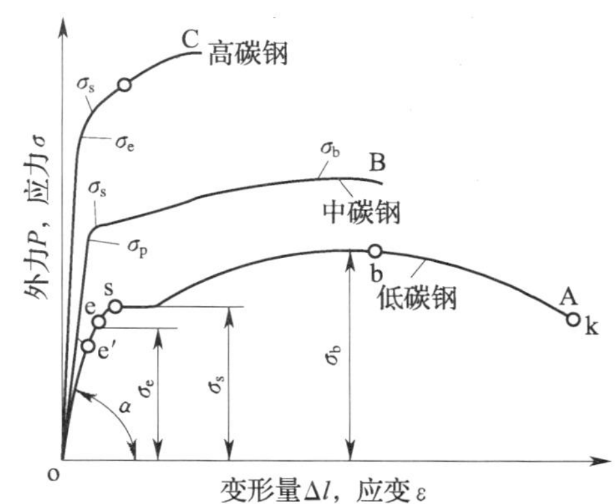

图 1—3　退火低碳、中碳和高碳钢的拉伸曲线

可以将拉伸过程分为四个阶段：

1. 弹性阶段

即曲线的 o～e 段。在此段若加载不超过 e 点的应力值，卸载后试件的变形可全部消失，

故 e 点的应力值为材料只产生弹性变形时应力的最高限，称为弹性极限，用 σ_e 表示。曲线的 o～e′段为直线，在此段内应力与应变成正比，即材料符合虎克定律，该段称为线弹性阶段。该段中应力的最高值，即 e′对应的应力值，称为比例极限，用 σ_p 表示。

2. 屈服阶段

此段又称为流动阶段，即曲线的 s 点及其后的一段，有微小颤动的水平线，s 点称作屈服点。s 点之后的一段水平线表明应力不再增加，但应变却继续增大，材料已失去抵抗继续变形的能力。这一阶段里材料的变形主要是塑性变形，此时的应力称为屈服点或屈服强度，用 σ_s 表示，单位为 MPa。设 s 点所对应的拉力为 P_s，试样的横截面面积为 A_0，则有 $\sigma_s = P_s/A$。在屈服阶段，材料内部晶格间发生滑移，滑移线大致与轴线成 45°角。

3. 强化阶段

即曲线的 s～b 段。当变形超过屈服阶段后，材料又恢复了对继续变形的抵抗能力，即欲使试件继续变形，必须增加应力值，这种现象称为加工硬化现象，材料因此得到强化，曲线的最高点 b 点所对应的拉力 P_b是拉伸过程中试样承受的最大载荷值，相应的应力即为材料的抗拉强度，用 σ_b 表示，单位为 MPa，已知试样的横截面面积为 A_0，则有 $\sigma_b = P_b/A_0$。

4. 颈缩阶段

即曲线的 b～k 段。应力达到抗拉强度 σ 后，试件的某一局部开始变细，出现所谓颈缩现象。由于颈缩部分的横截面急剧减小，因而使试件继续变形所需的载荷也减小了，曲线明显下降，到达 k 点时试件被拉断。

抗拉强度 σ_b、屈服强度 σ_s 是评价材料强度性能的两个主要指标。一般金属材料构件都是在弹性状态下工作的，不允许发生塑性变形，所以机械设计中应采用 σ_s 作为强度指标，并加上适当的安全系数。但由于抗拉强度 σ_b 测定较方便，数据也较准确，所以机械设计中也经常采用 σ_b，但需使用较大的安全系数。一般机械设计中，以 σ_s 作为强度指标时，安全系数 $n_s = 1.5 \sim 2.0$；采用 σ_b 作为强度指标时，安全系数 $n_b = 2.0 \sim 5.0$。例如，我国现行锅炉规范强度设计中，取 $n_s = 1.5$，$n_b = 2.7$；压力容器规范强度设计中，取 $n_s = 1.6$，$n_b = 3$。

图 1—3 中曲线 B 为中碳钢的拉伸曲线，曲线 C 为高碳钢的拉伸曲线。可以看出，随着含碳量的增加，材料抗拉强度增大。有些材料，例如高碳钢、铸铁，以及大多数合金钢，屈服现象不明显。对这些材料，工程上规定试件发生某一微量塑性变形时的应力作为该材料的屈服点，例如以材料塑性伸长 0.2%作为屈服点，其屈服强度用 $\sigma_{0.2}$表示。

1.1.3 塑性

塑性是指材料在载荷作用下断裂前发生不可逆永久变形的能力。评定材料塑性的指标通常用伸长率和断面收缩率。

伸长率 δ 可用下式确定：$\delta = [(L_1 - L_0)/L_0] \times 100\%$

式中 L_0——试件原标距长度；

L_1——拉断后试件的标距长度。

在材料手册中常常看到 δ_5 和 δ_{10}两种符号，它们分别表示用 $L_0 = 5d$ 和 $L_0 = 10d$（d 为试件直径）两种不同长度试件测定的伸长率。同一材料的 δ_5 和 δ_{10}是不同的，δ_5 值较大而 δ_{10}

值较小，所以相同符号的伸长率才能互相比较。

断面收缩率 ϕ 可用下式求得：$\phi=[(A_0-A_1)/A_0]\times100\%$

式中 A_0——试件原来的截面积；

A_1——试件拉断后颈缩处的截面积。

断面收缩率不受试件标距长度的影响，因此能更可靠地反映材料的塑性。

对必须承受强烈变形的材料，塑性指标具有重要意义。塑性优良的材料冷压成型的性能好。此外，重要的受力元件要求具有一定塑性，因为塑性指标较高的材料制成的元件不容易发生脆性破坏，在破坏前元件将出现较大的塑性变形，与脆性材料相比有较大的安全性。塑性良好的低碳钢和低合金钢的 δ_5 值在25%以上。国内锅炉压力容器材料的伸长率，一般至少要求达10%以上。

伸长率和断面收缩率还表明材料在静载和缓慢拉伸状态下的韧性。在很多情况下，收缩率高的材料可承受较大的冲击吸收功。

对材料塑性的要求有一定限度，并不是越大越好。单纯追求塑性，会限制材料强度使用水平的提高，造成产品粗大笨重，浪费材料和使用寿命不长。

1.1.4 硬度

硬度是材料抵抗局部塑性变形或表面损伤的能力。硬度与强度有一定关系。一般情况下，硬度较高的材料其强度也较高，所以可以通过测试硬度来估算材料强度。此外，硬度较高的材料耐磨性较好。

工程上常用的硬度试验方法有：布氏硬度HB、洛氏硬度HR、维氏硬度HV、里氏硬度HL。

1. 布氏硬度HB

布氏硬度试验方法是把规定直径的淬火钢球（或硬质合金球）以一定的试验力 F 压入所测材料表面，保持规定时间后，测量表面压痕直径 d。由 d 计算出压痕表面积 A。然后，计算出布氏硬度值 $HB=F/A$。按照压头种类，布氏硬度值有两种不同表示符号。淬火钢球作压头测得的硬度值用HBS表示，硬质合金作压头测得的硬度值用HBW表示。

布氏硬度试验方法主要用于硬度较低的一些材料，例如经退火，正火，调质处理的钢材，以及铸铁，非铁金属等。

2. 洛氏硬度HR

洛氏硬度是采用测量压痕深度来确定硬度值的试验方法。

为了满足从软到硬各种材料的硬度测定，按照压头种类和总试验力的大小组成三种洛氏硬度标度，分别用HRA，HRB，HRC表示。其中HRB使用的是钢球压头，用于测量非铁金属，退火或正火钢等；HRA和HRC使用120°金刚石圆锥体压头，用于测量淬火钢，硬质合金，渗碳层等。

洛氏硬度试验适用范围广，操作简便迅速，而且压痕较小，故在钢铁热处理质量检查中应用最多。

3. 维氏硬度 HV

维氏硬度主要用于测量金属的表面硬度。它采用正棱角锥体金刚石压头，在一定试验力下在试件表面压出正方形压痕，然后通过测量压痕两对角线平均长度来确定硬度值。

采用较低的试验力可以使维氏硬度试验的压痕非常小，这样就可以测出很小区域甚至是金相组织中不同相的硬度。焊接性能试验中的最高硬度试验，就是用维氏硬度来测定焊缝、熔合线和热影响区的硬度的。

4. 里氏硬度 HL

里氏硬度的测量原理是：当材料被一个小冲击体撞击时，较硬的材料使冲击体产生的反弹速度大于较软者。里氏硬度计采用一个装有碳化钨球的冲击测头，在一定的试验力作用下冲击试样表面，利用电磁感应原理中速度与电压成正比的关系，测量出冲击测头距试样表面1 mm处的冲击速度和回跳速度。里氏硬度值HL以冲击测头回跳速度 v_R 与冲击速度 v_A 之比来表示：$HL=1\,000\times\frac{v_R}{v_A}$。

里氏硬度计体积小，重量轻，操作简便，在任何方向上均可测试，所以特别适合现场使用。由于测量获得的信号是电压值，电脑处理十分方便，测量后可立即读出硬度值，并能即时换算为布、洛、维等各种硬度值。

1.1.5　冲击韧度

冲击韧度是指材料在外加冲击载荷作用下断裂时消耗能量大小的特性。冲击韧度通常是在摆锤式冲击试验机上测定的，摆锤冲断带有缺口的试样所消耗的功称为冲击吸收功，以 A_k 表示，若试样断口处截面积为 S_N，则冲击韧度 $a_k=A_k/S_N$。A_k 或 a_k 值越大，材料韧性越好。试样的缺口形式有夏比U形和夏比V形两种，其冲击韧度分别用 a_{ku} 和 a_{kuv} 表示。V形缺口根部半径小，对冲击更敏感，承压类特种设备材料的冲击试验规定试样必须用V形缺口。

试样受到摆锤的突然打击而断裂时，其断裂过程是一个裂纹发生和发展过程。在裂纹发展过程中，如果塑性变形能够产生在断裂的前面，就将能阻止裂纹的扩展，而裂纹的继续发展就需消耗更多的能量。因此，冲击韧度的高低，取决于材料有无迅速塑性变形的能力。冲击韧性高的材料一般具有较高的塑性，但塑性指标较高的材料却不一定具有较高的冲击韧度，这是因为在静载荷下能够缓慢塑性变形的材料，在冲击载荷下不一定能迅速发生塑性变形。在材料的各项机械性能指标中，冲击韧度是对材料的化学成分，冶金质量，组织状态，内部缺陷以及试验温度等比较敏感的一个质量指标，同时也是衡量材料脆性转变和断裂特性的重要指标。

1.1.6　有关材料的进一步知识

1. 有关应力的进一步知识

（1）应力的种类　除了上面所说的属于正应力范畴的拉应力和压应力外，承压类特种设备的应力分析中还会遇到其他不同种类的应力，例如剪切应力，弯曲应力，交变应力等。实际受压元件往往受到几种应力的共同作用。

1）剪切应力　作用在构件两侧面上的外力的合力是一对方向相反，作用线相距很近的横向集中力 P。在这样的外力作用下，构件的变形特点是：以两力之间的横截面 m-m 为分界面，构件的两部分沿该面发生相对错动（见图 1—4）。构件的这种变形形式称为剪切。截面 m-m 称为剪切面。截面的单位面积上剪力的大小，称为剪应力。

2）弯曲应力　作用在构件两端的外力的合力是一对大小相等，方向相反的力偶，则构件在力偶的作用下会发生弯曲。如图 1—5 所示的矩形截面梁，在外力偶 Me 的作用下发生弯曲。可以观察到，梁的各纵向线在梁变形后弯成曲线，靠顶面的纵向线缩短了，而靠底面的则伸长了。由于材料是连续的，可以推论必然有一条纵向线既不伸长也不缩短，这条线称为中性轴。又由变形情况可以判断，从中性轴到顶面，梁的内应力为压应力，其中顶面的压应力值最大；从中性轴到底面，梁的内应力为拉应力，其中底面的拉应力值最大。

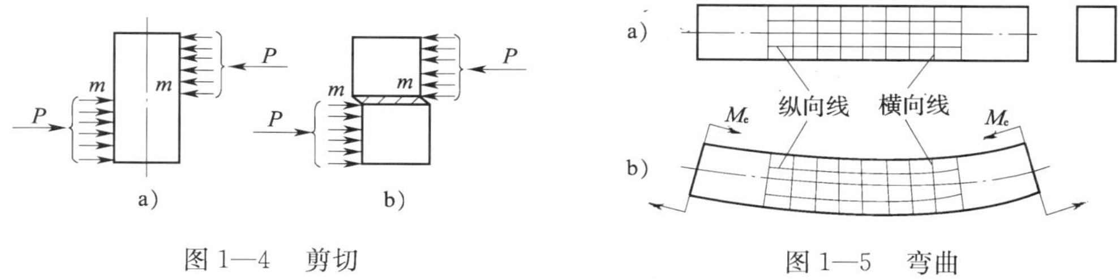

图 1—4　剪切　　　　图 1—5　弯曲

当承压类特种设备壳体的形状发生变化，或壁厚改变（例如筒体不直，截面不圆，接缝有错边，棱角，表面凹凸不平，以及不同壁厚的板相连接等）时，会在不连续处及其附近产生附加弯曲应力和剪应力。

3）交变应力　在工程中，有许多构件在工作时出现随时间而交替变化的应力，这种应力称为交变应力。如图 1—6 所示，应力每重复变化一次的过程，称为一个应力循环。在一个应力循环中，应力有最大值 σ_{max} 和最小值 σ_{min}。当最大应力和最小应力的值大小相等，方向相反，即 $\sigma_{min}/\sigma_{max}=-1$ 时，称为对称循环的交变应力；当最小应力 $\sigma_{min}=0$ 时，称为脉动循环的交变应力。

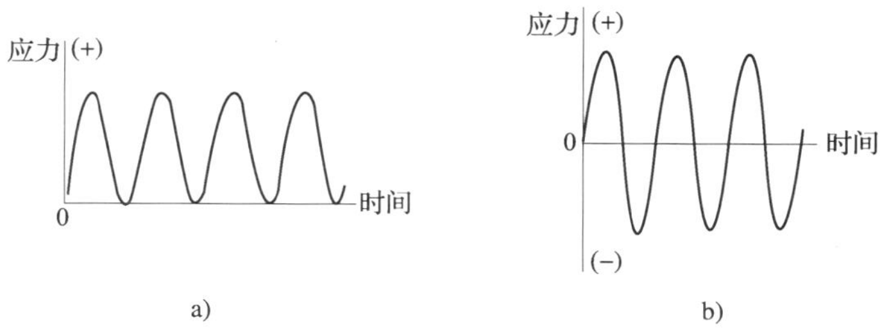

图 1—6　交变应力

a）脉动循环交变应力　b）对称循环交变应力

承压类特种设备的一次升压和卸压过程，可视为一个应力循环。长期在交变应力下工作的构件，有些会出现疲劳破坏现象。

(2) 应力集中的概念　工程上常因需要而将构件制阶梯状的，或在构件上开槽，钻孔等，这就引起构件横截面尺寸的突变。这样的构件在轴向拉伸时，其横截面上的正应力不再均匀分布，而在局部有增大的现象（见图 1—7）。这种由于截面的尺寸突然变化而引起的应力局部增大的现象称为应力集中。应力集中的程度通常用最大局部应力 σ_{max} 与该截面上的名义应力 σ 之比来衡量，称为应力集中系数 a，即 $a=\sigma_{max}/\sigma$。

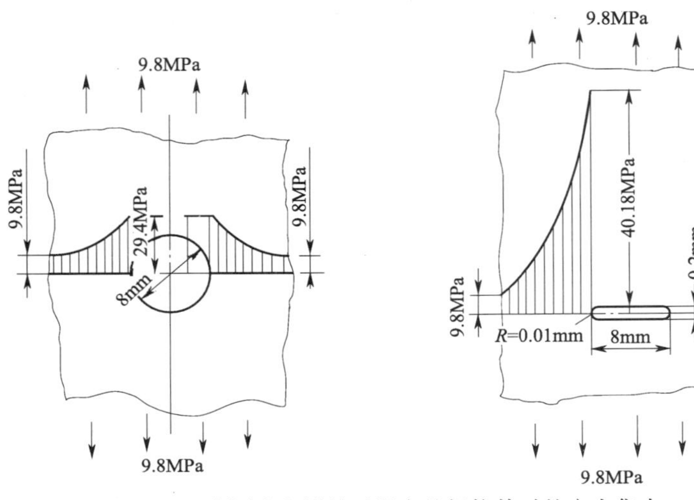

图 1—7　有圆孔和槽的无限大的板拉伸时的应力集中

在承压类特种设备中，构件横截面尺寸发生突变往往是缺陷引起的。这些缺陷统称为缺口，例如表面损伤、焊缝咬边、气孔、夹渣、未焊透、未熔合、裂纹等。应力集中的严重程度与缺口大小有关，同时与缺口的尖锐程度有关。缺口越尖锐，即缺口根部曲率半径越小，应力集中系数就越大。在各种缺陷形成的缺口中，以裂纹的根部曲率半径最小，所以裂纹引起的应力集中最为严重。

(3) 承压类特种设备壳体的工作应力　绝大多数承压类特种设备承受内压，内部压强会使壳体内产生拉应力，这一应力称为工作应力。一般情况下，用薄壁回转壳体的简化模型来计算承压类特种设备壳体的工作应力。在薄壁回转壳体中，若从壳壁处截取单元体，则只存在两向应力，即经向应力 σ_φ 和环向应力 σ_θ。在内压作用下的应力大小，可用截面法求得，见图 1—8。对圆筒形容器，经向应力 σ_φ 等于轴向应力 σ_z。近似以平均直径 D 代替内径 D_i。当外力和内力平衡时，有

轴向：$\sigma_z=pD/4\delta$

环向：$\sigma_\theta=pD/2\delta$

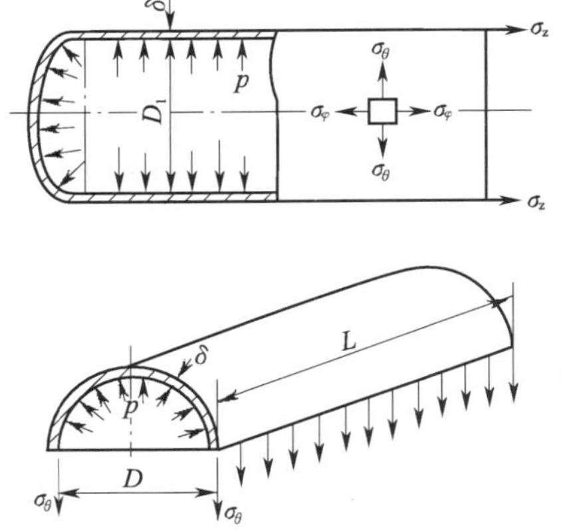

图 1—8　截面法求解圆筒应力

由公式可知，应力的大小与压力 p 和容器直径 D 成正比，与容器壁厚 δ 成反比；轴向应力 σ_z 是环向应力 σ_θ 的一半，即对圆筒形容器来说，环

焊缝受力只是纵焊缝的一半；而对球形容器来说，由于球形壳体的几何形状相对球心是对称的，轴向应力 σ_z和环向应力 σ_θ 在数值上是相等的。因此，在相同的压力和直径下，球形容器的壁厚比圆筒形容器大约可减少一半。

实际工作状态下的容器，其壳体中的应力是比较复杂的，除了由内压引起的总体薄膜应力外，还存在其他应力，例如由于形状变化，壁厚改变，结构不连续引起的局部附加拉应力，压应力，弯曲应力；由于缺陷或缺口引起的峰值应力；由于冷变形和焊接等加工过程留下的残余应力；以及运行状态下温度变化产生的热应力。这些应力可通过一些分析计算方法求得，或通过一些物理方法测定。

2. 有关材料力学性能的进一步知识

（1）弯曲试验　弯曲试验是一项比较特殊的材料力学性能试验，试验方法是将试样放在支座上，然后用直径为规定数值 D（一般取 $D=3a$；a 为试样厚度）的压头压下，使试样弯曲变形至一定角度，根据焊接方法和材料的不同，弯曲角度分别取 180°、100°、90°、50°等不同数值。试验结果的评定是以不出现长度大于一定尺寸的裂纹或缺陷为合格。

弯曲试验是焊接接头力学性能试验的主要项目，焊接工艺评定和产品焊接试板都要进行弯曲试验。按照弯曲时受拉面位置的不同，弯曲试验分为面弯、背弯、侧弯等不同类型。

弯曲试验可以考核试样的多项性能，包括判定焊缝和热影响区的塑性，暴露焊接接头内部缺陷，检查焊缝致密性，以及考核焊接接头不同区域协调变形的能力。

（2）屈强比的概念　屈强比是 20 世纪 70 年代至 80 年代常用的描述高强度金属材料的一个术语。材料的屈服极限和强度极限的比值，即 σ_s/σ_b，称为屈强比。这个值越小，表示材料的屈服极限和强度极限的差距越大，材料的塑性越好，使用中的安全裕度越大。相反，如果屈强比值较大，则表示该材料的屈服极限与强度极限较接近，材料在断裂前的塑性“储备”较少，使用中的安全裕度相对较小。使用高屈强比的材料可以节省材料用量，但这类材料对应力集中较为敏感，抗疲劳性能较差，较易出现加工硬化现象而使材料变脆。

钢的强度等级越高，其屈强比也越高。所以对高强度钢，特别是抗拉强度下限 σ_b 大于 540 MPa 的低合金高强度钢材料的使用要十分注意。一般说来，对屈强比大于 0.7 的材料就应加以重视，对屈强比大于 0.8 的材料更要从严控制，谨慎处理：结构设计时应尽量避免局部应力过高或应力集中，制造时要尽量避免加工硬化，减少残余应力。对设备的表面质量要求更高，例如表面成形要圆滑过渡，对表面各种划伤和损伤的控制更严，焊缝不允许咬边等。无损检测的应用也有所增加，检测比例进一步增大，对允许存在的各种缺陷的限制应从严。

（3）断裂韧度　早期的材料力学研究中，都假定材料是均匀的，连续的，各向同性的。以这些假设为依据的设计方法称为常规设计方法。根据常规方法分析认为是安全的设计，在高强度材料中应用有时会发生意外断裂事故。在研究这种低应力脆性断裂的过程中，发现前述假设是不成立的。实际上材料远非是均匀的、连续的、各向同性的，其组织中往往存在微裂纹、夹杂、气孔等缺陷。这些缺陷可看成是材料中的裂纹。按受力和变形形式，裂纹可分为三种基本类型：张开型即Ⅰ型；滑移型即Ⅱ型；撕裂型即Ⅲ型。最常见、最危险的是Ⅰ型。当材料受外力作用时，这些裂纹的尖端附近便会出现应力集中，形成裂纹尖端的应力场。根据断裂力学对裂纹尖端应力场的分析，裂纹前端附近应力场的强弱主要取决于一个力学参数——应力强度因子。对于Ⅰ型裂纹，这个因子用 K_I表示，且有

$$K_{\mathrm{I}} = Y\sigma\sqrt{\pi a}$$

式中　Y——无量纲系数，与裂纹形状、加载方式、试样尺寸有关，可从手册查得；

σ——拉应力（MPa）；

a——裂纹长度的一半（m）。

对某一个有裂纹的试样，在拉伸外力作用下，Y 值是一定的。当拉应力逐渐增大，或裂纹逐渐扩展时，裂纹尖端的应力强度因子 K_{I} 也随之增大；当 K_{I} 增大到某一临界值时，试样中的裂纹会突然失稳扩展，导致断裂。这个临界值称为材料的断裂韧度，用 K_{Ic} 表示。

断裂韧度是用来反映材料抵抗裂纹失稳扩展，即抵抗脆性断裂的指标。当 $K_{\mathrm{I}} < K_{\mathrm{Ic}}$ 时，裂纹扩展很慢或不扩展；当 $K_{\mathrm{I}} \geqslant K_{\mathrm{Ic}}$ 时，则材料发生失稳脆断。

材料的断裂韧度 K_{Ic} 值可通过试验测定。断裂韧度是材料固有的力学性能指标，是强度和韧性的综合体现，与裂纹的大小、形状、应力等无关，主要取决于材料的成分，内部组织和结构，以及试样的厚度。

（4）钢材的脆化　用于制作承压类特种设备受压元件所用的钢材在常温静载条件下一般都有较好的塑性和韧性，工程上习惯称之为塑性材料。人们在使用这些材料时，对可能会发生的脆性破坏往往不够注意。实际上，在一些不利的条件或环境下使用的塑性材料会发生脆化，即塑性和韧性降低的现象，这一现象对承压类特种设备的使用安全是不利的。因此有必要介绍有关知识。常见的材料脆化现象有以下几种：

1）冷脆性　随着温度的降低，大多数钢材的强度有所增加，而韧性下降。金属材料在低温下呈现的脆性称为冷脆性。图 1—9 为用低碳钢材料制作的有缺口的试样，进行冲击试验，得到的冲击韧度 a_k 随温度变化的典型曲线。可以看出随着温度降低，a_k 值不断减小，即材料的韧性降低，脆性增加。材料由延性破坏转变到脆性破坏的上限温度称为韧脆转变温度。为防止发生低温脆性破坏，钢材的最低允许工作温度就应高于韧脆转变温度的上限。

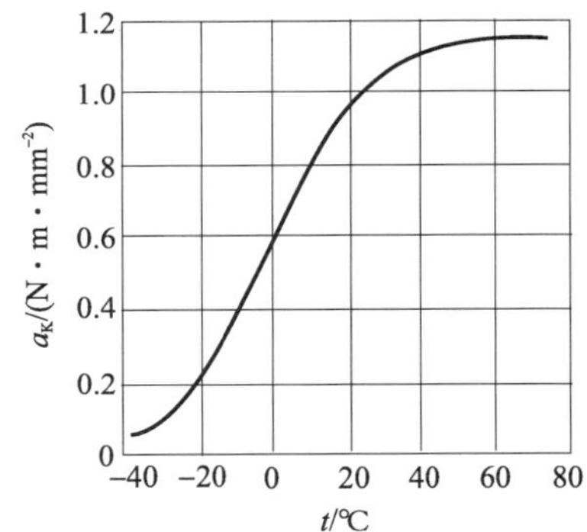

图 1—9　低温冲击试验曲线

保证承压类特种设备受压元件不产生低温脆性的措施：在低温条件下工作的设备必须使用低温专用钢材和焊接材料；所用材料、焊接工艺试板、产品试板应经低温冲击试验合格；结构设计和制造中应注意减小应力，避免应力集中产生；低温设备的表面质量验收应比一般设备更为严格，焊缝不允许出现咬边，无损检测中发现的缺陷应从严评定。

2）热脆性　钢材长时间停留在 400～500℃后再冷却至室温时，冲击韧度值会有明显的下降。这种现象称为钢材的热脆性。值得注意的是，具有热脆性的钢材在高温下并不呈现脆化，仍具有较高的冲击韧度，只有当冷却至室温时，才显示出脆化现象。钢材的热脆性只有通过冲击试验才会明显地显示出来，一般比正常冲击韧度下降 50%～60%，甚至下降 80%～90%。对于将工作温度在 400～500℃内的受压元件，必须重视热脆性问题。

具有热脆性的钢材，金相组织没有明显的变化。无损检测不能检测和判定热脆性。材料是否产生热脆一般采用冲击试验方法判断。

3）氢脆　钢材中的氢会使材料的力学性能脆化，这种现象称为氢脆。氢脆主要发生在碳钢和低合金钢，图1—10表示随着钢中含氢量的增加，材料断面收缩率下降的情况。

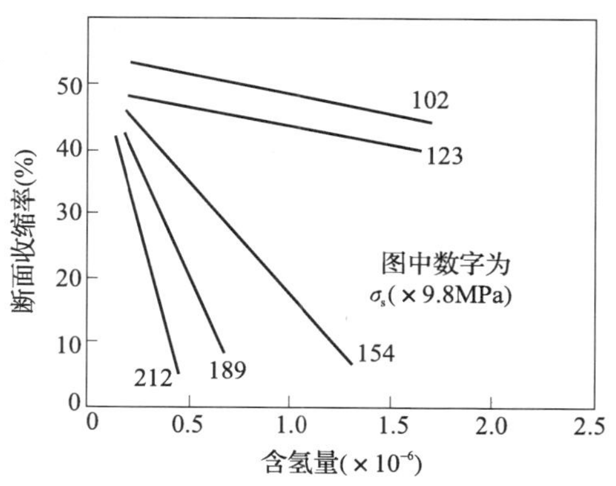

图1—10　不同屈服极限的钢氢脆关系曲线

钢中氢的来源主要有下列三个方面：冶炼过程中溶解在钢水中的氢，在结晶冷凝时没有能及时逸出而存留在钢材中；焊接过程中水分或油污在电弧高温下分解出的氢溶入钢材中；设备运行过程中，工作介质中的氢进入钢材中。此外，钢试件酸洗不当也可能导致氢脆。

含氢的钢材当应力大于某一临界值时，就会发生氢脆断裂。氢对钢材的脆化过程是一个微观裂纹在高应力作用下的扩展过程。脆断应力可低达屈服极限的20%。由图1—10可见，钢材的强度愈高（所承受的应力愈大），对氢脆愈敏感。容器中的应力水平，包括工作应力及残余应力是导致氢脆的很重要的因素。氢脆是一种延迟断裂，断裂迟延的时间可能只是几分钟，也可能是几天。

氢脆断裂只发生在−100～150℃的温度范围内。很低的温度不利于氢的移动和聚集，不易发生氢脆，而较高的温度可以使氢从钢中逸出，减少钢中的氢含量，从而避免脆化。焊后保温及热处理，其目的是利用高温下氢能从钢中扩散逸出的原理，来降低焊缝中氢含量。它是改善焊接接头力学性能的有效措施。

氢对钢铁材料的危害性较大。由氢导致的材质劣化的现象统称为氢损伤。氢损伤的形式有多种，除氢脆外，还有因氢在钢板分层处聚集引起的氢鼓泡；氢在钢材中心部位聚集造成的细微裂纹群，称为白点；以及钢在高温高压氢（对碳钢，温度高于250℃，氢分压大于2 MPa）作用下的氢腐蚀。发生氢腐蚀时，钢的组织发生脱碳，渗碳体分解，沿晶界出现大量微裂纹，钢的强度、韧性丧失殆尽。

无损检测不能检测和判定氢脆。其余种类的氢损伤检测：氢鼓泡一般用肉眼便可观察到；白点可应用超声波检方法测出来；氢致表面裂纹可应用磁粉或渗透方法检测出来；氢腐蚀可通过硬度试验和金相方法检测和判定。

4）苛性脆化　苛性脆化是由于介质内具有含量很高的苛性钠（NaOH）促使钢材腐蚀加剧而引起的脆化现象。这种脆化一般发生在受压元件的铆接及胀接处。

苛性脆化的破坏形式是在肉眼看到的主裂纹上有大量肉眼看不到的分枝细裂纹。元件发生苛性脆化时，裂纹附近的钢材仍具有良好的塑性及脆性性能。

苛性脆化的细裂纹需要通过金相方法检测判定。

5）应力腐蚀脆性断裂　由拉应力与腐蚀介质联合作用而引起的低应力脆性断裂称为应力腐蚀。不论是塑性材料还是脆性材料都可能产生应力腐蚀。与单纯的应力造成的破坏或单纯的腐蚀引起的破坏不同，应力腐蚀有时会在很低的应力水平或腐蚀性很弱的介质中发生。应力腐蚀所引起的破坏事先往往没有明显的变形预兆，结果是脆性断裂突然发生，故它的危害性很大。应力腐蚀的速度一般在10^{-3} mm/h至1 mm/h的范围，大于通常的腐蚀速度

(10^{-4} mm/h)，比单纯应力造成的断裂速度小一些。

应力腐蚀只有在特定条件下才会发生：

①元件承受拉应力的作用。拉应力可由外界因素产生，也可由加工过程中产生，或由残余应力产生。一般来说，只需具有很小的拉应力即可能引起应力腐蚀。

②具有与材料种类相匹配的特定腐蚀介质环境。每种材料只在某些介质中才会发生应力腐蚀，而在另一些介质中不发生应力腐蚀。例如，会使普通钢材发生应力腐蚀的介质有：氢氧化物溶液、含有硝酸盐、碳酸盐、氰酸盐或硫化氢的水溶液、海水、硫酸—硝酸混合液、液氨等。会使奥氏体不锈钢发生应力腐蚀的介质有：酸性及中性的氯化物溶液、海水、热的氟化物溶液及氢氧化物溶液等。低合金钢焊制的压力容器和压力管道最常见的应力腐蚀环境包括：湿 H_2S 环境，液氨环境以及 NaOH 溶液。而奥氏体不锈钢压力容器和压力管道最常见的应力腐蚀是氯离子引起的。

③材料应力腐蚀的敏感性。对钢材来说，应力腐蚀的敏感性与钢材成分、组织及热处理等情况有关。例如，低合金钢的应力腐蚀倾向比碳钢大；高强度级别低合金钢的应力腐蚀倾向比低强度级别低合金钢大；压力容器焊后进行整体消应力热处理，可大大降低应力腐蚀敏感性。

应力腐蚀裂纹发生在与腐蚀介质接触的表面。大尺寸的应力腐蚀裂纹在目视检查中肉眼可见，射线或超声方法也可检出，而较细小的应力腐蚀裂纹需要通过磁粉探伤或渗透方法才能发现，更微小的应力腐蚀裂纹则需要采用金相方法检验。

1.2 金属学与热处理基本知识

1.2.1 金属的晶体结构

物质是由原子构成的。根据原子在物质内部的排列方式不同，可将物质分为晶体和非晶体两大类。凡内部原子呈规则排列的物质称为晶体，凡内部原子呈不规则排列的物质称为非晶体，所有固态金属都是晶体。

晶体内部原子的排列方式称为晶体结构。常见的晶体结构有：

1. 体心立方晶格，如图 1—11a 所示。属于此类的金属有 α—铁，δ—铁，Cr，V，β—Ti 等。

2. 面心立方晶格，如图 1—11b 所示。属于此类的金属有 γ—铁，Al，Cu，Ni 等。

3. 密排六方晶格，如图 1—11c 所示。属于此类的金属有 Mg，Zn，α—Ti 等。

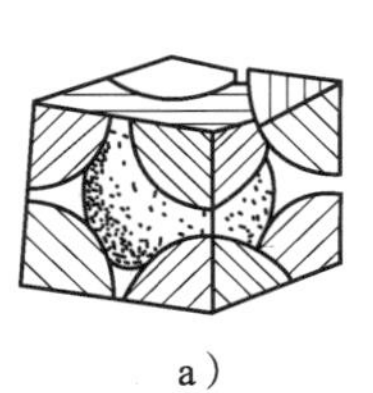

a)

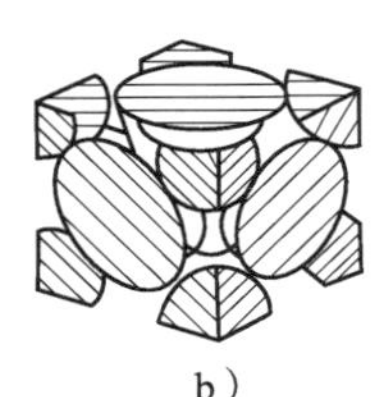

b)

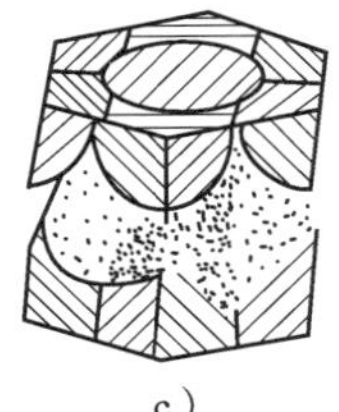

c)

图 1—11 三种典型晶胞示意图

a) 体心立方晶胞 b) 面心立方晶胞 c) 密排六方晶胞

实际使用的金属是由许多晶粒组成的，叫做多晶体。每一晶粒相当于一个单晶体，晶粒内的原子排列是相同的，但不同晶粒的原子排列的位向是不同的，如图1—12所示。晶粒之间的界面称为晶界。

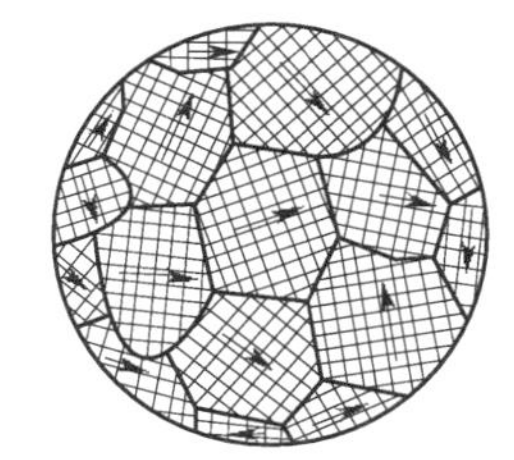

图1—12 晶粒位向晶界示意图

实际晶体的原子排列并非完美无缺，由于种种原因使晶体的许多部位的原子排列受到破坏，从而产生各种各样的缺陷。常见的晶格缺陷有空位，间隙原子，置代原子，位错等。

晶格缺陷使材料的物理、化学性质发生改变，例如空位、间隙原子、置代原子的存在引起周围晶格畸变（图1—13），其结果使金属屈服点和抗拉强度增高，而位错的存在（图1—14）则使金属容易塑性变形，强度降低。

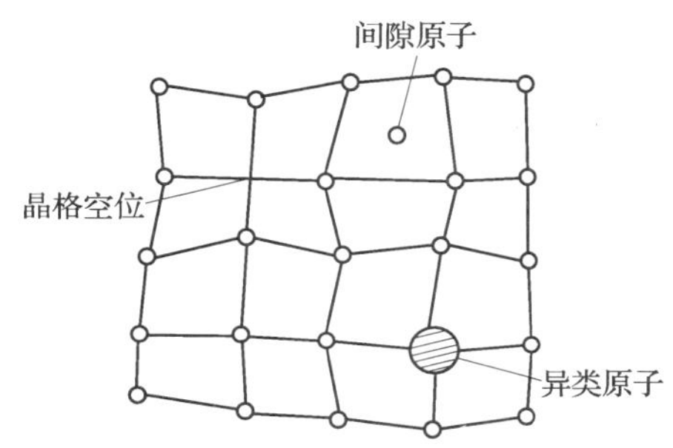

图1—13 空位及间隙原子引起畸变

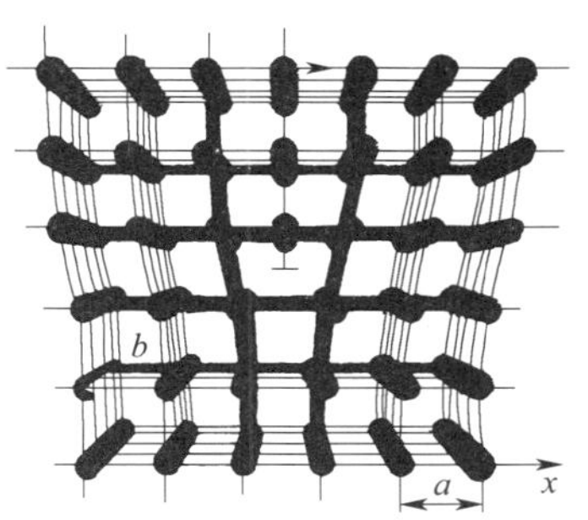

图1—14 刃型位错

高温的液态金属冷却转变为固态金属的过程是一个结晶过程，即原子由不规则状态（液态）过渡到规则状态（固态）的过程。

过冷是金属结晶的必要条件。每一种金属都有一定的结晶温度，例如铁的结晶温度为1 535℃，铜的结晶温度为1 083℃，这种结晶温度称为理论结晶温度或平衡结晶温度，用T_0表示。但实际上，液态金属只有冷却到低于T_0的某一温度时才开始结晶。也就是说，实际结晶温度T_n总是低于理论结晶温度T_0。两者之差称为过冷度，用ΔT表示，即$\Delta T=T_0-T_n$。

结晶过程总是从晶核开始，晶核通常依附于液态金属中的固态微粒杂质而形成。液体中的原子不断向晶核聚集，使晶核长大；同时液体中又不断产生新的晶核，并不断长大，直到所有的晶粒长大到相互接触，结晶即告结束（图1—15）。

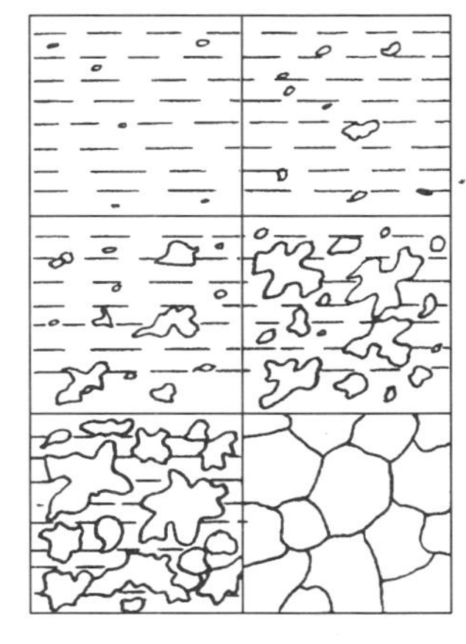

图1—15 金属的结晶过程示意图

1.2.2 铁碳合金的基本组织

通常把钢和铸铁统称为铁碳合金，这是因为钢和铸铁的成分虽然复杂，但基本上是铁和碳两种元素组成的。一般把含碳0.02%～2%的称为钢，含碳量大于2%的称为铸铁。

含碳量对钢铁的性质有决定性的影响。例如，钢的含碳量低，其性质是“强而韧”，而普通铸铁的含碳量高，其性质是“弱而脆”；钢的熔点高而铸铁的熔点低，等等。可以通过铁碳合金状态图（图 1—16）来研究钢铁的有关特性。

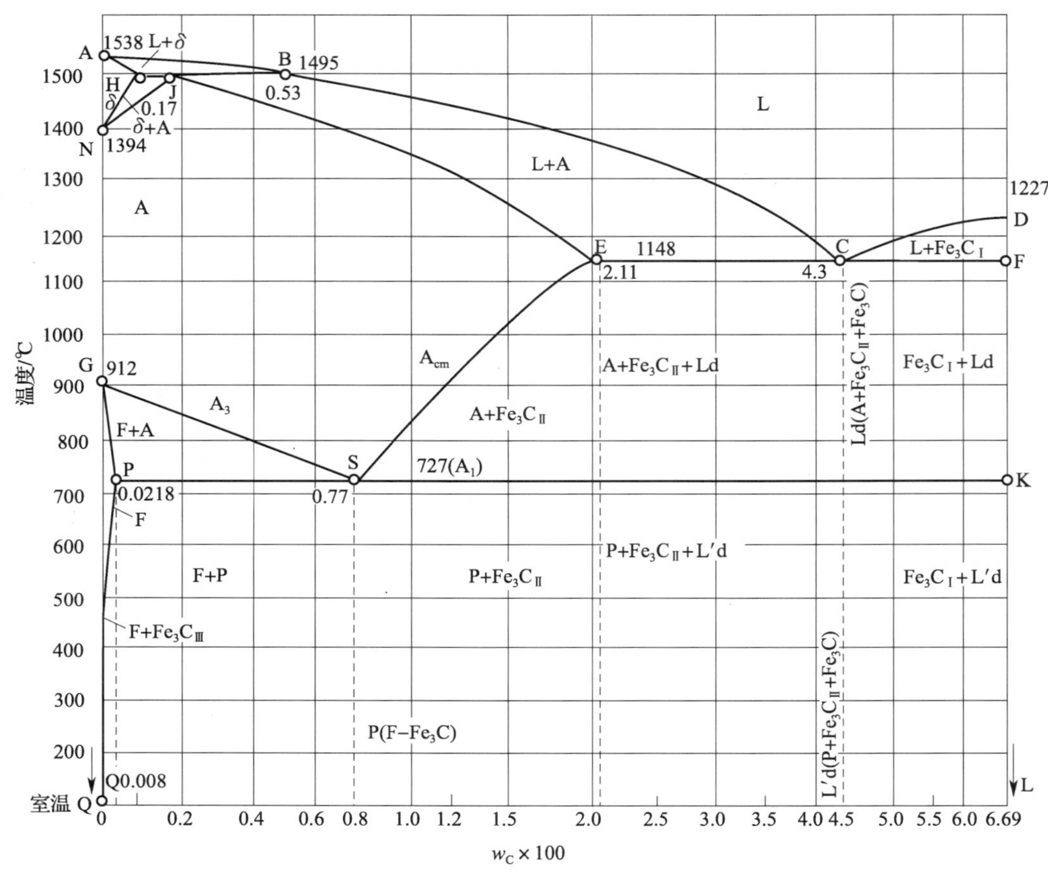

图 1—16　铁碳合金状态图

铁与碳可以形成 Fe_3C、Fe_2C、FeC 等一系列化合物，但含碳量高的铁碳合金很脆，没有实用价值。所以，铁碳合金状态图只研究含碳量小于 6.67%的部分，这部分铁碳合金系的组元是铁与渗碳体，即 Fe～Fe_3C。

Fe～Fe_3C 合金中的相结构有以下几种：

1. 铁素体

碳溶于 α 铁或 δ 铁中的固溶体，用符号“F”表示。α 铁或 δ 铁都是体心立方晶格，前者是指温度低于 910℃的铁，后者是温度在 1 390～1 535℃之间的铁。所谓“固溶体”，是指组成合金的两种或两种以上元素，相互溶解形成单一均匀的物质。铁素体的溶碳能力极差，在 727℃溶碳量最大时也仅有 0.022%。铁素体的强度、硬度不高，具有良好的塑性和韧性，在 770℃以下具有铁磁性，超过 770℃则丧失铁磁性。

2. 奥氏体

碳溶于γ铁中的固溶体，用符号“A”表示。γ铁是面心立方晶格，奥氏体溶碳能力较大，最大可达2.11%（1 148℃），在727℃溶碳量为0.77%。在铁碳合金系中，奥氏体仅存在于727℃以上的高温范围内。奥氏体不具有铁磁性。

3. 渗碳体

铁和碳的金属化合物，其含碳量为6.67%，符号为Fe_3C。渗碳体的硬度很高，而塑性和韧性几乎为零，脆性极大。渗碳体在217℃以下具有铁磁性。

承压类特种设备常用的碳素钢含碳量一般低于0.25%，所以我们主要研究铁碳合金状态图左边的一部分（图1—17）。现以含碳量0.2%的铁碳合金来说明结晶过程：

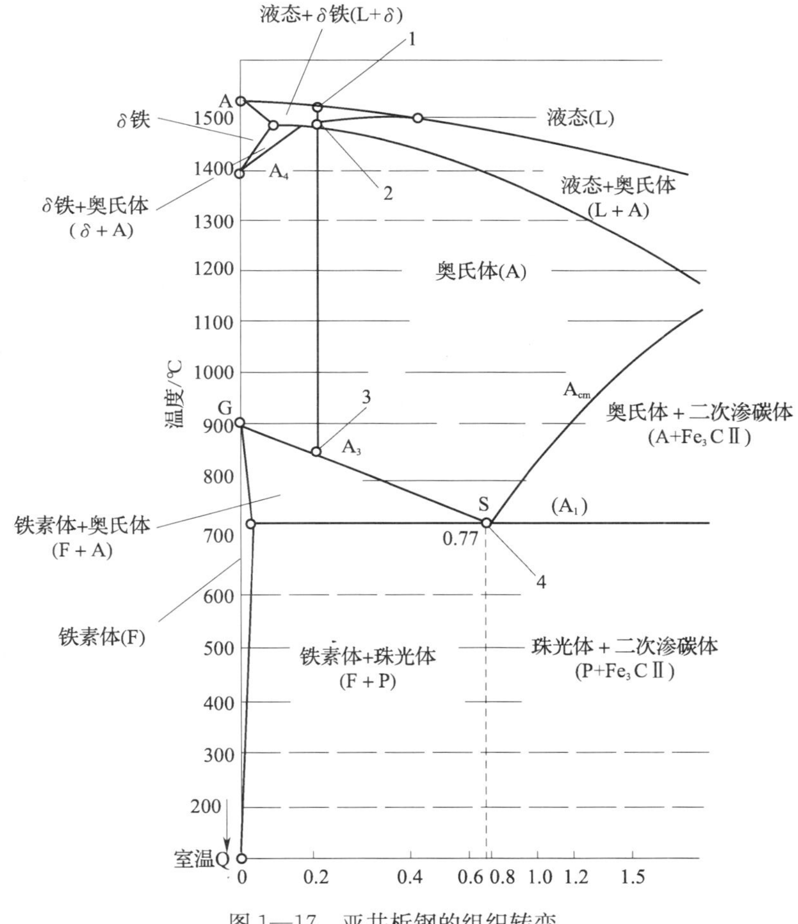

图1—17　亚共析钢的组织转变

高温下的液态金属随着温度降低开始结晶，到点1以下析出δ铁；当温度降到点2（大约1 495℃）以下时，液相和δ铁一起转变，生成奥氏体；到点3（大约860℃）以下时，开始从奥氏体中析出铁素体，在缓慢冷却过程中，铁素体在奥氏体晶界上成核并长大。在点3～4之间，随着温度的降低，从奥氏体中不断析出铁素体，于是奥氏体含碳量增加并沿着GS线变化。当温度冷到727℃时，奥氏体含碳量为0.77%，此时合金组织为：A0.77+F。

当温度降到点 4 以下一些，即稍低于 727℃时，含碳量为 0.77%的奥氏体全部发生共析转变成为珠光体，而原先析出的铁素体保持不变，所以共析转变后的组织为铁素体 F+珠光体 P。其后直至温度降到室温，合金显微组织没有变化。

珠光体是层片状铁素体与渗碳体构成的机械混合物。珠光体的硬度和强度较高，塑性也较好。

含碳量为 0.77%的铁碳合金只发生共析转变，其组织是 100%珠光体，称为共析钢。含碳量大于 0.77%的铁碳合金称为过共析钢，其组织是珠光体 P+渗碳体 Fe_3C；含碳量小于 0.77%的铁碳合金称为亚共析钢，其组织是铁素体 F+珠光体 P。

低碳钢是亚共析钢，所以在缓慢冷却条件下，低碳钢的正常组织是铁素体 F+珠光体 P。碳含量越低，组织中的铁素体的含量就越多，塑性和韧性也就越好，但强度和硬度却随之降低。

上述 Fe—Fe_3C 相图只包含铁、碳二元，如果把合金元素加入钢中，Fe—Fe_3C 相图将发生变化。研究表明，所有加入钢中的合金元素都能溶于铁，而且能使铁的临界点位置发生显著变化。如前所述，铁有两种晶格：面心立方晶格（α 铁和 δ 铁）和体心立方晶格（γ 铁），其中体心立方晶格存在于两个温度范围之间，由图 1—17 可见，铁的高温转变温度（1 390℃）以 A_4表示，而低温转变温度（910℃）以 A_3表示，合金元素的加入将改变 A_3、A_4的位置从而使相图发生变化。

钢中合金元素对铁临界点的影响可分为两大类：

1. 扩大 γ 铁相区的锰、镍、碳、氮、铜等元素，它们都能升高 A_4点和降低 A_3点，从而扩大奥氏体 A 的存在范围。其中镍和锰能使 A_3急剧降低，当其加入量分别达到 30%时就可在室温下得到单相合金奥氏体组织，这种合金就称为奥氏体合金。

2. 缩小 γ 铁相区的铬、钼、钛、硅等元素，它们能降低 A_4点，升高 A_3点，从而缩小奥氏体 A 的存在范围。当加入到一定量之后，能使 A_3、A_4 点重合而使 A 相区被封闭，此时合金在固态范围内没有奥氏体相，始终是铁素体相，这种合金称为铁素体合金。

图 1—18 为合金元素加入后的相图示意图两例。

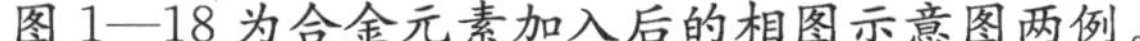

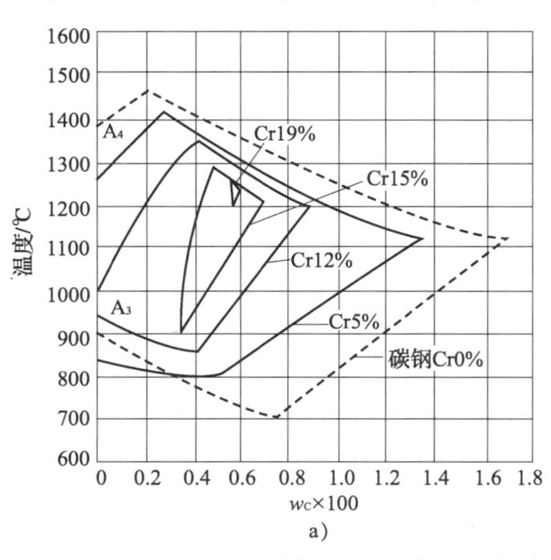

a)

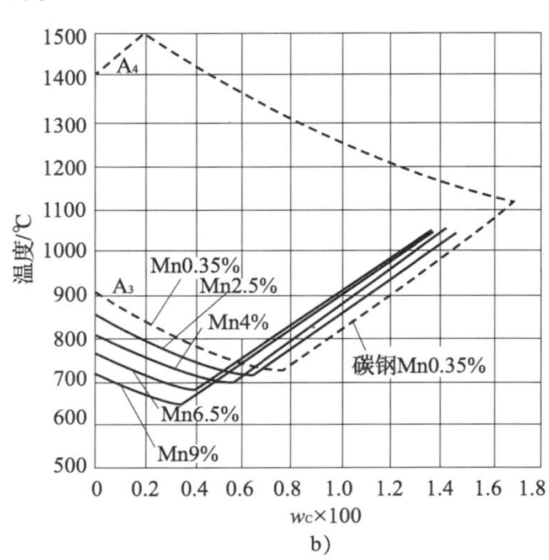

b)

图 1—18　合金元素对 Fe—Fe_3C 相图 γ 相区的影响

a）铬的影响　b）锰的影响

1.2.3　热处理一般过程

热处理是将固态金属及合金按预定的要求进行加热，保温和冷却，以改变其内部组织，从而获得所要求性能的一种工艺过程。由于钢是承压类特种设备制造中使用最广泛的金属材料，因此，本节只介绍钢的热处理。

在实际生产中，热处理过程是比较复杂的，可能由多次加热和冷却过程组成，但其基本工艺过程是由加热，保温，冷却三个阶段构成，温度和时间是影响热处理的主要因素。任何热处理过程都可以用温度—时间曲线来说明，图1—19即为基本热处理工艺曲线图。

由铁碳合金状态图可以得知，随着温度的变化，钢在固体状态下能够发生相变，图1—20为铁碳合金状态图中钢的固态部分，与低碳钢相关的固态相变温度为G—S线和P—S—K线，

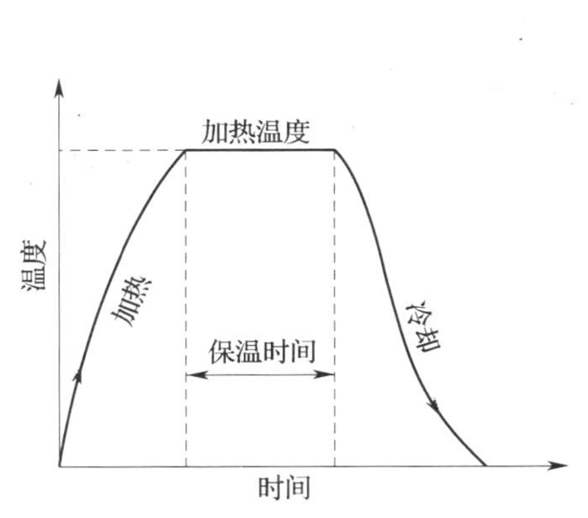

图1—19　热处理的基本工艺曲线

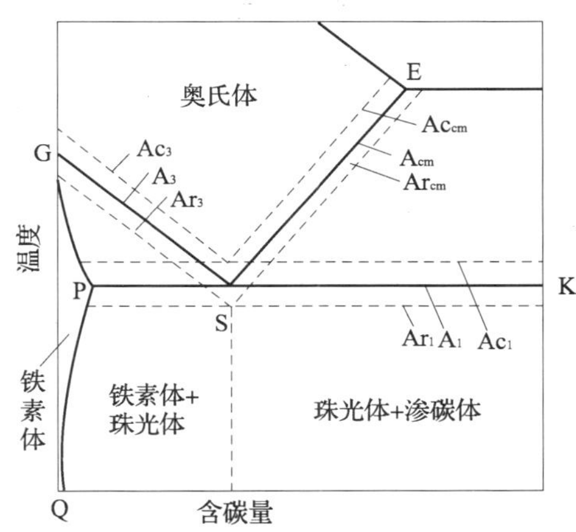

图1—20　加热和冷却时 Fe—Fe_3C 相图上临界点位置

分别称为A_3线和A_1线。在实际加热和冷却时，由于存在过热和过冷现象，加热时钢的相变温度将高于A_3线和A_1线，所以在加热时的相变临界点用A_{c3}线和A_{c1}线表示；冷却时钢的相变温度将低于A_3线和A_1线，所以在冷却时的相变临界点用A_{r3}线和A_{r1}线表示。

钢在热处理过程中的组织变化，由两个过程组成，一是加热时，钢的常温组织转变为奥氏体；二是冷却时奥氏体分解，随着冷却速度的不同，得到不同形态和组分的珠光体、铁素体、或马氏体等转变产物。

两个过程可以简要叙述如下：

1. 加热时的转变——奥氏体A的形成

从图1—17中可见，在平衡状态下低碳钢的常温组织为铁素体F+珠光体P，当加热温度超过A_{c1}时，将发生珠光体P向奥氏体A的转变，继续加热时，剩余的铁素体将向奥氏体溶解，直至温度达到A_{c3}时全部溶解完，此时钢的组织为单一奥氏体A。

刚形成的奥氏体其成分是不均匀的，即原来珠光体中渗碳体存在的地方，碳的浓度比原来铁素体存在的地方高，因此在转变完成后必须有足够的保温时间使晶粒内的成分扩散

均匀。

由上述可知，钢在加热后之所以需要有保温时间，不仅仅是为了把工件烧透，使其心部达到与表面同样的温度，还为了获得成分均匀的奥氏体组织，以便在冷却后得到良好的组织与性能。

2. 冷却时的转变——奥氏体A的分解

钢的高温下的奥氏体组织随着温度的降低会发生分解。例如将含碳0.77%的共析钢自奥氏体区缓慢冷却至A_1温度以下，则奥氏体将转变成为铁素体和渗碳体的机械混合物，即珠光体。但是，如果冷却过程不是一个非常缓慢的过程，即存在一定的过冷度，那么，随着冷却速度的不同，奥氏体的转变产物的形态，分散度及性能都将发生不同变化。

研究奥氏体转变过程的冷却方法有两种，连续冷却和等温冷却。连续冷却与实际相近，但等温冷却的奥氏体转变易于测量，所以通常用奥氏体等温转变试验曲线来进行讨论。等温冷却的试验方法是：将温度在727℃以上，组织为均匀奥氏体的钢试样，急冷至727℃以下的某一温度，然后保持这一温度不变，经过一段时间，奥氏体开始转变，再经过一段时间，奥氏体转变结束，整个转变过程的时间变化范围可以从几秒至几昼夜。将不同温度下奥氏体转变开始和结束的时间绘制成曲线，即得到奥氏体等温转变试验曲线，由于曲线形状像字母C，所以又称C曲线图。

图1—21是共析钢的等温转变曲线，图中左边一条C形曲线是转变开始曲线，右边一条C形曲线是转变终了曲线。图中标明了在不同的温度区间发生转变，得到的不同组织，分别为珠光体，索氏体，屈氏体，上贝氏体和下贝氏体。图中下方有两条水平线，表明马氏体转变温度，其中240℃的Ms线表示马氏体转变开始温度，−50℃的Mf线表示马氏体转变终了温度。

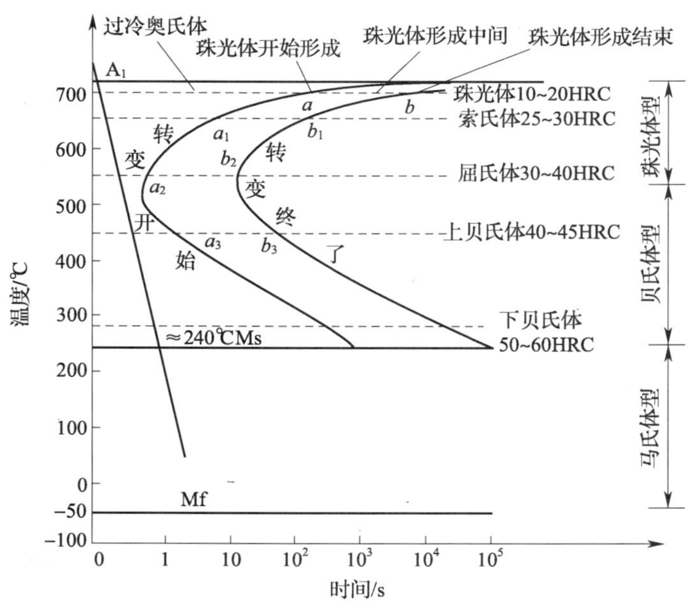

图1—21　共析碳钢的奥氏体等温转变曲线

由图中可以查出任一温度下奥氏体等温转变的产物。例如将温度在727℃以上的共析钢冷却到727℃至650℃区间的某一温度，然后保持这一温度不变，直至转变完成，得到的组织为珠光体；又例如，将试样急冷到500℃，然后在这一温度上等温转变得到的组织是上贝氏体；而急冷到240℃以下，等温转变得到的组织将是马氏体组织。

实际生产中，过冷奥氏体的转变大多是在连续冷却过程中进行的，在连续冷却过程中，只要过冷度与等温转变的对应，则所得到的组织与性能也是相对应的。图1—22为共析钢连续冷却组织转变示意图。

承压类特种设备使用的低碳钢属亚共析钢。亚共析钢的C曲线见图1—23，与共析钢的C曲线相比，在曲线鼻尖上部区域多出一条线。这表明奥氏体在转变为珠光体类组织之前，亚共析钢比共析钢多一个先析出铁素体的过程。此外，亚共析钢C曲线的位置相对于共析钢的C曲线位置左移。这意味着前者等温转变所需时间较短，也意味着在连续冷却的条件下，如果冷却速度相同，亚共析钢的转变组织的塑性、韧性相对较好，硬度相对较低。

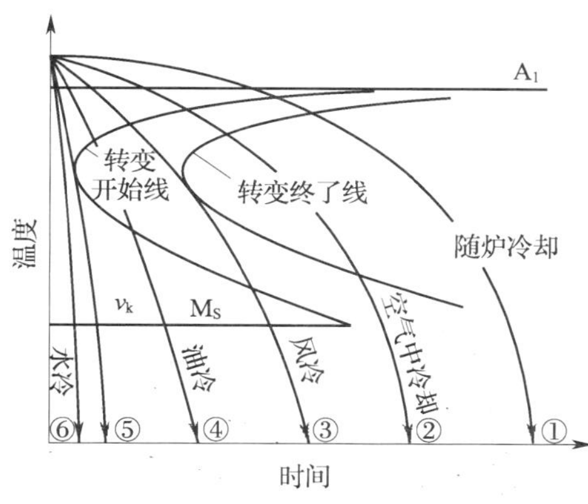

图1—22　共析钢的连续冷速度对其组织与性能的影响

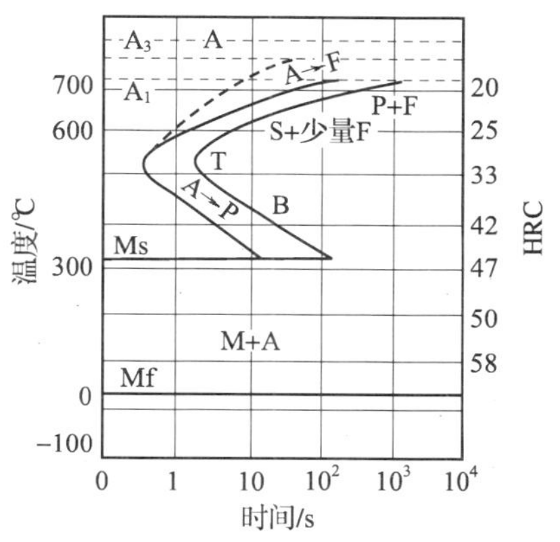

图1—23　亚共析碳钢的C曲线

承压类特种设备使用的低合金钢和合金钢中加有锰、铬、钼、镍、钒等各种合金元素，合金元素的加入会使C曲线图发生变化。概括地说C曲线图的变化有两个方面：一是绝大多数合金元素能使C曲线的位置右移，其后果是使淬火临界冷却速度减小，有利于提高零件的淬透性；但对于不希望发生淬硬现象的工件来说则是不利的，例如低碳钢焊缝焊后自然冷却一般不会淬硬，但某些低合金钢焊缝焊后自然冷却往往会淬硬。二是合金元素的加入能改变C曲线的形状。从图1—24中可见加入合金元素的C曲线的变化情况。

1.2.4　承压类特种设备用钢常见金相组织和性能

1. 奥氏体A［Feγ（C）］

奥氏体是碳在γ-Fe中的固溶体，在合金钢中是碳和合金元素溶解在γ-Fe中的固溶体。

奥氏体塑性很高，硬度和屈服点较低，布氏硬度值一般为170～220HB，是钢中质量体积最小的组织。奥氏体在1 147℃时可溶解碳为2.11%，在727℃时可溶解碳为0.77%。

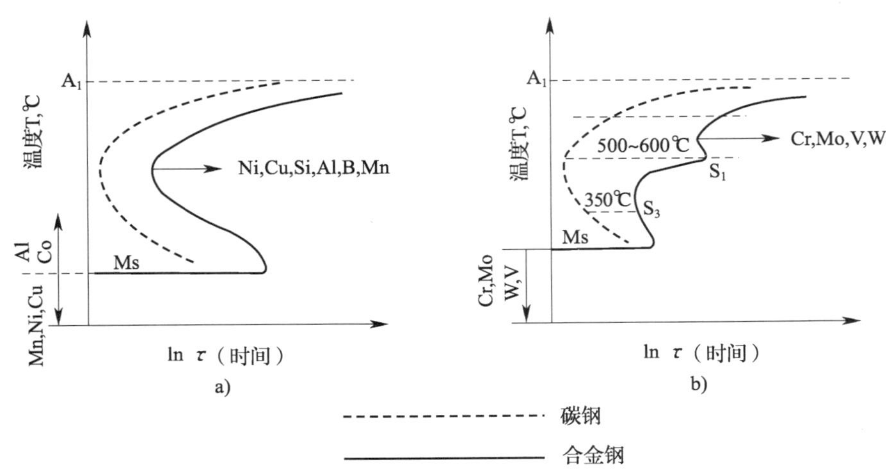

图1—24　合金元素对奥氏体在冷却时转变曲线特性的影响

奥氏体仍然保持γ-Fe的面心立方晶格，在金相组织中呈现为规则的多边形。

2. 铁素体F［Feα（C)］

铁素体是碳与合金元素溶解在α-Fe中的固溶体。

铁素体性能接近纯铁，硬度低（约为80～100HB），塑性好。固溶有合金元素的铁素体能提高钢的强度和硬度。在727℃时，碳在铁素体中溶解为0.022%，在常温下含碳量为0.008%。

铁素体仍然保持α-Fe的体心立方晶格，在金相组织中具有典型纯金属的多面体金相特征。

3. 渗碳体［Fe_3C］

渗碳体是铁和碳的化合物，又称碳化铁。常温下铁碳合金中碳大部分以渗碳体存在。

根据铁—碳平衡图，渗碳体可分为：

一次渗碳体，是沿CD线由液体中结晶析出，多呈柱状。

二次渗碳体是从γ-固溶体中沿ES线析出的，多以白色网状出现。

三次渗碳体是从α-固溶体中沿PQ线析出的，多以白色网状出现。

渗碳体在低温下有弱磁性，高于217℃磁性消失。渗碳体的熔化温度约为1 600℃，含碳量为6.67%，硬度很高（约为>700HB），脆性很大，塑性近乎于零。

4. 珠光体P

珠光体是铁素体和渗碳体的混合物，是含碳量为0.77%的碳钢共析转变的产物，由铁素体和渗碳体相间排列的片层状组织。

珠光体的片间距取决于奥氏体分解时的过冷度，过冷度越大形成的珠光体片间距越小。按片间距的大小，又可分为珠光体、索氏体和屈氏体。由于它们没有本质上区别，统称为珠光体。

粗片状珠光体，是奥氏体在650～700℃高温分解的产物，硬度约为190～230HB，用一般金相显微镜（500倍以下）能分辨Fe_3C片。

索氏体S，是奥氏体在600～650℃高温分解的产物，硬度约为240～320HB，用高倍显微镜放大1 000倍才能分辨Fe_3C片。

屈氏体T，是奥氏体在550～600℃高温分解的产物，硬度约为330～400HB，用电子显微镜放大10 000倍才能分辨Fe_3C片。

珠光体在金相组织中，多为铁素体和渗碳体相间排列的层片状组织，片层一般稍弯曲。在一定热处理条件下（球化退火或高温回火），渗碳体以颗粒状分布于铁素体基底之上，即球化组织，亦叫粒状珠光体。

5. 马氏体M

马氏体是碳在α-Fe中的过饱和固溶体。当钢高温奥氏体化之后，若快速冷却至马氏体点以下时，由于α-Fe在低温下结构不稳定，便转变为α-Fe，但冷却速度快，钢中碳原子来不及扩散，保留了高温时母相奥氏体的成分。因此，马氏体是钢在奥氏体化后快速冷却到马氏体点之下发生无扩散性相变的产物。

马氏体处于亚稳定状态，由于碳在α-Fe中过饱和，使α-Fe的体心立方晶格发生了畸变，形成了体心正方晶格。马氏体具有很高的硬度（约为640～760HB），很脆，冲击韧性低，断面收缩率和延伸率几乎近等于零。由于过饱和的碳使晶格发生畸变，因此马氏体的质量体积较奥氏体大，钢中马氏体形成时产生很大的相变应力。

马氏体在金相组织中，互成一定角度的白色针状结构。正常的淬火工艺下，获得的马氏体大部分为细针或隐针状。

并非所有马氏体组织都是硬而脆的，例如含锰、铬、镍、钼等元素的低合金高强度钢经调质处理后的金相组织为回火低碳马氏体，这种回火低碳马氏体组织具有较高的强度和较好的韧性。

6. 贝氏体B

贝氏体是过冷奥氏体在中温区间（约250～450℃）相变产生的，过饱和的铁素体和渗碳体混合物。

贝氏体形成的温度不同，组织特征也不相同。在接近珠光体形成温度所生成的组织叫“上贝氏体”，其特征为由晶粒边界开始向晶内同一方向平行排列的α-Fe片，片间夹着渗碳体颗粒，在金相组织中呈羽毛可对称或不对称。在300℃附近形成的组织叫“下贝氏体”，在金相组织中呈黑针状。上、下贝氏体只是形状和碳化物分布不同，没有质的区别。上贝氏体的强度小于同一温度形成的细片状珠光体，脆性也较大。下贝氏体与相同温度的回火马氏体强度相近，下贝氏体的性能优于上贝氏体，有时甚至优于回火马氏体。

7. 魏氏组织

亚共析钢因为过热而形成的粗晶奥氏体，在一定的过冷条件下，除了有在原来奥氏体晶粒边界上析出块状α-Fe外，还有从晶界向晶粒内部生长的片状α-Fe。这种片状α-Fe与原来的奥氏体有着一定的结晶位向关系。这些在晶粒中出现的互成一定角度或彼此平行的片状α-Fe，即为通常所称的亚共析钢的魏氏组织。

过热的亚共析钢在较快的冷却速度下容易产生魏氏组织。魏氏组织严重时会使钢的冲击韧性、断面收缩率下降，使钢变脆。可采用完全退火使之消除。

8. 带状组织

经热加工后低碳结构钢显微组织中，铁素体和珠光体沿加工方向平行成层分布的条带组织，叫带状组织。

带状组织使钢的机械性能呈各向异性，并降低钢的冲击韧性和断面收缩率。

9. δ相

δ相是指在铬镍不锈钢（特别是含有铌、钛的铬镍不锈钢）中存在的少量铁素体。存在于奥氏体不锈钢中的δ相可以保证不锈钢焊缝不产生结晶裂纹，可降低晶间腐蚀及应力腐蚀倾向，还能够提高强度。但δ铁素体数量超过某一限度后（例如＞8%），会使点蚀倾向增大，在高温条件下，还容易发生δ相向σ相的转变，引起金属脆化。

10. σ相

σ相是在研究Fe-Cr合金变脆时发现的一种合金相。σ相在室温下无磁性，硬而脆。合金中如有σ相出现，特别是沿晶界分布时，使钢的塑性和韧性显著下降。

一般在550～900℃高温下材料经成年累月的时间才逐步形成σ相。σ相形成会导致材料使用性能恶化。

σ相的形成与钢的成分、组织、加热温度、保温时间以及预先变形等因素有关。在高铬和镍铬不锈钢中，含铬愈高，愈易形成σ相。奥氏体钢中的δ铁素体容易转变为σ相。冷变形也起着促进作用，使σ相形成的温度下移。

1.2.5 承压类特种设备常用热处理工艺

根据钢在加热和冷却时的组织与性能变化规律，热处理工艺分为退火、正火、淬火、回火、及化学热处理等，本节主要介绍与承压类特种设备有关的热处理工艺。

1. 退火

将钢试件加热到适当温度，保温一定时间后缓慢冷却，以获得接近平衡状态组织的热处理工艺，称为退火。

根据钢的成分和目的的不同，退火又分为完全退火，不完全退火，消除应力退火，等温退火，球化退火等。（图1—25）

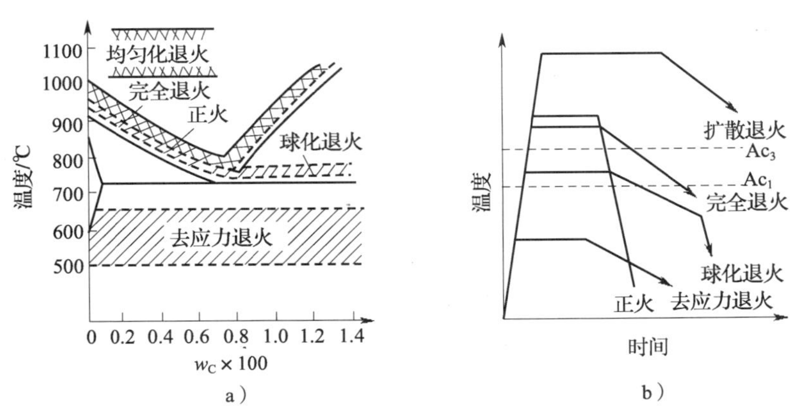

图1—25 各种退火和正火的工艺示意图

a）加热温度范围 b）工艺曲线

完全退火又称重结晶退火，其方法是将工件加热到 A_{c3} 以上 30～50℃，保温后在炉内缓慢冷却。其目的在于均匀组织，消除应力，降低硬度，改善切削加工性能。主要用于各种亚共析成分的碳钢和合金钢的铸、锻件，有时也用于焊接结构。完全退火的组织是接近 Fe—Fe_3C 相图的平衡组织，（对亚共析钢是铁素体+珠光体）。

不完全退火是将工件加热到 A_{c1} 以上 30～50℃，保温后缓慢冷却的方法。其主要目的是降低硬度，改善切削加工性能，消除应力。这种处理应用于低合金钢，中、高碳钢的锻件和轧制件。

2. 消除应力退火

对承压类特种设备来说，消除应力退火特别重要。

承压类特种设备的消除应力退火处理主要是指焊后热处理（PWHT），也有在焊接过程中间和冷变形加工后为减少应力及冷作硬化而进行消除应力处理的。消除应力处理的加热温度根据材料不同而不同，一般是将工件加热到 A_{c1} 以下 100～200℃，对碳钢和低合金钢大致在 500～650℃，保温然后缓慢冷却。消除应力处理主要目的是消除焊接、冷变形加工、铸造、锻造等加工方法所产生的应力，同时还能使焊缝的氢较完全地扩散，提高焊缝的抗裂性和韧性。此外，对改善焊缝及热影响区的组织，稳定结构形状也有作用。

消除应力处理加热方法多种多样，可分整体焊后热处理和局部焊后热处理两大类。前者效果好于后者。整体焊后热处理又可分炉内整体热处理和内部加热整体热处理。后者是利用容器本身作为炉子或烟道，在其内部加热来完成热处理过程，通常用于大型容器的现场热处理，称为现场整体消除应力退火处理。局部焊后热处理常用的方法，有炉内分段热处理和圆周带状加热热处理。

3. 正火

正火是将工件加热到 A_{c3} 或 A_{cm} 以上 30～50℃，保持一定时间后在空气中冷却的热处理工艺。正火的目的与退火基本相同，主要是细化晶粒，均匀组织，降低应力。正火与退火的不同之处在于前者的冷却速度较快，过冷度较大，使组织中珠光体量增多，且珠光体片层厚度减小。钢正火后的强度、硬度、韧性都较退火为高。许多承压类特种设备用的低合金钢钢板是以正火状态供货的。超声波检测一些晶粒粗大的锻件时，会出现声能严重衰减，或出现大量草状回波，可通过正火使情况得到改善。

4. 淬火

淬火是将钢加热到临界温度以上（一般情况是：亚共析钢为 A_{c3} 以上 30～50℃；过共析钢为 A_{c1} 以上 30～50℃），经过适当保温后快冷，使奥氏体转变为马氏体的过程。材料通过淬火获得马氏体组织，可以提高其硬度和强度，这对于轴承、模具之类的工件是有益的。但马氏体硬而脆，韧性很差，内应力很大，容易产生裂纹。承压类特种设备材料和焊缝的组织中一般不希望出现马氏体。

5. 回火

回火是将经过淬火的钢加热到 A_{c1} 以下的适当温度，保持一定时间，然后用符合要求的方法冷却（通常是空冷），以获得所需组织和性能的热处理工艺。回火的主要目的是降低材料的应力，提高韧性。通过调整回火温度，可获得不同硬度、强度和韧性，以满足所要求的力学性能。此外，回火还可稳定零件尺寸，改善加工性能。

按回火温度的不同可将回火分为低温、中温、高温回火三种。

淬火后在150～250℃范围内的回火称为低温回火。回火后的组织为回火马氏体。主要用于各种高碳钢制成的工具、滚珠轴承等。

淬火后在350～500℃范围内的回火称为中温回火。回火后的组织为回火屈氏体。主要用于模具、弹簧等。

淬火后在500～650℃范围内的回火称为高温回火。回火后的组织为回火索氏体。其性能特点是：具有一定的强度，同时又有较高的塑性和冲击韧性，即有良好的综合机械性能。淬火加高温回火的热处理又称为调质，许多机械零件如齿轮，曲轴等均需经过调质处理。一些承压类特种设备用的低合金高强度钢板，也采用调质处理。

6. 奥氏体不锈钢的固溶处理和稳定化处理

把铬镍奥氏体不锈钢加热到1 050～1 100℃（在此温度下，碳在奥氏体中固溶），保温一定时间（大约每25 mm厚度不小于1 h），然后快速冷却至427℃以下（要求从925℃至538℃冷却时间小于3 min），以获得均匀的奥氏体组织。这种方法称为固溶处理。这样处理的铬镍奥氏体不锈钢，其强度和硬度较低而韧性较好，具有很高的耐腐蚀性和良好的高温性能。

对于含有钛或铌的铬镍奥氏体不锈钢，为了防止晶间腐蚀，必须使钢中的碳全部固定在碳化钛或碳化铌中。以此为目的的热处理称为稳定化处理。稳定化处理的工艺条件是：将工件加热到850～900℃，保温足够长的时间，快速冷却。

1.3　承压类特种设备常用材料

承压类特种设备在承压状态下运行，材料要承受较大的工作应力，有些还要同时承受高温或腐蚀性介质的作用，工作条件更为恶劣。设备如果在使用过程中发生破坏性事故，将会造成严重损失。因此，对制作承压类特种设备的材料有一定的要求。这些要求包括：

1. 为保证安全性和经济性，所用材料应有足够的强度，即较高的屈服极限和强度极限。

2. 为保证在承受外加载荷时不发生脆性破坏，所用材料应有良好的韧性。根据使用状态的不同，材料的韧性指标包括常温冲击韧性，低温冲击韧性以及时效冲击韧性等。

3. 所用材料应有良好的加工工艺性能，包括冷热加工成型性能和焊接性能。

4. 所用材料应有良好的低倍组织和表面质量，分层、疏松、非金属夹杂物、气孔等缺陷应尽可能少，不允许有裂纹和白点。

5. 用以制造高温受压元件的材料应具有良好的高温特性，包括足够的蠕变强度，持久强度和持久塑性，良好的高温组织稳定性和高温抗氧化性。

6. 与腐蚀介质接触的材料应具有优良的抗腐蚀性能。

低碳钢，低合金钢，奥氏体不锈钢是制做承压类特种设备常用的金属材料。根据需要，也有采用其他材料制做承压类特种设备的，例如铸钢、铸铁、铜、铝及铝合金、钛及钛合金、镍及镍合金、铁素体不锈钢、铁素体—奥氏体双相不锈钢等。此外，承压类特种设备锻件和螺栓也有采用中碳钢的。本节主要介绍钢的分类，牌号以及低碳钢，低合金钢，奥氏体不锈钢的有关特性。

1.3.1 钢的分类和命名方法

钢的分类可分为“按化学成分分类”和“按主要质量等级和主要性能及使用特性分类”两部分。

按化学成分分类，钢可分为非合金钢，低合金钢，合金钢三大类。

1. 碳钢的分类和命名

（1）碳钢的分类　碳钢属于非合金钢范畴。碳钢以铁与碳为两个基本组元，此外还存在少量的其他元素，例如 Mn、Si、S、P、O、N、H 等。这些元素不是为了改善钢的性能而特意加入的，而是由于冶炼过程无法去除，或是由于冶炼工艺需要而加入的。这些元素在碳钢中被称为杂质元素。

1）按含碳量分类

①低碳钢，含碳量≤0.25%。

②中碳钢，含碳量=0.25%～0.6%。

③高碳钢，含碳量>0.6%。

2）按钢的质量分类

①普通碳素钢，含硫量≤0.050%，含磷量≤0.045%。

②优质碳素钢，含硫量≤0.040%，含磷量≤0.040%。

③高级优质碳素钢，含硫量≤0.030%，含磷量≤0.035%。

3）按钢的用途分类

①碳素结构钢，主要用于制做各种工程结构件和机器零件，一般为低碳钢。

②碳素工具钢，主要用于制做各种刀具、量具、模具等，一般为高碳钢。

4）按冶炼时脱氧程度分类

①沸腾钢，浇注前未作脱氧处理，钢水注入锭模后，钢中的氧与碳反应，产生大量 CO 气泡而引起钢液沸腾，故称沸腾钢。沸腾钢成材率高，材料塑性好，但组织不致密，化学成分偏析大，力学性能不均。

②镇静钢，浇注前作充分脱氧处理，浇注时无 CO 气泡产生，锭模内钢液平静，故称镇静钢。镇静钢材质均匀致密，强度较高，化学成分偏析小，但成材率低，成本高。

③半镇静钢，钢液脱氧程度不够充分，浇注时产生轻微沸腾，钢的组织、性能、成材率介于沸腾钢和镇静钢之间。

5）按冶炼方法和设备分类

①平炉钢。

②转炉钢。

③电炉钢。

上述每种钢因炉衬材料不同而分为酸性和碱性两类。

（2）碳钢的牌号及表示方法

1）碳素结构钢

①普通碳素结构钢　现行标准规定普通碳素结构钢的表示方法为：Q×××—××。

其中第一部分Q是“屈服点”的汉语拼音第一个字母大写；第二部分×××为钢的屈服强度值（单位MPa）；第三部分×是质量等级，分为A、B两级，其中B级质量优于A级；第四部分×是脱氧方法，有F、b、Z三种，其中F代表沸腾钢，b代表半镇静钢，Z代表镇静钢。

②优质碳素结构钢　优质碳素结构钢的牌号用两位数字表示，这两位数字是钢平均含碳量质量的万分比。例如：08钢表示平均含碳量0.08%，20钢表示平均含碳量0.20%。优质碳素结构钢按含锰量的不同分为普通含锰量（0.35%～0.8%）和较高含锰量（0.7%～1.2%）两组。对含锰量较高的一组，牌号数字后面应附加“Mn”，如15Mn、20Mn等，以示与普通含锰量的区别。如为沸腾钢，则在牌号数字后面加“F”，如08F、15F等。

③专门用途的碳素钢　专门用途的碳素钢应在牌号尾部加代表用途的符号。例如制做锅炉或压力容器的专用碳素钢应在牌号后尾附加“锅炉”的汉语拼音字首g或“容器”的汉语拼音字首R，例如20g、20R。

④碳素铸钢　铸钢牌号用“铸钢”的汉语拼音字首ZG表示，后面两组数字分别表示该铸钢的σ_s和σ_b值，例如ZG200—400，ZG270—500等。

2）碳素工具钢　碳素工具钢编号是在“碳”字的汉语拼音字首“T”之后附加数字表示，数字表示平均含碳量质量的千分比，如T8、T12，分别表示含碳量0.8%和1.2%的碳素工具钢如为高级优质碳素工具钢，则在数字后面加A，如T8A、T12A等。

2. 合金钢的分类和命名

（1）合金钢的分类　为了改善钢的性能，在钢中特意加入了除铁和碳以外的其他元素，这一类钢称为合金钢，通常加入的合金元素有锰、铬、镍、钼、铜、铝、硅、钨、钒、铌，锆，钴、钛、硼、氮等。

1）按合金元素的加入量分类

①低合金钢，合金总量不超过5%；

②中合金钢，合金总量5%～10%；

③高合金钢，合金总量超过10%。

2）按用途分类

①合金结构钢，专用于制造各种工程结构和机器零件的钢种；

②合金工具钢，专用于制造各种工具的钢种；

③特殊性能合金钢，具有特殊物理，化学性能的钢种，例如耐酸钢、耐热钢、电工钢等。

3）按钢的组织分类，合金钢可分为珠光体钢、奥氏体钢、铁素体钢、马氏体钢等；

4）按所含主要合金元素分类，合金钢可分为铬钢、铬镍钢、锰钢、硅锰钢等。

（2）合金钢的牌号及表示方法　我国合金钢牌号按含碳量，合金元素种类和含量，质量级别和用途来编排。牌号首部用数字表明含碳量，为区别用途，低合金钢，合金结构钢用两位数表示平均含碳量的万分比；高合金钢，不锈耐酸钢，耐热钢用一位数表示平均含碳量的千分比，当平均含碳量小于0.1%时用“0”表示，含碳量小于0.03%时用“00”表示。牌号的第二部分用元素符号表明钢中主要合金元素，含量由其后数字标明，当平均含量少于1.5%时不标数字；平均含量为1.5%～2.49%时，标数字2；平均含量为2.5%～3.49%

时，标数字 3；……。高级优质合金钢在牌号尾部加 A，专门用途的低合金钢、合金结构钢在牌号尾部加代表用途的符号。例如，16MnR，表明该合金钢平均含碳量 0.16%，平均含锰量小于 1.5%，是压力容器专用钢；09MnNiDR，表明该合金钢平均含碳量 0.09%，锰、镍平均含量均小于 1.5%，是低温压力容器专用钢；0Cr18Ni9Ti，表明该合金钢属高合金钢，含碳量小于 0.1%，含铬量为 17.5%～18.49%，含镍量为 8.5%～9.49%，含钛量小于 1.5%。

1.3.2 低碳钢

锅炉和压力容器常用的碳素钢牌号，有 Q235AF、Q235A、Q235B、Q235C、20g、20R 等。压力管道常用的碳素钢牌号，有 10、20 等。它们都属低碳钢，一般以热轧或正火状态供货，正常的金相组织为铁素体+珠光体。

碳是碳素钢中的主要合金元素，含碳量增加，钢的强度将增大，但塑性和韧性将降低，焊接性能变差，淬硬倾向变大。因此，制作焊接结构的锅炉和压力容器所使用的碳素钢，含碳量一般不超过 0.25%。

除碳以外，钢中还含有少量锰、硅、硫、磷，以及氮、氧、氢等杂质。这些杂质对钢的性能也产生影响：

1. 锰（Mn）

锰是作为脱氧去硫剂加入钢液的。锰能溶入铁素体形成置换固溶体，在钢中有增加强度、细化组织、提高韧性的作用。锰还可以与硫化合成硫化锰，从而减少硫对钢的危害性。但锰在碳钢中作为杂质存在时含量较少（一般小于 0.8%），对钢的性能影响并不大。

2. 硅（Si）

硅是作为脱氧剂加入钢液的。硅能溶入铁素体，在钢中有提高强度、硬度、弹性的作用，但会使钢的塑性、韧性降低。硅作为杂质在镇静钢中含量约 0.1%～0.4%，在沸腾钢中约 0.03%～0.07%。少量的硅对钢的性能影响并不显著。

3. 硫（S）

硫是由矿石、生铁和燃料中进入钢内的有害杂质。硫在铁素体中溶解度极小，在钢中主要以硫化铁形式存在。硫化铁与铁形成低熔点共晶体（熔点 985℃）分布于晶界上，当钢材在 800～1 200℃之间锻轧时，由于低熔点共晶体熔化而使钢材沿晶界开裂，这种现象称为“热脆”。硫在钢中含量有严格限制，压力容器专用钢材的含硫量应不大于 0.020%。

4. 磷（P）

磷主要来自矿石和生铁。少量的磷溶于铁素体中，可能由于其原子直径比铁大很多，造成铁素体晶格畸变严重，从而使钢的塑性和韧性大大降低，尤其在低温时，韧性降低特别厉害，这种现象称为“冷脆”。磷在钢中含量有严格限制，压力容器专用钢材的含磷量应不大于 0.030%。

5. 氮（N）、氧（O）、氢（H）

钢在冶炼过程中与空气接触，钢液会吸收一定数量的氮和氧；而钢中氢含量的增加则是由于潮湿的炉料，浇注系统和潮湿的空气。氮、氧、氢在钢中都是有害杂质。

钢中含氮会形成气泡和疏松。含氮高的低碳钢特别不耐腐蚀。此外，氮的存在会使低碳钢出现时效现象。所谓时效就是钢的强度、硬度和塑性，特别是冲击韧性在一定时间内发生自发改变的现象。低碳钢的时效有两种：热时效和应变时效。热时效是指碳钢加热至570～720℃然后快冷，再放置一段时间后韧性降低的现象。应变时效是指经过冷变形（变形量超过5%）的低碳钢，再加热至250～350℃时韧性降低的现象。当钢材经过冷弯、卷边等冷变形后再进行焊接，有时会在距焊缝40～50 mm处出现裂纹。此即应变时效导致的结果。

氧的存在会使钢的强度、塑性降低，热脆现象加重，疲劳强度下降。

钢中溶入氢，会引起钢的氢脆，产生延迟裂纹、白点等危险缺陷。

低碳钢用于承压类种设备的使用规定：

①Q235-A·F钢板　用于压力容器，设计压力 $p \leqslant 0.6$ MPa；钢板使用温度为0～250℃；用于壳体制造时，钢板厚度不大于12 mm；不得用于易燃介质以及毒性程度为中度、高度或极度危害介质的压力容器。

②Q235-A钢板　容器设计压力 $p \leqslant 1.0$ MPa；钢板使用温度为0～350℃；用于壳体时，钢板厚度不大于16 mm；不得用于液化石油介质及毒性程度为高度或极度危害介质的压力容器。

③Q235-B钢板　容器设计压力 $p \leqslant 1.6$ MPa；钢板使用温度为0～350℃；用于壳体时，钢板厚度不大于20 mm；不得用于毒性程度为高度或极度危害介质的压力容器。

④Q235-C钢板　容器设计压力 $p \leqslant 2.5$ MPa；钢板使用温度为0～400℃；用于壳体时，钢板厚度不大于30 mm。

⑤20R（20g）　其冶炼和检验严于一般碳素结构钢，钢中S、P含量较低，分别控制在不大于0.030%和0.035%。6～16 mm厚度钢板，其 σ_b 为400～520 MPa，$\delta_s \geqslant 245$ MPa，$\delta_5 \geqslant 25\%$，同时焊接性能良好。但由于强度低，一般用于制造中低压的中小型锅炉和容器。

1.3.3 低合金钢

承压类特种设备常使用低合金钢，包括低合金结构钢，低温钢，耐热钢。低合金钢中通常添加的合金元素，有锰、硅、铬、镍、钼、钒、硼和稀土元素等。

硅（Si）和锰（Mn）是低合金钢中最常用的强化元素。硅几乎全部溶于铁素体中。锰则约有3/4溶于铁素体中，其余溶入渗碳体中。锰的强化作用稍次于硅。每加1%Mn或1%Si，可使铁素体屈服点分别增高33 MPa或85 MPa。但是，通过加入锰或硅虽然使钢的屈服点增加10 MPa，但会使伸长率分别下降0.6%或0.65%。所以，在低合金钢中锰和硅的含量要加以适当限制，一般锰量和硅量分别不超过2.2%和0.8%。硅还能提高钢的抗氧化性和耐蚀性。当含量很低时，锰对钢的抗氧化性和耐蚀性影响不显著。

铬（Cr）和镍（Ni）在低合金中用量不大。国外有些低合金钢中，铬、镍含量均不超过1%，其主要作用是增大奥氏体的过冷度，从而细化组织，取得强化效果。铬和镍还能增加钢的耐大气腐蚀能力，改善冲击韧性和降低冷脆转变温度。镍几乎全部溶于铁素体中，不形成碳化物。铬部分溶于铁素体中，部分存在于渗碳体中，可提高渗碳体的稳定性，降低珠光体球化倾向，防止钢的石墨化。

钼（Mo）在铁素体中的最大溶解度可达4%，有明显的固溶强化作用。同时，钼又是强的碳化物形成元素。当钼含量较低时，形成含钼的复合渗碳体，含量较高时，则形成特殊碳化物，有利于提高钢的高温强度。钼能防止钢的回火脆性，在钢中加入0.5%钼，即可抑制回火脆性。钼还能推迟过冷奥氏体向珠光体的转变，从而对钢的组织产生显著影响。钼的主要不良影响是促进钢的石墨化。

钒（V）对碳、氮都有很强的亲和力，能在钢中形成极稳定的碳化物和氮化物，以细小颗粒呈弥散分布，阻止晶粒长大，提高晶粒粗化温度，从而降低钢的过热敏感性，并且显著地提高钢的常温和高温强度以及韧性。钒还能增强钢的抗氢腐蚀能力。

钛（Ti）是最强的碳化物形成元素，能提高钢在高温高压氢气氛中的稳定性。钛与碳形成的化合物碳化钛（TiC）极为稳定。因此钛能细化晶粒，提高钢的强度和韧性。

铌（Nb）和钛相似，也是强的碳化物形成元素，当其含量大于含碳量8倍时，几乎可以固定钢中所有的碳，使钢具有良好的抗氢性能。由于碳化铌具有稳定、弥散的特点，可以细化晶粒，提高钢的强度和韧性。

硼（B）一般在钢中用量甚微。微量硼能提高钢的淬透性。硼还能改善钢的高温强度。

氮（N）能溶入铁素体，起着固溶强化作用。氮在钢中不形成碳化物，但能与其他合金元素形成氮化物，如TiN、AlN，产生细化晶粒的效果。

稀土元素在我国储量极丰。炼钢中常加入适量混合稀土元素，其主要成分是镧、铈、镨和钕。稀土元素能净化晶界上的杂质，提高钢的高温强度，还能改变钢中非金属夹杂物的形态，改善钢的塑性。

铜（Cu）一般不是有意加入低合金钢中的合金元素，而是冶炼时从生铁和废钢中带入。有关标准规定压力容器使用的低合金钢中可残留少量的铜。在低碳合金钢中，特别是与适量的磷同时存在时，少量的铜可以提高钢的抗大气腐蚀性能。钢中含铜量较高时，对钢的热加工不利，也使焊接性能恶化。

1. 低合金结构钢

低合金结构钢有时又称为低合金高强度钢。这类钢既有较高的强度，又有较好的塑性和韧性。使用低合金钢代替碳素结构钢，可在相同承载条件下，使结构重量减轻20%～30%。低合金钢的合金含量较少，价格较低，冷、热成型及焊接工艺性能良好，从而在锅炉压力容器制造中广泛应用。

锅炉用低合金钢牌号，有16Mng、15MnVg、18MnMoNbg等。压力容器用低合金钢牌号，有16MnR、15MnVR、15MnVNR、18MnMONbR、07MnCrMoVR等。压力管道用低合金钢牌号，有09MnV、16Mn以及12CrMo、15MrMo、12CrlMoV、和1Cr5Mo等。以下主要以压力容器用钢为主，介绍低合金钢一些特性。

（1）16Mng和16MnR　16Mng和16MnR具有良好的力学性能，一般在热轧状态使用。对于中、厚板材可进行900～920℃正火处理。正火后强度略有下降，但塑性、韧性、低温冲击值都显著提高。

16Mng和16MnR的焊接性良好，一般情况下钢板厚度≤34 mm时焊前可不预热；对于重要的受压元件和钢板厚度大于34 mm的构件，焊后一般需进行消除应力热处理，通常是加热至600～650℃，保温后空冷。

16Mng 和 16MnR 耐大气腐蚀性能优于低碳钢，腐蚀率比 Q235-A 钢板低 20%～28%，在海洋环境中也有较好的耐蚀性。该材料的缺口敏感性大于碳素钢。当缺口存在时，疲劳强度下降，且易产生裂纹。

(2) 15MnVR (15MnVg)　15MnVR 一般在热轧状态下使用，具有良好的力学性能，但塑性和低温冲击韧性较 16MnR 为低。为改善塑性和韧性可进行正火处理，推荐的处理温度为 940～980℃。15MnVR 的缺口敏感性和时效敏感性都比 16MnR 为大。当冷变形程度较大时，应进行消除应力热处理。

15MnVR 具有较好的焊接性，过热倾向较小，淬硬倾向也不严重，焊后冷裂倾向稍大于 16Mn。一般情况下，厚度≤32 mm 的钢板焊前可不预热；厚度大于 28 mm 的结构，焊后应进行消除应力处理。

(3) 15MnVNR　15MnVNR 在热轧状态下韧性偏低，因此一般在正火后使用。经正火处理后，15MnVNR 可获得高强度，良好的塑性和韧性，且时效敏感性小，冷脆转变温度低。正火温度应根据钢材的化学成分波动而有所不同。当 C、Mn 含量为成分范围的上限时，正火温度宜为 890～920℃；当 C、Mn 含量为中限时，正火温度宜为 920～950℃；当 C、Mn 含量为下限时，正火温度宜为 970～1 000℃。

15MnVNR 也可调质后使用。在 950℃淬火后，再于 650℃回火，可使屈服点、抗拉强度提高，塑性和韧性都能满足要求。

(4) 18MnMoNbR (18MnMoNbg)　18MnMoNbR 在热轧状态下，晶粒粗大，韧性偏低，故一般在热处理后使用。可以施行两种热处理工艺：一种是在 950～980℃正火后，再在 620～650℃回火；另一种是调质处理。正火并回火后，钢的显微组织为低碳贝氏体，而调质处理后，钢的显微组织中出现低碳马氏体。

18MnMoNbR 的焊接性尚好，但有一定的淬硬倾向。焊接工艺中最关键的措施是焊前预热和焊后的消氢热处理，否则容易产生氢致延迟裂纹。

(5) 13MnNiMoNbR　这种钢强度高、塑性好、冷脆转变温度低，可用于制造厚壁压力容器。一般经正火并回火后使用。如果要求特别高的韧性，推荐采用下列热处理规范：在 970～990℃正火，炉冷至 920～890℃，均热后在静止空气中冷却，然后于 580～690℃回火。

(6) 07MnCrMoVR　是低碳多元微量合金化的低合金高强度钢，与其他低合金钢不同之点在于 07MnCrMoVR 降低了碳含量，用微量铬、钼、钒等元素来补偿因碳含量降低而带来的强度损失，并使钢的回火抗力得到提高。07MnCrMoVR 的特点是高强度、高韧性，低的焊接冷裂纹敏感性。07MnCrMoVR 经淬火并回火后使用，其组织为板条状马氏体、贝氏体和少量回火马氏体，正是这种显微组织保证了强度和韧性的良好配合。

(7) X 系列管线钢　X 系列管线钢是按美国石油协会标准 APISpec5L 生产的管线用钢。包括 X60、X65、X70、X80 和 X100 多个等级。

该系列钢属于的多元素微合金强化低碳或超低碳锰钢，其 C 含量≤0.09%，含多种微量合金元素（0.01%～0.2%的 Nb、V、Ti、Mo 等元素）由于生产采用一系列冶金新工艺和新技术，例如真空脱气，连铸和多阶段的控轧控冷等。使钢的洁净度和组织均匀性提高，晶粒细化（S≤0.005%、P≤0.01%、O≤0.002%，针状铁素体组织），该系列钢具有高强度、高韧性和抗脆断能力（X70 屈服强度为 537～563 MPa，－20℃的横向冲击值≥120 J），低焊接碳当量和良好焊接性，以及抗腐蚀和 H_2S 应力腐蚀能力。

国内目前主要品种是X60～X70级钢，X80级钢有批量生产，X100级钢也已经研制出来。“西气东输”长输管道采用的就是X70钢管。

2. 低温用钢

随着低温工业和深冷技术的发展，为数众多的压力容器和压力管道要在低温条件下工作。对于这类容器来说，至关重要的是低温韧性。影响低温韧性的因素有晶体结构、晶粒尺寸、冶炼的脱氧方法、热处理状态、钢板厚度、合金元素等，其中以合金元素的影响最为显著。

碳强烈地影响钢的低温韧性。随着碳含量增加，钢的冷脆转变温度急剧上升。因此，低温钢的含碳量（质量分数）多限制在0.2%以下。

锰对改善钢的低温韧性十分有利。随着锰含量增加，钢的冷脆转变温度下降。

镍具有与锰相似的改善钢的低温韧性的功能。钢中含镍量（质量分数）每增加1%，冷脆转变温度约可降低10℃。所以，锰和镍是低温钢中常用的合金元素。

存在于钢中的硫、磷、砷、锑、锡、铅等微量元素和氮、氢、氧等气体对钢的低温韧性都产生不良影响。所以，GB 150—1998规定低温压力容器受压元件用钢必须是镇静钢。同时，低温压力容器使用的专用钢的硫、磷含量都应低于一般低合金钢。

国内目前规范标准将低温压力容器与非低温压力容器的温度界限规定为−20℃，低温容器用钢的冲击试验温度应低于或等于该容器的最低设计温度，冲击试验采用夏比V形缺口，三个试样的冲击功平均值应大于标准规定的数值。

国内常用的低合金低温用钢牌号有：16MnDR，15MnNiDR，09Mn2VDR，09MnNiDR等。

低温压力容器使用的钢材除上述几种专用钢之外，还有含镍量较高的合金钢2.5Ni、3.5Ni、9Ni钢以及属于高合金钢的1Cr18Ni9以及15Mn26Al4等。根据这些低温用钢显微组织的差异，可以将它们分为三类：铁素体钢、低碳马氏体钢和奥氏体钢。

（1）铁素体钢　显微组织为铁素体加少量珠光体。包括16MnDR、15MnNiDR、09Mn2VDR、09MnNiDR、07MnNiCrMoVDR和2.5Ni、3.5Ni钢。此类钢焊接性良好、焊接工艺控制要点是采用小的焊接线能量和快速多层多道焊。

（2）低碳马氏体钢　9Ni钢淬火后的显微组织为板条状马氏体，回火后为铁素体加一定数量的回转奥氏体。热处理规范对9Ni钢的低温韧性有重要影响。在常规热处理（淬火+回火）后，9Ni钢在−196℃的夏比试样冲击功并不高。若在淬火和回火之间，引入 $\alpha+\gamma$ 相区热处理，可使回转奥氏体数量、形态和分布发生有利的变化，则9Ni钢的−196℃的冲击功可提高1倍。9Ni钢可以采用手工焊、惰性气体保护焊和埋弧焊等常用的焊接方法。钢板厚度不超过50 mm时，焊前不需预热，焊后也不要求热处理。

（3）奥氏体钢　用于制作低温压力容器的奥氏体钢有铬镍系的1Cr18Ni9和铁锰铝系的15Mn26Al4。由于具有面心立方结构，在温度下降时，这两种钢的韧性不出现陡然降低，而是缓慢下降，且下降幅度不很大。奥氏体钢的使用温度高于或等于−196℃时，可免做冲击试验。但冷变形会促进1Cr18Ni9发生 γ-ε 相变。ε 相具有六角密排结构，它的产生会损害钢的韧性。15Mn26Al4在极低温度（−253℃）仍具有良好韧性，且时效敏感性也很小。

3. 低合金耐热钢

当工作温度为400～600℃时，所使用的钢材多为低合金耐热钢，例如制造石油化工压力容器和高压锅炉所使用的钼钢、铬钼钢和铬钼钒钢。此类钢在中等高温具有良好的耐热性，且所含合金元素量不多，价格较低廉。

低合金耐热钢按材料显微组织可分为珠光体钢和贝氏体钢两类，属于珠光体耐热钢的牌号有 0.5Cr-0.5Mo（12CrMo）、1.0Cr0.5Mo（15CrMo）、1.25Cr0.5Mo（14Cr1Mo）、1Cr-Mo-V等。这些钢具有良好的中温强度和一定的抗氢性能。焊接方面的主要问题是近缝区的硬化和冷裂纹，焊后热处理或高温使用下的再热裂纹，当含碳量偏高或焊材使用不当时，也会发生热裂纹。焊接工艺上一般要采用预热，焊后保温以及焊后热处理等措施。属于贝氏体耐热钢的牌号有：2.25Cr-1Mo（12Cr2Mo1）。此种钢具有极好的持久强度和最佳的抗氢性能，是典型的石油加氢裂化容器用钢。但它具有明显的空淬倾向，焊接工艺控制更为严格。

低合金耐热钢长时间使用后有可能发生性能劣化，即发生影响力学性能的组织结构变化，包括珠光体球化、石墨化、合金元素再分配等。

（1）珠光体球化和碳化物聚集　这种组织变化表现为珠光体中的碳化物由片状转变为球状，细小分散的碳化物聚集成大颗粒碳化物。这种变化将引起钢的强烈软化，导致高温强度的降低，常温下的σ_b及σ_s也有所降低。

低合金耐热钢的正常组织是珠光体和铁素体。珠光体由片状渗碳体和铁素体相间组成。由于片状物的表面能比球状物的表面能大，所以片状珠光体是一种亚稳定组织，其中渗碳体有转变成球状碳化物，并聚集长大的自发趋势。这个转变要通过碳原子扩散来实现。因此，凡是影响碳原子扩散的因素都将影响珠光体球化和碳化物聚集。升高温度会使珠光体球化所需时间明显减少。

有些合金元素对珠光体球化起着阻滞作用。例如，钼能溶于渗碳体中，形成复合碳化物(Fe，Mo) C_3，提高渗碳体的稳定性，从而延缓珠光体球化和碳化物聚集过程。因此，钼是低合金耐热钢中最常用的合金元素。铬、钒、钨和钛也具有与钼类似的作用。

（2）石墨化　这是钢中渗碳体在高温自行分解为游离碳（石墨）的过程。石墨的存在相当于钢中出现裂纹，不仅消除了渗碳体原有的强化作用，并且使钢的韧性大为降低，以至引起脆性断裂。

石墨化发生于较高温度，对于碳素钢约为450℃以上，对于0.5Mo钢约在480℃以上。焊缝的热影响区最易发生石墨化，往往沿着热影响区的外缘析出石墨。钢的脱氧方法严重影响钢的石墨化倾向。不用铝脱氧或脱氧用铝量小于0.25 kg/t的钢实际上不出现石墨化。脱氧用铝量为（0.6～1）kg/t的钢有不同程度的石墨化倾向。硅和镍具有与铝相似的促进钢石墨化的作用。凡能形成高稳定性碳化物的元素，如铬、铌、钛等都能阻止石墨化。

（3）合金元素的再分配　这表现为合金元素在固溶体和碳化物中的含量发生变化，是通过合金元素扩散进行的、由不平衡状态向平衡状态转变的一种自发过程。其结果常是合金元素在固溶体中贫化和在碳化物中富集，甚至形成特殊碳化物。例如，在0.5Mo钢中，钼部分溶于铁素体中，部分溶于渗碳体中，钼的再分配导致铁素体中的钼量锐减和渗碳体中的钼量剧增，使得含钼渗碳体转变为特殊碳化物 $(Mo，Fe)_{23}C_6$。合金元素的再分配往往引起钢的蠕变强度的降低。在钢中加入强的碳化物形成元素（如钒、钛、铌）能减缓合金扩散过程，阻滞合金元素的再分配。

1.3.4 奥氏体不锈钢

不锈钢的种类主要有以铬为主加元素的铁素体不锈钢（0Cr13，1Cr17 等）和马氏体不锈钢（1Cr13，2Cr13 等），以铬、镍为主加元素的奥氏体不锈钢（0Cr18Ni9，00Cr18Ni10 等），其中奥氏体不锈钢在压力容器中应用较为广泛。

在含铬 18%的钢中加入镍，当含镍量大于 13%时，可以在常温下获得稳定的单相奥氏体钢。但是经过热加工，在 1 050～1 100℃加热后进行淬火，含镍低至 8%也可获得亚稳的单相状态的奥氏体组织，即 Cr18Ni8，这是一种较经济的奥氏体不锈钢。

奥氏体类不锈钢的机械性能与铁素体类的相比较，其屈服点低，但屈服后的加工硬化性高，塑性、韧性好。同时奥氏体类不锈钢具有面心立方晶格方面所特有的性能，与体心立方晶格的铁素体不同，不出现低温脆性，所以它可以作为低温用钢。同时奥氏体类钢还具有良好的高温性能，也可作耐热钢。

奥氏体类钢具有非常显著的加工硬化特性，其原因主要是由于亚稳的奥氏体在塑性变形过程中形成马氏体。因此，热处理不能用来强化的奥氏体钢，而采用冷加工的方法可以对其进行强化处理。

奥氏体不锈钢中最常用的牌号是：1Cr18Ni9，它具有良好的化学稳定性。在氧化性和某些还原性介质中耐蚀性很高，但在敏化状态，钢存在晶间腐蚀敏感性，并且在高温氯化物溶液中容易发生应力腐蚀开裂。根据不同的要求，可以加入适量的钛、铌、钼、硅、铜等元素，使钢的耐蚀性得到改善。许多铬镍奥氏体不锈耐酸钢是在 1Cr18Ni9 的基础上通过合金化途径发展出来的。例如，为改善抗晶间腐蚀性能而发展出的低碳（C≤0.06%）的 0Cr18Ni9，超低碳（C≤0.03%）的 00Cr18Ni10，以及加入钛来稳定碳的 0Cr18Ni9Ti，为提高抗点蚀性能而发展的含钼不锈钢 0Cr17Ni12Mo2 等。

就奥氏体不锈钢的耐蚀性而言，由于使用条件的变化，存在着晶界腐蚀、点蚀及应力腐蚀破裂等问题。

奥氏体不锈钢晶间腐蚀的原因，一般认为是由于晶间贫铬所致。奥氏体不锈钢具有很高的耐蚀性，是由于钢中含有高铬成分。但如果不锈钢在 450～850℃的温度范围内长时间停留，钢中的碳会向奥氏体晶界扩散，并在晶界处与铬化合析出碳化铬（$Cr_{23}C_6$）。于是，在碳化物两侧出现含铬低于 11.4%、厚度约为数十至数百纳米的贫铬区。这种贫铬使晶间不能抵抗某些介质的浸蚀。所以，这样的晶间对腐蚀介质就十分敏感。由于焊接时焊缝和热影响区在升降温过程中难于避开 450℃～850℃的温度区间，所以焊接接头金属的晶间容易贫铬发生晶间腐蚀。除焊接外，其他热加工或使用过程，如温度处于敏化温度区间，也有可能导致奥氏体不锈钢晶间贫铬。

在奥氏体不锈钢焊接接头中，晶间腐蚀可以发生在热影响区，也可以发生在焊缝表面或熔合线上。晶间腐蚀是奥氏体不锈钢较常见的破坏形式。晶间腐蚀沿晶界进行，使晶界产生连续性的破坏。这种腐蚀开始于金属表面，逐步深入其内部，直接引起破裂。产生晶间腐蚀的不锈钢，从外表看不出与正常钢材有什么不同。但是被腐蚀的晶间几乎完全丧失了强度，在应力作用下会迅速产生沿晶间的断裂。严重的晶间腐蚀试样，在弯曲 90°后，其弯曲处出现明显的裂纹。最严重的可以完全失去金属声音，轻敲即可碎成粉末。

解决晶间腐蚀的措施除选用低碳、超低碳和加钛或铌的奥氏体钢种外，还可通过热处理方法，例如固溶处理和稳定化处理来提高钢的抗晶间腐蚀性能。

点腐蚀是一种局部腐蚀。当介质中含有 Cl^-，Br^-时，会使不锈钢产生点蚀。提高不锈钢抗点蚀能力是增加钢中 Cr、Mo、Ni 等元素的含量。含钼的高铬镍不锈钢 1Cr18Ni12M02Ti，00Cr20Ni30Mo2Nb 等具有较好的抗点蚀性能。

应力腐蚀断裂是奥氏体不锈钢另一种破坏形式。有关应力腐蚀知识可参见本篇 1.1.6 节。使用两相不锈钢（奥氏体＋少量铁素体）是解决应力腐蚀最有效的措施。

第2章 焊接基本知识

焊接在承压类特种设备制造中占有重要地位。例如，在压力容器制造中，焊接工作量占整个工作量的30%以上。焊接质量对承压类特种设备产品质量和使用安全可靠性有直接影响。许多承压类特种设备事故源于焊接缺陷。因此，对承压类特种设备无损检测人员来说，掌握焊接知识是非常必要的。

2.1 承压类特种设备常用的焊接方法

2.1.1 手工电弧焊

1. 手工电弧焊特点

手工电弧焊是利用焊条与焊件之间的电弧热，将焊条及部分焊件熔化而形成焊缝的焊接方法。焊接过程中焊条药皮熔化分解生成气体和熔渣，在气体和熔渣的共同保护下，有效地排除了周围空气对熔化金属的有害影响。通过高温下熔化金属与熔渣间的冶金反应，还原并净化焊缝金属，从而得到优质的焊缝。（图2—1）

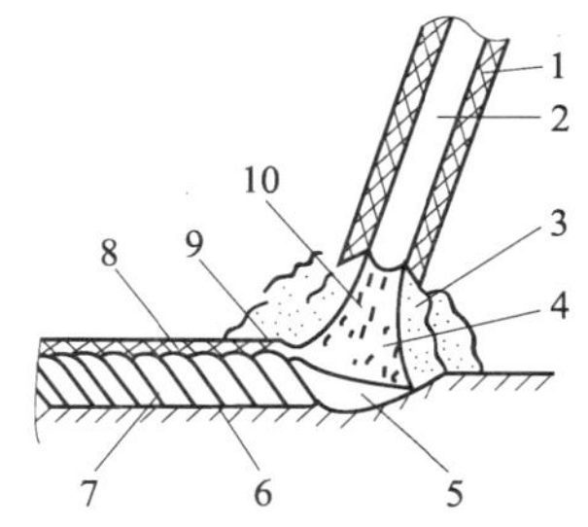

图2—1 焊条电弧焊过程示意图

1—药皮 2—焊芯 3—保护气 4—电弧 5—熔池 6—母材 7—焊缝 8—焊渣 9—熔渣 10—熔滴

手工电弧焊设备简单，便于操作，适用于室内外各种位置的焊接，可以焊接碳钢、低合金钢、耐热钢、不锈钢等各种材料，在承压类特种设备制造中应用十分广泛，比如钢板对接，接管与筒体、封头的连接及各种结构件的连接，都可以采用手工电弧焊。

手工电弧焊的缺点是生产效率低，劳动强度大，对焊工的技术水平及操作要求较高。

2. 手工电弧焊设备

常用的手工电弧焊电源有交流电焊机、旋转式直流电焊机和硅整流式直流电焊机三种。

交流电焊机也叫交流电焊变压器，是手工电弧焊中应用最广泛的一种供电设备。交流电焊机是一种特制的降压变压器，可将初级电压380 V或220 V降到焊接空载电压60～80 V，其内部加有一个比较大的感抗，以保证电弧稳定燃烧，并在一定范围内调节焊接电流的大小。

交流电焊机具有结构简单，成本低，效率高，节省电能和使用维护方便等特点。

旋转式直流电焊机由一个发电机和一个拖动它的电动机机组组成。由交流网路供电使电动机旋转，带动发电机电枢旋转发出直流电供焊接之用。焊接电流可在较大范围内均匀调节以满足焊接工艺的要求，电弧燃烧稳定。

硅整流式直流电焊机也称手弧焊整流器，是一种将工频交流电整流变为直流电的手工电弧焊设备。与旋转式直流电焊机比较，它具有噪声小，效率高，用料少，成本低等优点。这种设备多采用硅整流元件，因而通常称之为硅整流电焊机。近年，这种电焊机正逐步代替旋转式直流电焊机。

直流电焊机的特点是直流电弧燃烧很稳定，所以用小电流焊接时常常选用。在焊接合金钢、不锈钢时，也常选用直流电源。直流电源又分正接、反接两种接法。正接是指工件接正极、焊条接负极；否则，就是反接。在焊接承压类特种设备受压部件等重要结构时，常选用低氢型焊条以保证质量。这种焊条一般要求用直流反接电源。

3. 手工电弧焊焊条

涂有药皮的供手弧焊用的熔化电极称为焊条。它由焊芯和药皮两部分组成。

（1）焊芯　焊条中被药皮包覆的金属芯称为焊芯。

焊芯的作用为：

1）作为电极产生电弧。

2）焊芯在电弧的作用下熔化后，作为填充金属与熔化了的母材混合形成焊缝。

（2）药皮　涂敷在焊芯表面的有效成分称为药皮。

1）药皮的作用：

①稳弧作用　焊条药皮中含有稳弧物质，可保证电弧容易引燃和燃烧稳定。

②保护作用　焊条药皮熔化后产生大量的气体笼罩着电弧区和熔池，基本上能把熔化金属与空气隔绝开，保护熔融金属。熔渣冷却后，在高温焊缝表面上形成渣壳，可防止焊缝表面金属不被氧化并减缓焊缝的冷却速度，改善焊缝成形。

③冶金作用　药皮中加有脱氧剂和合金剂，通过熔渣与熔化金属的化学反应，可减少氧、硫等有害物质对焊缝金属的危害，使焊缝金属获得符合要求的力学性能。

④掺合金　由于电弧的高温作用，焊缝金属中所含的某些合金元素被烧损（氧化或氮化），这样会使焊缝的力学性能降低。通过在焊条药皮中加入铁合金或纯合金元素，使之随药皮的熔化而过渡到焊缝金属中去，以弥补合金元素烧损，提高焊缝金属的力学性能。

⑤改善焊接的工艺性能　通过调整药皮成分，可改变药皮的熔点和凝固温度，使焊条末端形成套筒，产生定向气流，有利于熔滴过渡，可适应各种焊接位置的需要。

2）焊条药皮的组成物

焊条药皮组成物按其作用不同可分为：稳弧剂、造渣剂、造气剂、脱氧剂、合金剂、稀渣剂、黏结剂和增塑剂八类。

（3）焊条的种类

1）焊条根据用途可分为：碳钢焊条、低合金钢焊条、不锈钢焊条、铬和铬钼耐热钢焊条、低温钢焊条、堆焊焊条、铝及铝合金焊条、镍及镍合金焊条、铜及铜合金焊条、铸铁焊条和特殊用途焊条等。

2）按焊条药皮熔化后所形成熔渣的酸碱性不同可分为：碱性焊条（熔渣碱度＞1.5）和酸性焊条（熔渣碱度＜1.5）两大类。

①酸性焊条药皮中主要含有 TiO_2、MnO_2、FeO、SiO_2 等酸性氧化物及少量有机物，氧化性较强，施焊时药皮中合金元素烧损较大，焊缝金属的氧氮含量较高，故焊缝金属的力学性能（特别是冲击韧性）较低；酸性渣难于脱硫脱磷，因而焊条的抗裂性较差；酸性渣较黏，在冷却过程中渣的黏度增加缓慢，称为“长渣”。但焊条工艺性能良好，成形美观，特别是对锈、油、水分等的敏感度不大，抗气孔能力强。酸性焊条广泛地用于一般结构的焊接。

②碱性焊条药皮中主要含有 $CaCO_3$、CaF_2、$CaSiO_3$、$MgCO_3$ 等碱性造渣物，并含有较多的铁合金，如锰铁、钛铁、钼铁、钒铁、硅铁等作为脱氧剂和渗合金剂，使焊条有足够的脱氧能力。碱性渣流动性好，在冷却过程中渣的黏度增加很快，称为“短渣”。碱性焊条的最大特点是焊缝金属中含氢量低，所以也叫“低氢焊条”。碱性焊条药皮中的某些成分能有效地脱硫脱磷，故其抗裂性能良好，焊缝金属的力学性能，特别是冲击韧性较高。碱性焊条多用于焊接重要结构，高压锅炉和压力容器、压力管道制造中广泛地使用碱性焊条。

碱性焊条的缺点是对锈、油、水分较敏感，容易在焊缝中产生气孔缺陷；电弧稳定性差，一般只用于直流电源施焊，但药皮中加入稳弧组成物时可用于交流；在深坡口中施焊时，脱渣性不好；发尘量较大，焊接中需要加强通风，注意保健。

（4）焊条的编号　低碳钢和低合金钢焊条的型号是根据熔敷金属的力学性能、药皮种类、焊接位置及焊接电流种类划分的。

焊条型号编制方法如下：字母“E”表示焊条；前两位数字表示熔敷金属抗拉强度的最小值；第三位数字表示焊条的焊接位置，“0”及“1”表示焊条适用于全位置焊接（平、立、仰、横），“2”表示焊条适用于平焊及平角焊，“4”表示焊条适用于向下立焊（低合金钢焊条无此项）；第三位和第四位数字组合时表示焊接电流种类及药皮类型。

碳钢焊条在第四位数字后附加“R”表示耐吸潮焊条；附加“M”表示耐吸潮和力学性能有特殊规定的焊条；附加“—1”表示冲击性能有特殊规定的焊条。低合金钢焊条的后缀字母为熔敷金属的化学成分分类代号，并以短划“-”与前面数字分开，若还具有附加化学成分时，附加化学成分直接用元素符号表示，并以短划“-”与前面后缀字母分开。对于E50××-×、E55××-×、E60××-×型低氢焊条的熔敷金属化学成分分类后缀字母或附加化学成分后面加字母“R”时，表示耐吸潮焊条。

不锈钢焊条根据熔敷金属的化学成分、药皮类型、焊接位置及焊接电流种类划分型号。焊条型号编制方法为字母“E”表示焊条，“E”后面的数字表示熔敷金属化学成分分类代号，如有特殊要求的化学成分，该化学成分用元素符号表示放在数字的后面。短划“-”后面的两位数字表示焊条药皮类型、焊接位置及焊接电流种类。

有关焊条型号的举例如下：

1）低碳钢焊条

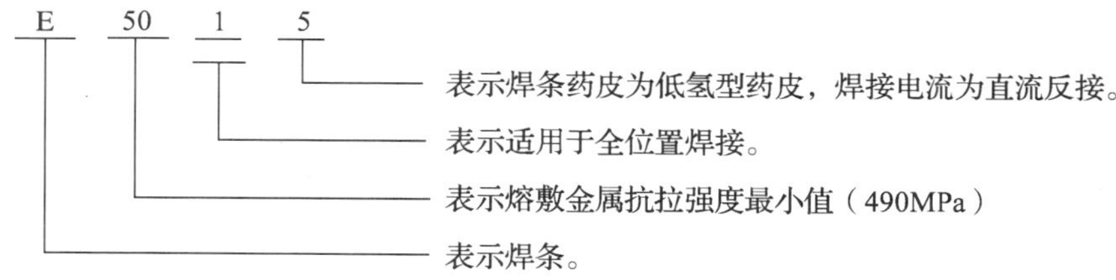

2）低合金钢焊条

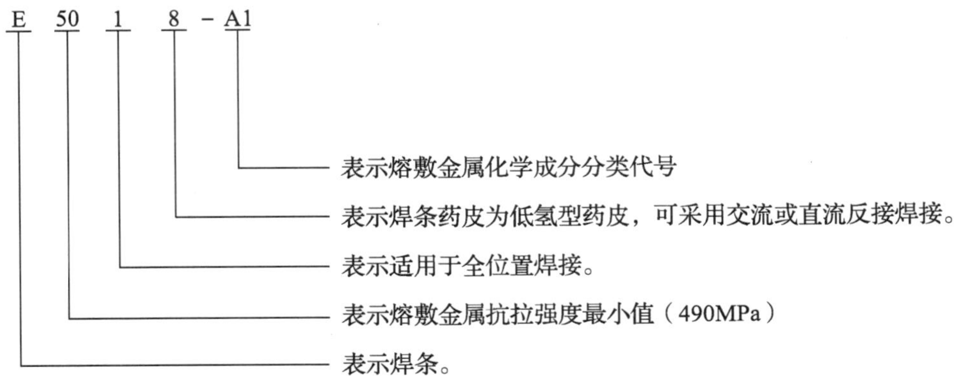

3）不锈钢焊条

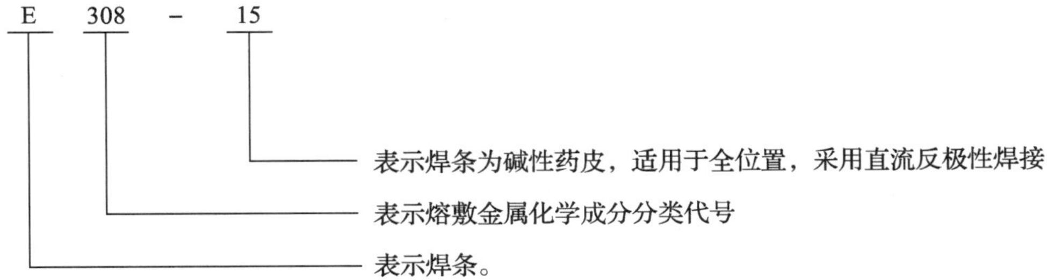

4. 手工电弧焊焊接规范

焊接规范是影响焊接质量和焊接生产率的各个焊接工艺参数的总称。手工电弧焊时，焊接规范主要包括焊接电流、电弧电压、焊条种类和直径、焊机种类和极性、焊接速度、焊接层数等。

（1）焊接电流　焊接电流是影响焊接质量和生产率的主要因素之一。增大电流，可增大焊缝熔深，提高生产率，但电流过大，会使焊条芯过热，药皮脱落，又会造成咬边、烧穿、焊瘤等缺陷，同时金属组织也会因过热而发生变化；若电流过小，则容易造成未焊透、夹渣等缺陷。

决定焊接电流的主要因素是焊条直径和焊缝位置。

焊条直径越大，熔化焊条所需要的电弧热能就越多，因而焊接电流应相应加大。在平焊位置焊接低碳钢或低合金钢时，常用下列公式计算焊接电流：

$$I = kd$$

式中　I——焊接电流，A；

d——焊条直径，mm；

k——经验系数，通常取30～50。

焊接平焊缝时，可选用较大电流。在其他位置焊接时，为了避免熔化金属从熔池中流出，要使熔池小些，焊接电流也相应小些。

（2）电弧电压　电弧电压主要影响焊缝熔化宽度，电压越高，熔化宽度越大。而电弧电压是由电弧长度决定的，电弧长则电弧电压高，电弧短则电弧电压低。手工电弧焊时电弧不宜过长，因而电弧电压不高，变化范围也不大，一般为20～25 V。

（3）焊条直径　焊条直径主要根据被焊工件的厚度来选择，工件越薄，所用焊条越细；工件越厚，所用焊条越粗。直径3～5 mm的焊条用得最广。当工件厚度大于12 mm时，焊条直径可取4～6 mm。平焊时，可选用较粗的焊条以提高生产率。但对多层焊的第一层焊道，应使用不超过3.2 mm的焊条，以保证根部焊透。以后各层可根据工件厚度而选用较粗的焊条。

（4）焊接速度　焊接速度指焊条沿焊接方向移动的速度。手工电弧焊的焊接速度一般不作特殊的规定，而由焊工根据焊缝尺寸和焊条特性自行掌握。通常，焊接速度不超过10 m/h，工件越薄，焊接速度应越大。

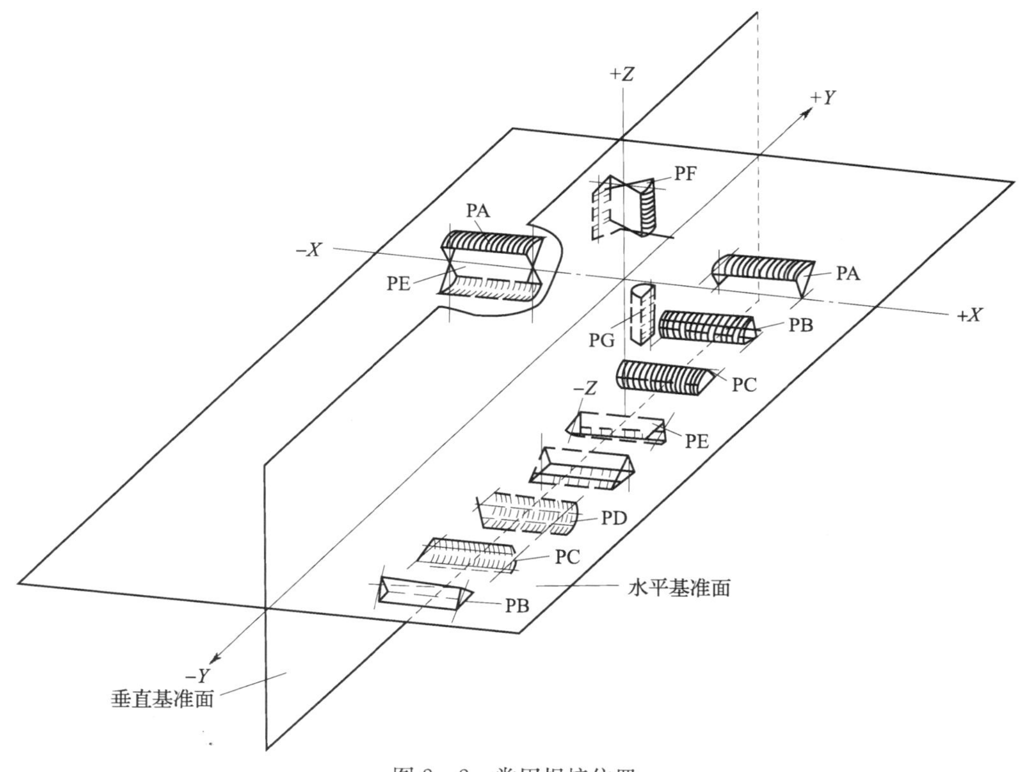

图2—2　常用焊接位置

PA—平焊位置　PB—平角焊位置　PC—横焊位置

PD—仰角焊位置　PE—仰焊位置　PF—立焊位置　PG—立角焊位置

（5）焊接层数　在中厚钢板手工电弧焊时，应采用多层焊。对同一厚度的钢材，其他条件不变时，焊接层数增加，有利于提高焊接接头的塑性韧性。焊接层数根据实践经验决定，大约是钢材厚度与焊条直径的比值（取整数）。

5. 手工电弧焊的焊接位置

手工电弧焊可以在不同的位置进行操作。熔焊时，焊接接头所处的空间位置称为焊接位置，GB/T 3375《焊接术语》中用倾角和转角两个参数来划分不同的焊接位置。其中平焊位置，立焊位置，横焊位置，仰焊位置是四种基本焊接位置，图 2—2 为对接焊缝和角焊缝的四种基本焊接位置的示意图。共列出了 7 种焊接位置，在这 7 种位置所进行的焊接分别称为：平焊、立焊、横焊、仰焊、平角焊、立角焊、仰角焊。

管子环焊缝的焊接位置也有 4 种基本形式，即水平转动，垂直固定，水平固定，45°位置（图 2—3）。

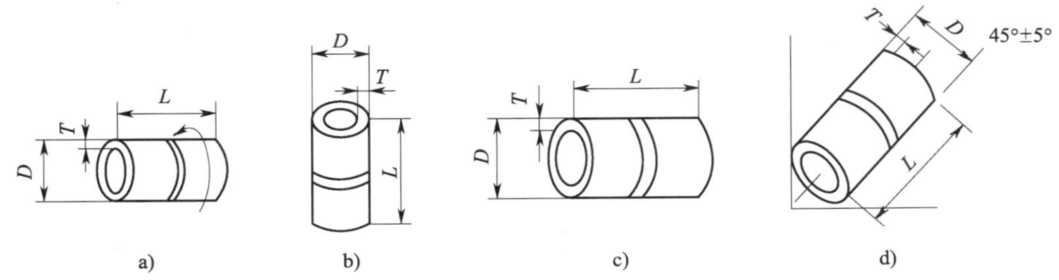

图 2—3 管状坡口对接焊缝试件

a）水平转动-F_r b）垂直固定-H c）水平固定-A d）45°全位置 A_i

对于不同的焊接位置，采用的焊接方法，选择的焊接规范以及焊工的操作手法都有所不同，焊缝外观成形与内部缺陷的发生也有各自的规律。掌握这些规律对无损检测人员来说是非常重要的。

2.1.2 埋弧自动焊

1. 埋弧自动焊的特点

焊接过程中，主要的焊接操作如引燃及熄灭电弧、送进焊条（焊丝）、移动焊条（焊丝）或工件等都由机械自动完成者，叫自动电弧焊。

自动电弧焊中，电弧被掩埋在焊剂层下面燃烧并实施焊接的，叫埋弧自动焊，或者叫熔剂层下自动焊，通常简称埋弧焊。（图 2—4）

埋弧自动焊用焊丝作为电极和焊接填充金属。焊接时，颗粒状焊剂覆盖着部分焊丝和焊接熔池，电弧基本上是在密封的空穴里燃烧，熔化的焊剂膜可靠地保护着电弧和熔池，使之免受大气的作用，并防止了飞溅。

与手工电弧焊相比，埋弧自动焊有下列优点：

（1）埋弧自动焊能采用大的焊接电流，电弧热量集中，熔深大，焊丝可连续送进而不像焊条那样频频更换，因此其生产率比手工电弧焊高 5～10 倍。

（2）由于焊剂和熔渣严密包围着焊接区，空气难于侵入；高的焊速减小了热影响区的尺寸；焊剂和熔渣的覆盖减慢了焊缝的冷却速度。这些都有利于焊接接头获得良好的组织与性能。同时，自动操作使焊接

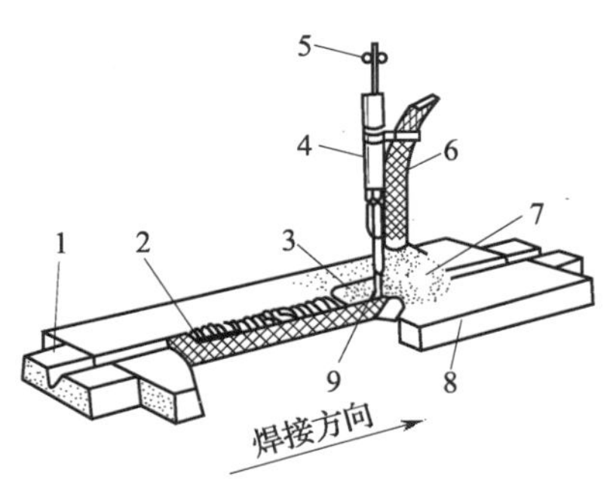

图 2—4 埋弧焊的焊接过程示意图

1—引出板 2—焊缝 3—焊渣 4—导电嘴 5—送丝轮 6—焊剂软管 7—焊剂 8—焊件 9—焊丝

规范参数稳定，焊缝成分均匀，外形光滑美观，因而焊接质量良好、稳定。

(3) 埋弧自动焊热量集中，焊接金属没有飞溅损失，没有废弃的焊条头，工件厚度小时还可以不开坡口，从而可以节省金属材料和电能。

(4) 埋弧自动焊施焊中看不到弧光，焊接烟雾也很少，又是机械自动操作，因而劳动条件得到了很大改善。

埋弧自动焊的局限性是，设备比较复杂昂贵；由于电弧不可见，因而对接头加工与装配要求严格；焊接位置受到一定限制，一般是在平焊位置焊接。

埋弧自动焊常用于焊接长的直线焊缝及大直径圆筒容器的环焊缝。

2. 埋弧自动焊的焊丝与焊剂

埋弧自动焊的焊接材料是焊丝与焊剂。焊丝是裸体金属丝，与手工电弧焊的焊条芯相似，在焊接中不断熔化并填充于焊缝之中。焊剂则与手工电弧焊焊条的药皮类似。

(1) 焊丝　埋弧自动焊常用焊丝直径为1.6～5 mm，通常拉制成型并成捆包装。在保管中应防止生锈，在使用前应清除锈蚀和油污，并防止错用焊丝。

选用焊丝的主要原则是：对于碳素钢和普通低合金钢，应保证焊缝的力学性能；对于铬钼钢和不锈耐酸钢等合金钢，应尽可能保证焊缝的化学成分与焊件相似；异种钢焊接时，一般可按强度等级较低的钢材选用抗裂性能较好的焊丝。

(2) 焊剂　焊剂是埋弧自动焊过程中保证焊接质量的重要材料，其作用有以下几点：

①机械保护。焊剂在电弧热作用下熔化后表成的熔渣，可以防止空气中的氧、氮等气体侵入熔池，从而避免焊缝出现气孔、夹渣等缺陷。

②向熔池过渡必要的合金元素，使焊缝的被烧损的元素成分得到补充，力学性能得到改善与提高。

③促使焊缝表面光洁平直，成形良好。

对焊剂的基本要求是：保证焊缝金属获得所需要的化学成分与力学性能；保证电弧燃烧稳定；对锈、油及其他杂质的敏感性要小，硫、磷含量要低，以保证焊缝中不产生裂纹和气孔等缺陷；焊剂在高温状态下要有合适的熔点和黏度，以及一定熔化速度，以保证焊缝成形良好，焊后有良好的脱渣性；焊剂在焊接过程中不应析出有害气体；焊剂的吸潮性要小，并应具有合适的粒度及足够的机械强度，以保证其多次重复使用。

3. 埋弧自动焊焊接规范

埋弧自动焊的一个主要优点是焊缝成形好。在电弧焊中，焊缝成形通常可用焊缝成形系数（形状系数）及熔合比这两个指标表示。

焊缝成形系数是指焊缝熔化宽度与熔化深度之比（简称熔宽与熔深之比）。成形系数小，表示焊缝深而窄，焊接热影响区较小。从充分利用电弧热能、减小热影响区尺寸及减小焊接变形来说，这是有利的。但成形系数过小时，焊缝结晶中低熔点杂质及气体不易从熔池内浮出，焊缝容易产生裂纹、气孔和夹渣。一般，将焊缝成形系数控制在1.3～2.0较合适。

母材在焊缝中所占的截面百分比，称为熔合比。熔合比可以影响焊缝的化学成分、金相组织和力学性能。特别是当填充金属与母材的化学成分不同时，焊缝中紧临母材的部位，化学成分的变化比较大。变化的幅度与两种金属化学成分之差及熔合比的大小有关。电弧焊时，熔合比可在10%～100%的范围内调节，埋弧自动焊的熔合比在60%～70%之间。

埋弧自动焊的主要焊接规范参数有焊接电流、电弧电压、焊接速度、焊丝直径和伸出长度等。

（1）焊接电流和电弧电压　焊接电流增大时，焊缝熔深增加而熔宽变化不大。这是因为焊接电流增大时，电弧产生的热量及传给焊件的热量均要增加，电弧吹力增强，将焊接熔池中的液态金属从焊丝下部排开，直接加热熔池底部的未熔化金属，从而使熔深加大。同时，由于电弧深入熔池，电弧露出部分减少，活动能力降低，所以熔宽基本保持不变。总的来说，焊接电流增加，焊缝成形系数下降，熔合比增大。当焊接电流过大时，由于熔深过深而熔宽变化不大，使得熔池中的气体及夹杂物上升困难，容易形成气孔、夹渣及裂纹，也可能造成烧穿。为了避免这些缺陷，在增加焊接电流时，应相应提高电弧电压，以使成形系数适当。

电弧电压增大时，焊缝的熔宽明显增加，而熔深有所下降。这是因为电弧电压增大时电弧长度增大，焊件被电弧加热的面积增大，从而使焊缝熔宽增加。由于弧长增加，电弧摆动作用加剧，电弧对液态金属的作用力减弱，熔池底部得到的电弧热减少，因而熔深减小。电弧电压过分增加时，不仅使熔深变浅，造成焊缝的未焊透，而且会造成气孔、咬边等缺陷。在增加电弧电压的同时，要相应增加焊接电流，以保证得到适当的焊缝形状。

（2）焊接速度　当其他条件不变时，焊接速度增加，焊缝单位长度内得到的电弧热量减少，焊丝在单位长度焊缝上的熔化量也减小，因而焊缝的熔宽及余高高度都要减小。熔深随焊接速度的变化趋势则较为复杂：当焊接速度较小而增加时，熔深随之增加；当焊接速度达到一定值而继续增加时，则熔深反而小。过分增加焊接速度会造成未焊透、气孔、咬边等缺陷。焊接速度过低且电弧电压又很高时，会造成“蘑菇形”焊缝，易在焊缝内部形成裂纹。

（3）焊丝直径及伸出长度　当其他参数不变时，焊丝直径增大，弧柱直径随之增加，电弧加热的范围扩大，使得焊缝熔宽增加而熔深减小。反之，焊丝直径减小，电流密度相对增加，熔深增加而熔宽减小。

当焊丝伸出长度增加时，由于电阻增大，伸出部分的焊丝所受到的预热作用增强，焊丝熔化速度加快，使得熔深变小，焊缝余高增大。埋弧自动焊焊丝伸出长度通常为 30～40 mm，伸出长度的变化范围为 5～10 mm。

2.1.3 氩弧焊

氩弧焊是以惰性气体氩气作为保护气体的一种电弧焊接方法。电弧发生在电极与焊件之间，在电弧周围通以氩气，形成连续封闭气流，保护电弧和熔池不受空气的侵害。而氩气是惰性气体，即使在高温之下，氩气也不与金属发生化学反应，且不溶解于液态金属，因此焊接质量较高。

氩弧焊根据电极是否熔化分为不熔化极氩弧焊及熔化极氩弧焊。

不熔化极氩弧焊通常叫钨极氩弧焊，它以钨棒作电极，在氩气保护下，靠钨极与工件间产生的电弧热，熔化基本金属进行焊接。必要时，也可另加填充焊丝。在焊接过程中钨极不发生明显的熔化和消耗，只起发射电子引燃电弧及传导电流的作用。钨极氩弧焊电弧稳定，可使用小电流焊接薄工件，并可单面焊双面成形，近年在承压类特种设备制造和安装中得到广泛应用。特别是采用钨极氩弧焊打底，然后用手工电弧焊或其他焊接方法形成焊缝，可以

避免根部未焊透等缺陷，提高焊接质量。(见图 2—5)

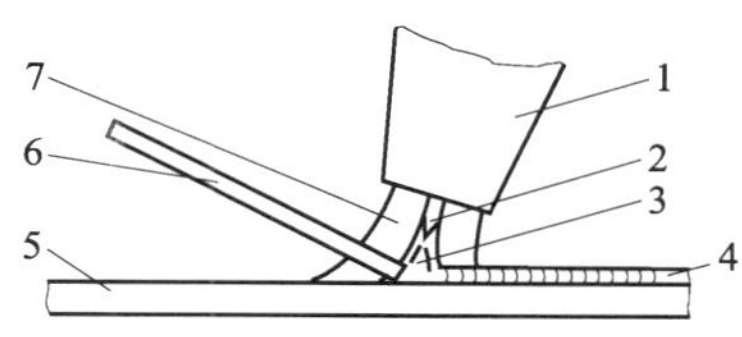

图 2—5　钨极氩弧焊示意图

1—喷嘴　2—电极　3—电弧　4—焊缝　5—焊件　6—填充焊丝　7—保护气体

熔化极氩弧焊是采用连续送进的焊丝作电极，在氩气保护下，依靠焊丝与工件之间产生的电弧热，熔化基本金属与焊丝形成焊缝。在承压类特种设备制造中，熔化极氩弧焊多用于焊接有色金属及合金钢。

氩弧焊所用的焊丝，其化学成分应与母材基本相同，焊丝直径一般不大于 3 mm。所用氩气一般系瓶装供应，通过管道和喷嘴送至焊接区。氩气中所含氧、氮、二氧化碳和水分等杂质，会降低氩气的保护作用，造成气孔缺陷，降低焊接接头的力学性能与抗腐蚀性能。因此，要求氩气的纯度应大于 99.95%。

综合说来，氩弧焊有下列优点：

(1) 适于焊接各种钢材、有色金属及合金，焊接质量优良。

(2) 电弧和熔池用气体保护，清晰可见，便于实现全位置自动化焊接。

(3) 电弧在保护气流压缩下燃烧，热量集中，熔池较小，焊接速度较快，热影响区较小，工件焊接变形较小。

(4) 电弧稳定，飞溅小，焊缝致密，成形美观。

氩弧焊的缺点是，氩气成本较昂贵，氩弧焊的设备和控制系统比较复杂，钨极氩弧焊的生产效率较低，且只能焊薄壁构件。

氩弧焊可用于各种焊接接头形式，但不同接头形式下氩气的保护效果不同。对于对接接头和 T 字接头，氩气流具有良好的保护效果。但对角接接头的保护作用较差，空气容易侵入焊缝区，所以应预加挡板以提高氩气流的保护效果。

氩弧焊的焊接规范参数主要有焊接电流、电弧电压、焊接速度、焊丝直径、氩气流量、喷嘴直径等，这些规范参数的大小又因焊接形式的不同而不同。其中氩气流量是影响焊接质量的重要因素，氩气流量增大，可以增大气流的刚度，提高抗外界干扰的能力，增强保护效果。但当氩气流量过大时，会产生不规则的紊流，影响电弧稳定，并将空气卷入电弧区、反而降低焊接质量。

2.1.4　二氧化碳气体保护焊

以二氧化碳气体作为保护气体的电弧焊接方法，叫二氧化碳气体保护焊，简称 CO_2 保护焊。它以焊丝作一个电极，靠焊丝与工件之间产生的电弧热熔化焊丝和工件，形成焊接接头。(图 2—6)

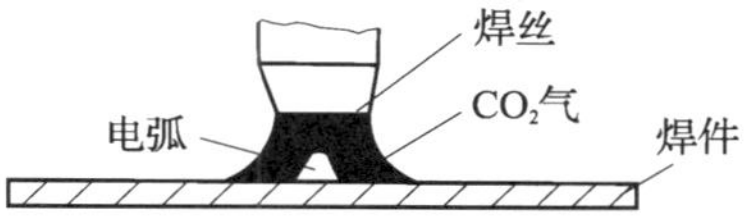

图 2—6　CO_2 气体保护焊的工作原理图

1. 二氧化碳气体保护焊的主要优点

(1) 成本低　用二氧化碳保护电弧和熔池，不仅比氩气便宜，也比采用焊剂及焊条药皮保护焊接区便宜。二氧化碳气体保护焊接中电能消耗少，焊接成本仅为手工电弧焊或埋弧自动焊的 40%。

(2) 质量好　电弧和熔池都在二氧化碳气体保护之下，不易受空气侵害。焊接时电弧加热集中，焊接速度快，焊接热影响区小。采用细焊丝小规范来焊接薄壁结构，特别适宜。

（3）生产率高 由于焊丝送进自动化，电流密度大，热量集中，所以焊接速度快，又不需要清理焊渣等辅助工作，所以生产率较高。二氧化碳气体保护自动焊比起手工电弧焊来，工效可提高2～5倍。

（4）操作性能好 明弧焊接，便于发现和处理问题。具有手工焊接的灵活性，适宜于进行全位置焊接。

2. 二氧化碳气体保护焊的缺点

采用较大电流焊接时，飞溅较大，烟雾较多，弧光强，焊缝表面成形不够光滑美观。控制或操作不当时，容易产生气孔。焊接设备比较复杂。二氧化碳气体保护焊在承压类特种设备制造中可用于焊接低碳钢、低合金钢结构。

二氧化碳气体包围着电弧和熔池，可以有效地防止空气对熔化金属的有害作用。但二氧化碳与惰性气体不同，它本身是氧化性气体，在高温下可以将金属元素氧化；而且，在电弧高温下，二氧化碳会分解成一氧化碳和原子态的氧，这些原子态的氧更易使铁及其他合金元素氧化、烧损，从而降低焊缝的合金含量及力学性能。生成的氧化锰、二氧化硅等构成浮渣浮在熔池表面，反应产生的大量一氧化碳，在熔池冷却过程中来不及全部析出而形成很多气孔。

由于锰、硅等元素比铁更容易与氧结合，因此在炼钢中常用锰、硅作脱氧剂。在二氧化碳气体保护焊中，也可以利用这些元素脱氧，从而解决二氧化碳对铁的氧化问题，同时弥补合金元素的烧损。因而，选用二氧化碳气体保护焊焊丝时，必须保证焊丝中含有足够数量的脱氧元素，主要是锰、硅元素。其他脱氧元素，如铝、碳等，不宜用于二氧化碳气体保护焊，因为铝在电弧高温下氧化烧损过于严重，难于过渡到熔池中去，而碳的脱氧生成物是一氧化碳，容易造成焊接过程发生较大飞溅，并在焊缝中形成气孔。

常用于二氧化碳气体保护焊的焊丝是H08Mn2SiA，H04Mn2SiTiA等。用于二氧化碳气体保护焊的二氧化碳气体一般系瓶装供应，通过管路，喷嘴输送至焊接区。气体纯度应不低于99.5%。

2.1.5 等离子弧焊

等离子弧又称作压缩电弧，它是一种电离程度高、导电截面收缩得比较小，因而能量更加集中的电弧。等离子弧可用于切割和焊接各种金属。利用等离子弧焊接金属者，即是等离子弧焊接（见图2—7）。

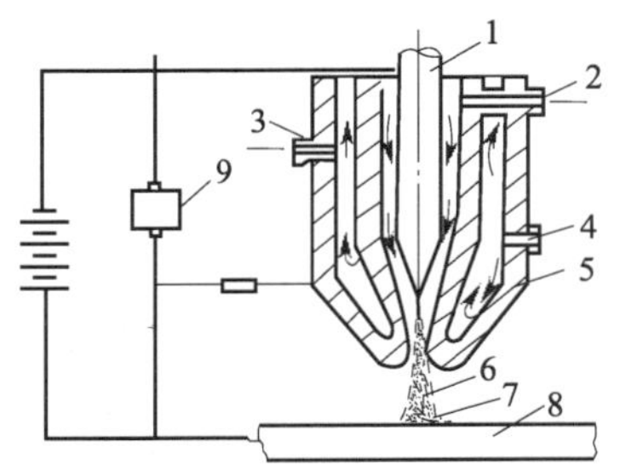

图2—7 等离子弧发生原理示意图
1—电极 2—进气管 3—出水管
4—进水管 5—喷嘴 6—弧焰
7—等离子气流 8—割件
9—高频振荡器

等离子弧是借助水冷喷嘴对电弧的拘束作用，获得较高能量密度的等离子弧的。通常认为有以下三种作用：

1. 机械压缩

利用水冷喷嘴孔道限制弧柱直径，来提高弧柱的能量密度和温度。

2. 热收缩

由于水冷喷嘴温度较低，从而在喷嘴内壁建立起一层冷气膜，迫使弧柱导电断面进一步减小，电流密度进一步提高。弧柱这种收缩称之为“热收缩”或叫做“热压缩”。

3. 磁收缩

弧柱电流本身产生的磁场对弧柱有压缩作用（即磁收缩效应）。电流密度越大，磁收缩愈强烈。

由于弧柱断面被压缩得较小，因而能量集中（能量密度可达 10^5～10^6 W/cm^2，而钨极氩弧焊在 10^5 W/cm^2 以下），温度高（弧柱中心温度可达 18 000～24 000 K），焰流速度大（可达 300 m/s 以上）。这就使得等离子弧不仅广泛用于焊接、喷涂、堆焊，而且可用于金属和非金属的切割。

等离子弧焊可手工焊也可自动焊，可填充金属亦可不填充金属。它可以焊接碳钢、不锈钢、耐热钢、铜合金、镍合金以及钛合金等。不开坡口对接一次性可焊透 6～12 mm（导热慢则可焊厚度大）。而微束等离子弧焊由于电流小至 1 A 以下甚至 0.1 A，故可焊细丝和箔材。

2.1.6 电渣焊

电渣焊是利用电流通过液体溶渣所产生的电阻热进行焊接的方法。电渣焊过程见图 2—8。

1. 电渣焊的过程

电渣焊的过程可分为三个阶段：

（1）引弧造渣阶段　开始电渣焊时，在电极和起焊槽之间引出电弧，将不断加入的固体焊剂熔化，在起焊槽，水冷成形滑块之间形成液体渣池。当渣池达到一定深度时，即使电弧熄灭，转入电渣过程。

（2）正常焊接阶段　当电渣过程稳定后，焊接电流通过渣池产生的热量（可使温度达 1 600～2 000℃）将电极和被焊工件熔化，形成的钢水汇集在渣池的下部，成为金属熔池。随着电极不断向渣池送进，金属熔池和其上的渣池逐渐上升，金属熔池的下部远离热源的液体金属逐渐凝固形成焊缝。

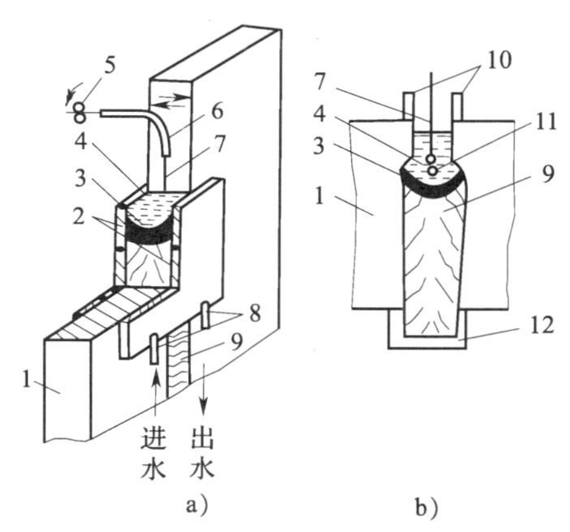

图 2—8　电焊过程示意图

1—工件　2—强迫成形装置　3—金属熔池　4—渣池　5—送丝轮　6—导丝管　7—电极（焊丝）　8—冷却水管　9—焊缝金属　10—引出板　11—熔滴　12—引弧板

（3）引出阶段　被焊工件上部装有引出板，以便将渣池和停止焊接时易于产生缩孔和裂纹的那部分焊缝金属引出工件。在引出阶段应逐步降低电流和电弧电压，以减少缩孔和裂纹的产生。焊后应将引出部分割除。

2. 电渣焊的特点

与其他熔化焊方法相比，电渣焊的特点是：

（1）宜在垂直位置焊接　当焊缝中心线处于垂直位置时，电渣焊形成熔池及焊缝成形的条件最好。对倾斜焊缝也可进行焊接，但应使焊缝中心线与地面垂直线的夹角小于 30°，此时焊缝金属中不易产生气孔及夹渣。

(2) 适于大厚度件焊接　由于整个渣池均处于高温下，热源体积大，故不论工件厚度多大都可以不开坡口，只要有一定的装配间隙便可以一次焊接成形。生产率高，与开坡口的焊接方法比，焊接材料消耗较少。

(3) 渣池对被焊工件有较好的预热作用　由于开始便有引弧造渣阶段形成的大体积渣池，所散发的热量对工件起到预热的作用，故焊接碳当量较高的金属（如中碳钢、低合金钢）时不易出现淬硬组织。

(4) 焊后必须进行正火和回火热处理　由于焊缝和热影响区在高温下停留时间长，易产生粗大晶粒和过热组织，焊接接头冲击韧性较低，故焊后必须进行正火和回火热处理。

(5) 焊缝成形系数调节范围大　可通过焊接电流和电弧电压的调节在较大范围内调节焊缝成形系数，防止焊接热裂纹的产生。

2.2　焊接接头

2.2.1　焊接接头形式

焊接接头形式一般由被焊接两金属件的相互结构位置来决定，通常分为对接接头、搭接接头、角接接头及 T 字接头等，见图 2—9。每种接头形式下又有不同的坡口形式。

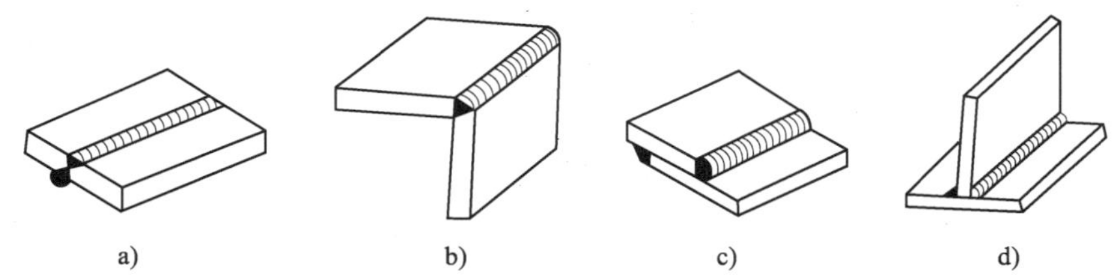

图 2—9　焊接接头的基本形式

a) 对接接头　b) 角接接头　c) 搭接接头　d) T 形接头

焊接坡口形式指被焊两金属件相连处预先被加工成的结构形式，一般由焊接工艺本身来决定。坡口形式的选择主要应考虑以下因素：

(1) 保证焊透。

(2) 填充于焊缝部位的金属尽量少。

(3) 便于施焊，改善劳动条件。对圆筒形构件，筒内焊接量应尽量小。

(4) 减小焊接变形量，对较厚元件焊接应尽量选用沿壁厚对称的坡口形式。

1. 对接接头

将两金属件放置于同一平面内（或曲面内）使其边缘相对，沿边缘直线（或曲线）进行焊接的接头叫对接接头。

对接接头是最常见、最合理的接头形式。圆筒形锅炉压力容器筒身的纵缝、环缝，封头钢板的拼接焊缝，凸形封头与筒身的连接焊缝，接管及管子的对接焊缝等，都是对接接头。

对接接头处结构基本上是连续的，承载后应力分布比较均匀。在焊接接头设计中，应尽量采用对接接头。但对接接头也有一定程度的应力集中，这主要是接头处截面改变造成的，即焊缝两面的余高或低陷在基本金属与焊缝过渡处造成应力集中。在承压类特种设备制造中，不允许焊缝表面低陷，对焊缝余高也有限制，一般应小于 3 mm。当焊缝根部未焊透或焊缝中存在缺陷时，对接接头中的应力集中将会增大。

对接接头的坡口形式可分为不开坡口、V 形坡口、X 形坡口、单 U 形坡口及双 U 形坡口等种，见图 2—10。

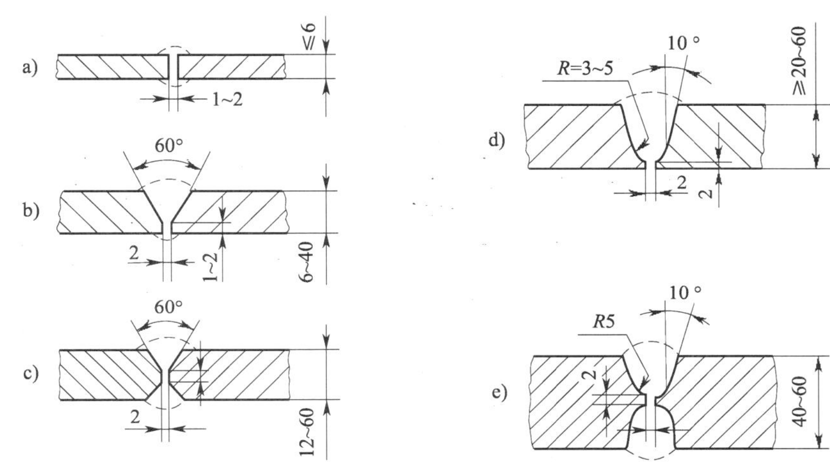

图 2—10　坡口基本形状

a) I 形坡口　b) V 形坡口　c) X 形坡口　d) U 形坡口　e) 双 U 形坡口

对手工焊来说，当构件厚度在 3 mm 以下，对埋弧自焊来说，构件厚度在 14 mm 以下时，都可以不开坡口，直接施焊（图 2—10a）。

V 形坡口（图 2—10b）加工方便，但对同样厚度的焊件，采用 V 形坡口比采用 X 形坡口多耗费近 1 倍的焊条或焊丝。另外，由于沿厚度焊缝不对称，焊后常造成较大角变形。管子对接一般用 V 形坡口。

X 形坡口（图 2—10c）加工较 V 形坡口复杂，需从双面施焊。由于焊缝对称，焊后的角变形很小，焊条或焊丝消耗量也少。

U 形坡口（图 2—10d）焊条或焊丝消耗量较 V 形为少，但在焊后同样会产生较大角变形；双 U 形坡口（图 2—10e）焊条或焊丝消耗量最小，焊后变形也小。与 V 形及 X 形坡口比较，U 形及双 U 形坡口加工比较复杂，一般在较重要构件及厚度较大构件中采用。在高压、超高压锅炉和压力容器环缝焊接中常用双 U 形坡口；低压锅炉和容器焊接中，多用 V 形及 X 形坡口；压力管道焊接中，多用 V 形坡口。

2. 搭接接头

两块板料相叠，而在端部或侧面角焊的接头称搭接接头。搭接接头不需要开坡口即可施焊，对装配要求也相对松些（图 2—9c）。搭接接头的焊缝属于角焊缝，在接头处结构明显不连续，承载后接头部位受力情况比较复杂，有附加的剪力及弯矩，应力集中比对接接头严重，因而较少采用。承压类特种设备一般不允许采用搭接结构，仅在特殊情况下偶尔采用。

3. 角接接头及T字接头

两构件成直角或一定角度，而在其连接边缘焊接的接头称角接接头。两构件成T字形焊接在一起的接头，叫T字接头，角接接头和T字接头都形成角焊缝，形式相近，常用于承压类特种设备接管、法兰、夹套、管板、管子、凸缘等的焊接。

角接接头及T字接头，在接头处的构件结构是不连续的，承载后应力分布比较复杂，应力集中比较严重。因而在管板、平封头与筒身连接时，常在管板、平封头边缘加工出板边圆弧，把角接接头转化为对接接头。

单面焊的角接接头及T字接头承受反向弯矩的能力极低，应当避免采用。一般承压类特种设备用角接接头及T字接头都应开坡口双面施焊，或者开坡口单面施焊保证焊透。

根据板厚及工作重要性，角接接头及T字接头有V形、单边V形、U形、K形等坡口形式。

2.2.2 焊接接头的组成

焊接接头包括：焊缝（OA）、熔合区（AB）和热影响区（BC）三部分，如图2—11所示。

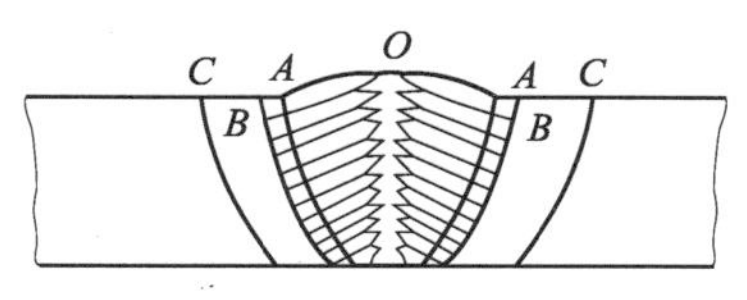

图2—11　焊接接头示意图

1. 焊缝

焊缝是焊件经焊接后形成的结合部分。通常由熔化的母材和焊材组成，有时全部由熔化的母材组成。

2. 熔合区

熔合区是焊接接头中焊缝与母材交接的过渡的区域。它是刚好加热到熔点与凝固温度区间的部分。

3. 热影响区

焊接热影响区是焊接过程中，材料因受热的影响（但未熔化）而发生金相组织和机械性能变化的区域。热影响区的宽度与焊接方法、线能量、板厚及焊接工艺有关，采用不同焊接方法焊接低碳钢时热影响区的平均尺寸见表2—1。

表2—1　　不同焊接方法热影响区的平均尺寸

焊接方法	各区的平均尺寸			总宽（mm）
	过热	相变重结晶	不完全重结晶	
手工电弧焊	2.2～3.0	1.5～2.5	2.2～3.0	6.0～8.5
埋弧自动焊	0.8～1.2	0.8～1.7	0.7～1.0	2.3～4.0
电渣焊	18～20	5.0～7.0	2.0～3.0	25～30
氧、乙炔气焊	21	4.0	2.0	27.0
真空电子束焊	—	—	—	0.05～0.75

2.2.3 焊接接头的组织和性能

焊接接头中，焊缝金属是从高温液态冷却至常温固态的。这期间经历了两次结晶过程，即从液相转变为固相的一次结晶过程和在固相状态下发生组织转变的二次结晶过程。

焊缝金属的一次结晶过程如下：结晶最先发生在熔池中温度最低的熔合线部位。随着熔池温度的降低，晶体逐渐长大。在长大过程中，由于相邻晶体的阻碍，晶体只能向熔池中心生长，从而形成柱状晶（图2—11）。当柱状晶体长大至相互接触时，一次结晶过程即结束。

一次结晶过程中，由于冷却速度快，焊缝金属元素来不及扩散，会产生化学成分分布不均匀现象，这种现象称为偏析。偏析有可能使焊缝力学性能和耐腐蚀性能不均匀，还有可能产生缺陷，例如热裂纹的产生便与偏析有关。

焊缝金属的二次结晶的组织和性能，与焊缝的化学成分、冷却速度及焊后热处理有关。低碳钢和低合金钢在平衡状态下的二次结晶组织是铁素体加少量珠光体，随着冷却速度的加快，珠光体含量增多、铁素体减少、焊缝的强度和硬度有所提高，而塑性、韧性则下降。含合金元素较少（铬<5%）的耐热钢，在焊前预热、焊后缓冷条件下得到珠光体和部分淬硬组织；高温回火后可得到完全的珠光体组织。

含合金元素较多（含铬5%～9%）的耐热钢，当焊接材料与母材相近似时，在焊前预热、焊后缓冷条件下，焊缝通常为贝氏体组织，也可能出现马氏体组织。高温回火后，可得到回火索氏体组织。当采用奥氏体不锈钢焊接材料时，焊缝组织则主要为奥氏体。奥氏体不锈钢的焊缝组织一般为奥氏体加少量铁素体。

由于焊缝金属的化学成分较合理，二次结晶的晶粒较细，所以焊缝部位的金属具有较好的力学性能。加上焊缝余高使焊缝部位的受力截面增大，所以，焊接接头的薄弱部位不在焊缝，而在熔合区和热影响区。

必须指出，焊缝余高并不能增加整个焊接接头的强度，因为余高仅仅使焊缝截面增大而未使熔合区和热影响区截面增大。相反，余高的存在恰好在熔合区和热影响区粗晶区部位造成结构的不连续，从而导致应力集中，使焊接接头的疲劳强度下降。

有关熔合区和热影响区的组织和性能的介绍如下：

焊接过程中，热影响区沿宽度各点被加热，但所达到的温度不同，因而焊后组织、性能也不相同。热影响区某点被加热达到的最高温度，在最高温度下停留的时间及随后的冷却速度，都将决定该点的组织情况。

从热处理特性看，用于焊接的结构钢，可分为两类。一类是在一般焊接条件下淬火倾向较小的，如低碳钢和含合金元素很少的低合金钢，称为“不易淬火钢”。另一类是含碳量较高或含合金元素较多，在一般焊接条件下淬火倾向较大，称为“易淬火钢”。这两类钢材的焊接热影响区组织也不相同。

1. 不易淬火钢热影响区的组织和性能

如图2—12所示，不易淬火钢的热影响区，大体可分为四个部分：

（1）熔合区（不完全熔化区）　此区为熔合线附近焊缝金属到基本金属的过渡部分，

温度处于固相线和液相线之间，金属处于局部熔化状态，因此晶粒十分粗大，化学成分及组织都极不均匀，冷却后的组织属于过热组织。对于低碳钢，固相线和液相线之间温度区间很小，而电弧焊时此处温度梯度很大，所以这段区域很窄，但对于焊接接头的强度、塑性都有很大影响。在很多情况下，熔合区附近是产生裂纹和局部脆性破坏的发源地。

（2）过热区（粗晶粒区） 此区段金属处于 1 100℃以上，晶粒十分粗大，冷却后可能出现粗大魏氏组织，使钢的塑性和韧性都大大降低。晶粒粗大的程度与在高温下停留的时间有关，停留时间越长，晶粒越粗大。采用不同的焊接方法与焊接规范，焊后过热区的宽窄也不同。焊接速度越快，过热区越小。过热区的力学性能还随焊后冷却速度而变化，冷却速度提高，过热区强度、硬度增高，塑性及韧性降低。

（3）正火区（重结晶区） 此区加热温度在 A_{c3} 以上至 1 100℃，低碳钢加热至这个温度区间，铁素体和珠光体全部转变为奥氏体。由于温度不太高，晶粒未长大，冷却后得到均匀细小的铁素体加珠光体组织，既有较高强度，又有较好塑性韧性，是焊接接头中综合性能最好的部位。此区相当于热处理中的正火组织，所以叫正火区或细晶粒区。

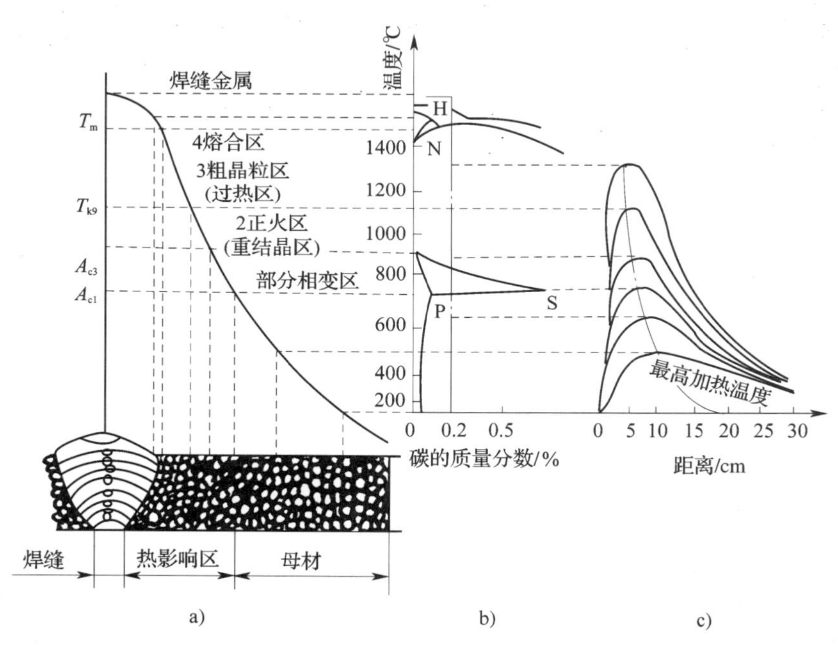

图 2—12 低碳钢的热影响区

a）热影响区各部分组织示意图 b）铁碳状态图 c）焊接热循环曲线

（4）部分相变区 此区加热温度范围在 A_{c1} 至 A_{c3} 之间。对 20 钢来说，温度在 750～900℃之间。在此温度下，珠光体和部分铁素体转变为晶粒细小的奥氏体。未转变的那一部分铁素体，在升温中晶粒长大，形成比较粗大的铁素体。此区冷却后，既有经过重结晶的细晶粒铁素体加珠光体，又有未发生相变的粗大晶粒铁素体，晶粒大小极不均匀，所以力学性能也较差。

由以上分析不难看出，热影响区中组织性能差的是熔合区和过热区，该部位在结构上也常是不连续的，容易形成应力集中，因而最易出现问题。

2. 易淬火钢热影响区的组织和性能

易淬火钢，如含合金元素较多的高强度钢、耐热钢等，其热影响区可分为熔合区、淬火区、部分淬火区和回火区四部分。图2—13是易淬火钢与不易淬火钢焊接热影响区的比较（图中未示出熔合区）。

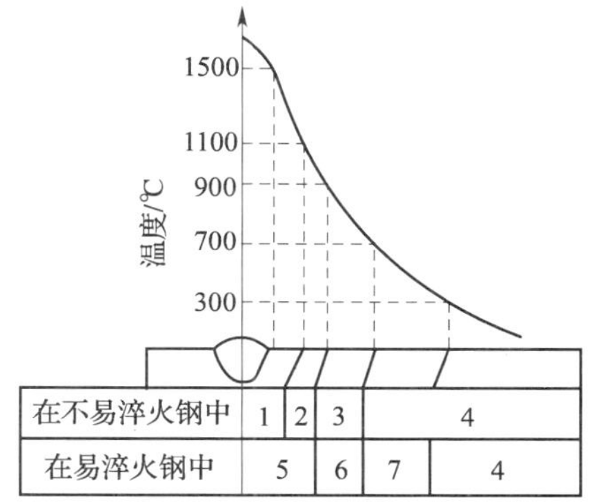

图2—13　合金钢的热影响区组织分布
1—过热区　2—正火区　3—不完全相变区
4—母材　5—淬火区　6—不完全淬火区
7—回火区

（1）熔合区　此区与不易淬火钢熔合区的情况相同。

（2）淬火区　相当于不易淬火钢的过热区加正火区，加热温度在 A_{c3} 至熔点之间。由于淬透性好，焊后冷却时很容易获得淬火组织马氏体。在紧靠焊缝相当于过热区部分为粗大的马氏体；而相当于正火区的部分则为细小的马氏体，也有可能产生贝氏体和屈氏体等，形成与马氏体共存的混合组织。此区在焊后强度和硬度增高，塑性和韧性下降，在粗大马氏体区下降更显著。由于组织不均匀，该区性能的不均匀程度也较大，易于产生冷裂纹。

（3）部分淬火区　加热温度在 A_{c1} 至 A_{c3} 之间。在快速加热时铁素体几乎不发生变化，而珠光体转变为奥氏体；在随后快速冷却过程中，这部分奥氏体转变为马氏体，原铁素体维持不变，最后形成马氏体加铁素体组织。如果含碳量和合金元素量不高或者冷却速度不大，这部分奥氏体也可能转变为索氏体或者珠光体。该区的不完全淬火组织使该区性能不均匀程度增加，塑性和韧性下降。

（4）回火区　加热温度低于 A_{c1}。若母材焊前为退火状态，则在 A_{c1} 以下温度区域，一般不发生组织变化而保持原始状态，不形成回火区。若母材焊前为淬火状态（或淬火加低温回火状态），则在低于 A_{c1} 不同温度和不同停留时间下将获得不同的回火组织。例如，紧靠 A_{c1} 温度区，相当于瞬时高温回火，故通常具有回火索氏体组织；温度越低，则淬火金属的回火程度越低，相应获得回火屈氏体、回火马氏体等组织。若母材焊前为调质状态（淬火加高温回火），组织和性能发生变化的下限温度决定于焊前母材的回火温度。例如，焊前经淬火加500℃回火，焊接时低于500℃的区域，其组织和性能不发生变化；而高于500℃、低于 A_{c1} 的区域，其组织和性能将发生变化，变化情况与淬火状态的母材所产生的变化相似。

2.3　焊接应力与变形

焊接应力与变形往往使焊接产品质量下降，甚至会因无法补救而不得不报废。

焊接裂缝的产生与焊接应力有密切的关系。焊缝中的残余应力还会影响承压类特种设备的使用性能，残余应力较大的部位往往会发生应力腐蚀或疲劳裂纹。

一般情况下，焊接变形是对焊接质量不利的，但是若掌握了变形的机理和规律，便可控制它并利用它。例如，利用反变形来校正变形。

2.3.1　焊接应力及变形的概念

在焊接过程中，工件受电弧热的不均匀加热而产生的应力及变形是暂时的。当工件冷却后，仍然保留在工件内部的应力及变形叫着残余应力及残余变形。我们所说的焊接应力及变形，就指的是焊接的残余应力和焊接的残余变形。

1. 焊接应力的分类

(1) 根据引起应力的基本原因分类

1) 热应力　由于焊接时温度分布不均匀所引起的应力。

2) 组织应力　由于温度变化，引起了组织变化所产生应力。

(2) 根据应力存在的时间分类

1) 瞬时应力　在一定的温度及刚性条件下，某一瞬时内存在的应力。

2) 残余应力　一般指焊接结束和完全冷却后仍然存在的应力。

(3) 根据应力作用的方向分类

1) 纵向应力　其方向平行于焊缝轴线。

2) 横向应力　其方向垂直于焊缝轴线。

(4) 根据应力在空间的方向分类

1) 单向应力　在焊件中沿一个方向存在。

2) 两向应力　应力作用在一平面内的不同方向上，亦称为平面应力。

3) 三向应力　应力沿空间所有方向存在，亦称为体积应力。

2. 焊接变形的分类

由于焊接接头形式，工件的厚度和形状、焊缝的长度及其位置不同，焊接时会出现各种形式不同的变形。大体上可分为：纵向变形，横向变形、弯曲变形、角变形、波浪变形及扭曲变形等，如图 2—14 所示。

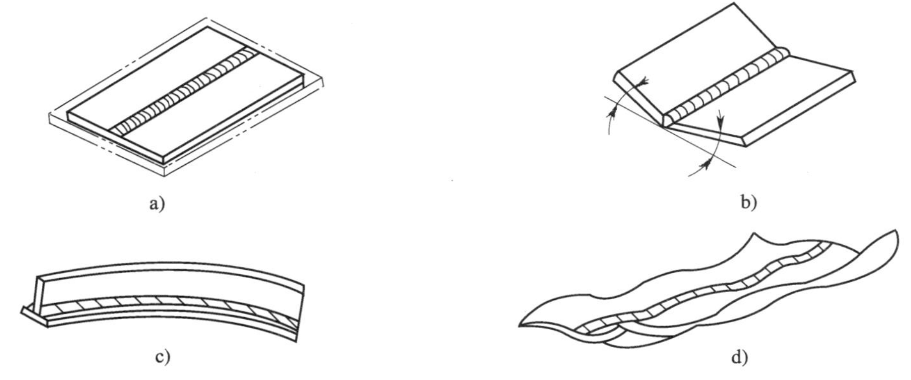

图 2—14　常见的焊接变形

a) 纵向缩短和横向缩短　b) 角变形　c) 弯曲变形　d) 波浪形变形

2.3.2 焊接变形和应力的形成

焊接变形和应力是由许多因素同时作用造成的。其中最主要的因素有：焊件上温度分布不均匀；熔敷金属的收缩；焊接接头金属组织转变及工件的刚性约束等。

1. 焊件上温度的分布不均匀

由于电弧的作用，焊件局部被加热到熔化温度，焊缝与母材之间形成了很大的温度梯度。按热胀冷缩的原理，物体受热要伸长，不同的温度其伸长量不同，接头的高温区域要求伸长量大而受阻，形成了压应力；而温度较低的区域伸长量小的部分因抵抗高温区的伸长，形成了拉伸应力。

冷却过程中，熔化金属的体积要收缩，而接头以外的母材则限制了它的收缩，便在焊缝区形成了拉伸应力，而母材临近焊缝区承受了压缩应力。

焊缝及近缝区在高温时几乎丧失了屈服强度，在应力的作用下便会产生塑性变形，冷却后，焊件内便形成了残余应力和残余变形。

2. 熔敷金属的收缩

焊缝金属在凝固及随后冷却过程中，体积要收缩，在焊件内引起变形与应力，其变形和应力的大小取决于熔敷金属的收缩量，而熔敷金属的收缩量又取决于熔化金属的数量。如V形坡口的角变形，就是由于焊缝上部的熔敷金属的敷量多，收缩量大，而焊缝下部的截面小，熔敷金属的数量小，收缩量亦小，上下收缩的不一致而造成的。

3. 金属组织的转变

在焊接热循环的作用下，金属内部显微组织发生转变，各种组织的密度不同，便伴随了体积的变化，出现了称之为组织应力的内应力。如易淬火钢在焊接热循环的作用下由高温奥氏体（质量体积为0.127 5 m^3/t）冷却后转变为马氏体（质量体积为0.131 0 m^3/t），体积变化近10%。

4. 焊件的刚性拘束

如果焊件自身的刚性很大，或在固紧的条件下施焊，拘束条件限制了焊件在热循环作用下的自由伸长和缩短，这可控制焊接变形，但焊件中却形成了较大的内应力。

焊接变形和应力还与焊接方法及焊接工艺参数有关。如气焊时，热源不集中，焊件上的热影响区面积较电弧焊大，所以产生的焊接变形和应力亦大。又如电弧焊时，电流大或焊接速度慢导致热影响区增大，产生的焊接变形和应力亦增大。

2.3.3 焊接应力的控制措施

焊接件内残留有应力是不可避免的，但可以根据其产生机理和规律寻找一些措施来有效地控制它，使其危害程度降至最小。

至于控制应力的方法，其基本要点是：使焊件上热量分布尽量均匀和尽量减小对焊缝自由收缩的限制。通常采用的工艺有：

1. 合理的装配与焊接顺序

主要是在装配和施焊的顺序安排上，尽量使焊缝能比较自由的收缩，以便减小焊接应力。

2. 焊前预热

被焊工件各部位的温差越大，焊缝的冷却速度越快，焊接接头的残余应力便越大。预热既能减少工件各部位的温差，又能减缓冷却速度，所以是降低焊接残余应力的有力措施之一。预热可局部预热或整体预热。对刚度大、厚度大的工件，应整体预热，这样降低残余应力的效果更佳。

除了以上控制应力的方法外，还可在焊接结构的设计上采取措施，例如：对称布置焊缝、避免封闭焊缝等。以及对阻碍焊接接头自由收缩的部位加温，使之与焊缝同步伸缩。这种方法称为“减应法”。

2.3.4　消除焊接应力的方法

消除焊接应力的方法主要有：热处理法、机械法和振动法。

1. 热处理法　焊后热处理是消除残余应力的有效方法，也是广泛采用的方法。它可分为整体热处理和局部热处理。

一般是将被焊工件加热到 A_1 线以下，保温均温，再缓慢冷却，以达到残余应力消除。如 Q235B、16MnR 材料焊后热处理的温度一般选为（625±25）℃。

2. 机械法　用机械的方法施加外力使冷却后的焊缝金属产生延展，以达到消除应力的目的。这种方法叫机械法消除应力。例如，锤击焊缝；在卷板机上压碾焊缝；对焊接结构实行有控制的过载等，都是机械法消除应力的方法。

3. 振动法　以低频振动整个构件以达到消除应力的目的。一般钢结构件需要消除应力时，常常采用这种方法。

2.4　承压类特种设备常用钢材的焊接

2.4.1　钢材的焊接性

1. 焊接性的含义

钢材的焊接性，是指被焊钢材在采用一定的焊接方法、焊接材料、焊接规范参数及焊接结构形式的条件下，获得优质焊接接头的难易程度。所谓优质焊接接头包括制造上和使用上两方面的意义。从制造上说，所形成的焊接接头应是完整的，没有裂纹等缺陷；从使用上说，焊接接头的力学性能应符合设计要求，能够满足使用需要。即焊接性包括两个方面：

（1）工艺焊接性　主要指焊接接头出现各种裂纹的可能性，也称抗裂性。

（2）使用焊接性　主要指焊接接头在使用中的可靠性，包括焊接接头的力学性能（强度、塑性、韧性、硬度以及抗裂纹扩展的能力等）和其他特殊性能（如耐热、耐腐蚀、耐低温、抗疲劳、抗时效等）。

不同的钢材焊接性不同；同一种钢材采用不同焊接方法、焊接材料和焊接规范施焊，其焊接性也可能有很大差别。所以钢材的焊接性是一个与条件有关的相对概念。当采用新的金属材料焊制构件时，了解及评价新材料的焊接性，是构件设计、施工准备及正确拟订焊接工艺，保证焊接质量的重要依据。

2. 焊接性的估算

钢材的焊接性主要取决于钢材的化学成分，取决于钢中碳及各种合金元素的含量。其中碳对焊接性的影响最大。钢中含碳量增加，其强度增加，塑性及韧性下降，淬硬倾向增大，焊接热影响区被淬硬后，极易产生裂纹，使钢材的抗裂性即工艺焊接性显著降低。钢中其他合金元素的含量，对钢材的焊接性也有不同程度的不利影响。

工程上通常用碳当量 C_{eq} 估算钢材的焊接性，即以钢中碳的百分含量为基础，将其他合金元素的百分含量折算成碳的含量，其总和即为钢的碳当量。国内外估算钢材碳当量的经验公式很多，公认比较有代表性的是国际焊接学会、英国及日本相关机构推荐的公式：

（1）IIW（国际焊接学会）推荐公式

$$C_{eq}=W_c+\frac{W_{Mn}}{6}+\frac{W_{Cr}+W_{Mo}+W_V}{5}+\frac{W_{Ni}+W_{Co}}{15} \tag{2.4.1}$$

（2）英国 BS2462 推荐公式

$$C_{eq}=W_c+\frac{W_{Mn}}{6}+\frac{W_{Ni}}{13}+\frac{W_{Cu}}{15}+\frac{W_{Cr}}{5}+\frac{W_{Mo}+M_V}{5}+\frac{W_{Si}}{24} \tag{2.4.2}$$

（3）日本 WES-135 和 JIS-3106 推荐公式

$$C_{eq}=W_c+\frac{W_{Mn}}{6}+\frac{W_{Ni}}{40}+\frac{W_{Cr}}{5}+\frac{W_{Mo}}{4}+\frac{M_V}{4}+\frac{W_{Si}}{24} \tag{2.4.3}$$

根据一般经验，当碳当量 $C_{eq}<0.4\%$ 时，钢材的淬硬倾向不明显，焊接性较好，在一般焊接条件下施焊即可，不必预热焊件。

当碳当量 $C_{eq}=0.4\%\sim0.6\%$ 时，钢材的淬硬倾向逐渐明显，焊接时需要采取预热等适当的工艺措施。

当碳当量 $C_{eq}>0.6\%$ 时，钢材的淬硬倾向很强，难于焊接，需采取较高的焊件预热温度和严格的工艺措施。

碳当量法作为一种估算方法，主要是针对焊接冷裂纹及脆化产生倾向的，难于全面及准确地衡量钢材的焊接性。钢材焊接性还受钢板厚度、焊后应力条件、氢含量等因素的影响。当钢板厚度增加时，结构刚度变大，焊后残余应力也增大，焊缝中心将出现三向拉应力，此时实际允许碳当量值将降低。除估算碳当量外，还应进行焊接性试验，以作为制订合理焊接工艺规范的依据。

3. 焊接性试验

因为钢材焊接性影响因素很复杂，所以评定焊接性的试验方法也很多。每一种方法所得的结果只能从某一方面说明钢材的焊接性。因此，往往要进行一系列试验才能全面说明某种钢材的焊接性能，说明结构形式是否合理，说明应该选用什么焊接方法、焊接材料、焊接规范，以及需要采取一些什么工艺措施等。

从获得无焊接缺陷又有所需要使用性能的焊接接头这一目的出发，钢材焊接性试验的主要内容是：

（1）焊接接头的抗热裂纹能力　热裂纹是一种比较常见的焊接缺陷，特别是在焊接铬镍不锈钢和某些镍基合金时，热裂纹问题是焊接性中的主要问题。

（2）焊接接头的抗冷裂纹能力　焊接接头的焊缝和热影响区都可能产生冷裂纹，这是一种非常普遍非常严重的焊接缺陷，对低合金高强钢来说，更是其焊接性中的关键问题。

（3）焊接接头的抗脆性转变能力　焊接接头的局部或全部有可能在焊接过程中脆化，需要考虑接头金属抗脆性转变的能力。

（4）焊接接头的使用性能　包括焊接接头的力学性能和产品所要求的其他特殊性能，如耐腐性、耐热性、低温韧性等。

此外，根据母材、焊接工艺规范、焊接材料和焊接结构的特点，凡是认为在焊接过程中对产品的质量可能会有影响的问题，都属于焊接性试验要弄清的问题。

焊接性试验常见的有刚性固定对接焊抗裂试验，斜Y形坡口焊接裂纹试验（小铁研试验），十字接头裂纹试验等。

4. 焊接工艺评定

焊接工艺评定是在钢材焊接性能试验的基础上，结合承压类特种设备结构特点、技术条件，在制造单位具体条件下进行的焊接工艺验证性试验，它的作用是评定施焊单位制订的焊接工艺指导书是否合适，施焊单位是否有能力焊制出符合安全法规和产品技术条件要求的焊接接头。

（1）焊接工艺评定应在制订焊接工艺指导书以后，焊接产品以前进行，其过程是：

1）制订焊接工艺指导书。

2）由本单位技术熟练的焊工依据焊接工艺指导书焊制试件。

3）对试件焊接接头进行外观检查及无损探伤。

4）在上述检查合格的试件上切取力学性能试验的试样，包括拉力、弯曲及冲击试样。

5）测定试样是否具有所要求的力学性能。

6）提出焊接工艺评定报告。

（2）需要进行焊接工艺评定的焊接接头包括：

1）受压元件焊接接头。

2）与受压元件相焊的焊接接头。

3）上述焊缝的定位焊缝。

4）受压元件母材表面的堆焊补焊焊缝。

以上包括对接接头、角接接头、组合接头等各种接头形式。

2.4.2　控制焊接质量的工艺措施

承压类特种设备使用最多的是低合金高强度钢。低合金高强度钢的焊接最重要的原则是避免淬硬组织和控制冷裂纹。所采用的措施除了合理选用焊接材料外，主要是控制焊接工艺。其中控制焊接线能量E对防止奥氏体晶粒粗化有重要作用，增大焊接线能量E和提高预热温度T。以及采用多道焊工艺措施可减少焊接接头的冷裂倾向、避免硬化组织产生，且有利氢的逸出。焊后消氢处理和焊后消除应力热处理也是改善接头性能的常用方法。此外，焊条的烘烤和坡口的清洁对减少气孔缺陷至关重要。

1. 预热

焊接冷却速度影响焊接接头热影响区的最高硬度。其中最为关键的是由 Ac_3 到 T_{min}（奥氏体最不稳定的温度）或 Ms（马氏体开始转变温度）温度区段的冷却速度。对低合金高强钢，该温度范围大致在 800～500℃。通过预热可以显著降低该温度范围的焊接冷却速度，从而减少淬硬倾向。预热对焊接热影响区晶粒粗化的影响较小，同时预热还有利于焊缝中氢的逸出，因此是一种较好的降低高强钢焊接冷裂倾向的措施。

预热温度一般选择在 50～250℃之间。预热温度与施焊时的环境温度、钢种的强度级别、坡口的形式、焊接材料类型或焊缝金属的含氢量等有关。钢材焊接所需的预热温度通常通过焊接性试验确定，或采用经验公式计算确定。

焊前预热的有利作用可归纳为如下几点：

（1）可改变焊接过程的循环，降低焊接接头各区的冷却速度，遏制或减少了淬硬组织的形成。

（2）减小焊接区的温度梯度，降低焊接接头的内应力，并使其分布均匀。

（3）扩大焊接区的温度场，使焊接接头在较宽的区域内处于塑性状态，减弱了焊接应力的不利影响。

（4）改变焊接区应变集中部件，降低残余应力峰值。

（5）延长焊接区在 100℃以上温度的停留时间，有利于氢从焊缝金属中逸出。

2. 焊接能量参数

焊接能量参数是指焊接电流、电弧电压和焊接速度。焊接能量参数选择是一个复杂问题，涉及多因素，包括材料和焊接方法等。焊接能量参数不当，有可能导致焊接接头不合格。工艺规定的焊接能量参数是通过焊接工艺评定得出的，因而对焊接接头性能是有保证的，实际施焊时应严格控制。不认真执行或任意改变焊接能量参数可能会导致焊接接头性能恶化，产生各种问题。

在焊接各种合金钢时，焊接能量参数通常以热输入（线能量），即熔焊时由焊接能源输入给单位长度焊缝上的热能来表征。线能量影响焊缝和热影响区的冷却速度，由此也影响低合金钢和中合金钢焊接接头的淬硬程度、氢的扩散速度以及焊接残余应力水平，最终影响到接头的冷裂倾向。

在低合金钢焊接中，适当增大线能量是有益的。采用焊接热输入高的焊接方法，如埋弧焊和电渣焊，或增大线能量可增加高温停留时间，使 800℃→500℃的冷却时间 t_A 增大。从而提高了接头的抗冷裂性。对不同焊接方法，通过增大线能量降低接头的冷却速度的作用并不相同。在线能量相同时，埋弧焊的冷却速度最慢，手弧焊最快，氩弧焊比埋弧焊的冷却速度快一些。此外，在焊接电流或速度相差很大时，即使线能量相同，产生的影响也可能不一致。

但增大线能量时必须注意避免奥氏体晶粒粗化。如线能量控制不当，形成粗大马氏体将是十分有害的。对于某些合金钢来说，过高的热输入会明显地降低接头的冲击韧度和强度。

对低合金低温钢的焊接，焊接线能量的控制更严格。低温钢焊接要求尽量采用小的焊接线能量，盲目增大焊接线能量，会导致焊缝和热影响区韧性下降。

在铬镍奥氏体不锈钢的焊接中，过高的焊接热输入会扩大近缝区的敏化温度区间并延长了在高温的停留时间，最终将导致接头热影响区耐蚀性的降低。对于含铌稳定元素的铬镍不锈钢，高的热输入还可能导致焊缝热裂纹的形成。因此，对于这类钢，应在保证接头各层焊缝良好熔合的前提下，采用尽可能低的焊接热输入，即以较低的焊接电流和较高的焊接速度施焊。

3. 多层焊多道焊

实际生产中常常是多道焊或多层焊，因此，有必要了解多道焊热循环作用的特点。

多道焊或多层焊的热循环特性，实际是构成多道焊的每一单道焊热循环的综合。而在控制多道焊或多层焊热循环的特性上，要特别注意焊道数目（或层数）N 和层间温度 T_i。多道焊时，开始焊接后一焊道时前一焊道所具有的最低温度，即称为层间温度。显然，对后一焊道而言，前一焊道具有预热的作用，层间温度即相当于预热温度；对前一焊道来说，后一焊道应该起“后热”的作用，产生一定的热处理效果。若层间温度等于室温，自然就谈不到预热作用。但在这种情况下，仍然存在后一焊道对前一焊道的“后热”作用。

与只焊一层的情况相比，多层焊能够显著地减少根部裂纹。但要求在第一层焊道尚未产生根部裂纹的潜伏期内完成第二层的焊接。这是因为第二层的焊接热可促使第一层中的氢迅速逸出，并可使第一层焊道热影响区的淬硬层软化。在这样的情况下，预热温度则可以适当降低。

但是，重要的问题是层间温度或两层焊接的时间间隔必须加以控制。降低预热温度同时，必须缩短两层焊接的间隔时间，特别是第一层与第二层焊接之间的间隔时间，应尽可能控制在几分钟之内，以保证第一层焊后不至于形成冷裂纹。

不过，多层焊可能产生较大的角变形，根部的应力应变集中程度将增大。

高的层间温度并非对任何钢种都适合，低温钢和铬镍奥氏体不锈钢的焊接都不希望层间温度高。以低温钢焊接为例，采用快速多道焊是低温钢焊接的重要原则之一。快速多道焊有利于细化晶粒，提高焊缝的韧性。在多道焊中，为了减小焊道过热，应尽可能降低层间温度，也就是尽可能不要连续施焊。

4. 紧急后热

由于冷裂纹存在潜伏期，例如根部裂纹一般要在焊后几分钟以后才会产生，所以，在裂纹产生以前若及时进行加热处理，即所谓紧急后热，将有利于防止冷裂纹的产生。紧急后热温度一般在 300～600℃。

焊后及时后热处理一般可产生三种有利作用：

（1）减轻残余应力。

（2）改善组织，降低淬硬性。

（3）减少扩散氢。

对于要求高温预热的钢种，有时因产品结构条件（如形状复杂，在结构内部施焊等）的限制，高温预热无法实施。此时，可考虑采用后热并配合低温预热。

为防止产生延迟裂纹，后热温度有一个下限，低于下限温度时，后热就不能防止延迟裂纹的产生。后热下限温度与碳当量有关，碳当量越大，后热下限温度越高。

如果从排除扩散氢的角度考虑，对于奥氏体焊缝进行后热显然是没有必要的。

另外，较低的后热温度对于消除残余应力并无明显效果，对强度级别较高的高强钢尤其如此。但低温后热对于改善组织或多或少有一定好处。如果为了更好地消除残余应力和改善组织，必须进行焊后消除应力热处理。

5. 焊条烘烤和坡口清洁

焊接过程中因焊件或焊接材料不清洁而造成气孔是常见现象。不洁之物包括水分、油类和铁锈等杂质。在焊接高温下，水、油和铁锈会分解，分解产物主要是氢气，也有部分一氧化碳。高温时氢在金属中有很高的溶解度，因此焊接熔池内的熔融金属和熔滴金属能吸收大量的氢。在冷却过程中，随着温度下降，氢在金属中的溶解度也下降，特别是熔融金属发生结晶，从液态转变为固态时，氢的溶解度急剧降低，可从32 ml/100 g降至10 ml/100 g。在熔池金属氢含量很高冷却速度又很快的情况下，析出的氢气来不及逸出，就会留在焊缝金属中形成气孔。

对焊条和焊剂进行烘烤是减少气孔，提高焊接质量的重要措施。水在焊条药皮、焊剂、焊丝药芯中可以各种形式存在，如结晶水、化合水、吸附水等。除去结晶水所需的烘烤温度较高，对酸性焊条，烘烤温度一般在200℃左右。碱性焊条对氢的敏感性大，因此烘烤温度更高，一般要求350～450℃。烘烤后的焊条应保温以防止回潮，并应及时使用掉。

焊前对坡口进行清洁，保证其无水、无油、无锈也是减少气孔的重要措施。同样，焊条和焊丝也应保持清洁。为防止焊丝生锈，其表面有时须作镀铜处理。

2.4.3 低碳钢的焊接

用于承压类特种设备制造的低碳钢，主要有以下几种：

普通碳素钢中的Q235AF、Q235A、Q235B、Q235C，用于制造低压锅炉和容器；

优质碳素钢中的10钢、20钢，常用于制作无缝钢管；

专用碳素钢中的20g和20R，广泛用于制造中低压锅炉和容器。

1. 低碳钢的焊接性

低碳钢含碳量低，除冶炼时为脱氧加入的硅、锰外，不含其他合金元素，所以工艺焊接性好，又有一定的强度、塑性及韧性，可以满足中低压容器的使用要求。

(1) 低碳钢一般塑性较好，没有淬硬倾向，对焊接加热及冷却不敏感，焊缝和热影响区不易产生冷裂纹。

(2) 一般焊前不需预热，但对大厚度结构或在低温环境施焊的焊件，可适当预热。

(3) 平炉镇静钢杂质很少，偏析很小，不易形成低熔点共晶，所以对热裂纹不敏感。沸腾钢中杂质较多，产生热裂纹的可能性大，因而Q235AF的使用受到严格限制，只能用于低压（$p\leqslant 0.6$ MPa），小型及普通介质容器。

(4) 如果工艺选择不当，可能会使热影响区晶粒长大，出现魏氏组织，温度越高，热影响区在高温停留时间越长，晶粒长大越严重，钢的冲击韧性、断面收缩率下降越多。

(5) 可采用交、直流电源，全位置焊接，工艺简单。

2. 低碳钢焊接方法和焊接材料

低碳钢几乎可以用所有焊接方法来进行焊接，并都能获得良好的焊接接头。目前常用于低碳钢的焊接方法是手工电弧焊、埋弧自动焊、电渣焊及二氧化碳气体保护焊。

(1) 手工电弧焊　多用于厚度小于30 mm的构件的焊接。焊接规范的确定，主要考虑焊接过程的稳定、焊缝成形的良好以及防止焊缝产生缺陷。对厚度为 3 mm 的钢板，可以不开坡口一次焊透。对于厚度较大的构件，必须开适当的坡口，以保证焊透。焊条主要采用 E43 型，如 E4303、E4315、E4316，也有采用 E5015、E5016 的。焊接一般低碳钢构件用酸性焊条，焊接重要的或裂纹敏感性较大的结构时，用低氢型碱性焊条。

（2）埋弧自动焊　用埋弧自动焊焊接低碳钢，可以采用比手工电弧焊大得多的焊接规范参数，生产效率较高，熔深也大。对于厚度较大的焊件，可以采用多道焊来完成。多道焊时由于第一层焊缝熔合比较大，焊缝中含碳量略有升高，加之第一层焊缝易形成不利的横截面形状（O 形截面），所以在第一层焊缝中容易出现热裂纹。在环缝自动焊中，为防止金属熔池中的液态金属外流及保证焊剂的良好保护作用，焊接位置应从最高处朝焊件旋转的相反方向偏移一段距离，以使熔池保持在焊件的上表面。

焊接一般结构时，焊丝可选 H08A，配合 HJ430 或 HJ431 使用；焊接重要结构时，焊丝选用 H08MnA，配合 HJ431 使用。

（3）电渣焊　大厚度低碳钢焊件的焊接可采用电渣焊方法。电渣焊时，熔池体积大，焊缝金属冷却速度慢，焊缝金属晶粒比较粗大，热影响区有过热现象，显著地降低了焊缝及热影响的强度和韧性。

等强度的电渣焊低碳钢接头，一般借助于采用低合金钢焊丝来获得，用得较多的有 H10Mn2，H08Mn2Si，配合 HJ431 或 HJ230 使用。

（4）二氧化碳气体保护焊　常用于低碳钢薄板结构的焊接。为了获得稳定的电弧，需要采用较高的电流密度，但需控制电弧电压不能过高，否则，电弧燃烧将不稳定，并会引起大量的金属飞溅和焊缝的机械性能降低。

此法常选用硅锰焊条进行施焊，一般为 H08Mn2Si。除选择适当的焊丝外，起保护作用的二氧化碳气体纯度也很重要。若二氧化碳气体中氮和氢的含量过高，即使焊接时焊缝不被氧化，焊丝向焊缝过渡的硅、锰足够，还是有可能在焊缝中出现气孔。所以，二氧化碳气体中氮、氢含量必须符合规定要求。

3. 低碳钢焊接的工艺措施

低碳钢焊接时一般不需要预热，焊后也不进行热处理，即可获得优质接头。但由于施焊方法和环境条件不同，钢材含碳量不同，结构尺寸和形式不同，必要时仍需采取一定的工艺措施：

（1）当焊件较厚，刚度较大，同时又要求接头的质量较高时，焊后往往要进行回火处理，以消除焊接应力，改善焊接接头的组织与性能。

（2）当在低温下焊接，特别是焊接厚度大、刚度大的结构时，鉴于环境温度低、焊接接头焊后冷却速度大，裂纹倾向相应增大，所以焊前应预热。如低碳钢管道焊接时，在－20℃下施焊，管厚小于 16 mm 可以不预热；管厚大于 16 mm 则要求预热 100～200℃。

（3）电渣焊焊后必须进行正火处理，以改善焊接接头的组织和性能，保证焊接质量。

2.4.4　低合金钢的焊接

低合金钢具有较高的强度，较好的塑性与韧性，工艺性能也较好，特别是强度比低碳钢高得多，因而在承压类特种设备制造中得到广泛的应用。

常用低合金钢常温屈服强度分级及其碳当量如表2—2所示。表中所列的碳当量，是取钢材化学成分的上限，用国际焊接学会推荐的碳当量计算公式算出。不难看出，钢材的强度等级越高，碳当量越大，可焊性越差。

表2—2　常用低合金钢及其碳当量

钢号	屈服强度等级（MPa）	热处理状态	碳当量（%）
16MnR	350	热轧、正火	0.467
15MnVR	400	热轧、正火	0.471
15MnVNR	450	正火	0.626
18MnMoNbR	500	正火＋回火	0.635

1. 低合金钢的焊接特点

（1）热影响区的淬硬倾向　热影响区有比较大的淬硬倾向，这是低合金钢焊接的重要特点之一。即在这类钢焊接时，热影响区易出现脆性马氏体组织，硬度明显增高，塑性及韧性降低。

影响热影响区淬硬程度的因素大致有三个方面：一是原材料及焊接结构因素，包括钢材的化学成分、钢板厚度、接头形式及焊缝尺寸等，其中钢材化学成分的影响最为显著，钢中含碳及其他合金元素越多，强度越高，焊接时热影响区的淬硬倾向就越大；二是焊接工艺方法及所选定的焊接规范，包括焊接电流、焊接速度以及焊条摆动的方式；三是焊接时焊口附近的起焊温度（周围的气温或预热温度）。淬硬是以上诸因素的综合结果。对于给定的钢材和焊接结构形式，避免热影响区淬硬的措施是调节和控制后两个因素，特别是减慢焊接接头的冷却速度。从工艺措施来说，首要选择就是提高工件的原始温度，即预热焊件，以使焊接接头缓冷。此外，在保证焊接质量的前提下，可采用较大电流和较大直径焊条以及较慢的焊接速度。

（2）焊接接头的裂纹　焊接低合金钢时，最容易出现的缺陷是冷裂纹，即焊接接头焊后冷却到300℃至室温范围所产生的裂纹。随着钢材强度等级的提高，产生冷裂纹的倾向也加大。冷裂纹主要产生在高强度钢的厚板焊接接头中，通常产生在热影响区、焊缝根部或焊趾处。导致产生冷裂纹的因素很多，一般可归纳为三个方面：一是焊缝和热影响区的氢含量；二是热影响区的淬硬程度；三是由焊接接头刚度所决定的焊接应力的大小。冷裂纹是在这三种因素综合作用下产生的，更多内容可见第3篇第7章有关节段。

低合金钢含碳量低，且大部分含有一定量的锰，所以抗热裂纹性能较好，一般很少出现热裂纹问题。热裂纹主要发生在电渣焊的焊缝金属中。含有一定量铬、钼、钒、钛、铌等元素的低合金钢焊接构件，在焊后消除应力退火中，可能产生再热裂纹。

2. 16MnR（16Mng）的焊接

16MnR是含有锰和硅的压力容器专用低合金钢，它比低碳钢Q235仅增加了少量锰，屈服强度却增加了50%左右。16MnR的可焊性在低合金钢中还是较好的，由于含有一定量的合金元素，淬硬倾向及冷裂倾向都比低碳钢大一些。在低温下，或在大刚度、大厚度结构上进行小规范、小焊脚、短焊缝的焊接时，有可能出现淬硬组织或裂纹。

（1）16MnR可焊性试验的结果

1）用手工电弧焊和埋弧自动焊在常温下焊接16MnR对接接头时，焊接热影响区一般不出现淬硬组织，其最高硬度通常小于HV300。

2）常温下焊接16MnR T字接头，当焊脚不小于6 mm，且为连续焊缝时，热影响区一般不出现马氏体组织，而是少量贝氏体、珠光体和铁素体的混合组织。综合性能良好，最高硬度小于HV350。焊接越慢、焊脚越大，最高硬度值越低。

3）常温下焊接16MnR T字接头的小焊脚短焊缝，当板厚大于16 mm时，热影响区中一般会出现马氏体，即出现淬硬组织。

4）相同焊接温度下，增大焊接电流时，因冷却速度变慢，所以硬度较低即淬硬倾向变小。

5）在低温下焊接时易产生裂纹。

根据以上试验结果可知，焊接16MnR时，如厚度不大且在常温下施焊时，焊接工艺与低碳钢可基本相同。对厚度较大的16MnR焊件，应注意采取一定的工艺措施，如预热、合理的焊接规范及施焊顺序等。对于装配点固焊缝，因系小焊脚短焊缝，尤其应该注意防止在头道焊缝及焊根处产生裂纹。

（2）16MnR的焊接材料　16MnR的抗拉强度σ_b在460～640 MPa范围内，按照等强度要求，应采用E50型焊条。压力容器焊接中一般采用低氢型碱性焊条，即E5015或E5016焊条。厚度较小，要求较低的结构，也可采用酸性焊条，如E5001、E5003。

16MnR的埋弧自动焊常用的焊丝有H08A、H08MnA、H10Mn2、H10MnSi、H08MnMoA等。焊丝与焊剂的配合取决于接头形式、焊件厚度、坡口大小和力学性能要求等。对于不开坡口的对接及角接接头，可以采用H08A焊丝配合高锰高硅焊剂（如HJ430、HJ431等）使用，其综合力学性能可满足要求；对于大厚度、深坡口的焊件，则选用H08MnA或H10Mn2焊丝配合高锰高硅焊剂（如HJ431），也可以用H08MnMoA焊丝配合无锰或低锰焊剂（如HJ130、HJ230等）；对于特大坡口的焊件只有采用H10Mn2焊丝配合高锰高硅焊剂（如HJ431），才能满足焊缝强度的要求。

（3）焊接工艺要点

1）焊前预热　对于16MnR结构，当温度较低或焊件厚度较大时，焊前应采取预热措施，预热温度可参照表2—3选用。

表2—3　手工电弧焊时16MnR焊件厚度与预热温度

焊件厚度 mm	预热温度
<16	气温不低于－10℃不预热，气温－10℃以下预热至100～150℃
16～24	气温不低于－5℃不预热，气温－5℃以下预热至100～150℃
25～40	气温不低于0℃不预热，气温0℃以下预热至100～150℃
>40	均预热100～150℃

2）装配点焊应在5℃以上进行，当气温低于5℃时应稍预热。点固长度应大于50～100 mm，间距要小。一般应采用较大的电流和较慢的焊接速度，熄弧前应填满弧坑。

3）对于刚性极大的结构，就是在一般气温下，也应注意采取一定的措施，例如预热、合理的施焊顺序、合理的操作工艺、合理的焊缝成形系数等。

4）当16MnR与低碳钢焊接时，如结构为受压元件，则焊接材料与焊接工艺均按低碳钢考虑。如结构不是受压元件，可按16MnR考虑。

3. 15MnVR的焊接

15MnVR是在16MnR的基础上加入0.04%～0.12%的钒而形成的钢种，在热轧状态即具有良好的综合力学性能，广泛地用于压力容器的制造。

钒的加入能够细化钢材晶粒，减小钢的过热倾向。碳当量与16MnR相近，仍具有较好的焊接性。试验表明，15MnVR的淬硬倾向不严重，冷裂倾向比16MnR稍大，焊接特点与16MnR基本相似。

手工电弧焊焊接15MnVR时，可用E50及E55型焊条。对厚度不大、坡口不深的结构，采用E5015、E5016焊条，即可获得性能良好的接头。厚度较大的结构可用E5515-G型焊条。

采用埋弧自动焊时，应根据接头形式、坡口大小来选择焊接材料：对厚度小、要求不高的焊接结构可选用H08MnA或H10Mn2焊丝，配合HJ431使用；对厚度大、坡口较大的接头可选用H10MnSiA或H08MnMoA焊丝，配合HJ250、HJ350使用。HJ431工艺性较好，但抗裂性不如碱度较高的HJ250和HJ350。当焊件刚度大、施焊条件差时，焊接接头容易产生裂纹，最好选用HJ250或HJ350。

15MnVR的电渣焊可选用H10MnMoVA或H08Mn2MoVA焊丝，配合HJ431或HJ360使用。当焊件厚度小于32 mm、在0℃以上焊接时，可以不预热。对厚度大于32 mm的结构或刚性较大的结构，焊前需预热至100～150℃。

15MnVR焊后消除应力退火处理的温度为550～650℃，大于650℃退火会造成接头强度下降过大，因而不宜采用。电渣焊后进行正火处理时，其加热温度以940～980℃为宜。

4. 18MnMoNbR的焊接

18MnMoNbR是采用铌来进行强化的低合金中温压力容器专用钢材，不仅具有高强度，而且具有较好的塑性和韧性，可用于制造高压厚壁容器、中温容器及抗氢容器，使用较广泛。

18MnMoNbR的碳当量较高，其可焊性试验表明，这种钢的淬硬倾向较大，常温下施焊时热影响区的最高硬度可达HV478；预热150℃以上进行焊接才可防止冷裂纹的产生。

18MnMoNbR的手工电弧焊可选用E7015-D2或E7015-D2-Nb焊条。最好用E7015-D2-Nb焊条。焊缝中加入铌可以防止晶粒长大，同时铌还可以提高焊缝金属的强度，防止焊后热处理时焊缝金属软化。

18MnMoNbR的埋弧自动焊可选用H08Mn2MoA或H08Mn2MVA焊丝，配合HJ250或HJ350使用。电渣焊可选用H10Mn2MoA及H10Mn2MoVA焊丝，配合HJ360或HJ431使用，均可使焊缝具有良好的力学性能，达到与母材等强度。

试验得出，18MnMoNbR对焊接规范的适应性较广，可在一定范围内调节焊接电流、电压及焊接速度，而不至于明显地影响焊接接头的力学性能。随着单位线能量的增加，过热区的冷却速度降低，从而提高了该区的冲击韧性。即使在过热区中存在少量马氏体或贝氏体组织，由于它们是低碳的，对该部位的塑性和韧性影响并不大。因此，焊接18MnMoNbR可选用较强的规范，以提高焊接生产率。

为防止18MnMoNbR焊件产生冷裂纹，焊接材料应按要求烘干，焊前应将焊件坡口附近的油污、水分及锈迹清除干净，并将焊件预热到170℃以上。装配点固焊缝焊接时应局部预热，电弧焊焊后应尽快进行消除应力退火（回火）处理，加热温度为600～650℃。对重要的焊件，应及时进行消氢处理。电渣焊焊前不需要预热。焊后应对焊件进行正火处理。

5. 12CrMo、15CrMo及20CrMo的焊接

12CrMo、15CrMo及20CrMo是珠光体耐热钢，此类钢由于加入多量合金元素以提高热稳和热强性，因此增大了钢的淬透性，近缝区（熔合线附近）存在淬硬脆化和延迟裂纹倾向。为消除近缝区的淬硬现象，减少延迟裂纹，应根据钢的成分及其结构尺寸，选择适当的预热温度和焊后热处理温度。

对12CrMo、15CrMo，当厚度大于10 mm时，应预热150℃以上。20CrMo钢任意厚度，均应预热150℃以上。12CrMo钢焊条电弧焊时选用E5515-B1（R207）焊条，15CrMo、20CrMo及SA387Gr12（ASME）、13CrMo44（德国）钢，选用E5515-B2（R307）焊条。

埋弧焊和氩弧焊可选用H08CrMoA、H12CrMoA焊丝，配合HJ350或SJ101。焊接时保持层间温度不低于最低预热温度，厚度大于50 mm的20CrMo钢，焊后立即进行250℃的低温后热处理。任意厚度的12CrMo、15CrMo钢压力容器，焊后应进行整体热处理，热处理温度为640～670℃，保温时间按4 min/mm计。任意厚度的20CrMo钢压力容器，应进行650～680℃焊后回火处理。

6. 2.25Cr1Mo的焊接

此钢属于贝氏体耐热钢，这类钢的还有SA387Gr22（ASME）及10CrMo910（德国），它们含有较多的Cr、Mo合金元素（约4%），具有最高的持久强度和最佳的抗氢性能，是典型的石油加氢裂化容器用钢。供货状态为正火加回火。其抗拉强度在515～690 MPa范围内，$A_{kv}\geqslant 31$ J。

2.25Cr-1Mo具有较强淬硬和冷裂倾向，焊接工艺控制必须更为严格，需采用较高的预热温度，一般200℃以上。但同时也要注意防止热裂纹。焊条电弧焊选用E6015-B3（R407），埋弧焊可采用H08Cr3MoMnA或H10Cr2MoMnA焊丝，配合HJ350，层间温度不低于150℃。

焊接过程中断时，必须立即将工件后热200℃以上。焊条电弧焊和埋弧焊厚度大于等于30 mm时，焊后立即进行350～400℃/2 h的消氢处理；厚度小于30 mm时，焊后作150～200℃的后热处理；厚度大于50 mm的接头，在焊至一半厚度时应进行（650±10)℃的中间消除应力热处理，保温时间按4 min/mm计。容器焊接全部结束，探伤、检验合格，对设备进行最终整体焊后消应力处理。

7. 07MnCrMoVR和07MnNiCrMoVDR的焊接

07MnCrMoVR和07MnNiCrMoVDR（后者为低温用钢）是多元微量合金化的低碳低合金调质高强度钢，具有高强度和低裂纹敏感性，优良的焊接性能和低温韧性，所以又称CF（Crack Free）钢。研制该钢种的主要目的是解决大型钢结构件的焊接施工问题，在大型结构件的焊接过程中，为防止产生焊接裂纹，往往需要采取焊前预热的措施，使焊接工艺复杂，施工困难和劳动条件恶劣。另外，有些大型构件施工现场处于野外环境，即使采用焊前严格预热的办法也难以避免形成焊接冷裂缝。而采用CF钢，即使在一般冷却条件下，不预热或稍加预热焊接，也不会形成焊接裂纹，从而提高了钢结构的安全可靠性。CF钢中合金元素的选择及其含量的匹配，既保证了钢的强度和韧性，又着重考虑了焊接性能的要求。钢的碳当量 C_{eq} 能控制在0.4%以下，焊接冷裂纹敏感指数能控制在0.2%以下。

虽然CF钢焊接性能良好，但由于其强度高，性能要求高，用其制作大型压力容器仍必须严加控制。进行现场组焊时，必须严格控制原材料和焊材质量，焊接必须严格按工艺规范进行。焊条采用PP·J607RH，经400℃、1 h烘干，用 ϕ3.2（打底焊）及 ϕ4 mm焊条施焊。为保证质量，焊前仍需进行预热，一般预热温度为50～100℃。施焊时应采用短电弧、高焊速、运条平稳，运条至熔合线时适当停留，以免产生未熔合、咬边等缺陷。因故中断焊接时立即进行消氢后热处理，继续施焊前仔细检查确认无裂纹后再按原焊接工艺续焊。厚度大于32 mm的接头焊后应进行550～600℃的整体消应力热处理。

8. 16MnDR、15MnNiDR、09Mn2VDR、09MnNiDR、07MnNiCrMoVDR的焊接

低合金低温钢比同种低合金钢的碳含量和杂质元素含量更低，具有良好的塑性和韧性，所以焊接时一般不易产生淬硬脆化，产生延迟裂纹和结晶裂纹的敏感性也很低。焊接性的主要问题是焊缝和熔合区的晶粒粗化或产生过热组织引起韧性下降，低温冲击值不合格。为此必须合理选择材料和工艺，改善焊缝和熔合区的韧性。

选择焊接材料的原则是保证焊缝含有足够数量的Mn、Cu元素，同时渗入Mo、W、Nb、V、Ti等元素促使组织细化，焊后可不进行热处理即保证韧性满足使用要求。

低温钢施焊时应尽量采用小的焊接线能量，即小电流、短电弧、高焊速、注意运条平稳，不作或少作横向摆动，以避免晶粒粗化或产生过热组织。

低温钢的焊接材料：工作温度为－30～40℃的16MnDR手工电弧焊选择J507RH、J506RH、E5015-G，埋弧焊选择H08MnMo、SJ101或SJ102；工作温度－45℃的15MnNiDR手工电弧焊选择W607、W507、E5015-G；工作温度－50℃的09Mn2VDR手工电弧焊选择W607、W607Ni、E5515-G；工作温度－70℃的09MnNiDR手工电弧焊选择W707、W707Ni，埋弧焊选择H10Mn2A、H08Mn2MoA、SJ102；07MnNiCrMoVDR手工电弧焊选择W607RH、E6015-G。

焊接含Ni量为2.5%～3.5%的低温钢（如2.5%Ni、3.5%Ni）时，通常选用与母材相同成分的焊接材料。当焊缝含Ni量超过2.5%时，容易产生结晶裂纹，同时焊缝还会出现粗大的板条状马氏体和贝氏体，降低韧性。含碳量越高，韧性下降得越明显。为此，应加入Ti、B等元素以细化晶粒，并适当降低含碳量避免韧性下降过多。焊后通过正火＋回火或淬火＋回火热处理，以获得细化了铁素体组织。同时加入少量Mo元素，可利于减小回火脆化。

9%Ni钢在410℃左右的温度区间有回火脆性现象。焊接时除应控制线能量外，一般不进行预热和后热。由于9%Ni钢焊接采用的是奥氏体焊条，产生热裂纹的可能性很大。

2.4.5 奥氏体不锈钢焊接

1. 奥氏体不锈钢的焊接性

奥氏体不锈钢的焊接性较好，焊接时一般不需要采取特殊的工艺措施。但当焊接工艺选择不当时，容易出现晶间腐蚀及热裂纹等缺陷。

（1）晶间腐蚀　晶间腐蚀产生机理可见本篇1.3.4节。

在奥氏体不锈钢焊接时，为了防止和减少晶间腐蚀，常采用以下措施：

1）使焊缝形成双相组织　将铁素体形成元素铬、硅、钼、铝加入焊缝中，使焊缝形成奥氏体加铁素体的双相组织，则焊缝抗晶间腐蚀的能力就有很大提高。但通常将焊缝中铁素体的含量控制在5%～10%左右，因为铁素体过多时焊缝会变脆。

2）严格控制含碳量　采用含碳量为0.02%～0.03%的超低碳焊接材料和基本金属，即使长期在450～850℃温度下加热也不会形成贫铬区及发生晶间腐蚀。

3）添加稳定剂　在钢材和焊接材料中加入能够形成更稳定的碳化物（与碳化铬相比）的元素，如钛、铌等。对提高抗晶间腐蚀能力有十分良好的作用。

4）进行焊后热处理　焊后可将焊接接头加热到1 050～1 100℃进行固溶处理，也可将焊接接头加热到850～900℃进行稳定化退火，此时奥氏体晶粒内的铬扩散到晶间，使晶间含铬量上升，贫铬区消失，因而可防止晶间腐蚀。

5）采用正确的焊接工艺　如采用小电流、大焊速、短弧、多层焊、强制冷却等。

（2）热裂纹　由于奥氏体不锈钢焊缝中枝晶方向性很强，枝晶间有低熔点杂质的偏析，加之奥氏体不锈钢导热系数仅为低碳钢的1/2，而膨胀系数比低碳钢大50%左右，使焊缝区产生较大的温差和收缩内应力，所以焊缝中容易产生热裂纹。

防止热裂纹可以采用下列措施。

1）在焊缝中加入形成铁素体的元素，使焊缝形成奥氏体加铁素体双相组织。

2）减少母材和焊缝的含碳量。碳是增大热裂倾向的重要元素，所以降低母材和焊缝的含碳量可以有效地防止热裂纹。在必要时，可以采用超低碳奥氏体不锈钢材和焊接材料。

3）严格控制焊接规范。减小熔合比，采用碱性焊条，强迫冷却等，是奥氏体不锈钢焊接中预防热裂裂纹主要工艺措施。

2. 奥氏体不锈钢的焊接

奥氏体不锈钢可用手工电弧焊、氩弧焊、埋弧自动焊、等离子焊等方法焊接。

（1）手工电弧焊

1）焊前准备与焊条选择　不锈钢焊件的坡口加工应认真细致。可以用机械方法加工坡口，也可以用等离子切割、电弧气刨方法加工坡口，但切割和气刨后要用砂轮打磨以消除热影响区对焊接接头耐腐蚀性的影响。焊前应将焊接坡口附近的油污清除干净，并用丙酮擦洗，然后在坡口两侧各100 mm范围内涂上白垩粉，以防钢材表面飞溅金属和擦伤。对焊件的装配、定位焊等应十分重视。

不锈钢焊条的药皮通常有钛钙型和低氢型两种。钛钙型不锈钢焊条用得较多。低氢型不锈钢焊条的抗热裂纹性能较高，但抗腐蚀性稍差。

应根据构件的性能要求、化学成分和工作条件来选择焊条。当对耐腐蚀要求较高时，可采用超低碳奥氏体不锈钢焊条，如A002（E00-19-10-16），或采用含稳定剂元素的奥氏体不锈钢焊条，如A132（E0-19-10Nb-16）。使用温度不高（300℃以下），耐腐蚀要求一般时，可选用A120（E0-19-10-16）等普通奥氏体不锈钢焊条。对厚度较大、刚性较大的构件，为防止热裂纹，可选用碱性低氢不锈钢焊条。

2）焊接工艺要点　为了防止焊接接头的危险温度范围（450～850℃）停留时间过长而产生贫铬区，防止接头过热而产生热裂纹，焊接奥氏体不锈钢要采用小电流快速焊。为避免基本金属过热及加强熔池保护，施焊时要用短弧，焊条不作横向摆动，以窄焊道为宜。

焊接电流要比焊低碳钢降低20%左右，电流与焊条直径之比不超过25～30 A/mm，而低碳钢焊接时此值不小于40～50 A/mm。起焊时不可随意在钢板上引弧，以免造成弧坑。施焊中运条要稳、收弧则应填满弧坑。

多层焊时，每焊完一层要彻底清除熔渣，仔细检查焊接缺陷并及时处理。待前道焊缝冷却到150℃以下时再焊后一道焊缝。在焊接顺序上要先焊非工作面，后焊与腐蚀介质接触的工作面。

为了防止晶间腐蚀和热裂纹，条件允许时可以采取强制冷却，必要时，焊后进行热处理，以改善焊接接头的组织与性能。

(2) 氩弧焊　对于厚度较小的不锈钢焊件，常使用氩弧焊，其中以手工钨极氩弧焊应用较多。其突出优点是焊接熔池保护好，焊缝质量可靠，电弧稳定，没有熔渣，热能量集中，焊接变形小等。

常用的接头形式有对接及卷边焊接。坡口准备一般采用机械加工方法进行。焊前要将接头处点固焊好或用夹具压紧。接头处20～30 mm内的工作表面及焊丝要清理，如有油污可用丙酮洗净。

由于氩弧焊时焊接熔池中无剧烈的氧化、还原等冶金反应，合金元素烧损少，所以可用与母材成分相同的焊丝，或者根据母材成分及工作条件来确定焊丝。保护气体可用工业纯氩，其纯度要求不低于99.6%。

施焊时，在保证焊透的情况下焊速要适当快些，以减小焊件的变形和焊缝中的气孔，防止焊接接头过热。焊接中焊炬不应作横向摆动。

(3) 埋弧自动焊　对于厚焊件的一些平直焊缝，最好采用埋弧自动焊接，这不仅可以提高生产率，而且也可以显著提高焊接质量。

采用埋弧自动焊焊接奥氏体不锈钢，可根据构件的化学成分和工作条件来选择焊丝和焊剂。0Cr18Ni9Ti钢可选用H0Cr18Ni9Ti或H00Cr22Ni10焊丝，配合HJ260使用。1Cr18Ni9Ti钢可选用H0Cr20Ni10Ti或H00Cr22Ni10焊丝，配合HJ260使用。00Cr18Ni10钢可选用H00Cr22Ni10焊丝，配合HJ260使用。0Cr17Ni13Mo3Ti钢可选用H00Cr17Ni13Mo2焊丝，配合HJ260使用。

埋弧自动焊的焊接工艺要点与手工电弧焊基本相同。需要注意的是，焊前要将焊剂烘干，烘干温度为300～400℃，保温2 h。由于奥氏体钢电阻系数大，导热系数小，焊接中焊丝不宜伸出过长，否则焊丝会发红自熔。焊丝伸出长度通常为30～40 mm。在保证焊透的条件下，应尽量采用小电流快速焊接。

第2篇

承压类特种设备基本知识

特种设备特指人们生产和生活中广泛使用的，一旦发生故障有可能危及公众安全的，受到政府强制监督管理的设备。在《特种设备安全监察条例》中，特种设备分为承压类特种设备和机电类特种设备两大类：承压类特种设备包括锅炉、压力容器、压力管道；机电类特种设备包括电梯、起重机、场（厂）内机动车辆、游乐设施、客运架空索道。

承压类特种设备是一种可能会发生爆炸事故的特种设备，当设备发生破坏或爆炸时，设备内的介质迅速膨胀、释放出巨大的内能。这些能量不仅会使设备本身遭到破坏，有时甚至产生冲击波，使周围的设施和建筑物遭到破坏，危及人员生命安全。如果设备内盛装的是易燃或有毒介质，一旦突然发生爆炸，还会造成恶性的燃烧或中毒等连锁反应，后果不堪设想。所以，对承压类特种设备比一般机械设备有更高的安全要求。

为保证安全，特种设备在设计、制造、安装、使用、检验、修理和改造等各个环节由国家专门机构实施安全监察。国家制定了一整套法规作为安全监察工作的依据，其中《特种设备安全监察条例》是目前中国特种设备法规体系中的最高法规。特种设备法规体系表和有关特种设备主要法规见本书附录 B。

无损检测技术广泛地用于承压类特种设备的制造、安装和使用中的检验，为保证特种设备质量和使用安全发挥着重要作用。从事特种设备无损检测工作的人员，有必要了解承压类特种设备的基本知识，了解国家关于特种设备安全监察的政策和法规体系，并熟悉其中的一些与特种设备无损检测密切相关的法规，例如：《特种设备无损检测人员考核与监督管理规则》《特种设备检验检测机构管理规定》《锅炉安全技术监察规程》《压力容器安全技术监察规程》等。

第3章 锅炉基本知识

3.1 概述

3.1.1 锅炉的定义及用途

1. 锅炉的定义

锅炉是利用燃料燃烧时产生的热能或其他能源的热能，把工质加热到一定温度和压力的热能转换设备。由于被加热的工质大多具有一定的压力，因此从广义上讲，锅炉也是一种压力容器。锅炉直接受火焰加热，故与其他压力容器又有所区别。因此，要将锅炉从容器范围内区分出来，单独进行安全监督和技术检验。

《特种设备安全监察条例》对锅炉作如下限制性定义：锅炉，是指利用各种燃料、电或者其他能源，将所盛装的液体加热到一定的参数，并承载一定压力的密闭设备，其范围规定为容积大于或者等于 30 L 的承压蒸汽锅炉；出口水压大于或者等于 0.1 MPa（表压），且额定功率大于或者等于 0.1 MW 的承压热水锅炉；有机热载体锅炉。

2. 锅炉的用途

锅炉是工农业生产和人民生活中广泛应用的重要设备，它可以为工农业生产、交通运输和人民生活提供动力和热能。例如：火力发电、炼油、化工、纺织、印染等行业利用锅炉产生的蒸汽来获得动力或热能；另外，人民生活中的取暖、食品加工、洗澡和消毒及部分地区的水产养殖等，也都是利用锅炉产生的蒸汽或热水来提供热能的。

3.1.2 锅炉的特点

锅炉投用后一般都要求连续运行，不能任意停车，否则，往往会影响到一条生产线、一个厂甚至一个地区的生活和生产，其直接间接经济损失巨大，有时甚至会造成严重的后果。

锅炉在承受较高压力的同时，还在高温下工作，它们的工作条件较一般机械设备恶劣得多。锅炉受热面内外广泛接触烟、火、灰、水、汽等因素，这些因素在一定的条件下会对锅炉元件起腐蚀作用；锅炉各受压元件上承受不同的内外压力而产生相应的应力，同时由于各元件的工作温度不同，热胀冷缩程度也不同而产生附加应力，随着负荷和燃烧的变化，这种应力也发生变化，这就容易使一部分承受集中应力的受压元件发生疲劳破坏；依靠锅炉内流动的水汽来冷却的受热面因缺水、结水垢或水循环被破坏使传热发生障碍，都可能使高温区的受热面烧损、鼓包、开裂；另外，飞灰造成磨损，渗漏引起腐蚀等都使锅炉设备更易损坏。

锅炉还具有爆炸的危险性。引起锅炉爆炸的原因很多，归纳起来有两种：一是内部压力升高，超过允许工作压力，而安全附件失灵，未能及时报警或泄压，致使内部压力继续升高，当该压力超过某一受压元件所能承受的极限压力时，设备便发生爆炸；另一种是在正常工作压力下，由于受压元件本身有缺陷或使用后造成损坏，或钢材老化而不能承受原来的工作压力时，就可能突然破裂爆炸。

锅炉一旦发生爆炸，其破坏性很大。据计算，一台蒸发量 10 t/h，蒸汽压力 1.3 MPa 的锅炉爆炸，相当于 100 kg TNT 炸药的爆炸能量。

基于锅炉的上述特点，保证锅炉的安全运行是至关重要的。一旦发生事故，不仅毁坏设备，破坏生产，造成重大的经济损失，而且会造成人员伤亡和社会不安定，其后果十分严重。因此我国和世界上大多数国家都在政府部门设有专管机构，专门从事这类设备的安全监察和技术检验工作，而且有一套严格的安全技术监察规定。早在 1982 年，国务院就发布《锅炉压力容器安全监察暂行条例》，规定所有承压锅炉和工作压力≥0.1 MPa（1 kgf/cm^2）的压力容器要受国家监察，这些设备的设计、制造、安装、使用、检验、修理和改造单位都必须执行《条例》。其后原劳动部和国家质量技术监督局相继颁布《蒸汽锅炉安全技术监察规程》《热水锅炉安全技术监察规程》《有机热载体锅炉安全技术监察规程》《小型和常压热水锅炉安全监察规定》《锅炉产品安全性能监督检验规则》《锅炉定期检验规则》《锅炉水处理监督管理规则》《锅炉化学清洗规则》《进出口锅炉压力容器管理办法》等。此外，国家其他有关部门还先后发布了《电力工业锅炉监察规程》《电力工业锅炉压力容器检验规程》、锅炉的有关设计规定，强度计算标准，施工验收技术规范等。

上述条例、规程，是对锅炉实行安全监察和技术监督的法律依据和基本法规，是设计、制造、安装、使用、检验、修理、改造等部门必须遵守的基本要求，其他技术规范和标准在安全技术方面的要求不得低于“条例”和“规程”的要求。多年来的实践证明，认真贯彻“条例”和“规程”及相关标准，对确保锅炉设备的安全运行，保障人民生命财产的安全，促进国民经济的发展具有重要的意义。

3.1.3　锅炉主要参数

1. 容量（输出功率）

蒸汽锅炉的容量指蒸发量，即每小时产生的蒸汽量，通常以“D”符号表示，单位是 t/h（吨/时）。热水锅炉和有机热载体锅炉的容量指供热量，即每小时输出的热量，通常以“Q”符号表示，单位是 MW（兆瓦）。

它们之间换算关系如下：

$$1\ t/h \approx 0.7\ MW$$

蒸汽锅炉在每平方米受热面积上每小时能产生蒸汽的数量称为这台锅炉的蒸发率。常用符号“D/H”表示，单位是 kg/（m^2·h）。蒸发率是衡量锅炉蒸发性能的一项技术指标，它决定于锅炉结构、燃料品种、燃烧工况和传热效果等因素。一般火管锅炉的平均蒸发率为 15～20 kg/（m^2·h），水管锅炉的平均蒸发率为 15～20 kg/（m^2·h）以上。

在锅炉上凡是一面和火焰或烟气接触，吸收燃料燃烧时放出的热量，另一面再将热量传给水和蒸汽等介质的钢管或钢板，就称为这台锅炉的受热面。通常以接触火焰或烟气的一面来计算受热面积，常用符号“H”表示，单位是 m^2（米^2）。锅炉受热面越大，吸热量也越多，其容量也越大。显然，锅炉的蒸发量决定于它的蒸发率和受热面积。

2. 压力

锅炉压力指锅炉出口处（锅筒或过热器）的工作压力（表压），通常以“p”符号表示，单位是 MPa。MPa 与较老锅炉铭牌上可能标注的、应废除的工程大气压（at）的关系是：

$$1\ \text{at}=0.098\ 066\ 5\ \text{MPa}$$

锅炉铭牌上标示的压力是锅炉设计压力，又称额定工作压力。对有过热器的锅炉是指过热器出口处的蒸汽压力，对无过热器的锅炉是指锅筒内的蒸汽压力，对热水锅炉是指出水阀入口处的热水压力。锅炉内为什么会有压力呢？这是因为蒸汽锅炉内的水吸收热量后，由液态变为气态，其体积增大很多，由于锅炉是密闭容器，这就限制了汽水的自由膨胀，随着水不断受热蒸发变成蒸汽，锅筒内的蒸汽密度相应增加，压力也随之增大，结果就使锅炉各受压元件受到了汽水压力的作用。热水锅炉的压力绝大多数来源于循环水泵。

测量压力的方法有两种基准：一种是以压力为零（即绝对真空）作为测量起点的，这时测出的压力叫绝对压力；另一种是以大气压力作为测量起点，即压力表上直接读出的压力值，此称表压力。平时我们所说的锅炉压力或介质压力都是指的表压力，但在蒸汽热力特性表中所列的压力值和热工计算中用的压力值都是指绝对压力。

绝对压力＝表压力＋大气压力

通常我们把低于大气压力的压力叫“负压”，高于大气压的压力叫“正压”。锅炉炉膛和烟道往往处于负压状态。

3. 温度

锅炉温度指锅炉出口介质的温度。对于蒸汽锅炉为出口处饱和蒸汽或过热蒸汽的温度，对于热水锅炉为进、出口热水的温度。当这个温度以摄氏温度表示时，其量的符号为 t，其单位名称是摄氏度，符号是“℃”。当这个温度以热力学温度表示时，其量的符号为 T，其单位名称是开（尔文），符号是“K”。T 与 t 间的关系如下：

$$t = T - T_0,\ T_0 = 273.15\ \text{K}$$

锅炉额定蒸汽温度是指锅炉输出蒸汽的最高温度，对有过热器的锅炉是指过热器出口处蒸汽的最高温度，对无过热器的锅炉是指额定压力下的饱和蒸汽温度。

3.1.4 饱和水和水蒸气性质

锅炉中输入的燃料燃烧时放出的热量（或输入的其他热源）通过受热面的热传导、热辐射、热对流的传热方式传给水，水温逐渐升高，首先在液体表面产生汽化，叫作蒸发。当水的温度上升到一定数值时，液体内部也开始汽化，叫做沸腾。此时的温度称为饱和温度，这时的水叫饱和水，上部的水蒸气叫饱和蒸汽。饱和温度与压力有关，一定的压力对应一定的饱和温度。例如 0.098 MPa（表压为 0）下的饱和温度为 99.09℃，1.372 MPa（表压为 1.274 MPa）下的饱和温度为 194.13℃。如果保持一定的压力继续加热，则饱和水继续汽化，此时的温度不变。从锅炉中输出的蒸汽通常带有少量的饱和水，这种带有饱和水的蒸汽称为湿饱和蒸汽，而不带饱和水的蒸汽称为干饱和蒸汽；在一定压力下，将干饱和蒸汽加热就变成过热蒸汽。

在一定压力下，使1 kg水从0℃加热到饱和温度所需要的热量称为液体热或显热。液体热仅用于提高水的温度而不改变水的形态，它与压力有关，压力越高，液体热越大。

在一定压力下，使1 kg饱和水完全汽化变成相同温度的干饱和蒸汽所需要的热量称为汽化潜热，又称蒸发热。汽化潜热仅增加汽化量而不提高温度。它也与压力有关，压力越高，汽化潜热越小。当压力达到22.129 MPa，温度达到374.15℃时，汽化潜热为零，不存在水和汽的相变，此状态称为水的临界状态。

在一定压力下，1 kg水从0℃加热到任一状态下的水或蒸汽所吸收的总热量称为该状态下的水或蒸汽的“焓”。饱和水的焓等于液体热，干饱和蒸汽的焓等于液体热与汽化潜热之和。

3.2 锅炉的分类及型号

3.2.1 锅炉的分类

1. 按用途分类

（1）电站锅炉。（2）工业锅炉。（3）生活锅炉。（4）船舶锅炉，机车锅炉。

2. 按载热介质分类

（1）蒸汽锅炉。（2）热水锅炉。（3）汽水两用锅炉。（4）热风炉。（5）有机热载体锅炉。

3. 按燃料和热源分类

（1）燃煤锅炉。（2）燃油和燃气锅炉。（3）燃生物质燃料锅炉（木柴、甘蔗渣、稻壳、椰子壳、生活垃圾、工业垃圾等）。（4）原子能锅炉。（5）余热锅炉。（6）电热锅炉。

4. 按本体结构分类

（1）水管锅炉。（2）火管锅炉。（3）水火管锅炉。（4）热管锅炉。（5）真空相变锅炉。

5. 按介质循环方式分类

（1）自然循环锅炉。（2）强制循环锅炉。（3）直流锅炉。

6. 按燃烧方式分类

（1）层燃锅炉：它又分固定炉排，机械化炉排（链条炉排、振动炉排、抽板顶升炉排、往复炉排、抛煤机炉等）。（2）室燃锅炉。（3）沸腾炉（又称流化床锅炉）。

7. 按出厂形式分类

（1）散装锅炉。（2）组装锅炉。（3）整装锅炉。

8. 按压力等级分类

（1）低压锅炉　$p \leqslant 2.45$ MPa（25 kgf/cm^2）；

（2）中压锅炉　$p = 3.82$ MPa（39 kgf/cm^2）；

（3）次高压锅炉　3.82 MPa$< p <$9.81 MPa（39 kgf/cm$^2 < p <$100 kgf/cm^2）；

（4）高压锅炉　$p \geqslant 9.81$ MPa（100 kgf/cm^2）；

（5）超高压锅炉　$p > 13.73$ MPa（140 kgf/cm^2）；

(6) 亚临界锅炉 p=15.7～17.66 MPa (160～180 kgf/cm^2);

(7) 超临界锅炉 p=23.5～26.5 MPa (240～270 kgf/cm^2)。

9. 按制造管理分类

(1) A级锅炉 额定压力≥9.81 MPa的固定式蒸汽锅炉。

(2) B级锅炉 额定压力<9.81 MPa的固定式蒸汽锅炉。

(3) C级锅炉 额定压力≤2.45 MPa的固定式蒸汽锅炉。

(4) D级锅炉 额定压力≤1.27 MPa的固定式蒸汽锅炉。

(5) E_1级锅炉 额定压力≤0.4 MPa的固定式蒸汽锅炉和水温低于120℃的热水锅炉。

(6) E_2级锅炉 额定压力<0.1 MPa的蒸汽锅炉和水温≤95℃的热水锅炉。

3.2.2 锅炉的型号

1. 工业锅炉型号按机械部部标JB/T 1626—92的规定进行编制，适用D≤65 t/h或额定蒸汽压力≤2.45 MPa的固定式蒸汽锅炉和热水锅炉

工业锅炉产品型号由三部分组成，各部分用短横线相连。表示形式见图3—1、图3—2：

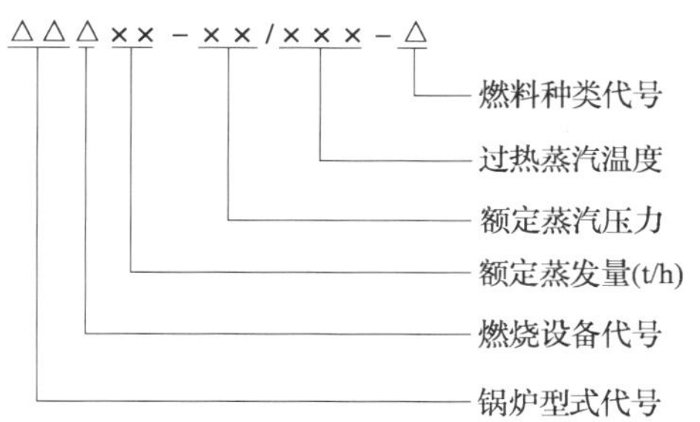

图3—1 工业蒸汽锅炉型号形式

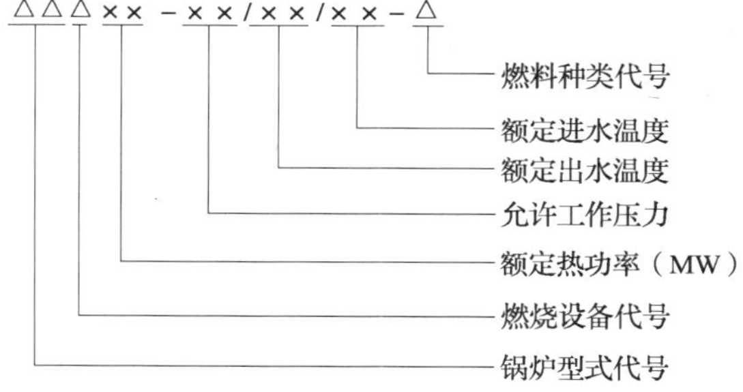

图3—2 热水锅炉型号形式

第一部分分三段，分别表示锅炉型号（用汉语拼音字母代号，见表3—1）、燃烧设备（用汉语拼音字母代号，见表3—2）和容量（用阿拉伯数字表示，蒸汽锅炉为蒸发量，单位用t/h；热水锅炉为供热量，单位为MW；余热锅炉以受热面表示，单位为m^2）。

表3—1 工业锅炉形式代号

锅炉形式	代　号	锅炉形式	代　号
立式水管	LS（立，水）	单锅筒横置式	DH（单，横）
立式火管	LH（立，火）	双锅筒纵置式	SZ（双，纵）
卧式内燃	WN（卧，内）	双锅筒横置式	SH（双，横）
卧式外燃	WW（卧，外）	纵横锅筒式	ZH（纵，横）
单锅筒立式	DL（单，立）	强制循环式	QX（强，循）
单锅筒纵置式	DZ（单，纵）		

注：卧式水火管快装锅炉形式代号为DZ

表 3—2　　燃烧设备代号

燃烧方式	代　号	燃烧方式	代　号	燃烧方式	代　号
固定炉排	G（固）	振动炉排	Z（振）	沸腾炉	F（沸）
固定双层炉排	C（层）	下饲炉排	A（下）	室燃炉	S（室）
活动手摇炉排	H（活）	往复炉排	W（往）		
链条炉排	L（链）				
抛煤机	P（抛）				

注：抽板顶升采用下饲炉排的代号

第二部分表示介质参数，对工业蒸汽锅炉，分额定蒸汽压力和额定蒸汽温度两段，中间以斜线相隔，常用单位分别为 MPa 和℃，蒸汽温度为饱和温度时，型号第二部分无斜线和第二段。对热水锅炉，第二部分由三段组成，分别为允许工作压力、出水温度和进水温度，段与段之间用斜线隔开。

第三部分表示燃料种类。以汉语拼音字母代表燃料种类，同时以罗马数字代表燃料品种分类与其并列（见表 3—3），如同时使用几种燃料，主要燃料放在前面。

表 3—3　　燃料种类及其代号

燃料品种	代　号	燃料品种	代　号	燃料品种	代　号
I 类劣质煤	LI	褐煤	H	天然气	QT
II 类劣质煤	LII	贫煤	P	焦炉煤气	QJ
III 类劣质煤	WI	型煤	X	液化石油气	QY
II 类无烟煤	WII	木柴	M	油母页岩	YM
III 类无烟煤	WIII	稻糠	D	其他燃料	T
I 类烟煤	AI	甘蔗渣	G		
II 类烟煤	AII	柴油	YC		
III 类烟煤	AIII	重油	YZ		

例如：

（1）DZL4—1.25—W 表示单锅筒纵置式链条炉排炉，蒸发量 4 t/h，压力 1.25 MPa，饱和温度，燃用无烟煤。

（2）SHSl0—1.25/250—A0 表示双锅筒横置式室燃锅炉，蒸发量 10 t/h，压力 1.25 MPa，过热蒸汽温度 250℃，燃用烟煤。

（3）QXW2.8—0.7/95/70—AⅡ表示强制循环式往复炉排热水锅炉，额定供热量 2.8 MW，允许工作压力 0.7 MPa，额定出水温度 95℃，额定进水温度 70℃，燃用烟煤。

2. 电站锅炉型号

中国电站锅炉型号由三部分组成，第一部分表示锅炉制造厂代号；第二部分表示锅炉参数；第三部分表示设计燃料代号及设计次序。

3.3 锅炉结构

3.3.1 锅炉结构的基本要求

对锅炉结构总的要求是安全可靠、高效低耗。具体要求有：

1. 各部分在运行时应能按设计预定方向自由膨胀。

2. 保证各循环回路的水循环正常，所有受热面都应得到可靠的冷却。

3. 各受压部件应有足够的强度和稳定性。

4. 受压元、部件结构的形式，开孔和焊缝的布置应尽量避免或减小复合应力和应力集中。

5. 水冷壁炉膛的结构应有足够的承载能力。

6. 炉墙应具有良好的密封性和耐热性。

7. 锅炉钢架等承重结构在承受设计载荷时，应具有足够的强度、刚度、稳定性及防腐蚀性。

8. 便于安装、运行操作、检修和清洗内部。

9. 要根据锅炉参数和燃料的适应性来选用锅炉结构和燃烧设备。

10. 要合理配置辅机设备，还要考虑安全附件和自控装置的可靠性。

3.3.2 锅炉主要受压部件

尽管锅炉结构形式很多，其制造时的难易程度也悬殊很大，但它们总包含下列受压元件中的一部分。

1. 锅筒

它是用来汇集、贮存、分离汽水和补充给水的。是锅炉设备中最重要的部件。它是用锅炉钢板卷制或压制而成，其两端焊有凸形封头或平管板，筒体上有许多管孔或管座，用来与水冷壁，对流管束、下降管和其他管道连接，以及安装各种管道阀门。锅筒的一端封头上还开有人孔，以便进入内部检验和检修。因为锅筒的直径大、汽水容积大、筒壁厚，制造工艺复杂、应力也大，事故引发因素多，而且事故一旦发生造成的损失也最大，所以设计、制造、安装、检验锅筒时须格外注意。

2. 锅壳

它是锅壳式锅炉中“包围”汽水、风烟、燃烧系统的外壳，又称筒壳，其作用和锅筒相同。常用Q235A、20g、16Mng等锅炉钢板卷成圆筒形后再对接双面焊成，两端焊有凸形封头或平管板，在锅壳的适当部位开有人孔或手孔、管孔、水位表孔等。

3. 联箱

又称集箱。其作用是联结受热面管、下降管、连通管、排污管等，按其用途分为水冷壁联箱、过热器联箱、省煤器联箱等。按其所处位置分为上联箱、下联箱或进口联箱、出口联箱。它是用较大直径的锅炉钢管和两个端盖焊接而成，其上开有许多管孔及焊有管座。

4. 下降管

其作用是与水冷壁、联箱、锅筒形成水循环回路。它是用较大直径的锅炉钢管制成，一般布置在炉膛外面，不受热。

5. 受热面管子

它是锅炉的主要受热面，用锅炉钢管制成。它分为水管和火管。凡管内流水或汽水混合物，管外受热的叫水管，凡管内走烟气管外被水冷却的叫烟管。烟管只用在小型锅炉中，水管用在各种锅炉中。水冷壁管是水管中的一种。

6. 省煤器

它的作用是使给水进入锅筒之前，被预先加热到某一温度（通常加热到低于饱和温度40～50℃），以降低排烟温度，提高锅炉热效率。中低压锅炉往往用铸铁制造省煤器，中压以上的锅炉省煤器由钢管制成的蛇形管组合而成。

7. 过热器

它是把锅筒内出来的饱和蒸汽加热成过热蒸汽，以满足生产工艺的需要。过热器是用碳钢或耐热合金钢管弯制成蛇形管后组合而成。

8. 减温器

它的作用是调节过热蒸汽的温度，将过热蒸汽的温度控制在规定的范围内，以确保安全和满足生产需要。有过热器的锅炉均有减温器。减温器分面式减温器和混合式减温器。减温器结构与联箱相似，但其内部有喷水装置或冷却水管。

9. 再热器

它是将汽轮机高压缸排出的蒸汽再加热到与过热蒸汽相同或相近的温度后，再回到中低压缸去作功，以提高电站的热效率。再热器一般只用于 $D>400$ t/h 的电站锅炉中。它也是用碳钢和耐热合金钢管弯制成蛇形管而组成。

10. 炉胆

是锅壳式锅炉包围燃料燃烧空间的壳体。只有立式锅炉和卧式内燃锅炉中有炉胆。炉胆有直圆筒形和锥形二种。当炉胆长度超过 3 m 时，要采用波纹形结构。炉胆承受外压，主要用 Q235、20g 等锅炉钢板弯卷后焊制而成。

11. 下脚圈

连接炉胆和锅壳的部件，只在立式锅炉中采用，常见的有 U 形、L 形、H 形、S 形等形式。额定工作压力>0.098 MPa 的锅炉上须用 U 形下脚圈。下脚圈是用与锅壳或炉胆相同的材料制成。

12. 炉门圈、喉管、冲天管

炉门圈是连接于锅壳和炉胆之间燃料进入燃烧室时所经过的一段管子，一般由锅炉钢板压制成椭圆形后焊接而成。喉管和冲天管均为连接于锅壳和炉胆之间烟气排出时所经过的一段管子，一般由无缝钢管制成。以上三个部件均受外压，仅用于立式锅炉中。

3.3.3 锅炉安全附件

工业锅炉安全附件，主要是指锅炉上使用的安全阀、压力表、水位计、水位警报器、排污阀等。这些附件是锅炉运行中不可缺少的组成部分，特别是安全阀、压力表、水位计是保证锅炉安全运行的基本附件，常被人们称之为锅炉三大安全附件。

超压运行是锅炉发生事故的重要原因之一。安全阀的主要作用是当锅炉内的压力超过规定要求时自动开启，释放超过的压力，使锅炉回到正常的工作压力状态。压力正常后，安全阀自动关闭。蒸发量 $D>0.5$ t/h 的锅炉，至少应装两个安全阀（不包括省煤器安全阀）。当 $D\leqslant 0.5$ t/h 时，至少装一个安全阀。安全阀应铅直地安装，并尽可能装在锅筒、集箱的最高位置。

压力表、水位计是司炉正常操作的耳目。每台锅炉必须装有与锅筒蒸汽空间直接相连接的压力表。每台锅炉应在便于观察的地方装设两个彼此独立的水位表。当 $D\leqslant 0.2$ t/h 时，可以只装一个水位表。

热水锅炉上的安全附件有安全阀、压力表、温度计、超温报警器和排污阀或放水阀。

锅炉上还有给水装置、自动调节装置和许多管道、阀门仪表，它们也与安全有关。

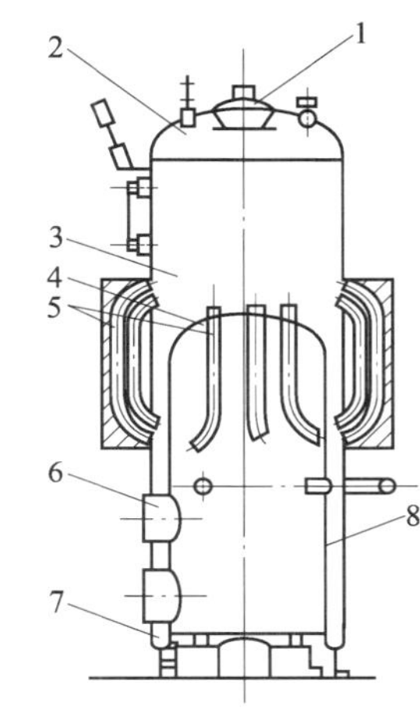

图 3—3　立式弯水管锅炉
1—人孔　2—封头　3—锅壳
4—炉胆顶　5—弯水管　6—炉门圈
7—U 形下脚图　8—炉胆

3.3.4　几种典型锅炉结构

1. 立式弯水管锅炉（图 3—3），其受压元件主要有锅壳、封头、炉胆、炉胆顶、U 形下脚圈、弯水管、炉门圈、喉管。

2. 快装水、火管锅炉（图 3—4），其主要受压元件有：锅筒烟管、省煤器。下降管、集箱、水冷壁。

3. 偏锅筒快装水火管锅炉（图 3—5），其受压元件有锅筒、下降管、联箱、水冷壁、烟管。

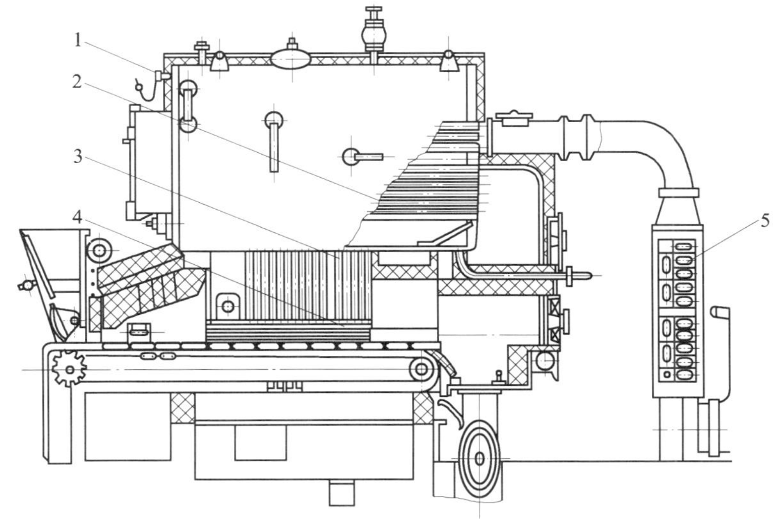

图 3—4　快装水、火管锅炉
1—锅筒　2—烟管　3—水冷壁　4—联箱　5—省煤器

4. 单横汽包水管锅炉（图 3—6），其受压元件有锅筒、下降管、联箱、水冷壁、过热器、省煤器。

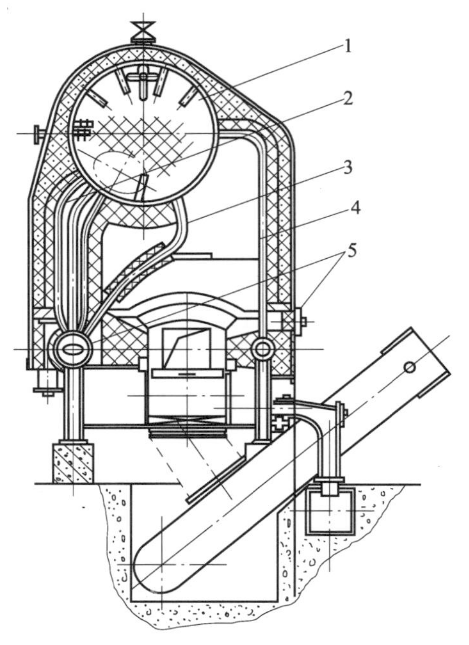

图 3—5　偏锅筒快装水、火管锅炉图
1—锅筒　2—对流管束　3—下降管
4—水冷壁　5—联箱

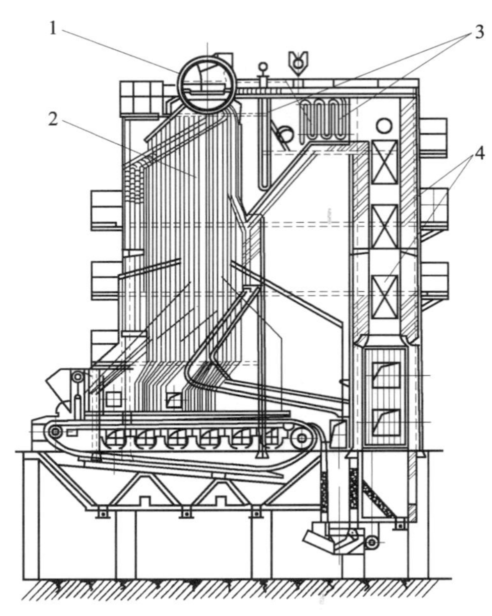

图 3—6　单横气包水管锅炉（散装）
1—锅筒　2—水冷壁
3—过热器　4—省煤器

3.4　锅炉的工作过程

3.4.1　锅炉汽水流程系统

锅炉汽水流程见图 3—7。

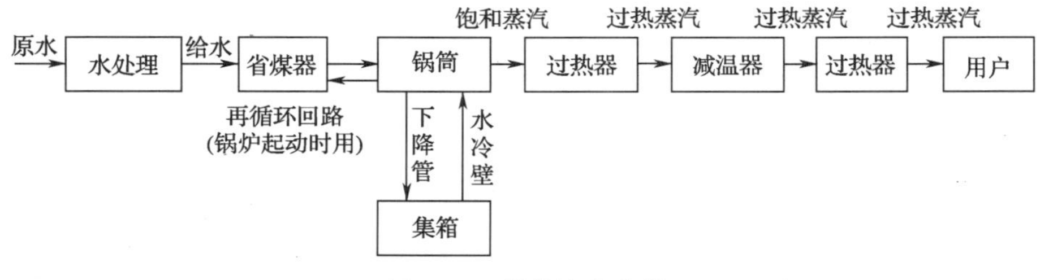

图 3—7　锅炉汽水流程

3.4.2 锅炉水循环

蒸汽锅炉运行时，“锅”内的水实际上总是沿着一定的路线不断地流动。这个路线往往是一个回路，叫做循环回路。水在锅炉循环回路中的流动叫锅炉水循环。水循环的主要作用，是使锅水沿受热面连续不断地流动，把受热面传递的热量及时吸去，不使金属壁温过分升高，保持其应有的强度。此外，水循环还能减少和防止水中泥渣的沉积，使受热面不至于被泥渣积附，影响锅水的吸热，从而使壁温提高，引起事故。所以说锅炉水循环对锅炉的安全运行关系很大。锅炉运行时，必须保证水循环的正常运行。

锅炉水循环有自然循环和强制循环两种。工业锅炉普遍采用自然循环方式。自然循环的原理如下：如图 3—8 所示，位于炉膛内的水冷壁管，受到高温热辐射，管中的水有一部分汽化，故水冷壁内是汽水混合物，而位于炉膛外的下降管不受热，管内是温度较低的水。由于水冷壁管内汽水混合物的相对密度 γ_{qs} 比下降管中的水的相对密度 γ_s 为小，于是就产生了一个流动压力 Δp。这个压力使水沿着下降管向下流动，汽水混合物不断沿水冷壁管向上流动，整个回路在锅炉运行中循环不息。水在对流管束中同样有自然循环，接触烟气温度高的管道吸热多，其中水的相对密度较小，于是这些管道内的水就向上流动，另外一些吸热少的管道内的水就向下流动，这就形成了水的自然循环。

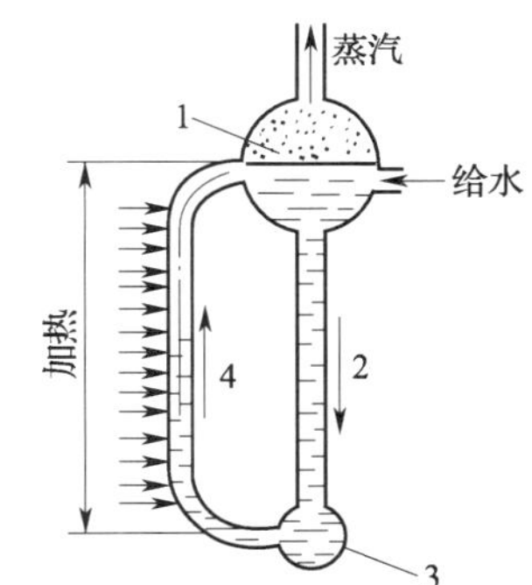

图 3—8 自然循环原理图
1—上锅筒 2—下降管
3—下集箱 4—上升管

强制循环是利用水泵的推动作用，强迫锅水流动而实现的。

3.4.3 锅炉工作过程简述

现以 SHL35—3.82/450—AⅡ（见图 3—6）型锅炉为例，来说明锅炉的组成和工作过程。

锅炉由锅筒、下降管、联箱、炉膛四周的水冷壁及过热器等组成。尾部受热面配有省煤器和空气预热器，燃烧设备为齿轮传动链条炉排。该锅炉所用的燃料是煤。首先锅炉用煤在煤场经过筛选、破碎后，由皮带运输机送至锅炉前煤仓，煤仓内的煤通过煤闸板，落到链条炉排上，随着链条的移动，炉排上的煤被送到炉膛燃烧。燃烧所需的空气由送风机抽取锅炉房内温度较高的空气，经过空气预热器吸收一部分烟气余热，提高温度后再分段送到炉排下面，穿过炉排缝隙进入煤层助燃，炉排上的煤经过一定时间即被燃尽而成为灰渣，再通过老鹰铁刮入灰坑，并由出渣机将灰坑内的灰渣除去。燃烧所产生的高温烟气，首先将一部分热量传给水冷壁，然后烟气从炉膛上部经过立式过热器，再进入后烟道，经省煤器和空气预热器进一步放出热量，最后经除尘后被引风机送至烟囱并排入大气。

原水经水处理设备后，水中的杂质及钙、镁离子被除去，变成软水。软水经水泵注入除氧器除去水中的氧气，经过除氧的水被送到省煤器，吸收部分烟气热量，提高水温后进入锅筒。锅筒内的水通过数根下降管流入炉膛四周水冷壁的下联箱，每个下联箱上接出一排水冷壁管，水在水冷壁管内受热不断汽化，汽水混合物上升至上联箱或直接进入锅筒。蒸汽经过汽水分离装置由锅筒离开，经导汽管进入过热器继续受热，变成过热蒸汽，并由出口联箱汇集后，经出汽总管输送到用户。

由上可见，锅炉设备存在着水汽系统、燃料灰渣系统和风烟系统。锅炉运行时同时进行着三个过程，即燃料的燃烧过程、火焰和烟气向水和蒸汽的传热过程、水的加热、汽化、分离和蒸汽的过热即锅内过程。上述三个过程进行得好坏，不仅影响锅炉的蒸发量和经济性，同时也影响锅炉的安全性。

3.5 锅炉的无损检测要求

锅炉的无损检测应遵循以下原则：

1. 由于焊缝交叉部位的应力较其他部位大，且焊接时较其他部位易产生缺陷，故对焊缝交叉部位应优先检测。

2. 由于高参数，大容量的锅炉制造工艺复杂，更易产生缺陷，且发生事故的后果更为严重，所以对高参数，大容量的锅炉的无损检测要求比对低参数，小容量的锅炉要求高一些，包括检测比例和合格级别。另外，有机热载体锅炉介质特殊，危险性较大，所以探伤要求高。

3. 由于焊接前已进行焊接工艺评定，且对焊工的技能已进行考试，加之采取其他的管理措施，所以锅炉的焊接质量一般都应该合格。所以对部分危险性相对较小的设备焊缝采取按比例抽查的方法进行检测，而不是对每条设备焊缝都进行100%检测，以节省制造成本。如果抽查的部位均合格，则表示焊接质量稳定，其他未抽查到的部位质量也应该认为合格。如果抽查部位有不合格现象，说明焊接质量不稳定，则应扩大抽查比例，甚至进行100%检测。

4. 由于RT（射线检测）和UT（超声检测）各有其特点，为尽可能检出焊缝内的各种缺陷，对中、高压锅炉，采取RT和UT并用。

5. 对于封头和下脚圈的拼缝，由于拼接后还要进行压制加工，在此加工过程中，原拼缝内的小缺陷有可能发展成为超标缺陷，所以应在加工成型后进行无损检测。

6. 锅炉中的重要角焊缝，一般不采用射线探伤，而采用超声波探伤。这是因为对角焊缝进行射线探伤较难以实施，且效果不够理想。

7. 需做热处理的焊接接头，应在热处理后进行无损探伤。因热处理会使焊接接头内的应力、组织发生变化，且有可能产生新的缺陷，只有在热处理后，接头内的组织和缺陷才是稳定的，这时的检测结果才是准确的。

8. 厚度≥70 mm的管子在焊到20 mm左右时应做100%的射线探伤，焊接完成后再做100%超声波探伤，因为先行射线探伤时，若发现缺陷，可便于及时修理，否则返工量太大，因为管子直径小，无法从管内返修。

9. 定期检验时，若宏观检查时未发现有明显的变形，则其焊缝内部一般不会产生新的缺陷，原有的小缺陷一般也不会发展，所以一般可不进行RT或UT。但对于重要角焊缝和主焊缝，可以进行表面探伤检查。当发现表面已产生裂纹时，应进一步检查和分析。必要时，可对焊缝进行RT或UT检测。另外，对于制造或安装时留下的内部缺陷，在定检时可进行适当的RT或UT检查，以确认这些缺陷是否发展。若未发展，可继续使用，否则要进行分析判断或处理。

监察规程对锅炉焊缝探伤的主要要求，见表3—4。

锅炉部件探伤的具体要求，由规程、标准及设计图纸作出具体规定，此处不再叙述。

表3—4　　监察规程对锅炉焊缝探伤的主要要求

<table>
<tr><th colspan="2">压力
探伤比例
部位</th><th>p≤0.1 MPa</th><th>0.1 MPa<p≤0.4 MPa</th><th>0.4 MPa<p<2.5 MPa</th><th>2.5 MPa≤p<3.8 MPa</th><th>p≥3.8 MPa</th></tr>
<tr><td rowspan="3">锅筒纵、环缝
集箱纵缝
封头、下脚圈拼缝</td><td>蒸汽炉</td><td>10%RT</td><td>25RT</td><td>100%RT</td><td>100%RT或100%UT+25%RT</td><td>100%UT+25%RT</td></tr>
<tr><td>热水炉</td><td colspan="3">出水温度<120℃时，25%RT
出水温度≥120℃时，100%RT</td><td rowspan="2"></td><td rowspan="2"></td></tr>
<tr><td>有机热载体炉</td><td colspan="3">100%RT
或100%UT+25%RT</td></tr>
<tr><td rowspan="2">炉胆纵、环缝
炉胆顶拼缝
回燃室对接缝</td><td>汽炉</td><td>10%RT</td><td>25%RT</td><td>25%RT</td><td rowspan="2"></td><td rowspan="2"></td></tr>
<tr><td>水炉</td><td colspan="3">25%RT</td></tr>
<tr><td colspan="2">内燃锅壳锅炉的管板与炉胆、锅壳的角接焊缝</td><td colspan="3">p<1.6 MPa时：
管板与锅壳：100%UT
管板与炉胆、回燃室50%UT</td><td></td><td></td></tr>
<tr><td colspan="2">集箱环焊缝</td><td colspan="5">外径>159 mm或壁厚>20 mm时或热水温度≥120℃时为100%RT或UT
外径≤159 mm或热水温度<120℃时，为25%RT或UT。</td></tr>
<tr><td colspan="2">管子、管道环缝
（外径≤159 mm）</td><td colspan="4">10%RT或UT
有机热载体炉：辐射段：10%RT，对流段：5%RT，
热水温度>120℃时，2%RT或UT</td><td>p=3.8～9.8 MPa
工厂内：50%，
安装工地：25%，
p≥9.8 MPa，
工厂内：100%，
安装工地：25%</td></tr>
<tr><td colspan="2">集中下降管的角接接头</td><td colspan="4"></td><td>100% RT或UT；
其他管接头、角接接头：10%RT或UT</td></tr>
</table>

第4章 压力容器基本知识

4.1 概述

4.1.1 压力容器的定义及用途

从广义上说，凡承受流体介质压力的密闭壳体都可称作压力容器。

按GB 150—1998《钢制压力容器》的规定，设计压力低于0.1 MPa的容器属于常压容器，而设计压力高于0.1 MPa的容器属于压力容器。

从安全角度看，单纯以压力高低定义压力容器不够全面，因为压力不是表征安全性能的唯一指标。在相同压力下，容器的容积越大，其积蓄的能量就越多，一旦发生破裂造成的损失和危害也就越大。此外，容器内的介质特性对安全的影响也很大，气体的危害程度大于液体，尤其易燃易爆的气体或液化气体，如果容器发生事故，除了爆炸造成的损失外，由于介质泄漏或扩散而引起的化学爆炸、起火燃烧、中毒污染，导致的后果极其严重。因此，压力、容积、介质特性是与安全相关的三个重要参数。

《压力容器安全技术监察规程》从安全管理角度出发，将同时具备下列三个条件的容器称为压力容器：

1. 最高工作压力（p_w）大于等于0.1 MPa（不含液体静压力）。

2. 内直径（非圆形截面指其最大尺寸）大于等于0.15 m，且容积（V）大于等于0.025 m^3。

3. 盛装介质为气体、液化气体或最高工作温度高于等于标准沸点的液体。

2003年3月公布的《特种设备安全监察条例》附则中规定，压力容器的含义是：盛装气体或液体，承载一定压力的密闭设备，其范围规定为最高工作压力（p_w）大于或等于0.1 MPa（表压），且压力与容积的乘积大于或等于2.5 MPa·L的气体或液化气体和最高工作温度高于或等于标准沸点的液体的固定式容器和移动式容器；盛装公称工作压力大于或等于0.2 MPa（表压），且压力与容积的乘积大于或等于1.0 MPa·L的气体、液化气体和标准沸点等于或低于60℃的液体的气瓶；医用氧舱等。

可以认为，这个规定是对压力容器的最权威的定义。凡符合上述规定的容器即为压力容器，其设计、制造、安装、使用、检验、修理和管理都必须接受安全监察。

压力容器是工业生产中的常用设备，它广泛应用于石油、化工、动力、食品等行业，尤其是石油化工。许多化学反应过程需要在有压力的条件下进行，或者要用增高压力的方法来加快反应速度，如用乙烯和水（高压过热蒸汽）制造乙醇（酒精），就需要在7.0 MPa压力下进行，用氮和氢合成氨则要在32 MPa压力下才能较好地反应。这样，不但反应器本身是压力容器，而且必须经过的精制、加热或冷却等工艺过程中所使用的所有的设备也都是压力容器。

日常生活中也离不开压力容器。例如，压缩空气是一种使用得最为普遍的动力源。它可以带动气锤、风镐或其他风动工具进行加工、矿山开采等。压缩空气来源于空气压缩机，而空气压缩机的辅助设备如气体冷却器、油水分离器、储气罐等都是压力容器。

压力容器发生事故时不仅使容器本身遭到破坏，往往还会诱发一连串恶性事故，给国民经济造成重大损失。例如，1979年12月吉林煤气公司液化石油气球罐的爆炸，引起燃烧，并使附近的三个同样的球罐和5 000只气瓶爆炸，约600 t液化石油气流出燃烧，大火持续燃烧20 h，死伤近百人，直接经济损失达500余万元。又如，某电化厂一个盛装液氯介质的容器发生爆炸后，约有4 t的液氯介质外流，造成大面积的毒害区，中毒范围波及7.35 km^2。

压力容器的潜在危险性，还表现在其使用条件比较苛刻：它要承受大小不同的压力载荷（有时还是脉动的）和其他附加载荷（如重力、地震、风载等）；容器内的压力还会因操作失误或反应异常而升高，往往在尚未被发现的情况下容器即被破坏；不少压力容器工作时不仅承受较高的压力，同时还经常处于高温或低温状态。此外，内部介质的特性对容器的运行安全和使用寿命影响较大，尤其是化工容器，其介质常常具有强烈的腐蚀性（氢腐蚀、硫化氢腐蚀、各种浓度的酸、碱、盐腐蚀等）。要保证容器长期安全运行，就必须在设计、选材、制造、检验和使用管理上严格要求。所以，世界上许多国家设置专门机构，负责压力容器的安全监督工作。

4.1.2 压力容器的主要工艺参数

压力容器的工艺参数是进行压力容器强度计算和结构设计的主要依据。工艺参数是要根据生产的工艺要求确定的。影响压力容器设计的主要工艺参数有压力、温度、直径等。

1. 压力容器的压力参数

压力容器的压力参数有工作压力（操作压力）、最高工作压力和设计压力。工作压力（操作压力）是指压力容器在正常的操作条件下，所要承受的内（外）部表压力。工作压力是要根据生产工艺的要求决定的。

（1）最高工作压力　对于承受内压的压力容器，其最高工作压力是指在正常使用过程中，容器顶部可能出现的最高压力；对于承受外压的压力容器，其最高工作压力是指在正常使用过程中，容器可能出现的最高压力差值；对于夹套容器，其最高工作压力是指在正常使用过程中，夹套顶部可能出现的最高压力差值。一般用p_w来表示。

（2）设计压力　是指在相应设计条件下用以确定压力容器壳体壁厚及其元件尺寸的压力，用p来表示。在正常的情况下，设计压力应等于或略高于最高工作压力。

（3）公称压力　为了提高制造质量，并降低制造费用，增加零部件的互换性，使容器及其零部件的制造趋于标准化，把标准化后的压力数值称为公称压力，容器设计时应尽量采用标准的公称压力系列参数。容器的公称压力是指容器在规定温度下的最大操作压力。用符号

p_g 来表示。

2. 压力容器的温度参数

压力容器的温度参数有工作温度（操作温度）、设计温度。

（1）工作温度（操作温度） 是指容器在操作过程中，在工作压力（操作压力）下壳体可能达到的最高或最低温度。

（2）设计温度 是指容器在操作过程中，在相应的设计压力下壳体或元件可能达到的最高或最低温度。

3. 直径

一般所说的容器直径系指其内径，单位多用 mm 表示。

出于标准化的需要，把容器的直径按尺寸大小排成一定数目的系列。该系列中的各尺寸称为容器的公称直径，用符号 D_g 来表示。在确定容器直径时应选取与之相近的公称直径，以利于封头、法兰等零部件的标准化。

4.1.3 压力容器的分类

压力容器的使用极其普遍，形式也很多。根据不同的要求，压力容器的分类方法可以有很多种，例如：按容器的壁厚可分为：薄壁容器和厚壁容器。一般认为，当容器的壳体厚度大于容器内直径的 1/10 时为厚壁容器，小于或等于至 1/20 时属于薄壁容器；按容器的承受压力方式可分为：内压容器和外压容器。当容器内部承受压力时称内压容器，当容器外部承受压力时称外压容器，如夹套容器、真空容器等；按容器的工作温度可分为：高温容器、常温容器、低温容器。一般情况下，当压力容器的工作温度低于或等于－20℃时称为低温容器；当压力容器的工作温度高于或等于金属材料的蠕变开始温度时称为高温容器；按容器壳体的几何形状可分为：球形容器、圆筒形容器、圆锥形容器。

从安全的角度出发，目前广泛采用的比较重要的分类方法有两种：

1. 按压力容器的安全重要程度分类

《压力容器安全技术监察规程》根据容器在使用中的重要作用、设计压力以及介质的危害性程度，从高到低将压力容器依次分为第三类压力容器、第二类压力容器以及第一类压力容器：

（1）第三类压力容器（下列情况之一的容器）

1）高压容器。

2）中压容器（仅限毒性程度为极度和高度危害介质）。

3）中压储存容器（仅限易燃或毒性程度为中度危害介质，且 pV 乘积大于或等于 10 MPa·m³）。

4）中压反应容器（仅限易燃或毒性程度为中度危害介质，且 pV 乘积大于或等于 0.5 MPa·m³）。

5）低压容器（仅限毒性程度为极度和高度危害介质，且 pV 乘积大于或等于 0.2 MPa·m³）。

6）高压、中压管壳式余热锅炉。

7）中压搪玻璃压力容器。

8）使用强度级别较高（指相应标准中抗拉强度规定值下限大于或等于540 MPa）的材料制造的压力容器。

9）移动式压力容器，它包括铁路罐车（介质为液化气体、低温液体）、罐式汽车（液化气体运输车、低温液体运输车、永久气体运输车）和罐式集装箱（介质为液化气体、低温液体）等。

10）球形容器（容积大于等于50 m^3）。

11）低温液体储存容器（容积大于5 m^3）。

（2）第二类压力容器　下列情况之一的容器（已被规定为第三类压力容器的除外）

1）中压容器。

2）低压容器（仅限毒性程度为极度和高度危害介质）。

3）低压储存容器和低压反应容器（仅限易燃或毒性程度为中度危害介质）。

4）低压管壳式余热锅炉。

5）低压搪玻璃压力容器。

（3）第一类压力容器　介质为无毒、非易燃低压容器和易燃或毒性程度为中度危害介质的低压换热容器、分离容器为第一类压力容器。

由于压力容器品种规格极其复杂繁多，按《压力容器安全技术监察规程》划分第三类压力容器、第二类压力容器以及第一类压力容器的具体规定也较多，为便于对照查找，现将压力容器分类归纳成表，见附录C。

按照《压力容器安全技术监察规程》的规定分类，压力容器的类别和介质有很大的关系，因此确定介质毒性程度和爆炸程度是一个重要的方面。《压力容器安全技术监察规程》中规定：压力容器中化学介质毒性危害和易燃介质的划分参照HG 20660《压力容器中化学介质毒性危害和爆炸危险程度分类》的规定，无规定时，按下述原则确定毒性程度：

极度危害（Ⅰ级）　　最高容许浓度<0.1 mg/m^3

高度危害（Ⅱ级）　　最高容许浓度0.1～<1.0 mg/m^3

中度危害（Ⅲ级）　　最高容许浓度1.0～<10 mg/m^3

轻度危害（Ⅳ级）　　最高容许浓度$\geqslant 10$ mg/m^3

当压力容器的介质为混合物质时，应以介质的组分并根据毒性或易燃介质的划分原则，由设计单位的工艺设计或使用单位的生产技术部门提供介质毒性程度或者是否属于易燃介质的依据，无法提供依据时，按毒性危害程度或爆炸危险程度最高的介质确定。

2. 根据使用情况分类

按使用情况不同，压力容器可分为固定式容器和移动式容器两大类。我国对这两类容器分别制订了不同的规程或技术规范。例如，对移动式容器中的气瓶制订了《气瓶安全监察规程》，对铁路罐车和汽车罐车分别制订了“管理规定”。

（1）固定式容器　固定式容器的特点是：具有固定的安装和使用地点，工艺操作条件和操作人员都比较固定。它可以按用途和工作压力进一步分类。

1）按用途分类　根据容器在生产工艺过程中所起的主要作用不同，可以归纳为四大类，即反应容器、储存容器、换热容器和分离容器。

①反应容器　主要用来完成介质化学反应的设备，如反应器、聚合釜、变换炉和氨合成

塔等。考虑到反应容器的操作条件复杂，压力不易控制，发生爆破的危险性大，因而对其设计、制造、使用等方面提出严格的要求。

②储存容器　主要用以储备工作介质，以保持工艺操作压力稳定，保证生产的连续进行。介质在容器内一般不发生化学或物理的变化。常见的压缩气体或液化气体储罐、压力缓冲器属于这一类。大型的储存容器多做成球形容器，小型的储存容器常为卧式圆筒形容器。

这类容器的操作条件没有反应容器复杂，但是由于容积比较大，储存的介质多，即使在操作压力比较低的情况下，其爆炸的潜在能量也是很大的，因而对这类容器也提出比较严格的要求。

③换热容器　主要用来使介质在容器内实现热交换，以达到生产工艺过程中所需要的将介质加热或冷却的目的。如热交换器、冷却器、蒸发器、废热锅炉等。

换热容器的形式很多，就传热方式来分，可以有蓄热式、直接式、间接式三种，现在常用的是直接式和间接式两种，前者将高温介质直接传给低温介质，使介质被加热或冷却。这种情况只适用于两种介质可以互相混合的场合。如蒸煮锅、消毒器、水洗塔等。后者是通过换热元件来进行的，常见的有蛇管式、列管式、排管淋洒式等。

④分离容器　分离容器的主要作用是让介质通过容器时，利用降低流速、改变流动方向或用其他物料吸收等方法来分离气体中的混合物，以达到净化气体或提取回收杂质中的有用物料的目的。在分离容器中主要介质不发生化学反应，压力都是来自器外，如分离塔、净化器、回收塔、洗涤塔、吸收塔等。

2）按压力来分类　压力是压力容器最主要的参数，压力越高，爆炸的能量越大。为了便于对压力容器进行分级管理和安全监督，我国《压力容器安全技术监察规程》将容器的设计压力分为四个压力级别，即

低压容器	（代号 L）：	$0.1\ \text{MPa} \leqslant p < 1.6\ \text{MPa}$
中压容器	（代号 M）：	$1.6\ \text{MPa} \leqslant p < 10\ \text{MPa}$
高压容器	（代号 H）：	$10\ \text{MPa} \leqslant p < 100\ \text{MPa}$
超高压容器	（代号 U）：	$100\ \text{MPa} \leqslant p < 1\,000\ \text{MPa}$

（2）移动式容器　移动式容器是一种盛装容器。它的主要用途是装运气体。容器在气体制造厂充装气体，然后运送到使用单位。这类容器没有固定的地点，一般也没有专责的操作人员，使用环境经常变迁，管理比较复杂，因而比较容易发生事故。移动式容器按其容积的大小及结构形状分为气瓶、罐车。

气瓶外形如瓶，头部装有各种阀门，底部焊有底座，按所盛装气体的特性分为压缩气体气瓶（如氧、氢、氮、氦等）、液化气体气瓶（如二氧化碳、乙烯、氟利昂、液氨、液氯等）和溶解气体气瓶（如乙炔）。

罐车是固定安装在流动的车架上的一种卧式贮罐。它的容积较大，常达数十立方米。罐是专门用来运输液化气体的。由于它的直径较大，不宜承受高压，所以它所充装的一般是低压液化气体。包括铁路罐车（介质为液化气体、低温气体）、汽车罐车（如低温液体运输车、液化石油气罐车和液氨罐车）和罐式集装箱（介质为液化气体、低温液体）等。

4.1.4 我国的压力容器法规和标准

我国的压力容器规范和标准是一种开放性的标准体系，它由法规、基础标准、相关标准、附属标准及产品标准五大部分组成。图4—1所示为压力容器的法规标准体系关系图。

1.《压力容器安全技术监察规程》与GB 150《钢制压力容器》标准的关系

《压力容器安全技术监察规程》是压力容器的基本法规。它以安全为基本出发点对压力容器的设计、制造、安装、检验、使用和维修提出了最基本的要求。其权威性高于GB 150《钢制压力容器》标准和其他任何标准、规章规定。《压力容器安全技术监察规程》第5条规定"本规程是压力容器质量监督和安全监察的基本要求，有关压力容器的技术标准、部门规章、企事业单位规定等，如果与本规程相抵触时，应以本规程为准"。所以，各种其他标准、规章、规定的具体内容和要求，应等于或严于《压力容器安全技术监察规程》。

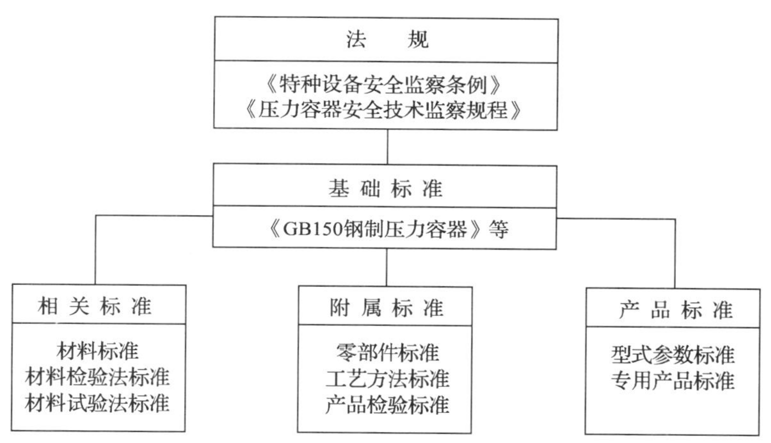

图4—1 压力容器的标准体系关系

2. GB 150《钢制压力容器》基础标准与相关标准、附属标准、产品标准的关系

GB 150《钢制压力容器》是基础标准，是压力容器标准体系中的核心，它以大多数压力容器为对象，着重解决共性的问题。它引用了很多相关标准和附属标准、产品标准，这些标准都是为基础标准服务或由它派生出来的。通俗地说，这些被引用标准是GB 150《钢制压力容器》的子标准。

相关标准包括材料标准、材料试验法标准和材料检验法标准。例如GD 6654《压力容器用碳钢及低合金钢技术条件》只是压力容器用钢应符合的条件即常说的材料的验收标准，但不是符合验收标准的所有材料都能用于压力容器。盛装不同的介质、在不同工况条件下的压力容器对材料的要求不尽相同，因此GB 150《钢制压力容器》规定了不同的材料的使用范围以及不同工况条件下的压力容器对材料的附加要求，就是常说的材料使用标准。例如，GB 150《钢制压力容器》规定了设计温度低于−10℃但高于−20℃时，厚度大于20 mm的16MnR应进行设计温度下的低温冲击试验。

附属标准包括零部件（封头、法兰、人孔及支座等）标准、工艺方法标准和产品检验标准，它是为基础标准服务的，离开了基础标准和专门的产品标准往往无法独立应用。例如，JB/T 4730《承压设备无损检测》规定了射线、超声波、磁粉、渗透等无损检测的方法以及如何评级，但检测对象的合格级别则需要由GB 150《钢制压力容器》等基础标准来回答。又如，GB 150《钢制压力容器》规定当压力容器进行100%射线检测时，底片评定的合格级别是Ⅱ级。

产品标准包括形式参数标准和专用产品标准。其中形式参数标准是出于产品规格尺寸及结构形式的系列化、标准化需要而制定的，以便于在实际工作中选用，从而大大减少工作量。而专用产品标准是在基础标准上，针对不同材质（如铝容器）、不同外形和结构特点（如球形容器、换热容器）的压力容器而提出的专用技术要求。

4.2　压力容器的典型结构和特点

压力容器的类型类别虽然很多，但是它的基本构成都可以分解为筒体、端盖（封头）、法兰、开孔与接管、支座等几种元件。本节单介绍常见压力容器结构形式。

4.2.1　低、中压压力容器的筒体结构

石油、化工生产中大量采用的低、中压容器，一般属于薄壁容器（$D_0/D_i \leqslant 1.2$；D_0指容器的外径，D_i指容器的内径），它的外形结构形式大都是球形和圆筒形，在个别情况下才使用矩形、串接球形、椭圆形、扁圆形等特殊形状的容器。

1. 圆筒形的筒体结构形式

圆筒形筒体是低、中压容器的最常见的筒体结构。这种容器便于在内部装设工艺附件并便于工作介质在内部相互作用，因此被广泛用作反应、换热和分离容器。图4—2和图4—3所示，为常见的立式和卧式压力容器的典型结构。

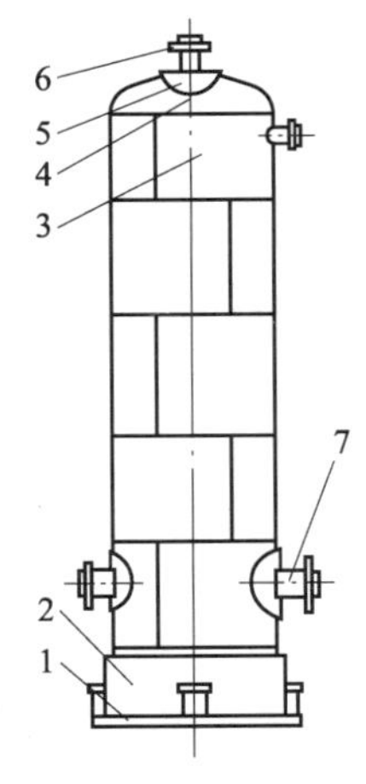

图4—2　立式压力容器

1—底板　2—裙座　3—筒节　4—封头　5—补强圈　6—管法兰　7—接管

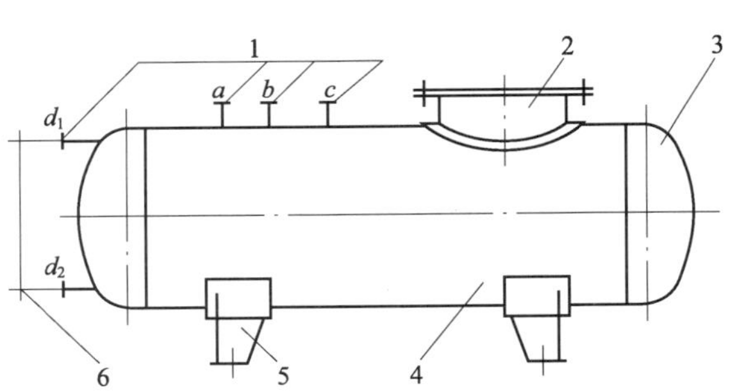

图4—3　卧式压力容器

1—接管　2—人孔　3—封头　4—筒身　5—支座　6—液面计

圆筒形筒体除了在直径较小的情况下可以直接采用无缝钢管外，一般是用焊接结构，即用钢板先制成圆筒形后进行焊接。小直径的圆筒体可采用一条纵焊缝，而大直径的圆筒体因受钢板宽度尺寸的限制，需采用二条以上的纵焊缝。同样，短的圆筒体只有与封头相组焊的两条环焊缝，长的圆筒体则有很多条环焊缝。

2. 球形容器

体积较大的压力容器一般制成球形容器，因为它的直径比较大，所以球形容器大多是由许多块按一定的尺寸压制成形的球面板组焊而成。其制造、安装有一定难度，特别是由于它的焊缝长，焊接工作量大，焊接质量和无损检测要求也较高。球形容器一般只用作贮存容器。《钢制球形储罐》中规定了三种结构型式，如图4—4所示。

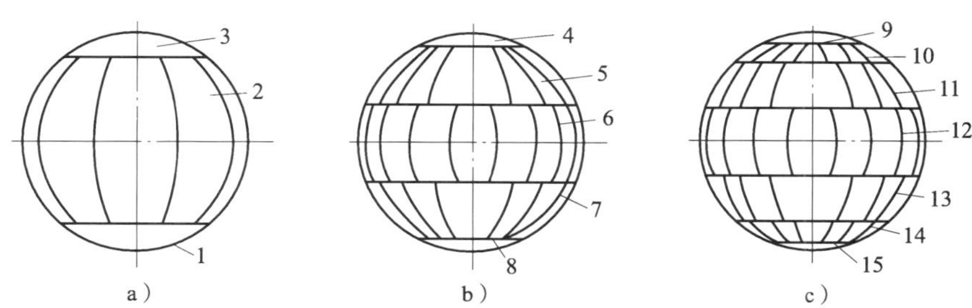

图4—4　常见的球形储罐结构形式

a）三带储罐　b）五带储罐　c）七带储罐

1、8、15—下极　2、6、12—赤道带　3、4、9—上极　5、11—上温带

7、13—下温带　10—上寒带　14—下寒带

4.2.2 高压容器的筒体结构

由于承受的压力较高，高压容器的筒体一般比较厚，在高压容器设计时，必须综合考虑其特点，选择合适的结构。(图4—5)

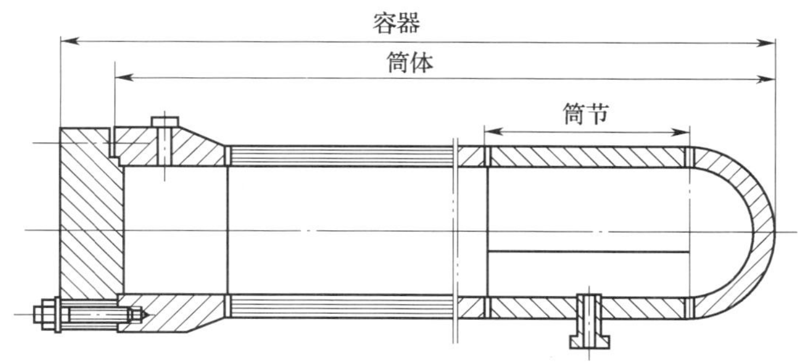

图4—5　高压容器的典型结构

高压容器的筒体结构形式可分为整体式和组合式两大类，整体式的筒体结构有单层锻造和整体锻造，组合式有多层包扎式、螺旋包扎式、热套式和绕制式等。其中多层包扎式、热套式是目前使用最广泛、制造和使用经验最为成熟的筒体结构形式。本节主要介绍这两种结构。

1. 多层包扎式筒体结构

这种结构形式的筒体是由数层紧密贴合的薄钢板构成，分为内筒与层板两部分，如图4—6所示。内筒一般由厚度为15～20 mm的优质钢板卷焊而成，层板则是由6～8 mm的薄钢板先预弯成半圆形或瓦片形用钢丝绳（或钢带）扎紧并点焊固定在内筒上，再松去钢丝绳（或钢带），焊接纵焊缝，以此法逐层包扎直至达到设计要求的厚度。

它有以下的特点：设计用材方便；筒体的应力分布均匀；对于腐蚀性介质只要内筒选用相应的耐蚀材料而层板仍可用普通低合金钢，从而节省材料成本；在环焊缝附近的层板上开安全孔后可以检查内筒是否破裂，防止恶性事故的发生。它的不足之处是：材料的利用率低；制造工序多，制造周期长；尤其是存在深的环焊缝，探伤困难。

2. 多层热套式筒体结构

这种结构是采用25～50 mm的中厚钢板，卷焊成若干个直径不等的圆筒，如图4—7所示。每层筒的内外表面只需经粗加工或只用喷砂（或喷丸）处理而不经机加工，每相邻两层筒之间以过盈量相互配合，即套合前内筒的外径较外筒的内径略大，套合时需将外筒加热使之膨胀，然后松套在内筒上，经冷却后，外筒收缩而与内筒贴合。此过程采用由内向外逐层套合的顺序，直至达到设计所需的壁厚。

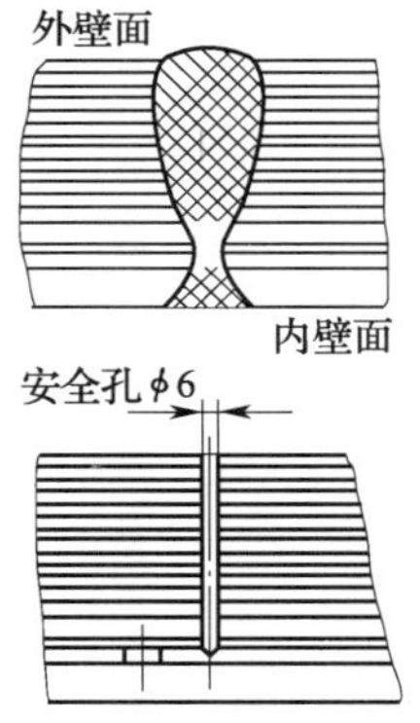

图4—6　多层包扎式筒体

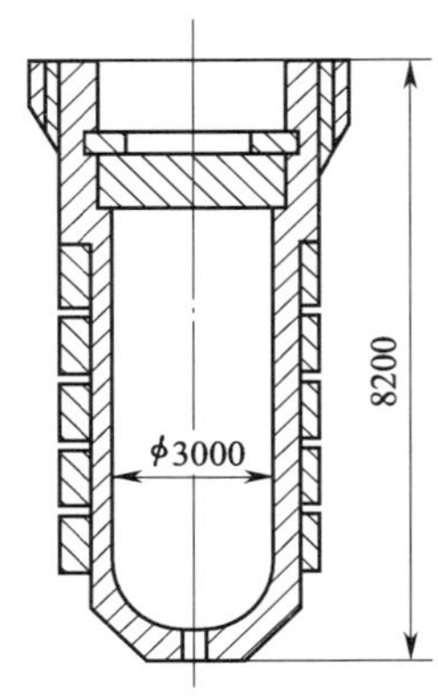

图4—7　多层热套式筒体结构

从多层热套式筒体的制造过程可以看出：

多层热套式容器的制造工艺和单层卷焊容器的制作除了套合的过程外，其余是相近的，所以工艺容易掌握；制造的周期短。各层圆筒的对接焊缝均可100%射线探伤检验，故可保证焊接质量。通过热处理可消除绝大部分套合预应力，其残余套合预应力则可以改善筒体在受内压时沿壳壁应力分布不均匀的状况。但由于是中厚钢板制作，所以其抗裂性能不如多层包扎筒体。

热套式高压容器的内径一般为700～4 000 mm，设计压力为10.5～70 MPa，壁厚为50～500 mm。

4.2.3　压力容器的封头

封头（或端盖）是压力容器的重要组成部分，常见的形式有半球形、椭圆形、碟形、形及平板形。

1. 半球形封头

半球形封头（图4—8）的优点和球形容器相同，受力状态较好，节省材料，壁厚只需圆筒体壁厚的1/2，半球形封头多用于高压容器如尿素合成塔、CO_2气提塔等。对于中、低压压力容器，为了焊接方便，以及考虑到封头冲压过程中的减薄量，封头和筒体通常取同一厚度。

2. 椭圆形封头和碟形封头

椭圆形封头由半个椭球壳和直边部分组成，如图4—9所示。椭圆曲线的曲率半径变化是连续的，所以封头中的应力分布也比较均匀，其受力情况仅次于半球形封头。它是目前中、低压压力容器中应用最广泛的封头形式。长短轴之比为2的椭圆形封头称为标准椭圆形封头，其封头深度（不包括直边部分）为其直径的1/4。

碟形封头又称带折边球形封头，它由几何形状不同的三部分组成，如图4—10所示。第一部分是以R为半径的部分球面；第二部分是高度为h的圆筒形部分；第三部分是连接以上两部分的过渡部分，其曲率半径为r。R与r均以内表面作为圆基准，一般情况下有$R_i=D_i$；$r/R_i=0.15$。

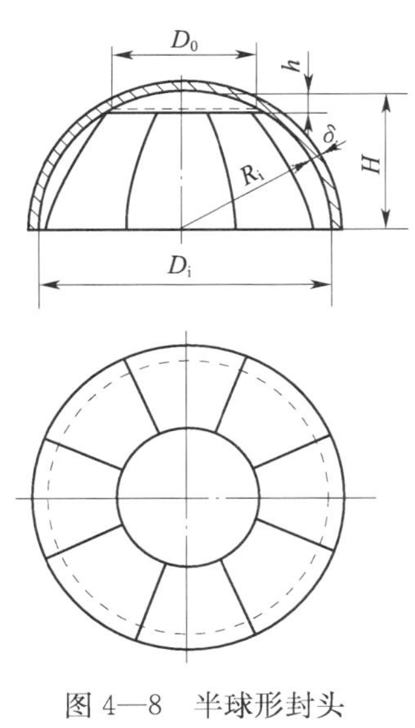

图4—8 半球形封头

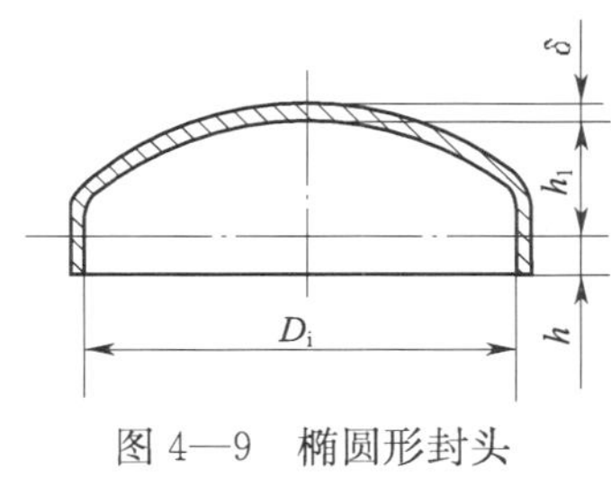

图4—9 椭圆形封头

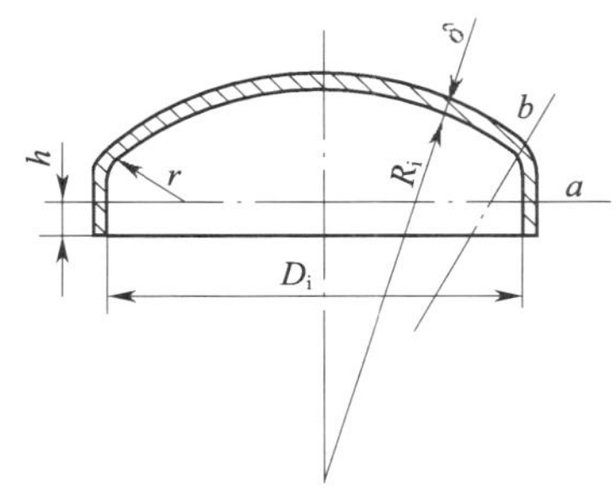

图4—10 碟形封头

从几何形状看，椭圆形封头深度较浅，因而制造比半球形方便，但比碟形封头困难。为了保证椭球壳形状准确，必须用模具。碟形封头为一不连续曲面，在三部分的连接处会产生较大的边缘应力，故应力分布不像椭圆形封头那样均匀，在工程使用中不是很理想。但当椭圆形封头的模具加工有困难时，一般以碟形封头来代替。

椭圆形封头和碟形封头的圆筒部分，又称直边部分，其用途是使边缘应力不直接作用在封头与筒体相连接的焊缝上。直边高度一般为25～50 mm。

3. 无折边球形封头

无折边球形封头是一块深度较小的球面体。如图4—11所示，它结构简单、制造方便，常用作容器中两个独立受压室的中间分隔封头。由于封头球面无过渡区，在连接边缘有较大边缘应力。为保证连接处的焊接质量，应使封头和与其相连的筒体厚度相近，角焊缝应采用全焊透结构。这种封头一般只用于直径较小、压力较低的压力容器。

4. 锥形封头

锥形封头有两种结构形式，一种是无折边的锥形封头，如图4—12所示，另一种是带折边的锥形封头，如图4—13所示。

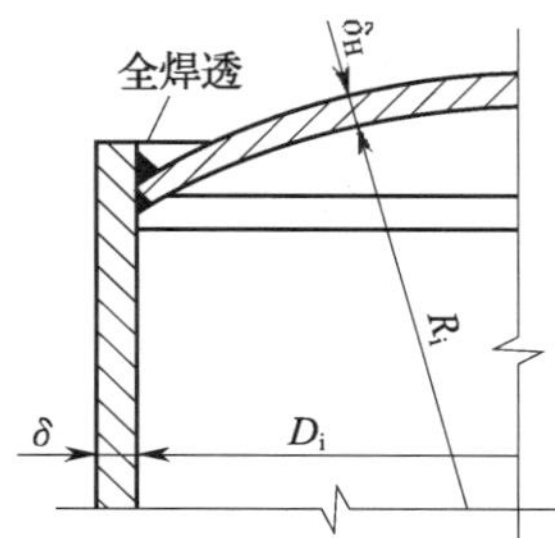

图4—11 无折边球形封头

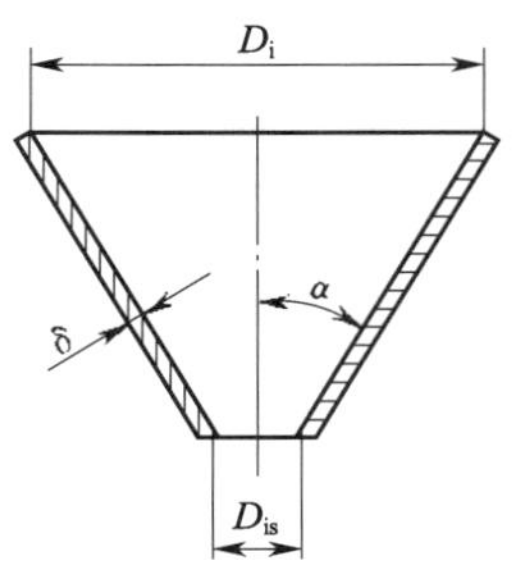

图4—12 无折边的锥形封头

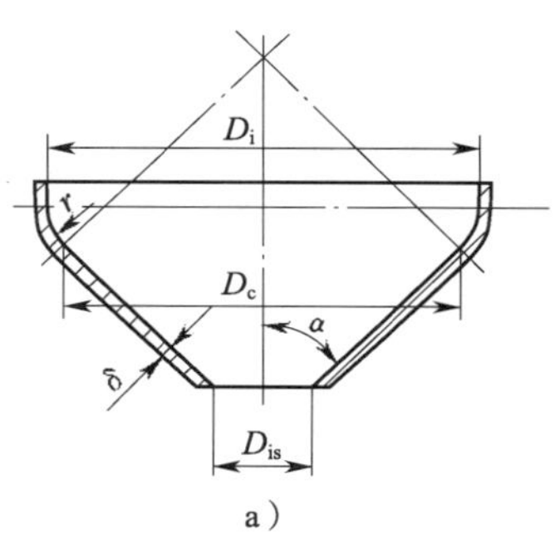

a）

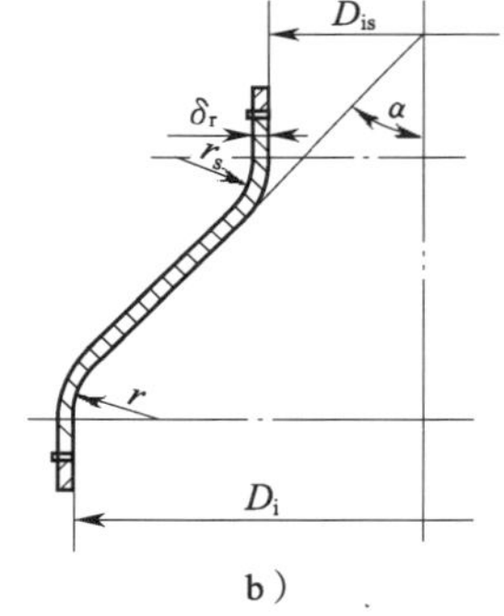

b）

图4—13 带折边的锥形封头

无折边的锥形封头一般应用于半锥角$\alpha \leqslant 30°$，且内压不大的场合。由于锥体与圆筒体直接连接造成了壳体形状的突然不连续，在连接处附近将产生边缘应力。为了提高连接处的稳定性，常采用加强圈以增强连接处的刚性。

带折边的锥形封头一般应用于半锥角$\alpha > 30°$的场合，常用带折边的锥形封头的半锥角为30°和45°，过渡圆弧曲率半径与直径的比值常取0.15，直边高度为25～40 mm。

锥形封头的受力情况比半球形封头、椭圆形封头、碟形封头差，采用其结构形式的目的是当容器内的工作介质有颗粒状或粉末状的物料，或者是黏稠的液体时，有利于卸下这些物料；锥形封头也有利于流体的均匀分布，改变流体的流速。

5. 平盖封头

平盖封头与其他封头比较，结构最简单，制造方便，但受力情况最差，在相同的受压条件下，平盖封头的厚度比其他封头要大得多。

图 4—14a 所示是一种受力情况最差，用于直径较小和压力较低的压力容器，常与法兰连接用于经常拆卸场合的平盖封头。

图 4—14b 所示是一种结构简单，制造方便，为高压容器中常用的锻制平封头；高压容器中的锻制平封头为了减小边缘应力的影响加工一直边，其直边高度 L 一般不小于 50 mm；过渡区的圆弧半径 $r \geqslant 0.5h$，且 $r \geqslant 1/6D_i$。

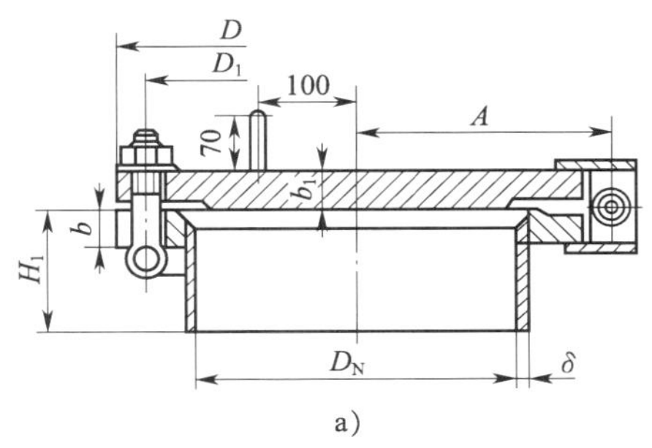

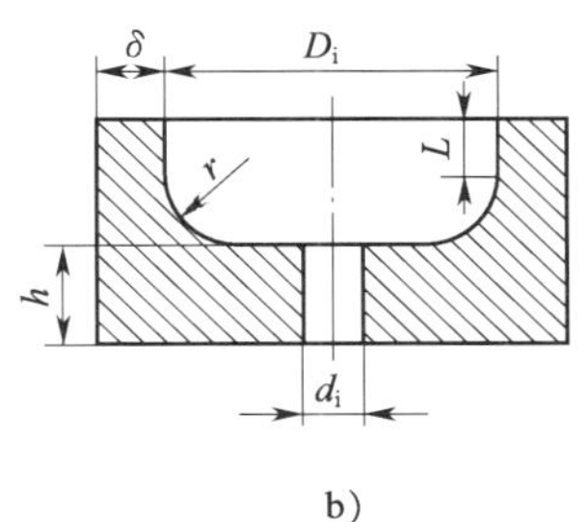

图 4—14　平盖封头

a）法兰与平盖连接　b）高压用平封头

4.2.4　压力容器的开孔与接管

为了使设备能够进行正常的操作、测试和检修，压力容器的壳体和封头一般都要开孔。如物料进出口；测量压力、温度以及装设安全装置的连接孔；液面计孔、人孔和手孔等。

1. 接管与壳体的连接

接管与壳体的连接都是采用焊接的形式，图 4—15 所示为常见的焊接结构。

图 4—15　常见的接管与壳体的焊接结构

a）插入式　b）嵌入式

2. 接管与外部的连接形式

接管与外部连接的接口一般有三种形式：螺纹短管式、法兰短管式和平法兰式。

螺纹短管式接口是一小段带有内螺纹或外螺纹的短管，短管插入并焊接在容器的壳体上，如图 4—16a 所示，短管上的螺纹用于与外部管件相连接，这种形式的接口管一般只用于连接较小的接口管。短管的长度应考虑便于安装螺栓，一般不小于 80～100 mm。

法兰短管式接口是一段焊有一个管法兰的短管，用法兰和外管件相连接。短管插入并焊接在容器的壳体上，如图 4—16b 所示。这种接口管因为要用紧固件来连接法兰，所以短管在容器壳体外的伸出长度一般要求 100～150 mm，法兰短管式接口管多用于直径较大的接口管。

平法兰式接口是法兰短管式的一种特殊形式，实际上即是一个去掉了短管而直接焊在容器开孔处的管法兰。如图 4—16c 所示，这种接口管与容器的连接形式有贴合式和插入式两种，它的特点是既可以作为接口管与外部管件连接，又可兼做补强圈，对容器壳体的开孔起补强作用。

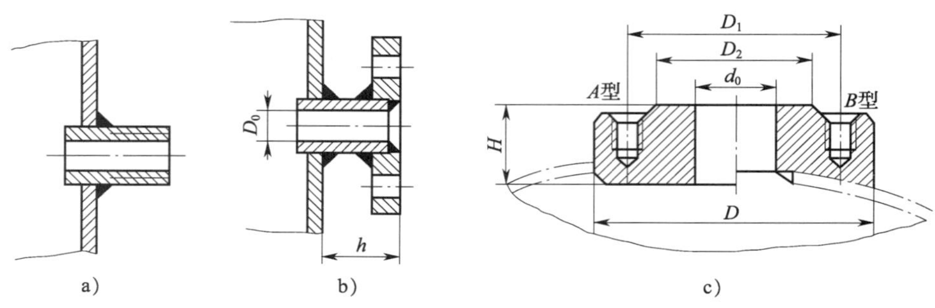

图 4—16 接口管与壳体的连接结构

a）螺纹短管式 b）法兰管短式 c）平法兰式

3. 开孔补强

容器壳体开孔后，造成了壳体结构的不连续，从而引起应力集中，使开孔边缘处的局部应力增加了好几倍。为了降低开孔边缘处的局部应力，需要对壳体的开孔部位进行补强。开孔补强的方法有两种：局部补强和整体补强。

局部补强　局部补强是在开孔边缘的一定范围内补强，常用的补强结构有补强圈补强和厚壁短管补强，如图 4—17 所示。

补强圈补强是在开孔边焊一个金属圈（金属圈的材料一般与容器材料相同），使它贴合容器的外壁并和壳体及接管焊在一起，和容器的器壁一起受力。如图 4—17a 所示。补强圈上开有一个信号孔，用以检查泄漏。

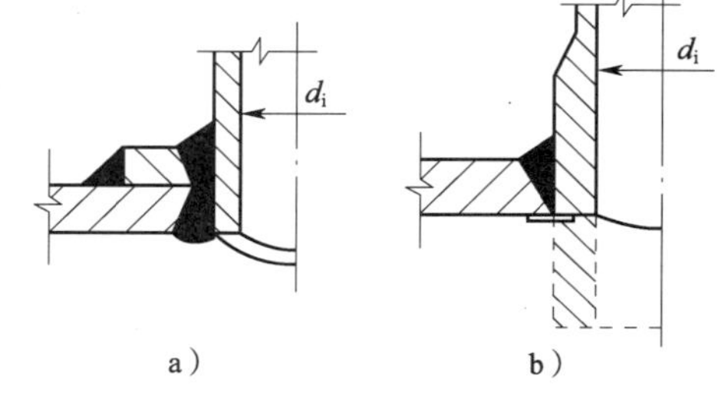

图 4—17 局部补强结构

a）补强圈补强 b）厚壁短管补强

厚壁短管补强是增厚接管在靠壳体一端的一段管壁厚度，如图 4—17b 所示。由于这种结构中所有用来补强的金属，都直接处于较高的应力区域，补强效果更好。

整体补强　整体补强是用增加整个容器壳体壁厚来降低开孔处局部应力，使壳体的开孔处达到安全。这种方法比较浪费材料。

4.2.5 压力容器的焊接接头分类及设计的一般原则

1. 压力容器焊接接头的分类

GB 150《钢制压力容器》将容器主要受压部分的焊接接头分为 A、B、C、D 四类，如图 4—18 所示。

A 类焊接接头：圆筒部分的纵向接头（多层包扎容器层板层纵向接头除外）、球形封头与圆筒连接的环向接头，各类形封头中所有拼焊接头以及嵌入式接管与壳体对接的接头；

B 类焊接接头：圆筒部分的环向接头、锥形封头小端与接管连接的接头、长颈法兰与接管连接的接头，但已规定为 A、C、D 类的焊接接头除外；

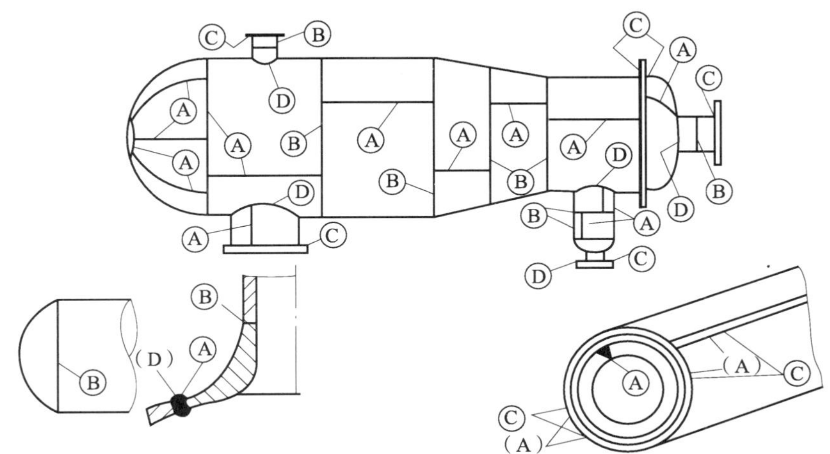

图 4—18　我国现行标准压力容器焊接接头分类
（括号内的分类是美国 ASME 规范与中国规范不同的分类）

C 类焊接接头：平盖、管板与圆筒连接的接头，法兰与壳体、接管连接的接头，内封头与圆筒的搭接接头以及多层包扎容器层板层纵向接头；

D 类焊接接头：接管、人孔、缘、补强圈等与壳体连接的接头，但已规定为 A、B 类的焊接接头除外。

2. 压力容器的焊接接头设计的一般原则

焊接是容器制造的重要环节，其结构设计不合理，往往在制造过程中容易产生缺陷，也不利于无损检测；此外焊接结构设计与容器的使用安全也有很大的关系。《压力容器安全技术监察规程》和 GB 150《钢制压力容器》规定：

(1) 不宜采用十字焊缝。相邻的两筒节间的纵缝和封头拼接焊缝与相邻筒节的纵缝应错开，其焊缝中心线间的距离一般应大于筒壳厚度的 3 倍，且不小于 100 mm。

(2) B 类焊接接头以及圆筒与球形封头相连的 A 类焊接接头，当两侧钢材厚度不等时，若薄板厚度不大于 10 mm，两板厚度差超过 3 mm；若薄板厚度大于 10 mm 时，两板厚度差大于薄板厚度的 30%，或超过 5 mm，均应按图 4—19 所示的要求单面或双面削薄厚板边缘，或按同样要求采用堆焊方法将薄板边缘焊成斜面。

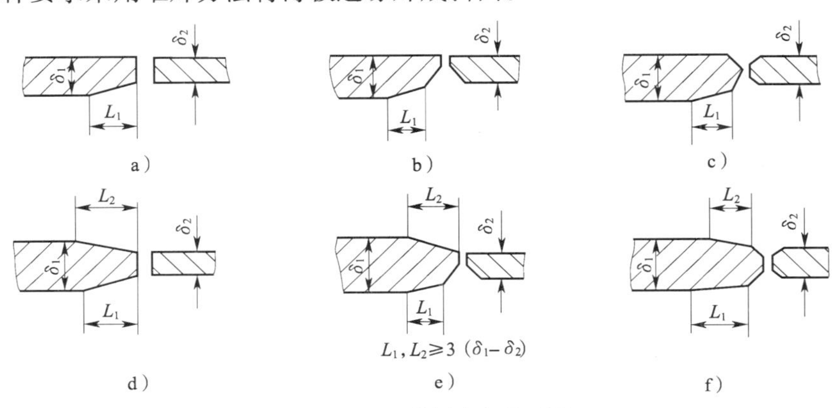

图 4—19　不等厚度板的对接

（3）焊缝隙中的未焊透缺陷好像一个预制的缺口，常成为脆性破坏的起裂点。因此，焊接结构设计中要尽量采用全焊透的结构。低温压力容器、承受交变载荷的压力容器的焊接结构，必须采用全焊透的结构。

（4）不锈钢与碳钢焊接时采用过渡件，应避免在不锈钢壳体上直接焊接碳钢支座。

4.3　压力容器制造的无损检测

无损检测在压力容器制造过程中，作用十分重要。压力容器制造中使用的无损检测方法，包括射线检测、超声检测、磁粉检测、渗透检测和涡流检测。无损检测工艺以及检测结果评级应遵照 JB/T 4730—94《压力容器的无损检测》的规定，就是说 JB/T 4730—94《压力容器的无损检测》是方法标准。但在什么样的情况下应进行无损检测？采用什么样的无损检测方法，检测的部位，比例以及在什么样的情况下产品是合格的问题，则需要根据《压力容器安全技术监察规程》、GB 150《钢制压力容器》等的规定来处理。也就是说，它们是验收标准。

4.3.1　压力容器用钢板无损检测要求

绝大多数压力容器壳体用钢板卷制而成。为了保证压力容器制造质量和使用安全，有时要对制造压力容器的钢板提出无损检测要求。是否需要实施无损检测取决于压力容器的特性，钢板的材质，厚度等因素。《压力容器安全技术监察规程》、GB 150《钢制压力容器》中规定在下列情况下，压力容器用钢板的超声检测应逐张进行：

1. 盛装介质毒性程度为极度、高度危害的压力容器，其质量等级应不低于Ⅱ级。
2. 盛装介质为液化石油气且硫化氢含量大于 10 mg/L 的压力容器，其质量等级应不低于Ⅱ级。
3. 最高工作压力大于 10 MPa 的压力容器，其质量等级应不低于Ⅲ级。
4. 移动式压力容器，其质量等级应不低于Ⅱ级。
5. 厚度大于 30 mm 的 20R 和 16MnR，其质量等级应不低于Ⅲ级。
6. 厚度大于 25 mm 的 15MnVR、15MnVNR、18MnMoNbR、13MnNiMoNbR 和 Cr-Mo 钢板，其质量等级应不低于Ⅲ级。
7. 厚度大于 20 mm 的 16MnDR、15MnNiDR、09Mn2VDR、和 09MnNiDR，其质量等级应不低于Ⅲ级。
8. 多层包扎压力容器的内筒钢板，其质量等级应不低于Ⅱ级。
9. 调质状态供货的钢板，其质量等级应不低于Ⅱ级。

4.3.2　压力容器用锻件和无缝钢管的无损检测要求

压力容器很多法兰、端盖都是使用锻件的，对于圆筒和封头的筒形和碗形锻件及公称厚度大于 300 mm 的低合金钢锻件应选用符合 JB 4726《压力容器用碳素钢、低合金钢锻件技术条件》、JB 4727《低温压力容器用碳素钢、低合金钢锻件技术条件》、JB 4728《压力容器用不锈耐酸钢锻件技术条件》的Ⅲ级或Ⅳ级，对于Ⅲ级或Ⅳ级的锻件应进行无损检测（渗透、磁粉、超声波），所不同的是Ⅲ级锻件是按炉批次进行无损检测，Ⅳ级锻件是逐件进行无损检测。

4.3.3 压力容器焊接接头的无损检测

1. 压力容器焊接接头无损检测时机和方法选择

压力容器焊接接头的无损检测，是压力容器制造过程中最重要的无损检测工作。压力容器焊接接头的无损检测，必须在形状尺寸和外观质量的检查合格后方可进行。有延迟裂纹倾向的材料的检测，应在焊接完成24 h后进行；有再热裂纹倾向的材料，应在热处理后再增加一次无损检测。

压力容器制造单位应根据设计图样和有关标准的规定，选择检测方法和检测长度。其检测方法的选择原则是：

（1）压力容器壁厚小于等于38 mm时，其对接接头应采用射线检测；由于结构等原因，不能采用射线检测时，允许采用可记录的超声检测。对容器直径不超过800 mm的圆筒与封头的最后一道环向封闭焊缝，当采用不带垫板的单面焊对接接头，且无法进行射线或超声检测时，允许不进行检测，但需采用气体保护焊打底。

（2）压力容器壁厚大于38 mm（或小于等于38 mm，但大于20 mm且使用材料抗拉强度规定值下限大于等于σ_b>540 MPa）时，其对接接头如采用射线检测；则每条焊缝还应附加局部超声检测。如采用超声检测；则每条焊缝还应附加局部射线检测。无法进行射线检测或超声检测时，应采用其他检测方法进行附加局部无损检测。附加局部无损检测应包括所有的焊缝交叉部位。

（3）对有无损检测要求的角接接头、T形接头，不能进行射线检测或超声检测时，应做100%表面无损检测。

（4）铁磁性材料压力容器表面无损检测应优先选用磁粉检测。

2. 压力容器对接焊接接头的无损检测的比例和验收级别

压力容器对接焊接接头的无损检测的比例，一般分为全部（100%）和局部（大于等于20%）两种。对铁素体钢制低温压力容器，局部无损检测的比例应大于50%。

压力容器对接焊接接头的质量对压力容器安全使用有着重要的影响，因此《压力容器安全技术监察规程》、GB 150《钢制压力容器》中规定的无损检测比例的选择，主要考虑容器的制造条件和使用条件。当对接焊接接头的材料焊接性能差时，产生缺陷的可能性就大。焊接厚度大时，便会增加焊接的困难和容易出现焊接缺陷。在这些场合检验要求也应严格一些。因此，对上述情况规定进行全部（100%）射线或超声检测。这类情况包括但不限于：

（1）钢材厚度δ_s>30 mm的碳素钢、16MnR。

（2）钢材厚度δ_s>25 mm的15MnVR、15MnV、20MnMo和奥氏体不锈钢。

（3）钢材厚度δ_s>16 mm的12CrMo、15CrMoR、15CrMo；其他任意厚度的Cr-Mo低合金钢。

（4）标准抗拉强度下限值的 δ_s>540 MPa 钢材。

（5）采用电渣焊的压力容器。

有些压力容器中的介质危害性较大，压力较高，一旦发生事故其危害程度较大。从安全使用的角度考虑，应减少缺陷存在以降低事故发生的可能性。对这类压力容器的对接焊接接头，规定进行全部（100%）射线或超声检测。这类容器包括但不限于：

（1）第三类压力容器。

（2）第二类压力容器中易燃介质的反应和储存压力容器。

（3）设计压力大于 5.0 MPa 的压力容器。

（4）设计压力大于等于 0.6 MPa 的管壳式余热锅炉。

（5）图样注明盛装毒性为极度危害或高度危害介质的压力容器。

（6）进行气压试验的压力容器。

（7）疲劳分析设计的压力容器。

（8）设计选用的焊缝系数为 1.0 和图样规定须 100%检测的压力容器。

（9）多层包扎压力容器内筒的 A 类焊接接头。

（10）热套压力容器各单层圆筒的 A 类焊接接头。

当对焊接对接接头进行 100%的无损检测时，若采用射线检测，其透照质量应不低于 AB 级，其合格级别为Ⅱ级；若采用超声检测，其合格级别为Ⅰ级。

对未包括在上述规定中的对接焊接接头，允许进行局部的无损检测（不小于每条焊接接头长度的 20%且不小于 250 mm）。应当指出的是，焊接接头的局部无损检测是在保证焊接质量的基础上用抽查的方法来代替全部无损检测，容器制造厂不仅要保证抽查部分的焊接质量，同样也要保证没有抽查部分的焊接质量。因此，局部无损检测的部位应该是有代表性的，并且要根据容器制造厂成熟的焊接经验，由其检验部门指定。首先要检查最容易存在焊接缺陷的部位如焊缝交叉部位，其次对以下部位应全部检测：

（1）先拼板后成形封头上的所有拼接接头。

（2）凡被补强圈、支座、垫板、内件等所覆盖的焊接接头。

（3）以开孔中心为圆心，1.5 倍开孔直径为半径的圆中所包容的焊接接头。

（4）嵌入式接管与圆筒或封头对接连接的焊接接头。

（5）公称直径不小于 250 mm 的接管与长颈法兰、接管与接管对接连接的焊接接头。

（6）拼接管板的对接接头。

焊接对接接头进行局部无损检测（包括上述的必须进行无损检测的部位），当采用射线检测时，其透照质量应不低于 AB 级，其合格级别为Ⅲ级；当采用超声检测时，其合格级别为Ⅱ级。

3. 压力容器焊接接头的表面无损检测

凡符合下列条件之一的焊接接头，需按图样规定的方法，对其表面进行磁粉或渗透检测，以 JB/T 4730《承压设备无损检测》中Ⅰ级为合格。

（1）钢材厚度 δ_s>25 mm 的 15MnVR、15MnV、20MnMo 和奥氏体不锈钢容器上的 C、D 类焊接接头；

（2）钢材厚度 δ_s>16 mm 的 12CrMo、15CrMoR、15CrMo；其他任意厚度的 Cr-Mo 低

合金钢容器上的C、D类焊接接头；

(3) 层板材料标准抗拉强度下限值的σ_b＞540 MPa的多层包扎压力容器的层板C类焊接接头；

(4) 堆焊表面；

(5) 复合钢板的复合层焊接接头；

(6) 标准抗拉强度下限值的σ_b＞540 MPa的材料及Cr-Mo低合金钢经火焰切割的坡口表面，以及该容器的缺陷修磨或补焊处的表面；

(7) 需进行100%射线或超声检测的容器上的一切公称直径不小于250 mm的接管与长颈法兰、接管与接管对接连接的焊接接头。

4. 重复检测

经射线或超声检测的焊接接头，如有不允许的缺陷，应在缺陷清除干净后进行补焊，并对该部分采用原检测方法重新检查，直至合格。

接受局部射线或超声检测的焊接接头，如有不允许的缺陷，应在该缺陷两端的延伸部位增加检查长度。增加的长度为该焊接接头长度的10%，且不小于250 mm。如仍有不允许的缺陷，则对该焊接接头进行100%检测。

磁粉与渗透检测发现的不允许缺陷，应进行修磨及必要的补焊，并对该部位采用原检测方法重新检测，直至合格。

4.4 在用压力容器无损检测要求

4.4.1 在用压力容器检验一般要求

要按照《压力容器定期检验规则》《压力容器使用登记管理规则》的规定，对在用压力容器进行定期检验、评定安全状况和办理注册登记。

在用压力容器定期检验的目的是：检查压力容器在运行条件下工作是否正常；各种安全附件工作是否可靠；确认压力容器经过较长时间运行后，技术状态有无变化；判断在用压力容器在下一个检验周期内能否安全使用。为了实现这些目的，将在用压力容器的定期检验分为：年度检查、全面检验和耐压试验。

1. 在用压力容器的外部检查

在用压力容器的年度检查是压力容器运行中的定期在线检查，每年至少一次。年度检查可由检验单位有资格的压力容器检验员进行，也可由经安全监察机构认可的使用单位压力容器专业人员进行。

年度检查应以宏观检查为主，必要时可进行测厚、壁温检查和腐蚀介质含量测定等。其主要的检查内容是压力容器的本体、接口部位、焊接接头等的裂纹、过热、变形、泄漏等；外表面的腐蚀；保温层破损、脱落、潮湿、跑冷；检漏孔、信号孔的漏液、漏气并疏通检漏管；压力容器与相邻管道或构件的异常振动、响声，互相摩擦；进行安全附件检查；支承或支座的损坏；基础的下沉、倾斜、开裂；紧固螺栓的完好情况等。

2. 在用压力容器全面检验

在用压力容器全面检验是在用压力容器停机时的检验。全面检验应由检验单位有资格的压力容器检验员进行。对于安全状况等级为 1、2 级的，每 6 年至少进行 1 次；对于安全状况等级为 3 级的，每 3～6 年至少进行 1 次；安全状况等级低于 3 级的，检验周期由检验单位确定。

在用压力容器的全面检验是以宏观检查、壁厚测定为主，必要时可采用表面探伤、射线探伤、超声波探伤、硬度测定、金相检验、应力测定、声发射检测。主要的检查内容应包括所有的外部检查的内容、结构检查、几何尺寸检查、表面缺陷检查和埋藏缺陷检查等。

4.4.2　在用压力容器无损检测要求

1. 在用压力容器的表面缺陷检测

在用压力容器的内表面焊缝（包括近缝区），应以肉眼或 5～10 倍放大镜检查裂纹，尤其是有晶间腐蚀倾向的、应力集中部位、变形部位、异种钢焊接部位、补焊区、工具焊迹、电弧损伤处和易产生裂纹部位。

在下列情况下，应进行不小于焊缝长度 20％的表面无损检测检查：

（1）压力容器用材料的标准抗拉强度 σ_b＞540 MPa。

（2）压力容器用材料是 Cr-Mo 钢。

（3）压力容器有奥氏体不锈钢堆焊层。

（4）盛装的介质有应力腐蚀倾向。

（5）检验员认为有怀疑的其他部位。

在用压力容器的内、外表面不允许有裂纹。如有裂纹，其深度在壁厚余量范围内，打磨后不需补焊；其深度在壁厚余量范围外，打磨后需补焊合格。

2. 在用压力容器的埋藏缺陷检测

在下列情况之一时，应进行射线或超声探伤，对在用压力容器的焊缝埋藏缺陷进行抽查检测，必要时还应相互复验：

（1）制造中焊缝经过两次以上返修或使用过程中焊缝补焊过的部位。

（2）检验时发现焊缝表面缺陷，认为需要进行焊缝埋藏缺陷检查的部位。

（3）错边量和棱角度有严重超标的焊缝部位。

（4）使用中出现焊缝泄漏的部位及其两端延长部位。

（5）用户要求或检验员认为有必要的部位。

在用压力容器焊缝埋藏缺陷检查的无损检测方法和抽查数量，由检验员根据具体情况确定。在用压力容器的检验要根据“合乎使用”的原则评定压力容器的安全等级。在《在用压力容器检验规程》中，对焊缝中圆形缺陷和焊缝中非圆形缺陷尺寸与相应的安全状况等级有所规定。

第 5 章 压力管道基本知识

5.1 压力管道的定义与分类

5.1.1 压力管道的定义

压力管道是生产和生活中广泛使用的，可能引起燃爆或中毒等危险性较大的特种设备。原劳动部以劳部发［1996］140 号文颁发的《压力管道安全管理与监察规定》（简称监察规定）规定：压力管道是指具有下列属性的管道：

1. 输送 GB 5004《职业性接触毒物危害程度分级》中规定的毒性程度为极度危害介质的管道。

2. 输送 GB 50160《石油化工企业设计防火规范》及 GBJ 16《建筑设计防火规范》中规定的火灾危险性为甲、乙类介质的管道。

3. 最高工作压力大于等于 0.1 MPa（表压，下同），输送介质为气（汽）体、液化气体的管道。

4. 最高工作压力大于等于 0.1 MPa，输送介质为可燃、易爆、有毒、有腐蚀性的或最高工作温度等于高于标准沸点的液体管道。

5. 前四项规定的管道附属设施及其安全保护装置等。

其中，第 5 项中所述的“管道附属设施”是指压力管道体系中所用的管件（包括弯头、大小头、三通、管帽、加强管嘴、加强管接头、异径短节、螺纹短节、管箍、仪表管嘴、漏斗、快速接头等）、连接件（包括法兰、垫片、螺栓/螺母、限流孔板、盲板、法兰盖等）、管道设备（包括各类阀门、过滤器、疏水器、视镜等）、支撑件（包括各种类型的管道支吊架）和其他安装在压力管道上的设施。

国务院于 2003 年 3 月以 373 号令公布《特种设备安全监察条例》，其中关于压力管道的定义为：压力管道是指利用一定的压力，用于输送气体或者液体的管状设备，其范围规定为最高工作压力大于或者等于 0.1 MPa（表压）的气体、液化气体、蒸汽介质或者可燃、易爆、有毒、有腐蚀性、最高工作温度高于或者等于标准沸点的液体介质，且公称直径大于 25 mm 的管道。

5.1.2 压力管道的分类

压力管道品种繁多，其分类方法也有多种。

1. 按用途分类

压力管道按其用途划分为工业管道、公用管道和长输管道。工业管道系指企业、事业单位所属的用于输送工艺介质的管道、公用工程管道及其他辅助管道。包括延伸出工厂边界线，但归属企、事业单位管辖的工艺管道。公用管道系指城市或乡镇范围内用于公用事业或民用的燃气管道和热力管道。长输管道系指产地、储存库、使用单位间用于输送商品介质的管道。

2. 从安全管理和监察角度按操作工况和用途分类

为了便于《监察规定》的执行，就像压力容器那样宜将压力管道按不同的操作工况和不同的用途进行分类，并分别进行管理，国家质量技术监督局以质技监局锅发［1999］272号文颁发了《压力管道设计单位资格认证与管理办法》给出的压力管道分类、分级方法如下：

(1) 长输管道　长输管道为GA类，级别划分为：

1) 符合下列条件之一的长输管道为GA1级：

①输送有毒、可燃、易爆气体介质，设计压力 $p>1.6$ MPa的管道。

②输送有毒、可燃、易爆液体介质，输送距离≥200 km且管道公称直径 $D_N \geqslant 300$ mm的管道。

③输送浆体介质，输送距离≥50 km且管道公称直径 $D_N \geqslant 150$ mm的管道。

2) 符合下列条件之一的长输管道为GA2级：

①输送有毒、可燃、易爆气体介质，设计压力 $p \leqslant 1.6$ MPa的管道。

②GA1②范围以外的长输管道。

③GA1③范围以外的长输管道。

(2) 公用管道　公用管道为GB类，级别划分为：

燃气管道为GB1管道。

热力管道为GB2管道。

(3) 工业管道　工业管道为GC类，级别划分为：

1) 符合下列条件之一的工业管道为GC1级：

①输送GB 5044《职业性接触毒物危害程度分级》中，毒性程度为极度危害介质的管道。

②输送GB 50160《石油化工企业设计防火规范》及GBJ 16《建筑设计防火规范》中规定的火灾危险性为甲、乙类可燃气体或甲类可燃液体介质且设计压力 $p \geqslant 4.0$ MPa的管道。

③输送可燃流体介质、有毒流体介质，设计压力 $p \geqslant 4.0$ MPa且设计温度≥400℃的管道。

④输送流体介质且设计压力 $p \geqslant 10.0$ MPa的管道。

2) 符合下列条件之一的工业管道为GC2级：

①输送GB 50160《石油化工企业设计防火规范》及GBJ 16《建筑设计防火规范》中规定的火灾危险性为甲、乙类可燃气体或甲类可燃液体介质且设计压力 $p<4.0$ MPa的管道。

②输送可燃流体介质、有毒流体介质，设计压力 $p<4.0$ MPa且设计温度≥400℃的管道。

③输送非可燃流体介质、无毒流体介质，设计压力 $p<10.0$ MPa且设计温度≥400℃的管道。

④输送流体介质，设计压力 $p<10.0$ MPa且设计温度<400℃的管道。

3. 按主体材料、敷设位置、输送介质特性和用途分类

按主体材料、敷设位置、输送介质特性和用途等管道使用特性对压力管道的分类方法，如图5—1所示。

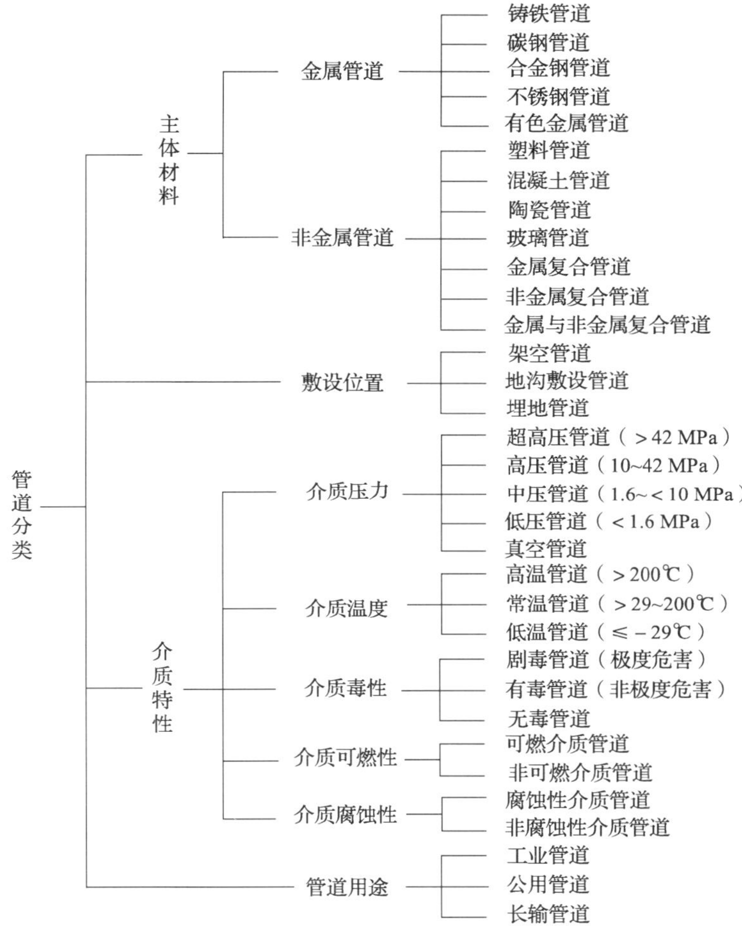

图5—1　压力管道的分类示意图

4. 不同规范标准有关管道分类规定的比较

就工业管道而言，几个有关压力管道的主要标准对管道分类的情况是：《化工金属管道工程施工及验收规范》（HG 20225—1995）的管道分类是按流体特性划分；《石油化工剧毒、可燃介质管道工程施工及验收规范》（SH 3501—2001）的管道分级是按流体特性和设计参数划分；而《电力建设施工及验收规范（管道篇）》（DL 5031—1994）的管道分级是按设计压力划分。

受监察的压力管道现行分类分级的方法有两种。即《压力容器压力管道设计单位资格许可与管理规则》和《压力管道安装单位资格认可实施细则》中的管道分类和分级。前一种的分类分级是将长输管道定为GA类和分成GA1级、GA2级，将公用管道定为GB类和分成GB1级（燃气管道）和GB2级（热力管道），而工业管道被定为GC类和分级GC1级、GC2

级。后一种的分类方法与前一种相同，对长输管道和公用管道的分级也相同，区别是将前一种分级方法中的GC2级中的一部分管道划分为GC3级。压力管道设计和安装分类分级对比如表5—1所示。

表5—1　　压力管道设计和安装分类对比

类别	级别	按设计划分的管道	按安装划分的管道
GA	GA1	1. 输送有毒、可燃、易爆气体介质，设计压力 $p>1.6$ MPa的管道 2. 输送有毒、可燃、易爆液体介质，输送距离≥200 km，且公称直径 $D_N \geq 300$ mm的管道 3. 输送浆体介质，输送距离≥50 km，且管道公称直径 $D_N \geq 150$ mm的管道	同左
GA	GA2	1. 输送有毒、可燃、易爆气体介质，设计压力 $p \leq 1.6$ MPa的管道 2. GA1（2）范围以外的长输管道 3. GA1（3）范围以外的长输管道	同左
GB	GB1	燃气管道	同左
	GB2	热力管道	同左
GC	GC1	1. 输送GB 5044《职业性接触毒物危害程度分级》中，毒性程度为极度危害介质的管道 2. 输送GB 50160《石油化工企业设计防火规范》及GBJ 16《建筑设计防火规范》中规定的火灾危险性为甲、乙类可燃气体或甲类可燃液体介质且设计压力 $p \geq 4.0$ MPa的管道 3. 输送可燃流体介质、有毒流体介质，设计压力 $p \geq 4.0$ MPa的管道 4. 输送流体介质且设计压力 $p \geq 10.0$ MPa的管道	同左
	GC2	1. 输送GB 50160《石油化工企业设计防火规范》及GBJ 16《建筑设计防火规范》中规定的火灾危险性为甲、乙类可燃气体或甲类可燃液体介质且设计压力 $p<4.0$ MPa的管道 2. 输送可燃流体介质、有毒流体介质，设计压力 $p<4.0$ MPa的管道，且设计温度≥400℃的管道 3. 输送非可燃流体介质、有毒流体介质，设计压力 $p<10.0$ MPa，且设计温度≥400℃的管道 4. 输送流体介质，设计压力 $p<10$ MPa，且设计温度<400℃的管道	同左
	GC3	无此级别	1. 输送可燃流体介质、有毒流体介质，设计压力 $p<10$ MPa，且设计温度<400℃的管道 2. 输送非可燃流体介质、无毒流体介质，设计压力 $p<4.0$ MPa，且设计温度<400℃的管道

5.1.3 压力管道的充装介质（流体）的分类

流体介质是压力管道分类的主要依据之一，因此有必要了解流体介质的分类。

压力管道输送的流体按物态分，可分为气体、液体、液化气体和浆体。而按危害性质可分为火灾危险性、爆炸性、毒性、腐蚀性流体。火灾危险性是指可燃介质，分为可燃气体、液化气体和可燃液体。有甲、乙、丙三类。具有爆炸性的介质是与空气混合后可能发生爆炸的可燃介质，或高温、高压下可能引起爆炸的非可燃介质。而毒性是按《职业性接触毒物危害程度分级》（GB 5044）分级，有剧毒（极度危害）和有毒（高度危害、中毒危害和轻度危害）两大类。腐蚀性是指能灼伤人体组织并对管道材料造成损坏的性质，流体也可按腐蚀性分类。《工业金属管道设计规范》（GB 50316—2000）中，将流体分类分为A1、A2、B、C、D五类。

压力管道的流体涉及以下种类：可燃流体、可燃液体、有毒流体、剧毒流体、有毒液体、易爆流体等，有关定义如下：

1. 可燃流体

指闪点高于45℃的流体（在生产操作条件下，可以点燃和连续燃烧的气体或可以气化的液体，如35号轻柴油、重柴油、变压器油、甘油等）。

2. 可燃液体

指闪点高于45℃的液体。

3. 有毒流体

指某种物质一旦泄漏，被人吸入或与人体接触，若治疗及时，不至于对人体造成不易恢复的危害。相当于GB 5044《职业性接触毒物危害程度分级》中Ⅱ级及以下危害度的毒物，例如甲醛、乙醚等。

4. 剧毒液体

指如有极少量这类物质泄漏到环境中，被人吸入或与人体接触，既使迅速治疗，也能对人体造成严重的危害和难以治疗的后果的物质。相当于GB 5044《职业接触毒物危害程度分级》中Ⅰ级危害程度的毒物。如汞、苯、砷化氢、氯乙烯等，最高允许浓度≤0.1 mg/m³。

5. 有毒液体

指经过呼吸道、皮肤或经口腔进入人体而对健康产生危害的液体或蒸气。

6. 易爆流体

指闪点低于环境温度的流体。如汽油、乙醇、丙酮等。

5.2 压力管道的用途及特点

5.2.1 压力管道的用途

压力管道主要用途是输送介质。除此之外，对长输管道而言，压力管道还有储存功能；对工业管道而言，压力管道还有热交换功能。

对单条压力管道而言，压力管道的工作原理就是依靠外界的动力或者介质本身的驱动力，将该条压力管道源头的介质输送至该条压力管道的终点。

5.2.2 压力管道的应用领域

压力管道应用极为广泛。管道输送是与铁路、公路、水运、航运并列的五大运输行业之一。它作为一种特殊承压设备越来越广泛地应用于石油、石化、化工、电力等行业及城市燃气和供热工程中。随着经济的发展，管道的数量越来越多。由于应用的领域不同，各个领域所使用的压力管道各有其特点，如化工、石化系统有大量的压力管道，它们的工作条件各种各样，工作压力由真空、负压到300 MPa以上的高压、超高压。而工作温度由－200℃到1 000℃以上，所传载的介质又多是有毒、易燃、易爆介质，石油系统的管道以输油输气管道为主，电力系统的管道特点是高温高压。

5.2.3 压力管道的主要特点

实际的工业生产中，所使用的压力管道种类是很多的，以一套石油加工装置为例，它所包含的压力容器不过几十台，多者百余台，但它包含的压力管道将多达数千条，所用到的各种管道附件将达上万件，而且这些管道及其元件往往分散于几十家甚至上百家生产厂制造。另外，管道的安装又多是现场进行。因此，与压力容器相比，压力管道的安全管理要复杂得多。归纳起来，压力管道与压力容器相比较，具有以下主要特点：

1. 种类多，数量大，标准多，设计、制造、安装、应用管理环节多

环节越多，出现问题的几率就越高，影响因素也越多，从而使压力管道安全管理变得复杂。

2. 长细比大，跨越空间大，边界条件复杂

这意味着压力管道载荷具有多样性，除介质的压力外，还有重力载荷以及位移载荷等。管道的强度不能仅仅根据设计条件利用成熟的薄膜应力公式或中径公式来计算，还应考虑与它相连的机械设备对它的要求，中间支承条件的影响，自身热胀冷缩和振动的要求等。

3. 布置方式多样，现场安装条件差，工作量大

压力容器基本上是在工厂制造的，其制造环境条件和制造设备保证均较好。压力管道布置方式多样，有的架空安装，有的埋地敷设，且现场安装，工作量大，环境条件较差。因此，安装质量相对较差，要求投入更多的管理与监察精力。

4. 材料应用种类多，选用复杂

压力容器用的材料大多是板材和锻材，而且比较成熟。压力管道需要多种多样的材料。一条管道就可能需要用好几种材料。除要用板材和锻材之外，还经常配套用到管材和铸件。在某些作业场所，要想配齐这些材料是比较困难的。另外，压力容器可以采用复合板材或堆焊层来解决防腐问题，而管道则不易做到。有时，同一根管道可能同时连接两个或更多的不同操作条件的设备。因此，管道选材要考虑对各设备材料的适应问题。

5. 失效的模式多样，失效概率大

压力管道体系庞大，由多个组成件、支承件组成，任一环节出现问题都会造成整条管线的失效；压力管道及其元件生产厂的生产规模较小，产品质量保证较差；压力管道腐蚀机理与材料损伤类型复杂。易受周围介质或设施的影响，容易受诸如腐蚀介质、杂散电流影响，而且还容易遭受意外伤害。

6. 实施检验的难度大

压力管道检验的特殊性和难点在于：管道检测作业距离长，位置变化大。检测一条管道可能要辗转数公里乃至更远，位置可能从室内到室外，厂内到厂外，地面到高处，地上到地下；管道沿线障碍物多，屏蔽多，很多地方无法接触和接近，例如架在高空的管道，被保温材料包覆的管道，深埋于地下的管道，以及穿越道路、堤坝的管道等等。障碍和屏蔽使管道检测成本高、代价大、甚至无法实施检测。管道检验的宏观目视检查受到限制，绝大部分压力管道的内部是无法进入的，而外部又往往被遮蔽。这就难以掌握管道全面情况，获得更多的信息。

5.3 压力管道的组成及结构

5.3.1 压力管道元件

压力管道由多种元件组成，元件品种主要有：

1. 管子

其种类有无缝钢管、焊接钢管、有色金属管、铸铁管、非金属材料管等。

2. 管件

包括弯头、三通、四通、大小头等许多种形式。其种类有无缝管件、有缝管件、锻制管件、铸造管件、非金属材料管件等。

3. 法兰和紧固件

其种类有锻造法兰、焊接法兰、非金属材料法兰等。

4. 阀门

其种类有安全阀、调压阀、闸阀、球阀、蝶阀、截止阀、止回阀、非金属材料壳体阀门等。

5. 膨胀节及波纹管

其种类有金属波纹膨胀节、金属波纹管、其他形式金属膨胀节、非金属膨胀节等。

6. 密封元件及特种元件

其种类有金属密封元件、非金属密封元件、防腐管道元件、阻火器等。

压力管道是由压力管道组成件和支承件组成的装配总成，管道组成件是指用于连接或装配管道的元件。它包括管子、管件、法兰、垫片、紧固件、阀门以及膨胀接头、挠性接头、耐压软管、疏水器、过滤器和分离器等。

5.3.2 压力管道附属设施

压力管道还有一些附属设施，包括支吊架、防腐绝缘层、阴极保护装置、沿线加油站、加热站、计量站、配气站阀室及标志、测试、拉索围栅等。

压力管道配置有各种安全保护装置，包括紧急切断装置、安全泄压装置、测漏装置、测温测压装置和报警装置等。

管道支承件是管道安装件和附着件的总称。其中安装件是指将负荷从管子或管道附着件上传递到支承结构或设备上的元件。它包括吊杆、弹簧支吊架、斜拉杆、平衡锤、松紧螺栓、支撑杆、链条、导轨、锚固件、鞍座、垫板、滚柱、托座和滑动支架等。附着件是指用焊接、螺栓连接或夹紧等方法附装在管子上的零件，它包括管吊、吊（支）耳、圆环、夹子、吊夹、紧固夹板和裙式管座等。

5.3.3　压力管道组成示例

压力管道一般用单线图表示。图5—2所示的单线图给出了管道系统组成示例，其中构成管道系统的元器件比较多，包括管件、阀门、连接件、附件、支架等。图中画出了19个元器件的符号。

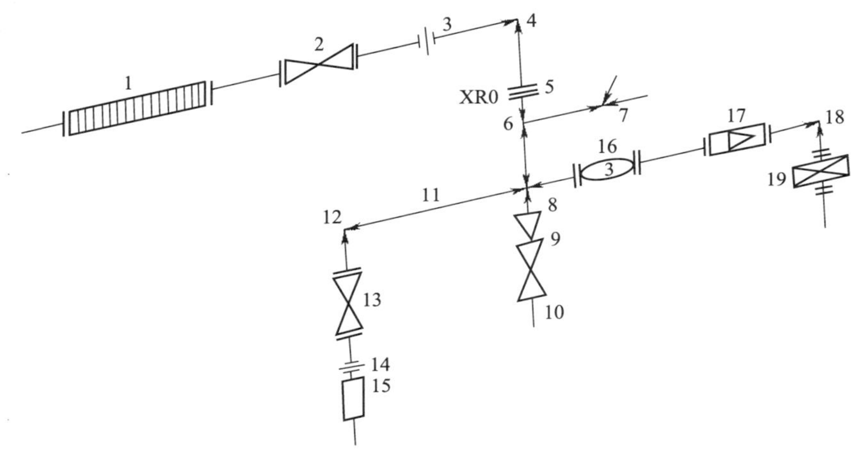

图5—2　工业管道组成及元器件符号

1—波纹管　2、10、13—阀门　3—“8”字形盲通板　4、12、18—弯头　5—节流孔板　6—三通　7—斜三通　8—四通　9—异径管　11—滑动支架　14—活接头　15—疏水器　16—视镜　17—过滤器　19—阻火器

5.3.4　压力管道管材简介

管子是压力管道中应用最普遍、用量最大的元件，它的重量占整个压力管道的近2/3。

需要说明的是，在我国的钢管制造标准中，有结构用钢管和流体输送用钢管之分。结构用钢管主要用于一般金属结构如桥梁、钢构架等。它只要求保证强度与刚度，而对钢管的严密性不作要求。流体输送用钢管主要用于带有压力的流体输送，它除了要保证有符合相应要求的强度与刚度外，还要求保证密闭性，即钢管在出厂前要求逐根进行水压试验。对压力管道来说，它输送的介质常常是易燃、易爆、有毒、有温度、有压力的介质，故应当采用流体输送用钢管。在实际的工程设计、采购和施工中，经常发现用结构用钢管代替流体输送用钢管的现象，这是不允许的。

焊接钢管在长输管道中大量使用。随着石油天然气需求量的不断增加，长输管道的输送压力和管径也不断地增大。近年来输气管道的压力已从早期的4.5～6.4 MPa提高到8.0～12 MPa，有的管道则达到了14～15.7 MPa。“西气东输”是长输管线工程代表之作。采用X70钢大口径高压输送管，管径为1 016 mm，输送压力为10 MPa，管线全长4 167 km。

无缝钢管质量比焊接钢管好，但价格高，产品规格直径小。在石油化工生产装置中大量使用的是无缝钢管，仅在一些介质条件比较低或者因管子直径比较大而没有无缝钢管供货的情况下才使用焊接钢管。

1. 焊接钢管

目前，常用的焊接钢管根据其生产时采用的焊接工艺不同可以分为连续炉焊（锻焊）钢管、电阻焊钢管和电弧焊钢管三种。

（1）连续炉焊（锻焊）钢管　连续炉焊（锻焊）钢管是在加热炉内对钢带进行加热，然后对已成型的边缘采用机械加压方法使其焊接在一起而形成的具有一条直缝的钢管。其特点是生产效率高，生产成本低，但焊接接头冶金结合不完全，焊缝质量差，综合机械性能差。目前炉焊管在压力管道中仅用于水和压缩空气系统。

（2）电阻焊钢管　电阻焊钢管是通过电阻焊或电感应焊焊接方法生产的、带有一条直焊缝的钢管，产品规格为ϕ20～610 mm，其特点是生产效率高，自动化程度高，焊接时不需要焊条焊药，对母材损伤小，焊后的变形和残余应力也较小。但它的生产设备投资高，对焊焊接头的表面质量要求也比较高。由于接头处难免有杂质存在，所以接头处的塑性和冲击韧性较低，不宜用于高温情况下和重要的场合。一般规定电阻焊钢管在不超过200℃的情况下使用，主要用于流体输送和金属结构。电阻焊钢典型生产工艺流程应为：板带原料→原料预处理→冷弯成型→焊接→焊缝热处理→焊缝（管体）探伤→精整→成品焊管。

（3）电弧焊钢管　电弧焊钢管是通过电弧焊焊接方法生产的钢管，它的特点是焊接接头达到完全的冶金结合，接头的机械性能能够达到或接近母材的机械性能。在经过适当的热处理和无损检测之后，电弧焊直缝钢管的使用条件可以达到无缝钢管的使用条件进而取代无缝钢管。

根据焊缝形状的不同，电弧焊钢管可分为螺旋焊缝管和直缝管两种。根据焊接时采取的保护方法不同，电弧焊钢管又可分为埋弧焊钢管和熔化极气体保护焊钢管两种。

螺旋缝焊接钢管（SSAW）生产可以连续作业，生产效率高，材料利用率高，便于大规模生产。它可采用窄带（板）卷连续焊接生产出大口径（ϕ1 016～2 400 mm）焊管。在焊接过程中，焊枪与焊缝处于旋转运动和直线运动组合的相对运动中，其焊缝呈螺旋形。严格质量控制下生产的螺旋焊管在质量上可与直缝焊管相媲美，在我国西气东输等油气长输管道工程中获得了广泛应用。

直缝埋弧焊在我国是较晚发展起来的先进制管技术，其质量可靠，广泛应用于油气高压输送主干线上。该焊管生产装备投资较大，使用的原材料为成本较高的单张宽厚板，工艺较复杂，生产效率低，产品成本较高。直缝埋弧焊管主要应用于螺旋焊管机组不能生产的大壁厚钢管（17.5 mm以上）和弯管用母管。

2. 无缝钢管

无缝钢管是采用穿孔热轧等热加工方法制造的不带焊缝的钢管。必要时，热加工后的管子还可以进一步冷加工至所要求的形状、尺寸和性能。

目前，无缝钢管（规格为 $D_N15 \sim D_N600$）是石油化工生产装置中应用最多的管子，生产工艺也比较成熟。但对于大直径（$D_N \geqslant 250$）、大壁厚（大于 SCH100）的管子，目前尚需要进口。

（1）碳素钢无缝钢管　石油化工生产装置中，常用的碳素钢无缝钢管标准有 GB/T 8163、GB 9948、GB 6479、GB 3087、GB 5310 五种标准。

GB/T 8163《流体输送用无缝钢管》标准是应用最多的一个钢管制造标准，其制造方法有热轧、冷拔、热扩三种方式，规格范围为 $D_N6 \sim D_N600$，壁厚包括从 0.25 mm～75.0 mm 共 66 种规格，材料牌号有 10、20、09 MnV、16 Mn 共 4 种，适用于一般流体的输送。

（2）铬钼钢和铬钼钒钢无缝钢管　主要用于石油化工和合成氨生产装置中，在临氢、临氮条件下服役，要求这些钢具有中温强度和中温抗氢、氮性能。我国目前主要采用的标准有 GB 6479、GB 9948、GB 5310 等，涉及的低合金钢种主要有：12CrMo、15MrMo、12Cr1MoV、和 1Cr5Mo 等。

（3）不锈钢无缝钢管　不锈钢无缝钢管用在要求耐腐蚀和耐酸两类环境。不锈是指在大气及弱腐蚀性介质中耐蚀。耐酸是指在强腐蚀性介质中耐蚀。普通不锈钢不一定耐蚀，而即使耐酸钢也不能完全抗各种酸、碱、盐的腐蚀。

常用的不锈钢无缝钢管标准，有 GB/T 4976、GB 13296、GB 6479、GB 9948、GB 5310 五种，其中前两种是主要标准。材料牌号有 0Cr18Ni9，00Cr19Ni10，0Cr18Ni9Ti，0Cr17Ni12Mo2、00Cr17Ni14Mo2 等。

3. 复合管和衬里管

复合管和衬里管都是通过两种材料复合而成的管子，其接触介质的材料（通常称为复层）为耐腐蚀的不锈钢材料或非金属材料，而承压部分（通常称为基层）为较便宜的碳素钢材料，常用于特定环境下的耐热、耐磨和抗腐蚀。对于有些腐蚀性介质，还有一些对管道材料产生严重磨损的介质，一般金属管满足不了介质环境的要求；另一种情况是满足使用性能的金属材料价格太贵，此时就应考虑用复合管或衬里管。常用的复合管有以碳素钢为基体内复不锈钢材料、以铬钼钢为基体内复不锈钢材料两种。而衬里管则根据用途不同有衬塑、衬胶、衬玻璃钢、衬隔热耐磨材料等多种形式。

4. 长输管道防腐

油气输送管线钢管防腐通常采用防腐层和阴极保护联合使用的方法。防腐层有多种材料和工艺，例如石油沥青防腐层、煤焦油瓷漆（沥青）防腐层、环氧煤沥青防腐层、塑料粘胶带防腐层、环氧粉末涂层（FBE），两层聚乙烯包覆（2PE），三层聚乙烯包覆（3PE）和三层聚丙烯包覆（3PP）等种类。内防腐多采用环氧树脂。阴极保护有牺牲阳极阴极保护和强制电流阴极保护等方法。输油管道常用的保温材料为聚氨酯。

5.3.5　压力管道管件简介

管件是用来改变管道方向、管径大小、进行管道分支、局部加强、实现特殊连接等作用的管道元件。它在石油化工生产装置中上的应用历史并不长。在我国，大约是从20世纪80年代初才逐渐得到应用的。在此之前，管道的拐弯、变径和分支等，多是在施工现场利用火焰加热、切割，然后强力成型或敲打成型，质量难以保证，结果是这些部位成为整条管道的薄弱环节。例如，现场弯制的管道，拐弯处通常就是故障易发部位。又如，管道分支有时采用在管子上直接开孔焊接连接，其焊缝为角焊缝，因受力状况不好，且无损检测（如RT、UT）难以实施，焊接质量不易控制，即使对该处进行补强，也不能保证质量。采用管件，就能较好地解决上述问题。目前的压力管道已大量采用各种各样的管件。石油化工生产装置中常用的管件有弯头、三通、异径管（大小头）、管帽、加强管嘴、加强管接头、异径短节、螺纹短节、活接头、丝堵、仪表管嘴、软管快速接头、漏斗、水喷头、管箍等。

1. 管件与管子的连接形式

管件的连接形式决定了管件端部的结构形式。管件之间、管件和管子之间常用的连接形式有三种，即对焊连接、承插焊连接和螺纹连接。管件端部的结构，对承插焊连接形式有插口和承口之分，对螺纹连接形式有内螺纹和外螺纹之分。

对焊连接和螺纹连接在锅炉和压力容器中比较常见，此处不再介绍，而承插焊连接结构仅见于管道，其结构如图5—3所示。一般情况下，每个管件只采用一种连接形式。但是，有时一个管件的两端可能会用两种形式连接。

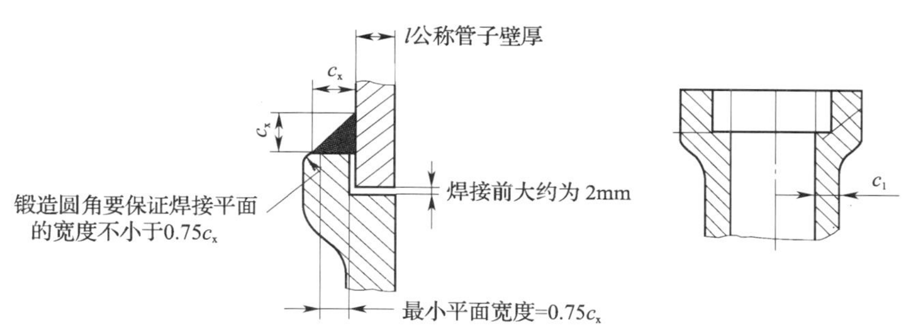

c_x（min）=1.09l但不得小于3mm

图5—3　承接类管件的结构及焊接示意图

管件之间、管件和管子之间的连接形式除上述三种外，还有法兰连接。法兰连接是借助于专用的管道元件即法兰、螺栓和垫片实现连接的。

对焊连接是$D_N \geqslant 50$的管道及管件常用的连接形式。对于$D_N \leqslant 40$的管子及管件，因为其壁厚一般较薄，采用对焊连接时不容易对准，因错口较大而烧穿，焊接质量不易保证，故一般不采用对焊连接，但下列几种情况例外：

（1）对于$D_N \leqslant 40$、壁厚大于等于SCH160的管道及其元件，因其壁比较厚，故也常用对焊连接，毕竟对焊连接的力学性能比承插焊（角焊）好，而且也便于实施无损检测。

（2）在有缝隙腐蚀介质（如氢氟酸介质）存在的情况下，即使$D_N \leqslant 40$、壁厚$\leqslant$SCH160的管道及其元件，也采用对焊连接，以避免缝隙腐蚀的发生。此时为了避免因管子和管件的壁厚太薄而发生器焊漏或烧穿，在焊接施工时常采用小直径焊丝、小焊接电流的氩弧焊进行焊接，而不用一般的电弧焊。

（3）对润滑油管道，当采用承插焊连接时，其接头缝隙处易积存杂质而对机构设备产生不利影响，此时也应采用对焊连接。焊接方法同上。

（4）对于复合、衬里管子和管件，也不能采用承插焊连接。

2. 对焊管件

常用的对焊管件包括弯头、三通、异径管（大小头）和管帽，前三项大多采用无缝钢管或焊接钢管通过推制、拉拔、挤压而成，后者多采用钢板冲压而成。它们通过公称壁厚等级（管子表号或壁厚值）来实现与管子等强度，其应力集中的局部应进行补强。制造厂在对焊管件设计时应保证强度，并通过形式试验进行验证。几种常见的对焊管件形状、结构如图 5—4。

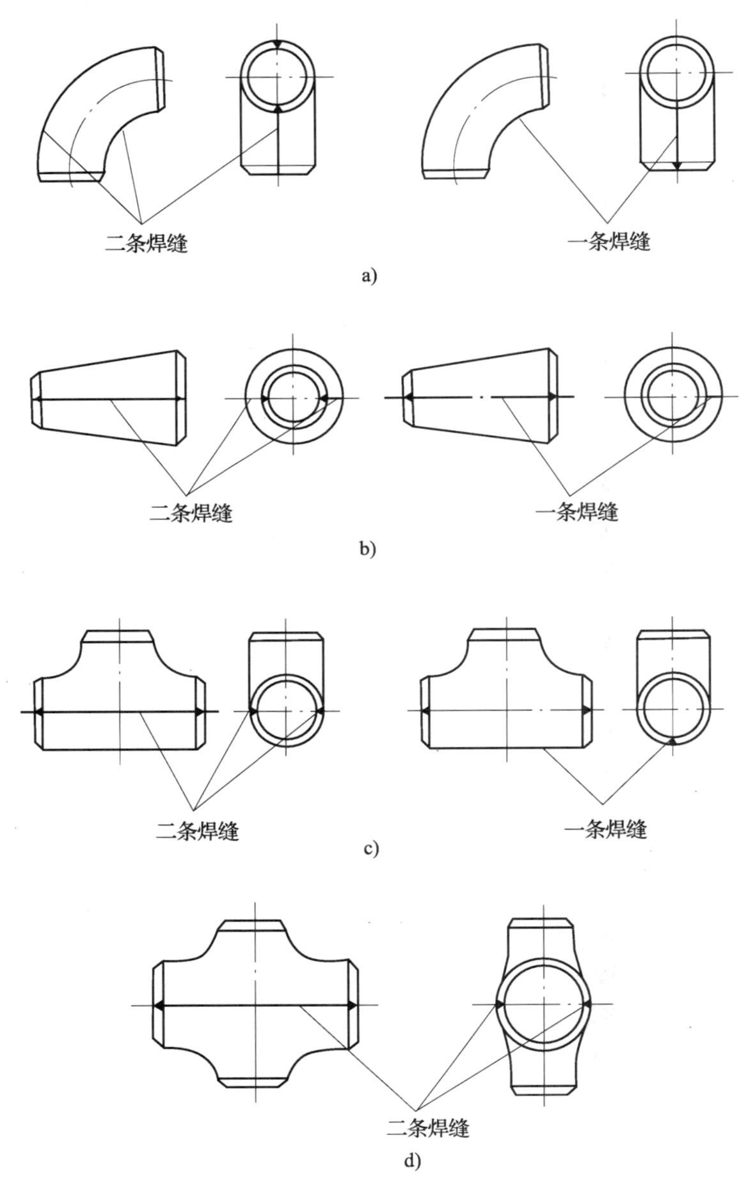

图 5—4 管件形状、结构及焊缝位置

a）弯头结构及焊缝位置 b）异径接头结构及焊缝位置 c）三通结构及焊缝位置 d）四通结构及焊缝位置

（1）弯头　用于改变管道方向的管件。根据改变管道方向的角度要求，常用的弯头有45°和90°两种形式。根据制造方法不同，又可将弯头分为推制弯头、挤压弯头和焊制斜接弯头三种。推制弯头和挤压弯头常用于介质条件比较苛刻的中小尺寸管道上，焊制斜接弯头则常用于介质条件比较缓和的大尺寸管道上，当斜接弯头的斜接角度大于45°时，不宜用于剧毒、可燃介质管道，或承受机械振动、压力脉动及由于温度变化产生交变载荷的管道上。

（2）三通　用作管道分支的管件。通常有同径三通（即分支管与主管同直径）和异径三通（即分支管直径比主管直径小）两种。此外还有Y形三通和四通两种管件。Y形三通经常代替普通三通用于输送有固体颗粒或冲刷腐蚀较严重的管道上。四通则可以实现将管道同时分为四路。

（3）异径管（大小头）　用作管子变径的管件。通常有同心异径管（即大端和小端的中心轴重合）和偏心异径管（即大端和小端的一个边的外壁在同一直线上）两种。以偏心异径管应用较多，因为它能保证管道变径前和变径后有同样的管底或管顶标高，便于支承。有时为了不使管子变径部位发生集液或集气现象，也需要用偏心异径管。

（4）管帽（封头）　用于封闭管子终端的管件。常用的管帽（封头）有平封头和标准椭圆封头两种形式。平封头制造容易，价格也低，但其承压能力不如标准椭圆封头，通常在$D_N \leqslant 100$、介质压力低于1.0 MPa的条件下应用。标准椭圆封头带有折边，椭圆的内径长短轴之比为2∶1，是应用最多的管帽。

在很多情况下，例如对管廊上的管子终端，以法兰盖代替管帽封闭端部，以便于管子的吹扫和清洗。

5.4　压力管道检验与无损检测

5.4.1　压力管道检验分类和检验项目

按检验的性质分类，可将压力管道检验分为原材料检验、管道元件制作质量检验、安装质量检验、在用检验等。

压力管道检验一般内容包括外观检验、焊接接头表面质量检验、焊接接头内部缺陷检测、耐压试验和泄漏性试验。其中焊接接头表面质量检验、焊接接头内部缺陷检测属于无损检测范畴。

5.4.2　压力管道检验标准

由于压力管道的性质多样，种类多样，使用在不同行业，所以不同压力管道，其制造安装验收规范各不相同。压力管道检验要按照检验对象的性质和类别执行相应的规范标准。目前压力管道检验主要规范标准有：SH 3501—1997《石油化工剧毒、可燃介质管道工程施工及验收规范》；GB 50236—1998《现场设备、工业管道焊接工程施工及验收规范》；GB 50235—1997《工业金属管道工程施工及验收规范》，以及《在用工业管道定期检验规程》等。

1. SH 3501—1997《石油化工剧毒、可燃介质管道工程施工及验收规范》

SH 3501—1997《石油化工剧毒、可燃介质管道工程施工及验收规范》是中石化制定的行业规范，适用于石油化工企业中使用的设计压力 400 Pa（绝压）～42 MPa（表压），设计温度－196～850℃的剧毒（毒性程度为极度危害和高度危害）、可燃介质钢制管道的新建、改建或扩建工程的施工及验收。不适用于长输管道及城镇公用燃气管道的施工及验收。

在 SH 3501 标准中，管道分级的主要依据是介质的毒性和可燃性质。其中 SHA 级管道为毒性程度为极度危害介质管道，以及设计压力等于或大于 10 MPa 的 SHB 级介质管道；SHBⅠ级管道为毒性程度为高度危害介质管道、设计压力小于 10 MPa 的甲类、乙类可燃气体和甲 A 类液化烃、甲 B 类可燃液体介质管道，以及乙 A 类可燃液体介质管道；SHBⅡ级管道为乙 B 类可燃液体介质管道和丙类可燃液体介质管道。

2. GB 50235 和 GB 50236 规范

GB 50235—1997《工业金属管道工程施工及验收规范》和 GB 50236—1998《现场设备、工业管道焊接工程施工及验收规范》是为了提高工业金属管道工程的施工水平，保证工程建设施工现场设备和工业金属管道工程的质量而制定的国家标准。其中 GB 50235 规范针对管道工程施工的全过程，而 GB 50236 规范则是针对管道工程中的焊接施工而制定的。

GB 50235 规范适用于设计压力不大于 42 MPa，设计温度不超过材料允许的使用温度的工业金属管道（以下简称“管道”）工程的施工及验收，不适用于核能装置的专用管道、矿井专用管道、长输管道。GB 50236 规范适用于碳素钢、合金钢、铝及铝合金、铜及铜合金、工业纯钛、镍及镍合金的手工电弧焊、氩弧焊、二氧化碳气体保护焊、埋弧焊和氧乙炔焊的焊接工程施工及验收，不适用于施工现场组焊的锅炉、压力容器的焊接工程。

3. 在用工业管道定期检验规程

《在用工业管道定期检验规程》是为了加强压力管道安全监察，规范在用工业管道检验工作，确保在用工业管道的安全运行，保障公民生命和财产的安全，根据《压力管道安全管理与监察规定》的有关规定而制定的。在该规程中，提出了在用工业管道检验、安全状况等级评定和缺陷处理的基本要求，该规程适用于《压力管道安全管理与监察规程》适用范围的在用工业管道及附属设施，但不包括下列管道：(1) 公称直径≤25 mm 的管道；(2) 非金属管道；(3) 最高工作压力＞42 MPa 或＜0.1 MPa 的管道。

5.4.3 压力管道无损检测的基本内容

1. 压力管道焊缝外观基本要求

压力管道无损检测前，焊缝外观检查应符合要求。对压力管道焊缝外观和焊接接头表面质量的一般要求如下：

焊缝外观应成型良好，宽度以每边盖过坡口边缘 2 mm 为宜。角焊缝的焊脚高度应符合设计规定，外形应平缓过渡。

焊接接头表面

(1) 不允许有裂纹、未熔合、气孔、夹渣、飞溅存在。

(2) 设计温度低于－29℃的管道、不锈钢和淬硬倾向较大的合金钢管道焊缝表面，不得有咬边现象。其他材质管道焊缝咬边深度应不大于0.5 mm，连续咬边长度应不大于100 mm，且焊缝两侧咬边总长不大于该焊缝全长的10%。

（3）焊缝表面不得低于管道表面。焊缝余高$\Delta h \leqslant 1+0.2b_1$，且不大于3 mm（$b_1$为焊接接头组对后坡口的最大宽度）。

（4）焊接接头错边应不大于壁厚的10%，且不大于2 mm。

2. 表面无损检测

压力管道的表面无损检测方法选用原则：对铁磁性材料钢管，应选用磁粉检测；对非铁磁性材料钢管，应选用渗透检测。

对有延迟裂纹倾向的焊接接头，其表面无损检验应在焊接冷却一定时间后进行；对有再热裂纹倾向的焊接接头，其表面无损检验应在焊后及热处理后各进行一次。

表面无损检测的应用按照标准要求进行，其探测对象和应用场合一般如下：

（1）管子材料外表面质量检验。

（2）重要对接焊缝表面缺陷检测。

（3）重要角焊缝表面缺陷检测。

（4）重要承插焊和跨接式三通支管的焊接接头表面缺陷检测。

（5）管道弯制后表面缺陷检测。

（6）材料淬硬倾向较大焊接接头的坡口检测。

（7）设计温度低于或等于−29℃的非奥氏体不锈钢管道坡口的检测。

（8）双面焊件规定清根的焊缝清根后检测。

（9）当采用氧乙炔焰切割有淬硬倾向的合金钢管道上的焊接卡具时，修磨部位的缺陷检测。

3. 射线检测和超声检测

射线检测和超声检测的主要对象是压力管道的对接接头，以及对焊管件的对接接头。

无损检测方法选用按设计文件规定。对钛、铝及铝合金、铜及铜合金、镍及镍合金的焊接接头检测，应选用射线检测方法。

对有延迟裂纹倾向的焊缝，其射线检测和超声检测应在焊接冷却一定时间后进行。

当夹套管内的主管有环焊缝时，该焊缝应经100%射线检测，经试压合格后方可进行隐蔽作业。

管道上被补强圈或支座垫板覆盖的焊接接头，应进行100%射线检测，合格后方可覆盖。

对规定进行焊接中间（层间）检查的焊缝，无损检测应在外观检查合格后进行，射线照相及超声波检测应在表面无损检测后进行，经检验的焊缝在评定合格后方可继续进行焊接。

4. 在用工业管道定期检验中无损检测要点

（1）表面无损检测重点部位

1）宏观检查中发现裂纹或可疑情况的管道，应在相应部位进行表面无损检测。

2）绝热层破损或可能渗入雨水的奥氏体不锈钢管道，应在相应部位进行外表面渗透检测。

3）处于应力腐蚀环境中的管道，应进行表面无损检测抽查。

4）长期承受明显交变载荷的管道，应在焊接接头和容易造成应力集中的部位进行表面无损检测。

5）检验人员认为有必要时，应对支管角焊缝等部位进行表面无损检测抽查。

（2）超声波或射线检测应用原则

对 GC1、GC2 级管道的焊接接头，一般应进行超声波或射线检测抽查。

GC3 级管道如未发现异常情况，一般不进行其焊接接头的超声波或射线检测抽查。

超声波或射线检测抽查的比例按有关规范标准执行。

（3）超声波或射线检测重点部位

超声波或射线检测重点检测部位按下述原则确定。

1）制造、安装中返修过的焊接接头和安装时固定口的焊接接头。

2）错边、咬边严重超标的焊接接头。

3）表面检测发现裂纹的焊接接头。

4）泵、压缩机进出口第一道焊接接头或相近的焊接接头。

5）支吊架损坏部位附近的管道焊接接头。

6）异种钢焊接接头。

7）硬度检验中发现的硬度异常的焊接接头。

8）使用中发生泄漏的部位附近的焊接接头。

9）检验人员和使用单位认为需要抽查的其他焊接接头。

第3篇

无损检测基础知识

第6章 无损检测概论

6.1 无损检测的定义与分类

什么叫无损检测？从字面上理解，无损检测就是指在不损坏试件的前提下，对试件进行检查和测试的方法。照此说法，人们用视觉或听觉所进行的一些检查也算作无损检测，例如用眼睛检查工件外观质量，用耳朵听小锤敲击钢轨发出的声音判断钢轨是否有缺陷等，但目前国内并未把这些方法算作无损检测，因此，对现代无损检测应有更严格的定义。

现代无损检测的定义是：在不损坏试件的前提下，以物理或化学方法为手段，借助先进的技术和设备器材，对试件的内部及表面的结构，性质，状态进行检查和测试的方法。

无损检测是以现代科学技术的发展为基础的。例如，用于探测工业产品缺陷的 X 射线照相法，是在德国物理学家伦琴发现 X 射线后发展起来的；超声波检测是在两次大战中迅速发展的声纳技术和雷达技术的基础上开发出来的；磁粉检测建立在电磁学理论的基础上，而渗透检测则得益于物理化学的进展。

在无损检测技术发展过程中出现过三个名称，即：无损探伤（Non-distructive Inspection)、无损检测（Non-distructive Testing）和无损评价（Non-distructive Evaluation)。一般认为，这三个名称体现了无损检测技术发展的三个阶段，其中无损探伤是早期阶段的名称，其含义是探测和发现缺陷；无损检测是当前阶段的名称，其内涵不仅仅是探测缺陷，还包括探测试件的一些其他信息，例如结构、性质、状态等，并试图通过测试，掌握更多的信息；而无损评价则是即将进入或正在进入的新的发展阶段。无损评价涵盖更广泛、更深刻的内容，它不仅要求发现缺陷，探测试件的结构、性质、状态，还要求获取更全面、更准确的，综合的信息，例如有关缺陷的形状、尺寸、位置、取向、内含物、缺陷部位的组织、残余应力等的信息。它要结合成像技术、自动化技术、计算机数据分析和处理等技术，与材料力学等领域知识，对试件或产品的质量和性能给出全面、准确的评价。

射线检测（Radiographic Testing，简称 RT)、超声波检测（Ultrasonic Testing，简称 UT)、磁粉检测（Magnetic Testing，简称 MT）和渗透检测（Penetrant Testing，简称 PT）是开发较早，应用较广泛的探测缺陷的方法，称为四大常规检测方法。到目前为止，这四种方法仍是承压类特种设备制造质量检验和在用检验最常用的无损检测方法。其中 RT 和 UT 主要用于探测试件内部缺陷，MT 和 PT 主要用于探测试件表面缺陷。其他用于承压类特种设备的无损检测方法有涡流检测（Eddy Current Testing，简称 ET)、声发射检测（Acoustic Emission，简称 AE）等。

随着现代工业的发展，社会对产品质量和结构安全性，使用可靠性的要求越来越高。由于无损检测技术具有不破坏试件，检测灵敏度高等优点，所以其应用日益广泛。目前，无损检测技术不仅应用于承压类特种设备的制造检验和在用检验，而且在国内许多行业和部门，例如机械、冶金、石油天然气、石化、化工、航空航天、船舶、铁道、电力、核工业、兵器、煤炭、有色金属、建筑等，都得到广泛应用。

为满足生产的需求，并伴随着现代科学技术的进展，无损检测的方法和种类日益繁多，除了上面提到的几种方法外，激光、红外、微波、液晶等技术都被应用于无损检测。仅利用射线的无损检测方法就可细分为X射线照相、γ射线照相、中子射线照相、高能X射线照相、射线实时成像、层析照相、几何放大照相、移动照相、康普顿散射照相、硒版照相等十几种。

6.2 无损检测的目的

应用无损检测技术，通常是为达到以下目的：

1. 保证产品质量

应用无损检测技术，可以探测到肉眼无法看到的试件内部的缺陷；在对试件表面质量进行检验时，通过无损检测方法可以探测出许多肉眼很难看见的细小缺陷。由于无损检测技术对缺陷检测的应用范围广，灵敏度高，检测结果可靠性好，因此在承压类特种设备和其他产品制造的过程检验和最终质量检验中普遍采用。

应用无损检测技术的另一优点是可以进行百分之百检验。众所周知，采用破坏性检测，在检测完成的同时，试件也被破坏了，因此破坏性检测只能进行抽样检验。与破坏性检测不同，无损检测不需损坏试件就能完成检测过程，因此无损检测能够对产品进行百分之百检验或逐件检验。许多重要的材料，结构或产品，必须保证万无一失，只有采用无损检测手段，才能为质量提供有效保证。

2. 保障使用安全

即使是设计和制造质量完全符合规范要求的承压类特种设备，在经过一段时间使用后，也有可能发生破坏事故。这是由于苛刻的运行条件使设备状态发生变化，例如由于高温和应力的作用导致材料蠕变；由于温度、压力的波动产生交变应力，使设备的应力集中部位产生疲劳；由于腐蚀作用使壁厚减薄或材质劣化；等等。上述因素有可能使设备中原来存在的，制造规范允许的小缺陷扩展开裂，或使设备中原来没有缺陷的地方产生这样或那样的新生缺陷，最终导致设备失效。为了保障使用安全，对在用锅炉压力容器压力管道，必须定期进行检验，及时发现缺陷，避免事故发生，而无损检测就是在用锅炉压力容器压力管道定期检验的主要内容和发现缺陷最有效的手段。

除锅炉压力容器压力管道外，其他在用重要设备、构件、零部件的定期检验时，也经常应用无损检测手段。

3. 改进制造工艺

在产品生产中，为了了解制造工艺是否适宜，必须事先进行工艺试验。在工艺试验中，经常对工艺试样进行无损检测，并根据检测结果改进制造工艺，最终确定理想的制造工艺。

例如，为了确定焊接工艺规范，在焊接试验时对焊接试样进行射线照相，随后根据检测结果修正焊接参数，最终得到能够达到质量要求的焊接工艺。又如，在进行铸造工艺设计时，通过射线照相探测试件的缺陷发生情况，并据此改进浇口和冒口的位置，最终确定合适的铸造工艺。

4. 降低生产成本

在产品制造过程中进行无损检测，往往被认为要增加检查费用，从而使制造成本增加。可是如果在制造过程中间的适当环节正确地进行无损检测，就是防止以后的工序浪费，减少返工，降低废品率，从而降低制造成本。例如，在厚板焊接时，如果在焊接全部完成后再无损检测，发现超标缺陷需要返修，要花费许多工时或者很难修补。因此可以在焊至一半时先进行一次无损检测，确认没有超标缺陷后再继续焊接，这样虽然无损检测费用有所增加，但总的制造成本降低了。又如，对铸件进行机械加工，有时不允许机加工后的表面上出现夹渣、气孔、裂纹等缺陷，选择在机加工前对要进行加工的部位实施无损检测，对发现缺陷的部位就不再加工，从而降低了废品率，节省了机加工工时。

6.3 无损检测的应用特点

无损检测应用时，应掌握以下几方面的特点：

1. 无损检测要与破坏性检测相配合

无损检测的最大特点是能在不损伤材料、工件和结构的前提下来进行检测，所以实施无损检测后，产品的检查率可以达到100%。但是，并不是所有需要测试的项目和指标都能进行无损检测，无损检测技术自身还有局限性。某些试验只能采用破坏性检测，因此，在目前无损检测还不能完全代替破坏性检测。也就是说，要对工件、材料、机器设备作出准确的评价，必须把无损检测的结果与破坏性检测的结果结合起来加以考虑。例如，为判断液化石油气钢瓶的适用性，除完成无损检测外还要进行爆破试验。锅炉管子焊缝，有时要切取试样做金相和断口检验。

2. 正确选用实施无损检测的时机

根据无损检测的目的来正确选择无损检测实施的时机是非常重要的。例如，锻件的超声波探伤，一般要安排在锻造和粗加工后，钻孔、铣槽、精磨等最终机加工前进行。这是因为此时扫查面较平整，耦合较好，有可能干扰探伤的孔，槽、台还未加工出来，发现质量问题处理也较容易，损失也较小。又例如，要检查高强钢焊缝有无延迟裂纹，无损检测就应安排在焊接完成24 h以后进行。要检查热处理后是否发生再热裂纹，就应将无损检测放在热处理之后进行。电渣焊焊接接头晶粒粗大，超声波检测就应在正火处理细化晶粒后再进行。只有正确选定实施无损检测的时机，检测才能顺利完成。

3. 选用最适当的无损检测方法

每种检测方法本身都有局限性，不可能适用于所有工件和所有缺陷。为了提高检测结果的可靠性，必须在检测前正确选定最适当的无损检测方法。在选择中，既要考虑被检物的材质、结构、形状、尺寸，预计可能产生什么种类，什么形状的缺陷，在什么部位、什么方向产生；又要以上种种情况考虑无损检测方法各自的特点。例如，钢板的分层缺陷因其延伸方向与板平行，就不适合射线检测而应选择超声波检测。检查工件表面细小的裂纹，就不应选择射线和超声波检测，而应选择磁粉和渗透检测。此外，选用无损检测方法时还应充分的认识到，检测的目的不是片面追求产品的“高质量”，而是在保证充分安全性的同时要保证产品的经济性。只有这样，无损检测方法的选择和应用才会是正确的、合理的。

4. 综合应用各种无损检测方法

在无损检测应用中，必须认识到任何一种无损检测方法都不是万能的，每种无损检测方法都有优缺点。因此，在无损检测的应用中，如果可能，不要只采用一种无损检测方法，而应尽可能地同时采用几种方法，以便保证各种检测方法取长补短，从而取得更多的信息。另外，还应利用无损检测以外的其他检测所得的信息，利用有关材料、焊接、加工工艺的知识及产品结构的知识，综合起来进行判断。例如，超声波对裂纹缺陷探测灵敏度较高，但定性不准，而射线的优点是对缺陷定性比较准确。两者配合使用，就能保证检测结果既可靠又准确。

6.4 承压类特种设备无损检测标准

承压类特种设备无损检测执行的标准是 JB/T 4730—2005《承压设备无损检测》。该检测标准共分为 6 个部分：

——第一部分：通用要求

——第二部分：射线检测

——第三部分：超声检测

——第四部分：磁粉检测

——第五部分：渗透检测

——第六部分：涡流检测

标准规定了射线检测、超声波检测、磁粉检测、渗透检测和涡流检测这五种无损检测方法及质量等级评定分类，适用于金属材料制锅炉、压力容器（固定式、移动式）及压力管道原材料、零部件和设备的制造安装检测，也适用于在用金属材料制锅炉、压力容器（固定式、移动式）及压力管道的检测。与锅炉、压力容器（固定式、移动式）及压力管道有关的支承件和结构件，如有要求也可参照该标准进行检测。

JB/T 4730 不包含声发射检测。承压类特种设备声发射检测，应按照 GB/T 18182—2000《金属压力容器声发射检测及结果评价方法》的有关规定执行。

第7章 缺陷的种类及产生原因

无损检测最主要的用途是探测缺陷。了解材料和焊缝中的缺陷种类和产生原因，有助于正确地选择无损检测方法，正确地分析和判断检测结果。作为无损检测人员，应该掌握这方面的知识。

7.1 钢焊缝中常见缺陷及产生原因

1. 外观缺陷

外观缺陷（表面缺陷）是指不借助于仪器，用肉眼可以发现的工件表面缺陷。常见的外观缺陷有咬边、焊瘤、凹陷及焊接变形等，有时还有表面气孔和表面裂纹。单面焊的根部未焊透也位于焊缝表面。

（1）咬边　咬边是指沿着焊趾，在母材部分形成的凹陷或沟槽，见图 7—1。它是由于电弧将焊缝边缘的母材熔化后没有得到熔敷金属的充分补充所留下的缺口。

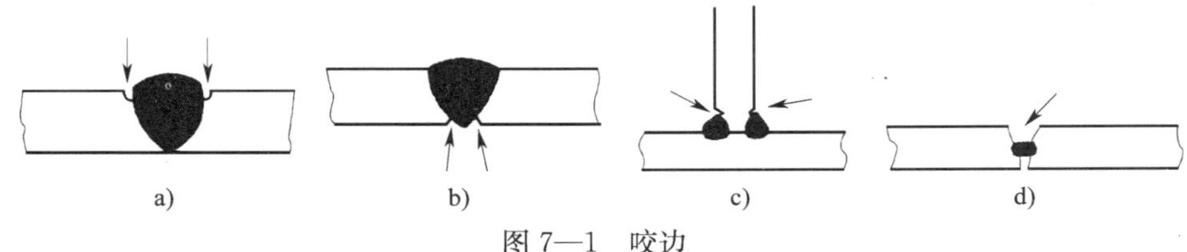

图 7—1　咬边

产生咬边的主要原因是电弧热量太高，即电流太大，运条速度太小。焊条与工件间角度不正确，摆动不合理，电弧过长，焊接次序不合理等也会造成咬边。直流焊时电弧的磁偏吹也是产生咬边的一个原因。某些焊接位置（立、横、仰）会加剧咬边。

咬边减小了母材的有效截面积，降低结构的承载能力，同时还会造成应力集中，发展为裂纹源。

矫正操作姿势，选用合理的规范，采用正确的运条方式都有利于消除咬边。在角焊中，用交流焊代替直流焊也能有效地防止咬边。

（2）焊瘤　焊缝中的液态金属流到加热不足未熔化的母材上或从焊缝根部溢出，冷却后形成未与母材熔合的金属瘤即为焊瘤，见图 7—2。

焊接规范过强、焊条熔化过快、焊条质量欠佳（如偏芯），焊接电源特性不稳定及操作姿势不当等都容易带来焊瘤。在横、立、仰位置更易形成焊瘤。

焊瘤常伴有未熔合、夹渣缺陷。此外，焊瘤改变了焊缝的实际尺寸，会带来应力集中。

管子内部的焊瘤减小了内径，可能造成堵塞。

防止焊瘤产生的措施：使焊缝处于平焊位置，正确选用规范，选用无偏芯焊条，合理操作。

(3) 凹坑　凹坑指焊缝表面或背面局部的低于母材的部分，见图 7—3。

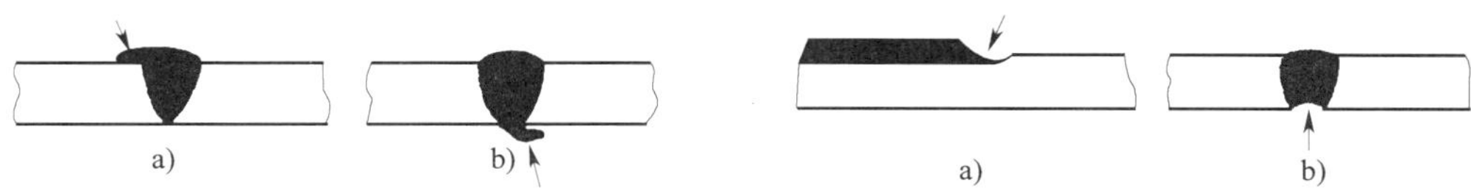

图 7—2　焊瘤　　　　图 7—3　凹坑

凹坑多是由于收弧时焊条（焊丝）未作短时间停留造成的（此时的凹坑称为弧坑）。仰、立、横焊时，常在焊缝背面根部产生内凹。

凹坑减小了焊缝的有效截面积，弧坑常带有弧坑裂纹和弧坑缩孔。

防止凹坑产生的措施：施焊时尽量选用平焊位置，选用合适的焊接规范，收弧时让焊条在熔池内短时间停留或环形摆动，填满弧坑。

(4) 未焊满　未焊满是指焊缝表面上连续的或断续的沟槽，见图 7—4。

填充金属不足是产生未焊满的根本原因。规范太弱，焊条过细，运条不当等均会导致未焊满。

未焊满同样减小了焊缝的有效截面积，削弱了焊缝，也会产生应力集中。同时，由于规范太弱使冷却速度增大，容易产生气孔、裂纹等缺陷。

防止未焊满的措施：加大焊接电流，加焊盖面焊缝。

(5) 烧穿　烧穿是指焊接过程中，熔深超过工件厚度，熔化金属自焊缝背面流出，形成穿孔性缺陷，见图 7—5。

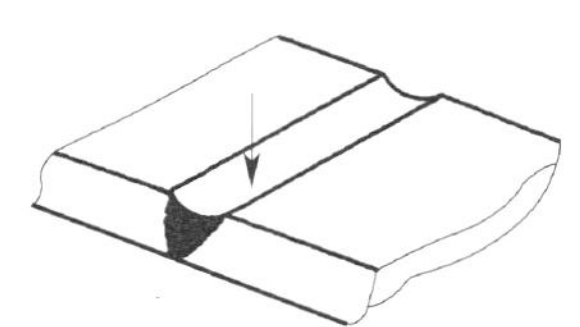

图 7—4　未焊满

图 7—5　烧穿

焊接电流过大，速度太慢，电弧在焊缝处停留过久，都会产生烧穿缺陷。工件间隙太大，钝边太小也容易出现烧穿现象。

烧穿是锅炉压力容器压力管道产品上不允许存在的缺陷。它破坏了焊缝，使接头丧失连接及承载能力。

选用较小电流和合适的焊接速度，减小装配间隙，在焊缝背面加设垫板或药垫，使用脉冲焊，能有效地防止烧穿。

(6) 其他表面缺陷　除上述五种缺陷外，下列几种也是常见的外观缺陷。

1) 成形不良　指焊缝的外观几何尺寸不符合要求。有焊缝超高（图 7—6a 及 b），表面粗糙（图 7—6c），以及焊缝过宽，焊缝向母材过渡不圆滑等。

2) 错边　指两个工件在厚度方向上错开一定位置，见图 7—6d。它既可视作焊缝表面缺陷，又可视作装配成形缺陷。

3）塌陷　单面焊时由于输入热量过大，熔化金属过多而使液态金属向焊缝背面塌落，成形后焊缝背面突起，正面下塌，见图 7—6e。

4）表面气孔及弧坑缩孔　见图 7—6f 及 g。

5）各种焊接变形　如角变形，扭曲，波浪变形等都属于焊接缺陷。角变形也属于装配成形缺陷。

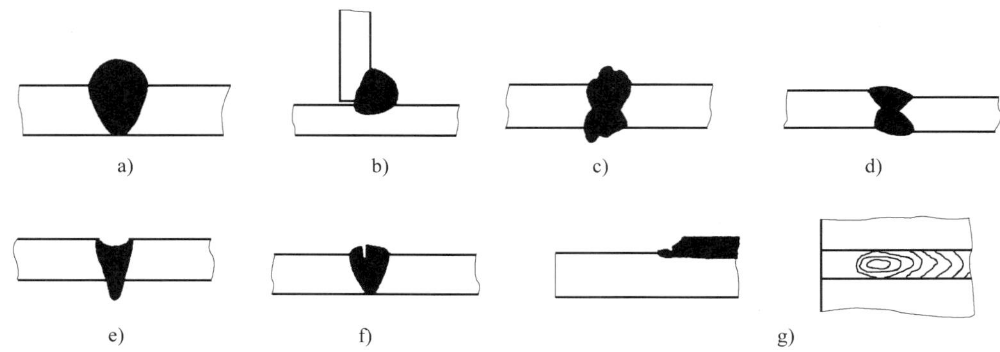

图 7—6　其他焊接缺陷

a、b）焊缝超高　c）表面粗糙　d）错边　e）塌陷　f）表面气孔　g）弧坑缩孔

2. 气孔

气孔是指焊接时，熔池中的气体未在金属凝固前逸出，残存于焊缝之中所形成的空穴。其气体可能是熔池从外界吸收的，也可能是焊接冶金过程中反应生成的。

（1）气孔的分类　气孔从其形状上分，有球状气孔、条虫状气孔；从数量上可分为单个气孔和群状气孔。群状气孔又有均匀分布气孔，密集状气孔和链状分布气孔之分，见图 7—7。按气孔内气体成分分类，有氢气孔、氮气孔、二氧化碳气孔、一氧化碳气孔、氧气孔等。熔焊气孔多为氢气孔和一氧化碳气孔。

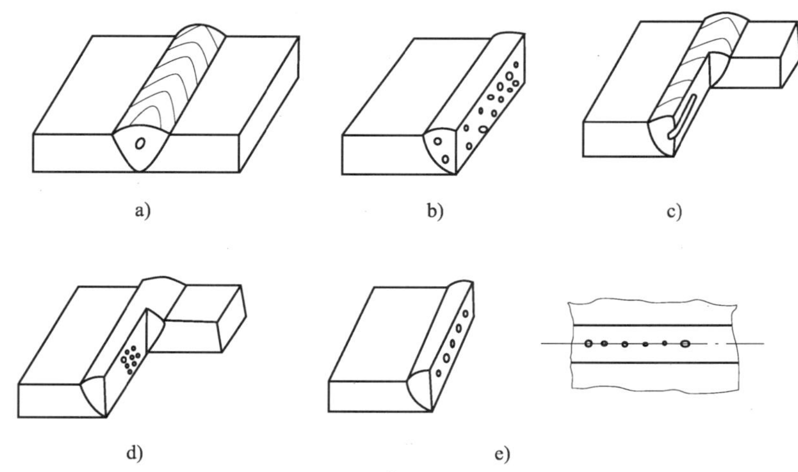

图 7—7　气孔的形状与分布

(2) 气孔的形成机理　常温固态金属中气体的溶解度只有高温液态金属中气体溶解度的几十分之一至几百分之一，表 7—1 给出了氢在不同温度金属中的溶解度。熔池金属在凝固过程中，有大量的气体要从金属中逸出来。当金属凝固速度大于气体逸出速度时，就形成气孔。

表 7—1　　氢在铁中的溶解度与温度的关系

温度/℃	600	1 000	1 400	1 800	2 200	2 600
氢在铁中溶解度/$cm^3 \cdot g^{-1}$	2×10^{-4}	7×10^{-4}	11×10^{-4}	33×10^{-4}	46×10^{-4}	40×10^{-4}

(3) 产生气孔的主要原因　母材或填充金属表面有锈、油污等，焊条及焊剂未烘干会增加气孔量。锈、油污及焊条药皮、焊剂中的水分在高温下分解产生气体，会增加高温金属中气体的含量。焊接线能量过小，熔池冷却速度大，不利于气体逸出。焊缝金属脱氧不足也会增加氧气孔。

(4) 气孔的危害　气孔减小了焊缝的有效截面积，使焊缝疏松，从面降低了接头的强度，降低塑性，还会引起泄漏。气孔也是引起应力集中的因素。氢气孔还可能促成冷裂纹。

(5) 防止气孔的措施

1) 清除焊丝，工作坡口及其附近表面的油污、铁锈、水分和杂物。

2) 采用碱性焊条、焊剂，并彻底烘干。

3) 采用直流反接并用短电弧施焊。

4) 焊前预热，减缓冷却速度。

5) 用偏强的规范施焊。

3. 夹渣

夹渣是指焊后熔渣残存在焊缝中的现象。

(1) 夹渣的分类

1) 金属夹渣　指钨、铜等金属颗粒残留在焊缝之中，习惯上称为夹钨、夹铜。

2) 非金属夹渣　指未熔的焊条药皮或焊剂、硫化物、氧化物、氮化物残留于焊缝之中。

(2) 夹渣的分布与形状　有单个点状夹渣，条状夹渣，链状夹渣和密集夹渣，见图 7—8。

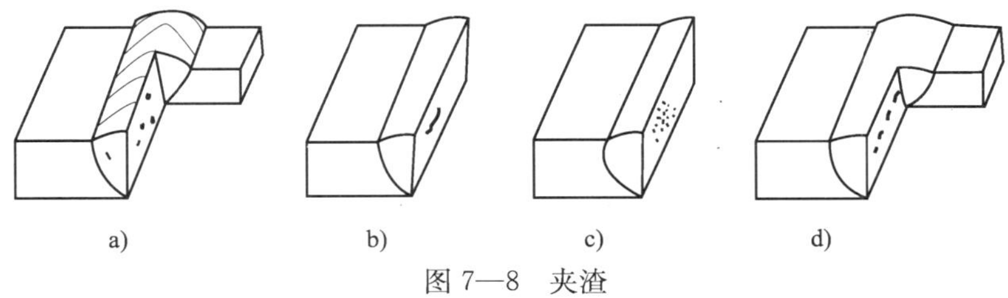

图 7—8　夹渣

(3) 夹渣产生的原因

1) 坡口尺寸不合理。

2) 坡口有污物。

3) 多层焊时，层间清渣不彻底。

4) 焊接线能量小。

5）焊缝散热太快，液态金属凝固过快。

6）焊条药皮，焊剂化学成分不合理，熔点过高，冶金反应不完全，脱渣性不好。

7）钨极性气体保护焊时，电源极性不当，电流密度大，钨极熔化脱落于熔池中。

8）手工焊时，焊条摆动不正确，不利于熔渣上浮。

可根据以上原因分别采取对应措施，以防止夹渣的产生。

（4）夹渣的危害　点状夹渣的危害与气孔相似，带有尖角的夹渣会产生尖端应力集中，尖端还会发展为裂纹源，危害较大。

4. 裂纹

金属原子的结合遭到破坏，形成新的界面而产生的缝隙称为裂纹。

（1）裂纹的分类　裂纹有多种分类方法。

1）根据裂纹尺寸大小，可分为：宏观裂纹（肉眼可见的裂纹）；微观裂纹（在显微镜下才能发现的裂纹）；超显微裂纹（在高倍数显微镜下才能发现的晶间裂纹和晶内裂纹）。

2）根据裂纹延伸方向，可分为：纵向裂纹（与焊缝平行）；横向裂纹（与焊缝垂直）；辐射状裂纹等。

3）根据裂纹发生部位，可分为：焊缝裂纹；热影响区裂纹；熔合区裂纹；焊趾裂纹；焊道下裂纹；弧坑裂纹等（图 7—9）。

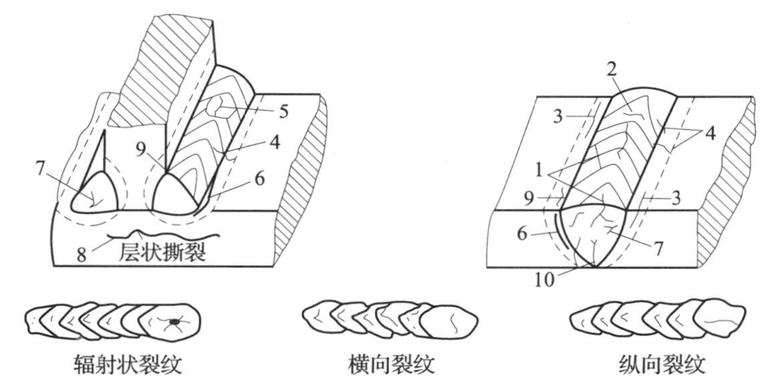

图 7—9　各种裂纹的分布情况裂纹

1—焊缝上纵向裂纹　2—焊缝上横向裂纹　3—热影响区纵向裂纹　4—热影响区横向裂纹　5—弧坑裂纹
6—焊道下裂纹　7—焊缝内晶间裂纹　8—层状撕裂　9—焊趾裂纹　10—焊缝根部裂纹

4）根据发生条件和时机，可分为：热裂纹；冷裂纹；再热裂纹；层状撕裂。其中：

①热裂纹：一般是焊接完毕即出现，又称结晶裂纹，即温度在 A_{C3} 线附近，液态金属一次结晶时产生的裂纹。这种裂纹沿晶界开裂，裂纹面上有氧化色彩，失去金属光泽。

②冷裂纹：指在焊缝冷至马氏体转变温度 M_S 点（200～300℃）以下产生的裂纹，一般是在焊后一段时间（几小时，几天甚至更长）才出现，故又称延迟裂纹。

③再热裂纹：接头冷却后再加热至 550～650℃时产生的裂纹。再热裂纹产生于沉淀强化的材料（如含 Cr、Mo、V、Ti、Nb 元素的金属材料）的焊接热影响区内的粗晶区，一般从熔合线向热影响区的粗晶区发展，呈晶间开裂特征。

④层状撕裂：在具有丁字接头或角接头的厚大构件中，沿钢板的轧制方向分层出现的阶

梯状裂纹，见图7—10。层状撕裂实质上也属冷裂纹，主要是由于钢材在轧制过程中，将硫化物（MnS）、硅酸盐类、Al_2O_3等杂质夹在其中，形成各向异性。在焊接应力或外拘束应力的作用下，金属沿轧制方向伸展的杂质面开裂。

（2）裂纹的危害　裂纹是焊接缺陷中危害性最大的一种。裂纹是一种面积型缺陷［具有三维尺寸的缺陷称为体积型缺陷，如气孔，夹渣；具有二维尺寸（第三维尺寸极小）的缺陷称为面积型缺陷，如裂纹，未熔合］，它的出现将显著减少承载面积，更严重的是裂纹端部形成尖锐缺口，应力高度集中，很容易扩展导致破坏。

裂纹的危害极大，尤其是冷裂纹，由于其延迟特性和快速脆断特性，带来的危害往往是灾难性的。世界上的锅炉压力容器压力管道事故除极少数是由于设计不合理，选材不当的原因引起的以外，绝大部分是由于裂纹引起的脆性破坏。

（3）热裂纹（结晶裂纹）形成机理和防止措施

1）结晶裂纹的形成机理　热裂纹发生于焊缝金属凝固末期，敏感温度区大致在固相线附近的高温区。最常见的热裂纹是结晶裂纹，其生成原因是在焊缝金属凝固过程中，结晶偏析使杂质生成的低熔点共晶物富集于晶界，形成所谓“液态薄膜”，在特定的敏感温度区（又称脆性温度区）间，其强度极小，由于焊缝凝固收缩而受到拉应力，最终开裂形成裂纹。结晶裂纹最常见的情况是沿焊缝中心长度方向开裂，为纵向裂纹，有时也发生在焊缝内部两个柱状晶之间，为横向裂纹（图7—11）。弧坑裂纹是另一种形态的常见热裂纹。

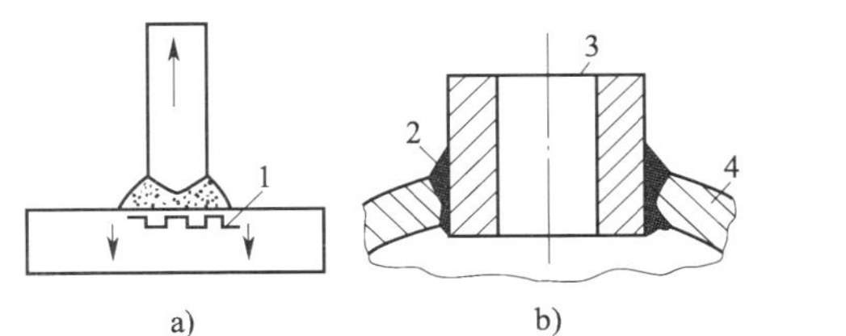

图7—10　层状撕裂

1、2—层状撕裂　3—接管　4—筒身

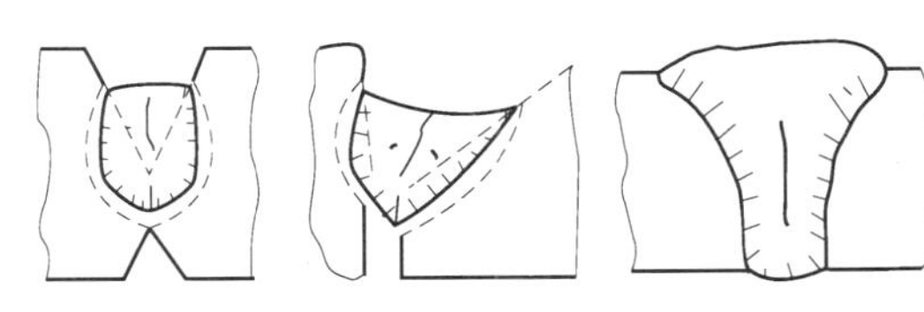

图7—11　焊缝中结晶裂纹的出现地带

热裂纹都是沿晶界开裂，通常发生在杂质较多的碳钢、低合金钢、奥氏体不锈钢等材料焊缝中。

2）影响结晶裂纹的因素

①合金元素和杂质的影响。碳元素以及硫、磷等杂质元素的增加，会扩大敏感温度区，使结晶裂纹的产生机会增多。

②冷却速度的影响。冷却速度增大，一是使结晶偏析加重，二是使结晶温度区间增大，两者都会增加结晶裂纹的出现机会。

③结晶应力与拘束应力的影响。在脆性温度区内，金属的强度极低，焊接应力又使这部分金属受拉，当拉应力达到一定程度时，就会出现结晶裂纹。

3）防止结晶裂纹的措施

①降低钢材和焊材的含碳量，减小硫、磷等有害元素的含量。

②加入一定的合金元素，减小柱状晶和偏析。如加入钼、钒、钛、铌等细化晶粒。

③采用熔深较浅的焊缝，改善散热条件使低熔点物质上浮在焊缝表面而不存在于焊

缝中。

④合理选用焊接规范，并采用预热和后热，减小冷却速度。

⑤采用合理的装配次序，减小焊接应力。

(4) 再热裂纹形成机理和防止措施

1) 再热裂纹的特征

①再热裂纹于焊后热处理等再次加热的过程中，产生于焊接热影响区的过热粗晶区。

②再热裂纹的产生温度：550～650℃。

③再热裂纹为晶界开裂（沿晶开裂）。

④最易产生于沉淀强化的钢种中。

⑤与焊接残余应力有关。

2) 再热裂纹的产生机理

再热裂纹的产生机理有多种解释，其中楔形开裂理论的解释如下：近缝区金属在高温热循环作用下，强化相碳化物（如碳化钛、碳化钒、碳化铌、碳化铬等）沉积在晶内的位错区上，使晶内强化程度大大高于晶界强化，尤其是当强化相弥散分布在晶粒内时，会阻碍晶粒内部的局部调整，又会阻碍晶粒的整体变形。这样，由于应力松弛而带来的塑性变形就主要由晶界金属来承担。于是，晶界区金属会产生滑移，且在三晶粒交界处产生应力集中，就会产生裂纹（见图7—12)。

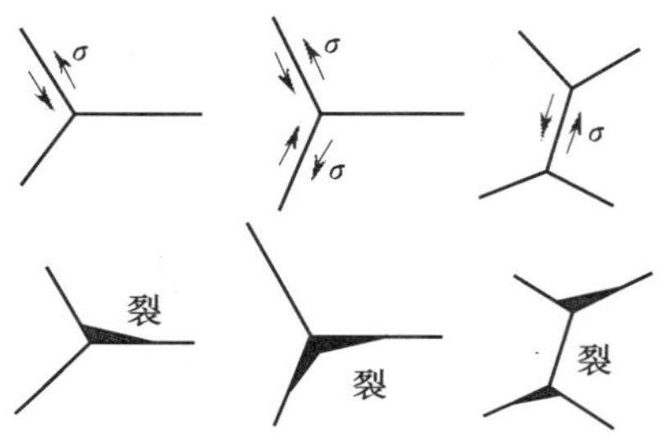

图7—12　楔形开裂模型

3) 再热裂纹的防止

①注意冶金元素的强化作用及其对再热裂纹的影响。

②合理预热或采用后热，控制冷却速度。

③降低残余应力避免应力集中。

④回火处理时尽量避开再热裂纹的敏感温度区，或缩短在此温度区内的停留时间。

(5) 冷裂纹形成机理和防止措施

1) 冷裂纹的特征

①产生于较低温度，且产生于焊后一段时间以后，故又称延迟裂纹。

②主要产生于热影响区，也有发生在焊缝区的。

③冷裂纹可能是沿晶开裂，穿晶开裂或两者混合出现。

④冷裂纹引起的构件破坏是典型的脆断。

2) 冷裂纹产生机理

①淬硬组织（马氏体）减小了金属的塑性储备。

②焊接残余应力使焊缝受拉。

③接头金属内含有较多的原子态的氢。

含氢量和拉应力是冷裂纹（这里指氢致裂纹）产生的两个重要因素。一般来说，金属内部原子的排列并非完全有序，而是有许多微观缺陷。在拉应力的作用下，原子氢向高应力区（缺陷部位）扩散聚集。当氢聚集到一定浓度时，就会破坏金属中原子的结合键，使金属内出现一些微观裂纹。在应力持续作用下，氢不断地聚集，微观裂纹不断地扩展，直至发展为宏观裂纹，最后断裂。

有一个临界的含氢量和一个临界的应力值决定冷裂纹的产生与否。当接头内氢的含量小于临界含氢量，或所受应力小于临界应力时，不会产生冷裂纹（即延迟时间无限长）。

在所有的裂纹中，冷裂纹的危害性最大。

3）防止冷裂纹的措施

①采用低氢型碱性焊条，严格烘干，在100～150℃下保存，随取随用。

②提高预热温度，采用后热措施，并保证层间温度不低于预热温度，选择合理的焊接规范，避免焊缝中出现淬硬组织。

③选用合理的焊接顺序，减少焊接变形和焊接应力。

④焊后及时进行消氢热处理。

（6）未焊透　未焊透指母材金属未熔化，焊缝金属没有进入接头根部的现象，见图7—13。

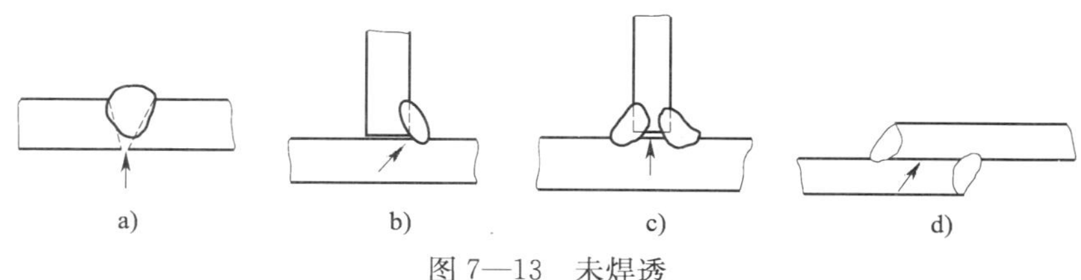

图7—13　未焊透

1）产生未焊透的原因

①焊接电流小，熔深浅。

②坡口和间隙尺寸不合理，钝边太大。

③磁偏吹影响。

④焊条偏芯度太大。

⑤层间及焊根清理不良。

2）未焊透的危害　未焊透的危害之一是减少了焊缝的有效截面积，使接头强度下降。其次，未焊透引起的应力集中严重降低焊缝的疲劳强度，所造成的危害比强度下降的危害大得多。未焊透可能成为裂纹源，是造成焊缝破坏的重要原因。

3）未焊透的防止　使用较大电流来焊接是防止未焊透的基本方法。另外，焊角焊缝时，用交流代替直流以防止磁偏吹，合理设计坡口并加强清理，用短弧焊等措施也可有效防止未焊透的产生。

（7）未熔合　未熔合是指焊缝金属与母材金属，或焊缝金属之间未熔化结合在一起的缺陷。

按其所在部位，未熔合可分为坡口未熔合，层间未熔合根部未熔合三种（图7—14）。

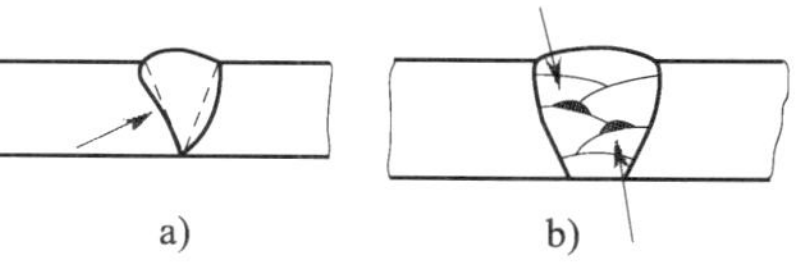

图7—14　未熔合

1）产生未熔合缺陷的原因：

①焊接电流过小。

②焊接速度过快。

③焊条角度不对。

④产生了弧偏吹现象。

⑤焊接处于下坡焊位置，母材未熔化时已被铁水覆盖。

⑥母材表面有污物或氧化物影响熔敷金属与母材间的熔化结合等。

2）未熔合的危害　未熔合是一种面积型缺陷。坡口未熔合和根部未熔合会使承载截面积明显减小，使应力集中变得比较严重，其危害性仅次于裂纹。

3）未熔合的防止　采用较大的焊接电流，正确地进行施焊操作，注意坡口部位的清洁。

（8）其他焊接缺陷

1）焊缝化学成分或组织不符合要求　焊材与母材匹配不当，或焊接过程中元素烧损等原因，容易使焊缝金属的化学成分发生变化，或造成焊缝组织不符合要求。这可能带来焊缝的力学性能的下降，还会影响接头的耐蚀性能。焊缝化学成分或组织可以采用元素分析、金相等方法进行检测。常规无损检测方法不能检出焊缝化学成分或组织方面的问题。

2）过热和过烧　若焊接规范使用不当，热影响区长时间在高温下停留，会使晶粒变得粗大，即出现过热组织。若温度进一步升高，停留时间加长，可能使晶界发生氧化或局部熔化，出现过烧组织。过热可通过热处理来消除，而过烧是不可逆转的缺陷。过热和过烧缺陷主要通过金相等方法进行检测，常规无损检测方法不能检出过热和过烧缺陷。

3）白点　在焊缝金属的拉断面上出现的鱼目状的白色斑点，即为白点。白点是由大量氢聚集而造成的，危害极大。工件中的白点可以采用超声波进行检测，断口处的白点可以采用金相或渗透等方法进行检测。

7.2　铸件中常见缺陷及其产生原因

1. 气孔

熔化的金属在凝固时，其中的气体来不及逸出而在金属表面或内部形成的圆孔。

2. 夹渣

浇铸时由于铁水包中的熔渣没有与铁水分离，混进铸件而形成的缺陷。

3. 夹砂

浇铸时由于沙型的沙子剥落，混进铸件而形成的缺陷。

4. 密集气孔

铸件在凝固时由于金属的收缩而发生的气孔群。

5. 冷隔

主要是由于浇铸温度太低，金属熔液在铸模中不能充分流动，两股融体相遇未熔合，在铸件表面或近表面形成的缺陷。

6. 缩孔和疏松

铸件在凝固过程中由于收缩以及补缩不足所产生的缺陷叫缩孔。而沿铸件中心呈多孔性组织分布的叫中心疏松。

7. 裂纹

由于材质和铸件形状不适当，凝固时因收缩应力而产生的裂纹。高温下产生的叫做热裂纹，低温下产生的叫冷裂纹。

7.3 锻件中常见缺陷及其产生原因

1. 缩孔和缩管

铸锭时，因冒口切除不当、铸模设计不良，以及铸造条件（温度、浇注速度、浇注方法、熔炼等）不良，且锻造不充分，没有被锻合而遗留下来的缺陷。

2. 疏松

铸件在凝固过程中由于收缩以及补缩不足，中心部位出现细密微孔性组织分布，且锻造不充分，缺陷没有被锻合而遗留下来的缺陷。

3. 非金属夹杂物

炼钢时，由于熔炼不良以及铸锭不良，混进硫化物和氧化物等非金属夹渣物或者耐火材料等所造成的缺陷。

4. 夹砂

铸锭时熔渣、耐火材料或夹渣物以弥散态留在锻件中形成的缺陷。

5. 折叠

锻压操作不当，锻钢件表面的局部未结合缺陷。

6. 龟裂

锻钢件表面上出现的较浅的龟状表面缺陷叫龟裂。它是由于原材料成分不当，原材料表面情况不好，加热温度和加热时间不合适而产生的。

7. 锻造裂纹

由锻造引起的裂纹种类较多，在工件中的位置也不同。实际生产中遇到的锻造裂纹有以下几类：缩孔残余引起的裂纹；皮下气泡引起的裂纹；柱状晶粗大引起的裂纹；轴芯晶间裂纹引起的锻造裂纹；非金属夹杂物引起的裂纹；锻造加热不当引起的裂纹；锻造变形不当引起的裂纹；以及终锻温度过低引起的裂纹。

8. 白点

白点是一种微细的裂纹，它是由于钢中含氢量较高，在锻造过程中的残余应力，热加工后的相变应力和热应力等作用下而产生的。由于缺陷在断口上呈银白色的圆点或椭圆形斑点，故称其为白点。

7.4 轧材中常见缺陷及其产生原因

轧材的种类包括管、棒、板、丝、钢轨和其他型材。由于形状和材质的不同，出现的缺陷分布规律和缺陷特征也不同。下面简要说明钢材中几大类轧材常见缺陷。

1. 钢管缺陷及其产生原因

（1）纵裂纹 由于加热不良，热处理和加工不当而形成的缺陷。

（2）横裂纹 由于轧制过于剧烈，加热过度或者冷态加工过多而形成的缺陷。

（3）表面划伤和直道 由于加工时的导管和拉模的形状不良而形成的缺陷。

（4）翘皮和折叠 由于圆钢表面夹入杂质或有非金属夹渣物，轧制后形成的局部未结合缺陷。

（5）分层 钢坯内部有非金属夹杂物或气孔，在轧制时变为扁平的层状缺陷。

2. 钢棒和型材缺陷及其产生原因

（1）内部缺陷 钢棒内部缺陷有：钢锭中缩孔未压合，以及压合不当而产生的芯部裂纹，还有严重偏析，白点，非金属夹渣物等。这些缺陷都有一定的延伸性，当轧制比较大时，缺陷也会变为长形。这些缺陷由于延展作用，大多变为星状或扁平状。

（2）表面缺陷 表面缺陷有材料性缺陷和轧制不当造成的缺陷两类。材料性缺陷是指由钢坯表面和近表面层的气孔和非金属夹杂物为起点造成的线状缺陷（发纹）、小裂纹以及夹杂物引起的翘皮。轧制不当引起的缺陷是指由轧辊加工时造成的折叠或皱纹，以及过烧和鳞状折叠。过烧是由于加热太激烈使表面脆化，因而在压延时产生小鳞状裂纹。鳞状折叠是由轧制的模子过紧加上材料表面粗糙造成的。

3. 钢板缺陷及其产生原因

钢板按其厚度可分为薄板和中厚板。划分没有严格的界限。参照我国有关探伤标准，薄板一般指厚度在 5 mm 以下的钢板，6～120 mm 厚度的钢板为中厚板。钢板中的缺陷与锻件和型材中的缺陷大致相同，主要是由材料引起的和轧制引起的两类。这些缺陷主要有分层、裂纹、线状缺陷、非金属夹杂物、夹渣、折叠、翘皮等。钢板的轧制是平面压下沿长方面轧制，轧制时有非常大的压下比。所以，形成平行于表面的平面状缺陷较多。这类缺陷按其严重程度可分为三类：

（1）完全剥离的层状裂缝或分层缺陷属大缺陷。

（2）在某个小范围内分层的缺陷属中缺陷。

（3）点状夹杂物集合缺陷叫小缺陷。

7.5 使用中常见缺陷及其产生原因

1. 疲劳裂纹

结构材料承受交变反复载荷，局部高应变区内的峰值应力超过材料的屈服强度，晶粒之间发生滑移和位错，产生微裂纹并逐步扩展形成疲劳裂纹。包括交变工作载荷引起的疲劳裂纹，循环热应力引起的热疲劳裂纹，以及循环应力和腐蚀介质共同作用下产生的腐蚀疲劳裂纹。

2. 应力腐蚀裂纹

特定腐蚀介质中的金属材料在拉应力作用下产生的裂纹称为应力腐蚀裂纹。

3. 氢损伤

在临氢工况条件下运行的设备，氢进入金属后使材料性能变坏，造成损伤，例如氢脆、氢腐蚀、氢鼓泡、氢致裂纹等。

4. 晶间腐蚀

奥氏体不锈钢的晶间析出铬的碳化物导致晶间贫铬，在介质的作用下晶界发生腐蚀，产生连续性破坏。

5. 各种局部腐蚀

包括点蚀、缝隙腐蚀、腐蚀疲劳、磨损腐蚀、选择性腐蚀等。

第8章　射线检测基础知识

射线的种类很多，其中易于穿透物质的有X射线、γ射线、中子射线三种。这三种射线都被用于无损检测，其中X射线和γ射线广泛用于锅炉压力容器压力管道焊缝和其他工业产品、结构材料的缺陷检测，而中子射线仅用于一些特殊场合。

射线检测是工业无损检测的一个重要专业门类。射线检测最主要的应用是探测试件内部的宏观几何缺陷（探伤）。按照不同特征（例如使用的射线种类、记录的器材、工艺和技术特点等）可将射线检测分为多种不同的方法。

射线照相法是指用X射线或γ射线穿透试件，以胶片作为记录信息的器材的无损的检测方法，该方法是应用最广泛的一种最基本的射线检测方法。本节主要介绍射线照相法。

8.1　射线照相法的原理

X射线和γ射线都是波长极短的电磁波。从现代物理学波粒二象性的观点看，也可将其视为一种能量极高的光子束流。

X射线是从X射线管中产生的，X射线管是一种两极电子管。X射线发生原理如图8—1所示。将阴极灯丝通电，使之白炽，电子就在真空中放出，如果两极之间加有几十千伏以至几百千伏的电压（叫做管电压），电子就从阴极向阳极方向加速飞行，获得很大的动能。当这些高速电子撞击阳极时，从阳极（靶）上就会射出X射线。X射线一般分为两部分：连续谱和线状谱。连续谱是电子与阳极金属原子发生非弹性碰撞的结果（韧致辐射）。电子的动能一小部分转变为X射线能，其余大部分都转变为热能。受电子撞击的地方，即产生X射线的地方叫做焦点。电子是从阴极移向阳极的，而电流则相反，是从阳极向阴极流动的。这个电流叫做管电流，要调节管电流，只要调节灯丝加热电流即可，管电压的调节是靠调整X射线装置主变压器的初级电压来实现的。

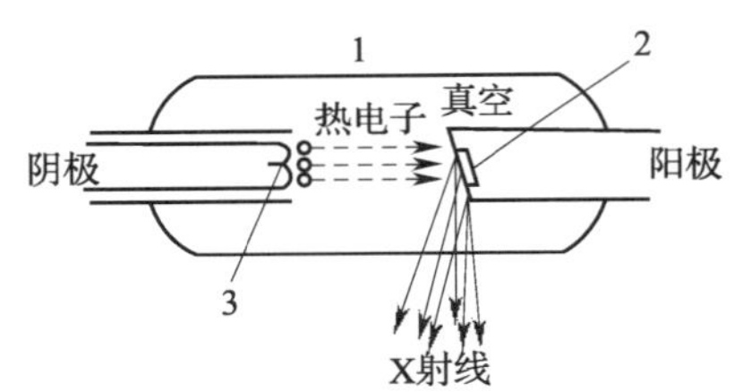

图8—1　X射线的发生
1—玻璃管　2—金属靶　3—灯丝

由X射线管所发出的X射线谱如图8—2所示，这种谱称为连续谱，因其波长分布是连续的。连续谱的最短波长λ_{min}与管电压千伏值（kVP）的关系为

$$\lambda_{min} = 1.24/kVP(nm) \quad (8.1.1)$$

管电压越高，最短波长λ_{min}的值就越小。

如果管电压一定，变动管电流或者靶金属的种类，只能改变X射线的相对强度，而X射线谱的形状不变。可是当变动管电压时，X射线的能量和强度都发生改变。X射线谱的改变是：提高管电压时最短波长和最高强度的波长都向波长短的方向移动。因此，管电压越高平均波长越短。这个现象叫做线质的硬化。线质取决于射线束波长或能量的分布。线质硬的射线就是波长短且能量高，穿透物质时衰减少且穿透力强的射线。反之，线质软的射线就是平均波长较长而难于穿透厚物体的射线。

X 射线的强度相当于光的亮度，连续 X 射线的强度大致与管电压的平方、管电流的大小成正比。另外，X 射线强度还同靶的材料的原子序数成正比。假如改变靶的材料种类，X 射线强度也发生变化。

γ 射线是从放射性同位素的原子核中放射出来的。原子核是由质子和中子所构成，质子数和中子数的总和叫做原子核质量数。例如，普通的钴原子核有 27 个质子和 32 个中子，所以质量数为 59，写作^{59}Co（工程上应用有时写成 Co59）。把 Co59 放进原子反应堆使它吸收中子，它就增加一个中子变成 Co60。这是一种不稳定的核素叫做放射性同位素。Co60 原子核中的一个中子变为质子时，就成为稳定的 Ni60。与此同时放射出 β 和 γ 射线。放射性同位素放射出的 γ 射线只有特定的几种波长，也就是说 γ 射线谱都是线谱。图 8—3 所示，为^{60}Coγ 射线能谱。同位素的种类不同，所发出 γ 射线的能量也不同。不稳定核自发地发射出一些射线而本身变为新核的现象称为放射性衰变。一种放射性核的半衰期是它的给定样品中的核衰变一半所用去的时间。半衰期是放射性核的一个重要参数。在工程上，把放射源的活度减小至其原值一半所需时间称为半衰期。在无损检测中应用的放射源，其半衰期至少几十天，否则就没有什么实用价值了。能满足能量和半衰期条件的常用的放射源有 Co60（钴 60）、Ir192（铱 192）、Se75（硒 75）等，其性能如表 8—1 所示。

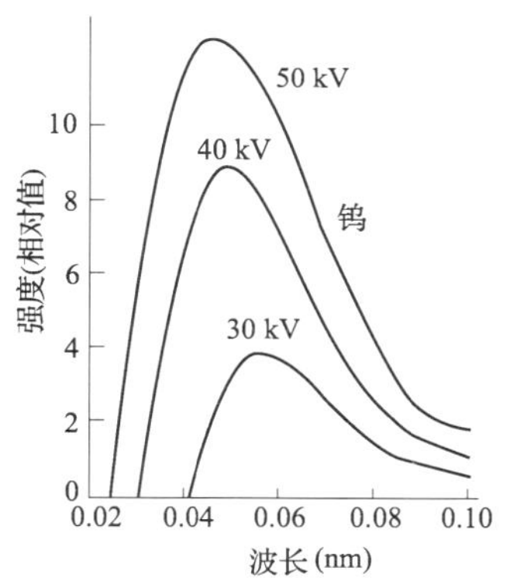

图 8—2　X 射线连续谱（钨靶）

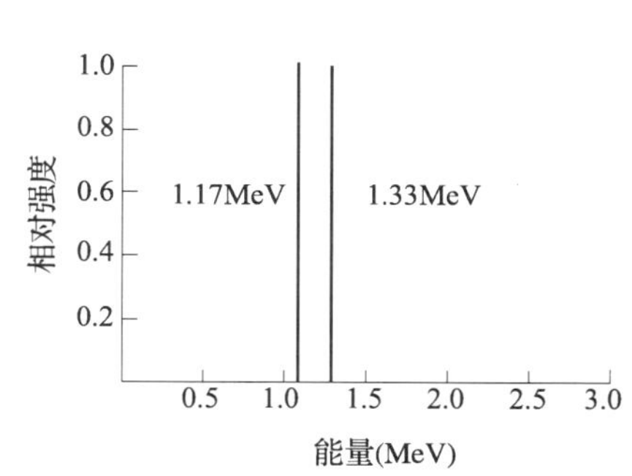

图 8—3　^{60}Co 的 γ 射线能谱

表 8—1　常用放射性同位素源性能参数

γ 射线源	钴 60（Co60）	铱 192（Ir192）	硒 75（Se75）
半衰期	5.3 年	74 天	120 天
焦点尺寸（mm）	ϕ3×3	ϕ3×3	ϕ3×3
源活度（Ci）	100	100	80
能量（MeV）	1.25	0.355	0.20
适用厚度范围（钢 mm）	30～200	20～100	10～40

X射线和γ射线通过物质时，其强度逐渐减弱。射线强度的衰减由以下公式表示

$$I = I_0 e^{-\mu T} \quad (8.1.2)$$

式中　I——通过物体后的射线强度；

I_0——未通过物体前的射线强度；

μ——物质的衰减系数；

T——物体厚度。

X射线和γ射线的强度减弱，一般认为是由光电效应引起的吸收、康普顿效应引起的散射和电子对效应引起的吸收三种原因造成的。

(8.1.2）式中，μ称为衰减系数，它随射线的种类和线质的变化而变化，也随穿透物质的种类和密度而变化。对X射线和了射线来说，假如穿透物质相同，则波长越短μ就越小；假如波长相等，则穿透物质的原子序数越小μ越小。物质密度越小μ也越小。显然，μ值越小，即意味着射线穿透该物质越容易。

射线还有一个重要性质，就是能使胶片感光。当X射线或γ射线照射胶片时，与普通光线一样，能使胶片乳剂层中的卤化银产生潜象中心，经过显影和定影后就黑化，接收射线越多的部位黑化程度越高，这个作用叫做射线的照相作用。因为X射线或γ射线使卤化银感光作用比普通光线小得多，所以必须使用特殊的X射线胶片。这种胶片的两面都涂敷了较厚的乳胶。此外，还使用一种能加强感光作用的增感屏。增感屏通常用铅箔做成。

为了表示底片的黑化程度，采用了称为底片黑度这个名词。底片的黑度是这样定义的：如果用光强为L_0的光线照射底片，透过底片后的光强为L，则黑度D由下式决定：

$$D = \lg(L_0 / L) \quad (8.1.3)$$

式中　D——底片的黑度；

L_0——透过底片前的光强；

L——透过底片后的光强。

在这里之所以采用对数，是因为人的视觉大致与透过光亮度的对数成正比。

为了表示照相胶片的性质，采用如图8—4所示的胶片特性曲线。该曲线纵坐标表示黑度D，横坐标表示相对曝光量的常用对数$\lg E$。曝光量E为射线强度I与曝光时间t的乘积。曝光量E与胶片上接受的射线剂量成正比，若t为一定值时，可以用I来代替E，I为一定值时，可以用t来代替E。

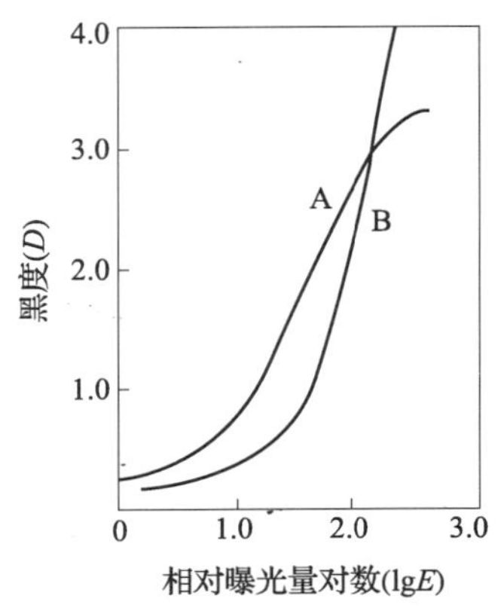

图8—4　X射线胶片的特性曲线

特性曲线的斜率用G来表示，称为梯度：

$$G = \Delta D/\Delta \lg E = (D_2 - D_1)/(\lg E_2 - \lg E_1) \quad (8.1.4)$$

工业射线检测使用的胶片称为非增感型胶片，其特性曲线如A和B所示。由图可见，不同胶片的G值不同，例如胶片B的G值（即斜率）大于胶片A。此外，对同一胶片，G值会随黑度D增大而增大。G值越大，意味着照相得到的底片的对比度越高。

使胶片达到一定黑度所需曝光量E的倒数称胶片感光

度 S，（S=1/E）。胶片 A 与胶片 B 相比，得到相同黑度 D 所需的 E 要小得多，所以特性曲线越偏于左边其感光度就越高。一般规律是：胶片感光度愈高，其梯度就越低（G 值小），颗粒（噪声）越粗。胶片与增感屏、冲洗条件的组合称为胶片系统。胶片系统按梯度、颗粒度和梯噪比等指标分 4 个类别，其性能比较如表 8—2。

表 8—2　胶片系统特性的比较

胶片系统类别	感光速度	特性曲线平均梯度	感光乳剂粒度	梯噪比（梯度/颗粒度）
T1	低	高	微粒	很高
T2	较低	较高	细粒	高
T3	中	中	中粒	中
T4	高	低	粗粒	低

了解射线穿过物质的衰减作用和照相作用后，就不难理解射线检测的原理。材料中如有缺陷存在会影响射线的吸收，使透过射线强度发生变化，用胶片可测量出这一变化。如图 8—5 所示，厚度为 T 厘米的物体中有厚度为 ΔT 厘米的缺陷时，射线穿透无缺陷部位，透过射线强度为 I，曝光得到的底片的黑度为 D，而射线穿透有缺陷部位，透过射线强度为 $I+\Delta I$，曝光得到的底片黑度应为 $D+\Delta D$，把曝过光的胶片在暗室中经过显影、定影、水洗和干燥。再将底片放在观片灯上观察，根据底片上的黑度变化所形成的图像，就可判断出有无缺陷，以及缺陷的种类、数量、大小等，这就是射线照相法的原理。

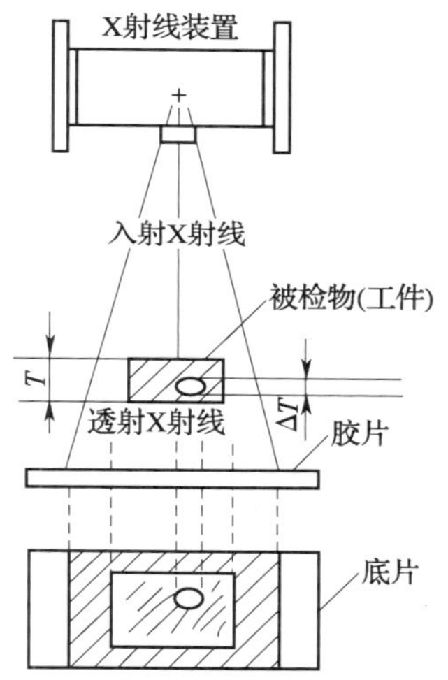

图 8—5　X 射线照相原理

8.2　射线检测设备

射线照相设备可分为：X 射线探伤机；高能射线探伤设备（包括直线加速器、回旋加速器）；γ 射线探伤机三大类。X 射线探伤机管电压在 450 kV 以下。由高能加速器产生的射线的能量为 1～24 MeV。γ 射线探伤机的射线能量取决于放射性同位素。三类射线探伤设备分别叙述如下：

1. X 射线探伤机

X 射线探伤机可分为携带式，移动式两类。移动式 X 射线机用于透照室内的射线探伤。移动式 X 射线机具有较高的管电压和管电流，管电压可达 450 kV，管电流可达 20 mA，最大穿透厚度可达 100 mm，它的高压发生装置、冷却装置与 X 射线机头都分别独立安装。X 射线机头通过高压电缆与高压发生装置连接，机头可通过带有轮子的支架在小范围内移动，也可固定在支架上。携带式 X 射线机主要用于现场射线照相，管电压一般小于 320 kV，最大穿透厚度约 50 mm。其高压发生装置和射线管在一起组成机头，通过低压电缆与控制箱连接，X 射线机主要组成部分包括机头、高压发生装置、供电及控制系统、冷却和防护设施四部分。

2. 高能射线探伤设备

为了满足大厚度工件射线探伤的要求，20 世纪 40 年代以来，设计制造了各种高能 X 射线探伤装置，使对钢件的 X 射线探伤厚度扩大到 500 mm。它们是直线加速器、电子回旋加速器。其中直线加速器可产生大剂量射线，效率高，透照厚度大，目前应用最多。

3. γ 射线探伤机

γ 射线探伤机因射线源体积小，不需电源，可在狭窄场地、高空、水下工作，并可全景曝光等特点，已成为射线探伤重要的和广泛使用的设备。但使用 γ 射线探伤机必须特别注意放射防护和放射同位素的管理：

γ 射线机由射线源、源容器、操作机构、支撑和移动机构四部分组成。

（1）γ 源　常用 γ 源有 Co60、Ir192、Se75 三种。源由不锈钢外壳严密封装，源与操作机构用导索连接，通过电动与手动机构拖动导索进退，实现对源由源容器到工作位置的传递。

（2）源容器　源容器的作用是屏蔽，使处于非工作状态的源不会对人体和照相工作产生影响，用铅（Pb）或贫化铀（U238）制成。用贫化铀可大大减轻源容器重量。为确保使用和运输安全，在容器上设置有闭锁装置，当源置于容器内时，不开锁源无法出来，以避免事故的发生。

（3）操作、支撑、移动机构　操作机构的作用是将源推至工作位置或送回容器中。活度较大的源，一般有机械和电动两套操作机构。电动操作可在远离源的地方使用和操作，有源位指示灯和延时装置；手动操作可在无电源场合使用，也可远距离操作。移动和支撑机构的作用是承载射线源容器，调整和固定射线源的工作位置。它们虽然是 γ 射线探伤机的辅助性装置，但对于提高效率、方便操作、降低劳动强度，是十分必要的。

8.3　射线照相工艺要点

1. 照相操作步骤

一般把被检的物体安放在离 X 射线装置或 γ 射线装置 50 cm 到 1 m 的位置处，把胶片盒紧贴在试样背后，让射线照射适当的时间（几分钟至几十分钟）进行曝光。把曝光后的胶片在暗室中进行显影、定影、水洗和干燥。将干燥的底片放在观片灯的显示屏上观察，根据底片的黑度和图像来判断存在缺陷的种类、大小和数量。随后按通行的标准，对缺陷进行评定和分级。以上就是射线照相探伤的一般步骤。

按射线源、工件和胶片之间的相互位置关系，透照方式分为纵缝透照法、环缝外透法、环缝内透法、双壁单影法和双壁双影法五种，见图 8—6。其中双壁单影法用于小直径的容器或大口径管子焊缝，双壁双影法用于 ϕ100 mm 以下管子对接环焊缝。

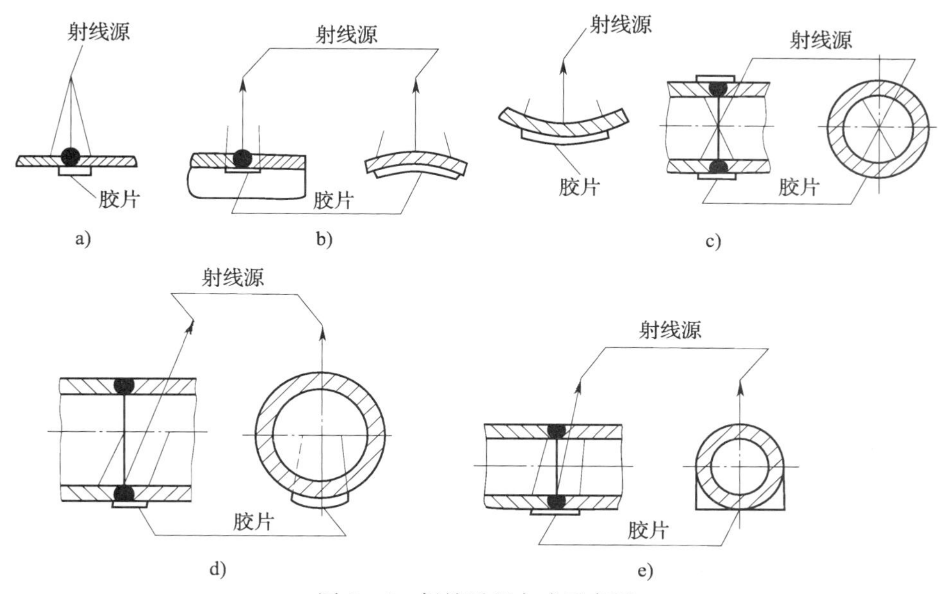

图 8—6 焊缝透照方式示意图

a）纵缝透照法 b）环缝外透法 c）环缝内透法

d）双壁单影法 e）双壁双影法

2. 照相规范的确定

要得到一张好的射线照相底片，除了合理的选择透照方式外，还必须选择好透照规范，使小缺陷能够在底片上尽可能明显地辨别出来，即照相要达到高灵敏度。为了达到这一目的，除了选择质量好的细颗粒胶片外，还要取得好的射线照相对比度和清晰度。

射线照相对比度是指射线底片上有缺陷部分与无缺陷部分的黑度差。用 ΔD 表示：

$$\Delta D = D_1 - D_2 = 0.434\mu G\Delta T/(1+n) \tag{8.3.1}$$

式中 μ——材料的吸收系数；

G——胶片梯度；

ΔT——缺陷的厚度；

n——散射比。

从 8.3.1 式中可以看出，如果所选择的透照规范，使 μ 值大（较低的 X 射线管电压或能量较低的 γ 射线源），G 值大（高梯度的胶片种类或较大黑度），n 值小（恰当的防护措施），则所得的缺陷图像的对比度就高。

射线照相清晰度是指底片上的图像的清晰程度。它主要由两部分组成，即固有不清晰度 U_i 和几何不清晰度 U_g。U_i 与射线能量有关，能量越高，U_i 越大。U_g 的产生是因为射线源具有一定尺寸，如图 8—7 所示，由于射线源不是一个点，在缺陷的图像周围就会产生半影。当缺陷横向尺寸远小于焦点时，缺陷图像就会淹没于半影中，因此缺陷就难以看清了。缺陷的最大半影尺寸称为缺陷的几何不清晰度。几何不清晰度 U_g 用（8.3.2）式

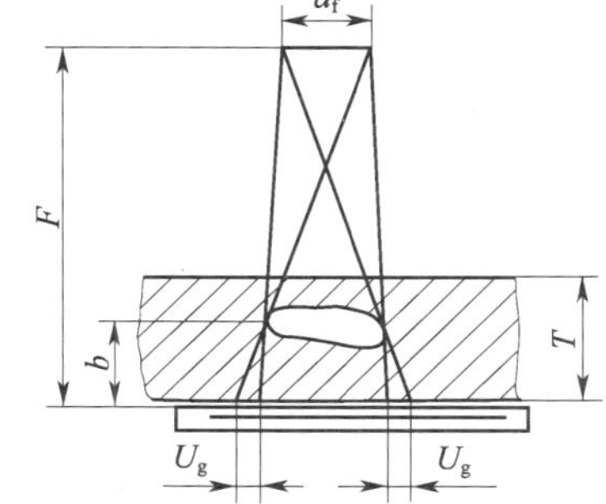

图 8—7 工件中缺陷的几何不清晰度

表示：

$$U_g = \frac{bd_f}{F-b} \tag{8.3.2}$$

式中 b——工件表面到胶片的距离；

d_f——源的大小；

F——焦距（源到胶片的距离）。

从上式可以看出，射线源到胶片的距离 F 愈大，半影越小；射线源尺寸 d_f 越小，半影越小，b（工作表面到胶片的距离）越小，半影越小，也就是说工件越薄，胶片贴得越紧，清晰度越好，射线源越小，焦距越大，清晰度越好。

为得到高的缺陷检出率。照相规范的选择应注意以下几点：

（1）透照方式的选择　除了管道和无法进入内部的小直径容器只能采用双壁透照外，大多数容器壳体的焊缝照相都采用单壁透照，透照时既可以把射线源放在外面而把胶片贴在内壁（称为外透法），也可以把射线源放在里面而胶片贴在外面（称为内透法）。

外透法的优点是操作比较方便，内透法的优点是透照厚度差小，在满足透照厚度比 K 值的情况下，一次透照长度较大。

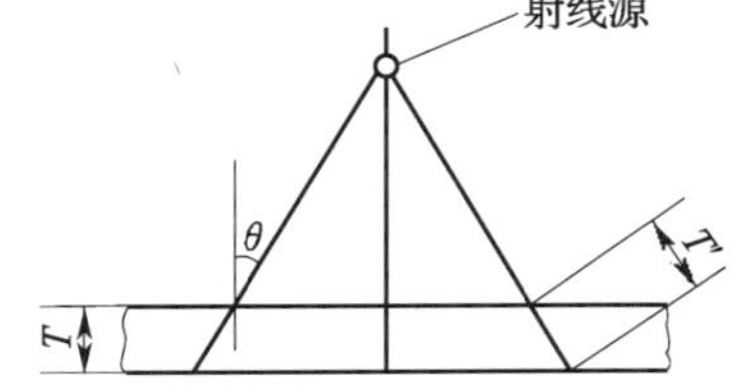

图 8—8　焊缝透照厚度比示意图

（2）K 值控制　透照厚度比 K 的含义见图 8—8，由图中关系可知：

$$K = T'/T \tag{8.3.3}$$

$$\theta = \arccos\ (1/K) \tag{8.3.4}$$

标准规定，锅炉压力容器压力管道焊缝射线照相，纵缝的 K 值不得大于 1.03，环缝的 K 值不得大于 1.1。限制透照厚度比，也就间接控制了横向裂纹检出角 θ，使之不致过大。过大的角 θ 有可能导致横向裂纹漏检。采用源在内的透照方式，其角 θ 比源在外方式小得多，尤其是源在中心的内透法，K 值为 1 角 θ 为 0，是最佳透照方式。

（3）射线源的选择　愈是使用低能量的射线，μ 值就愈大，从而可以得到 ΔD 较大的缺陷图像。为了达到这一目的，要尽可能降低管电压，在采用 γ 射线源的时候，则要选择波长较长的 γ 射线源，但是由于降低管电压，射线穿透力比较小，因而不能得到黑度足够的底片。所以降低管电压也是有一定限度的，应在能穿透检测工件的前提下尽可能地降低 X 射线管电压。另外，选择射线源时，应选择小尺寸的射线源，这样，可以得到清晰度好的底片。

（4）透照距离的选择　焦距（射线源到胶片的距离）愈大，被检物体和胶片贴得愈紧，半影就愈小，在选择透照距离时，应将焦距选得大一些。但是由于射线的强度 I 与焦距 F 的平方成反比，

即

$$I_1/F_1^2 = I_2/F_2^2 \tag{8.3.5}$$

所以不能把焦距选得过大，不然透照时，射线强度将不够。焦距应在满足几何不清晰度要求的前提下合理选择。一般在透照中，焦距选择在 600～800 mm 间。

（5）曝光量的选择　曝光量 E 为射线强度 I 与曝光时间 t 的乘积，即 $E=It$。曝光量的

大小要能保证足够的底片黑度。如果管电压偏高，那么小的曝光量也能使底片达到规定黑度，但这样的底片灵敏度不够好。所以，一般情况下 X 射线照相的曝光量选择 15 mA·min 以上。

(6) 胶片、增感屏的选择与底片黑度控制 通常照相时是将厚度为 0.03～0.2 mm 的铅箔增感屏与非增感型胶片一起使用。铅箔吸收射线，而放出二次电子。这种电子易使胶片感光，因此用铅箔时感光度可提高 2～5 倍。而且由于铅箔吸收散乱射线，能使散射比 n 减小，从而提高底片的对比度。非增感型胶片有多种，低感光度的胶片有较大的 G 值，而且粒度细，其底片对比度 ΔD 也大。底片黑度 D 一般规定为 1.5～4.0 的范围内，黑度 D 值增大，胶片 G 值也增大，因此一般来说，应使底片黑度 D 大些，但黑度大于 4.0 观片灯有时就不容易看清了，所以底片黑度也不宜太大。

3. 象质计（透度计）的应用

为了评定底片的灵敏度，需要采用象质计，象质计是用来检查透照技术和胶片处理质量的。衡量该质量的数值是象质指数，它等于底片上能识别出的最细钢丝的线编号。我国标准规定使用粗细不同的几根金属丝等距离排列做成的线型象质计，用底片上必须显示的最小钢丝直径与相应的象质指数来表示照相的灵敏度。所谓射线照相的灵敏度是射线照相能发现最小缺陷的能力。射线照相灵敏度分为绝对灵敏度和相对灵敏度。绝对灵敏度是指射线透照某工件时能发现最小缺陷的尺寸，如 JB/T 4730 标准中规定 AB 级照相，公称厚度 2.0～3.5 mm 时，应能辨认出 $\phi 0.1$ mm 的钢丝，这就是绝对灵敏度表示法。射线照相的相对灵敏度 K 用透照方向上所能发现缺陷的最小厚度尺寸 ΔD 与该处的穿透厚度 d 的百分比表示，即

$$K=\frac{\Delta D}{d}\times 100\% \tag{8.3.6}$$

目前标准规定的象质指数，换算成相对灵敏度，其值大约在 1%～2%之间。

4. 底片评定

评片是射线照相最后一道工序，也是最重要的一道工序。通过观片灯观察底片，首先应评定底片本身质量是否合格。在底片合格的前提下，再对底片上的缺陷进行定性、定量和定位，对照标准评出工件质量等级，写出探伤报告。

对底片的质量要求包括：

(1) 底片的黑度应在规定范围内，影像清晰，反差适中，灵敏度符合标准要求，即能识别规定的象质指数。现行的射线检测标准中，底片黑度下限一般规定为 1.5～2.0，上限黑度一般为 4.0～4.5。

(2) 标记齐全，摆放正确。必须摆放标记有设备号、焊缝号、底片号、中心标记和边缘标记等。标记应距焊缝边缘 5 mm。

(3) 评定区内无影响评定的伪缺陷。底片上产生的伪缺陷有：划伤、水迹、折痕、压痕、静电感光、显影斑纹、霉点等。

8.4 射线的安全防护

1. 射线的危害

射线具有生物效应，超辐射剂量可能引起放射性损伤，破坏人体的正常组织出现病理反

应。辐射具有积累作用，超辐射剂量照射是致癌因素之一，并且可能殃及下一代，造成婴儿畸形和发育不全等。

由于射线具有危害性，所以在射线照相中，防护是很重要的。

2. 辐射剂量及单位

辐射剂量是指材料或生物组织所吸收的电离辐射量，它包括照射量（单位为库每千克，C/kg）、吸收剂量（单位为戈，Gy）、剂量当量（单位为希，Sv）。

我国对职业放射性工作人员剂量当量限值作了规定：从事放射性的人员年剂量当量限值为 50 mSv。

3. 射线防护方法

射线防护，就是在尽可能的条件下采取各种措施，在保证完成射线探伤任务的同时，使操作人员接受的剂量当量不超过限值，并且应尽可能地降低操作人员和其他人员的吸收剂量。

主要的防护措施有以下三种：屏蔽防护、距离防护和时间防护。

屏蔽防护就是在射线源与操作人员及其他邻近人员之间加上有效合理的屏蔽物来降低辐射的方法。屏蔽防护应用很广泛，如射线探伤机体衬铅，现场使用流动铅房和建立固定曝光室等都是屏蔽防护。

距离防护是用增大射线源距离的办法来防止射线伤害。因为射线强度 P 与距离 R 的平方成反比，

即
$$P_2=P_1R_1^2/R_2^2 \tag{8.4.1}$$

所以在没有屏蔽物或屏蔽物厚度不够时，用增大射线源距离的办法也能达到防护的目的。尤其是在野外进行射线探伤时，距离防护更是一种简便易行的方法。

时间防护就是减少操作人员与射线接触的时间，以减少射线损伤的防护方法。因为人体吸收射线量是与人接触射线的时间成正比的。

以上三种防护方法，各有其优缺点，在实际探伤中，可根据当时的条件选择。为了得到更好的效果，往往是三种防护方法同时使用。

8.5 关于射线照相法特点的概括

射线检测的优点和局限性概括如下：

1. 检测结果有直接记录——底片

由于底片上记录的信息十分丰富，且可以长期保存，从而使射线照相法成为各种无损检测方法中记录最真实、最直观、最全面、可追踪性最好的检测方法。

2. 可以获得缺陷的投影图像，缺陷定性定量准确

各种无损检测方法中，射线照相对缺陷定性是最准的。在定量方面，对体积型缺陷（气孔、夹渣类）的长度、宽度尺寸的确定也很准，其误差大致在零点几毫米。但对面积型缺陷（如裂纹、未熔合类），如缺陷端部尺寸（高度和张口宽度）很小，则底片上影像尖端延伸可能辨别不清，此时定量数据会偏小。

3. 体积型缺陷检出率很高。而面积型缺陷的检出率受到多种因素影响

体积型缺陷是指气孔、夹渣类缺陷。一般情况下，射线照相大致可以检出直径在试件厚度 1%以上的体积型缺陷，但在薄试件中，受人眼分辨率的限制，可检出缺陷的最小尺寸大致在为 0.5 mm 左右。面积型缺陷是指裂纹、未熔合类缺陷，其检出率的影响因素包括缺陷形态尺寸、透照厚度、透照角度、透照几何条件、源和胶片种类、像质计灵敏度等。由于厚工件影像细节显示不清，所以一般来说厚试件中的裂纹检出率较低，但对薄试件，除非裂纹或未熔合的高度和张口宽度极小，否则只要照相角度适当，底片灵敏度符合要求，裂纹检出率还是足够高的。

4. 适宜检验较薄的工件而不适宜较厚的工件

检验厚工件需要高能量的射线探伤设备。300 kV 便携式 X 射线机透照厚度一般小于 40 mm，420 kV 移动式 X 射线机和 Ir192γ 射线机透照厚度均小于 100 mm，对厚度大于 100 mm的工件照相需使用加速器或 Co60，因此是比较困难的。此外，板厚增大，射线照相绝对灵敏度是下降的，也就是说对厚工件采用射线照相，小尺寸缺陷以及一些面积型缺陷漏检的可能性增大。

5. 适宜检测对接焊缝，检测角焊缝效果较差，不适宜检测板材、棒材、锻件

用射线检测角焊缝时，透照布置比较困难，且摄得底片的黑度变化大，成像质量不够好；射线照相不适宜检验板材、棒材、锻件的原因是板材、锻件中的大部分缺陷与板平行，也就是与射线束垂直，因此射线照相无法检出。此外棒材、锻件厚度较大，射线穿透比较困难，效果也不好。

6. 有些试件结构和现场条件不适合射线照相

由于是穿透法检验，检测时需要接近工件的两面，因此结构和现场条件有时会限制检测的进行。例如，有内件的锅炉或容器，有厚保温层的锅炉、容器或管道，内部液态或固态介质未排空的容器等均无法检测。采用双壁单影法透照，虽然可以不进入容器内部，但只适用于直径较小的容器或管道，对直径较大（例如大于 1 000 mm）的容器或管道，双壁单影法透照很难实施。此外，射线照相对源至胶片的距离（焦距）有一定要求，如焦距太短，则底片清晰度会很差。

7. 对缺陷在工件中厚度方向的位置、尺寸（高度）的确定比较困难

除了一些根部缺陷可结合焊接知识和规律来确定其在工件中厚度方向的位置外，大多数缺陷无法根据底片提供的信息定位。

缺陷高度可通过黑度对比的方法作出判断，但精确度不高，尤其影像细小的裂纹类缺陷，其黑度测不准，用黑度对比方法测定缺陷高度的误差较大。

8. 检测成本高

射线照相设备和透照室的建设投资巨大：穿透能力 40 mm（钢）的 300 kV 便携式 X 射线机至少需 8 万元，穿透能力 100 mm（钢）的 420 kV 移动式 X 射线机至少需 60 万元，穿透能力 100 mm（钢）的 Ir192γ 射线机至少需 6 万元，穿透能力大于 100 mm（钢）的 ^{60}Coγ 射线机至少需 50 万元，加速器则需 100 万元以上。透照室按其面积、高度、防护等级等设计条件的不同，建设费用在数十万乃至数百万元。此外，与其他无损检测方法相比，射线照相的材料成本（胶片、冲洗药液等）、人工成本也是很高的。

9. 射线照相检测速度慢

一般情况下定向 X 射线机一次透照长度不超过 300 mm，拍一张片子需 10 min，γ 射线源的曝光时间一般更长。射线照相从透照开始到评定出结果需数小时。与其他无损检测方法相比，射线照相的检测速度很慢，效率很低。但特殊场合的特殊应用另当别论，例如周向 X 射线机周向曝光或 γ 射线源全景曝光技术应用则可以大大提高检测效率。

10. 射线对人体有伤害

射线会对人体组织造成多种损伤，因此对职业放射性工作人员剂量当量规定了限值。要求在保证完成射线探伤任务的同时，使操作人员接受的剂量当量不超过限值，并且应尽可能地降低操作人员和其他人员的吸收剂量。防护的主要措施有屏蔽防护、距离防护和时间防护。现场照相因防护会给施工组织带来一些问题，尤其是 γ 射线，对放射同位素的严格管理规定将影响工作效率和成本。

第 9 章 超声波检测基础知识

超声波检测主要用于探测试件的内部缺陷，它的应用十分广泛。所谓超声波是指超过人耳听觉，频率大于 20 kHz 的声波。用于检测的超声波，频率为 0.4～25 MHz，其中用得最多的是 1～5 MHz。

利用声响来检测物体的好坏，这种方法早已被人们所采用。例如：用手拍拍西瓜听听是否熟了；敲敲瓷碗，看看瓷碗是否坏了，等等。但这些依靠人的听觉来判断的声响检测法，往往是凭人的经验，而且难于作出定量的表示。超声波探伤法是用仪器来进行检测的，比声响法要客观和准确，而且也较容易作出定量的表示。

金属的探测中用的是高频率的超声波。这是因为：超声波的指向性好，能形成窄的波束；波长短，小的缺陷也能够较好地反射；距离分辨力好，分辨缺陷的能力高。

超声波探伤方法很多，但目前用得最多的是脉冲反射法。超声信号显示方面，目前用得最多而且较为成熟的是 A 型显示。下面主要叙述 A 型显示脉冲反射超声探伤法。

9.1 超声波的发生及其性质

1. 超声波的发生和接收

声波是一种机械波，机械波是由机械振动产生的。声波的发生可以用电动扬声器。超声波是一种高频机械波。发生水下超声波可用磁致伸缩换能器，而工业探伤用的高频超声波，是通过压电换能器产生的。压电材料主要采用石英、钛酸钡、锆钛酸铅和偏铌酸铅等。这些材料为什么能发生超声波呢？主要是因为它们具有压电效应，可以将电振动转换成机械振动，也能将机械振动转换成电振动。

要使压电材料产生超声波，可把它切成能在一定频率下共振的片子，这种片子叫做晶片。如图 9—1 所示，将晶片两面都镀上银，作为电极。当高频电压加到这两个电极上时，晶片就在厚度方向产生伸缩（振动），这样就把电振动转换成机械振动了。这种机械振动发生的超声波，可传播到被检物中去。

反之，将高频机械振动传到晶片上时，晶片就被振动，在晶片两电极之间就会产生频率与超声波相等、强度与超声波成正比的高频电压。这个高频电压可经放大、检波，并显示在示波屏上。这就是超声波的接收。

通常在超声波探伤中只使用一个晶片，这个晶片既作发射又作接收。

2. 超声波的种类

超声波有许多种类，在介质中传播有不同的方式，波型不同，其振动方式不同，传播速度也不同。空气中传播的声波只有疏密波，声波的介质质点振动方向与传播方向一致，叫做纵波。在水中也只能传播纵波。可是在固体介质中除了纵波外还有剪切波，又叫横波。因固体介质能承受剪切应力，所以可在其中传播介质质点振动方向和波传播的方向垂直的波，如图 9—2 所示。

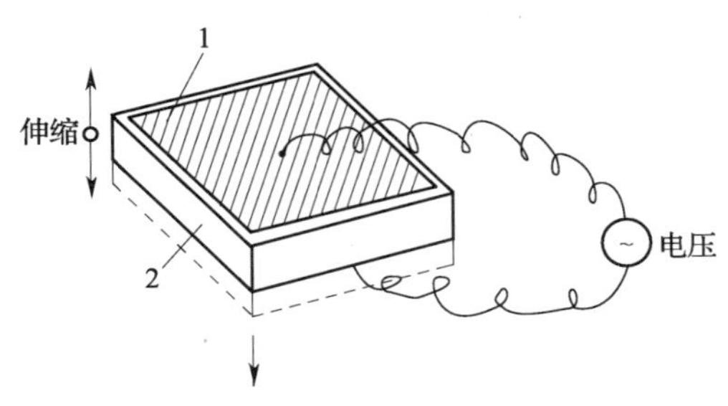

图 9—1　超声波的发生

1—电极　2—晶片

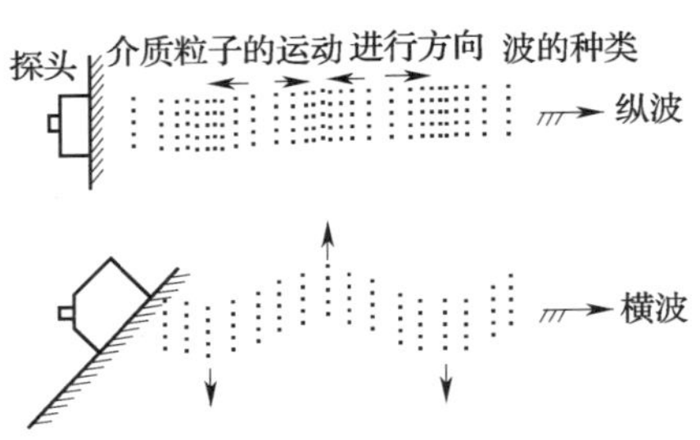

图 9—2　超声波的纵波与横波

此外，还有在固体介质的表面传播的表面波、在固体介质的表面下传播的爬波和在薄板中的传播板波。它们都可用来探伤。

在超声波探伤中，通常用直探头来产生纵波，纵波是向探头接触面相垂直的方向传播的（图 9—3）。横波通常是用斜探头来发生的（图 9—4）。斜探头是将晶片贴在有机玻璃制的斜楔上，晶片振动发生的纵波在斜楔中前进，在探伤面上发生折射，声波斜射传入被检物中。通常使用的斜探头使斜射到被检物中的折射纵波反射不进入被检物，只有折射横波传入被检物中，这就是斜探头的横波探伤。

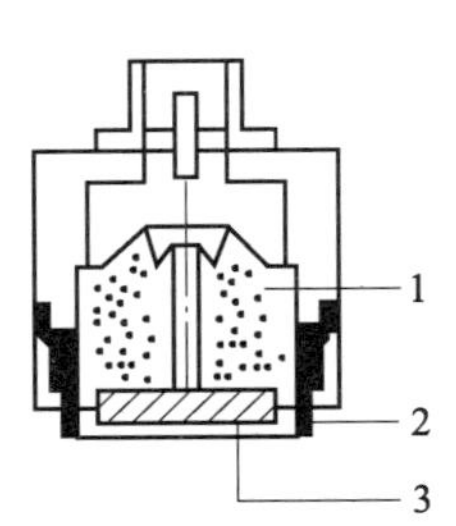

图 9—3　直探头

1—阻尼块　2—接地环　3—晶片

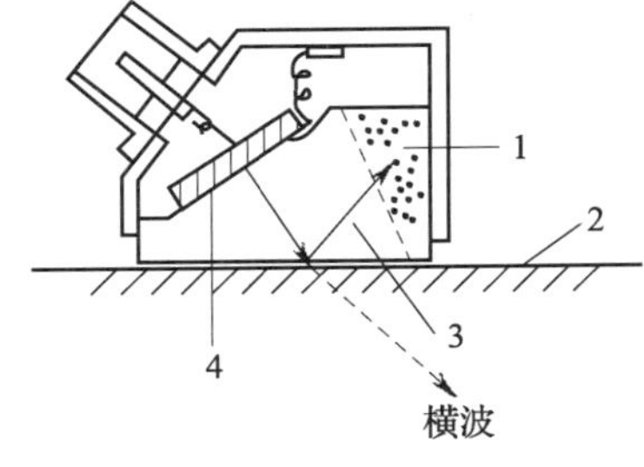

图 9—4　斜探头

1—内部反射波吸收材料　2—探伤面

3—斜楔　4—晶片

3. 声速

声波在介质中是以一定的速度传播的，如空气中的声速为 340 m/s，水中的声速为 1 500 m/s，钢中纵波的声速为 5 900 m/s，横波的声速为 3 230 m/s，表面波的声速为3 007 m/s。

声速是由传播介质的弹性系数、密度以及声波的种类决定的，它与频率和晶片没有关系。几种介质中的声速，如表 9—1 所示。

表 9—1　　声　速　表

介　　质	纵波（km/s）	横波（km/s）
铅	6.26	3.10
钢	5.90	3.23
水	1.5	不传横波
油	1.4	不传横波
甘油	1.9	不传横波

横波的声速大约是纵波声速的一半，而表面波声速大约是横波的 0.9 倍。

4. 波长

波在一个周期内或者说质点完成一次振动所经过的路程称为波长，用 λ 表示。根据频率 f 和波速 C 的定义，三者有下式关系：

$$C = f\lambda \tag{9.1.1}$$

例如，在钢中传播的频率为 1 MHz 的纵波的波长为 5.9 mm，频率为 2 MHz 的波长为 2.95 mm。如果是横波，则分别为 3.2 mm 和 1.6 mm。

5. 超声场及其特征量

充满超声波的空间叫作超声场，描述超声场的特征量有声压、声强和声阻抗。

（1）超声场中某一点在某一瞬时所具有的压强 P_1 与没有超声波存在时同一点的静态压强 P_0 之差称为声压 P，即 $P=P_1-P_0$，单位为帕，Pa。

（2）在垂直于超声波传播方向上单位面积、单位时间内通过的超声能量称为声强，用 I 表示（单位名称为瓦每平方米，W/m^2）。当超声波传播到介质中的某处时，该处原来不振动的质点开始振动，因而具有动能。同时该处的介质也将产生形变，因而也具有位能。超声波传播时，介质由近及远地一层接一层地振动，由此可见能量是逐层传播出去的。

声压 P、声强 I 之间的关系如下式：

$$I = \frac{1}{2}\frac{P_m^2}{\rho C} \tag{9.1.2}$$

式中　P_m——声压最大振幅；

ρ——介质密度；

C——声速。

由上式可知声强与声压最大振幅平方成正比、与 ρC 成反比，而声压与频率成正比。

超声波探伤根据缺陷返回的超声信号的声压和声强来判断缺陷大小，超声信号的声压越高，示波屏上显示的回波也就越高，据此判断缺陷的“当量”值也越大。

（3）声阻抗　由公式 $P=\rho C\upsilon$ 可知，在同一声压 P 情况下，ρC 越大，质点振动速度 υ 越小；反之 ρC 越小，质点振动速度 υ 越大。所以把 ρC 称为介质的声阻抗，以符号 Za（单位为帕秒每立方米，Pa·s/m^3）表示。声阻抗能直接表示介质的声学性质。

（4）分贝　分贝是计量声强和声压的单位。

超声波探伤中，通常是采用比较两个信号的声压值的方法来描述缺陷的大小，分贝值的计算公式为

$$\Delta = 20 \lg (P_2/P_1)(\mathrm{dB}) \tag{9.1.3}$$

式中，P_1、P_2为两个不同信号的声压。由公式可以算出，如果P_2比P_1大一倍，则两信号的分贝差值为 6 dB。

由于超声波信号在示波屏上的波高 H 与声压成正比，所以不同波高的分贝差值的计算公式为：

$$\Delta = 20 \lg (H_2/H_1) \tag{9.1.4}$$

6. 界面的反射和透射

当超声波传到缺陷、被检物底面或者异种金属结合面，即两种不同声阻抗的物质组成的界面时，会发生反射。

（1）垂直入射时的反射和透射　当超声波垂直地传到界面上时，一部分超声波被反射，而剩余的部分就穿透过去。这两部分的比率，取决于两种介质的声阻抗。计算声压反射率 R 和声压透射率 D 的公式为：

$$R = \frac{Z_{a2} - Z_{a1}}{Z_{a2} + Z_{a1}} \tag{9.1.5}$$

$$D = \frac{2Z_{a2}}{Z_{a2} + Z_{a1}} \tag{9.1.6}$$

式中 Z_{a1}，Z_{a2}为两种介质的声阻抗。

例如，当钢中的超声波传到底面遇到空气界面时，由于空气与钢的声速和密度相差很大，超声波在界面上接近 100%地反射，几乎完全不会传到空气中（只传出来约 0.002%）。而钢同水接触时，则有 88%的声能被反射，有 12%的声能穿透进入水中。

对于复合板钢材，可以通过测试其声波反射率来检测复合材料之间结合得好不好。通过超声波在界面上反射和透射特性，还可得知，探头与被检物之间有空气时，超声波因在界面上全部被反射而不能进入工件。这就是为什么在探伤时，必须在探头与工件之间涂机油或者甘油等耦合剂的原因。

（2）斜射时的反射和折射　当超声波斜射到界面上时，在界面上会产生反射和折射。当介质为液体、气体时，反射波和折射波只有纵波。

把斜探头接触钢件时，因为两者都是固体，所以反射波和折射波都存在纵波和横波，这种情况如图 9—5 所示。此时，反射角和折射角是由两种介质中的声速来决定的。

折射角的计算公式为：

$$\frac{\sin i_1}{C_1} = \frac{\sin \theta_L}{C_{L2}} = \frac{\sin \theta_S}{C_{S2}} \tag{9.1.7}$$

式中　i_1——入射角；

C_1——入射波声速；

θ_L——纵波折射角；

C_{L2}——第二介质的纵波声速；

θ_S——横波折射角；

C_{S2}——第二介质的横波声速。

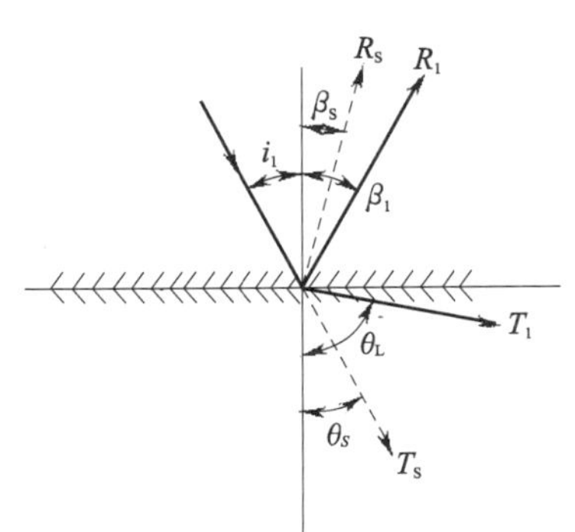

图 9—5　固体与固体间的反射和折射

i—入射角　θ—折射角　β—反射角

R—反射波　T—折射波

用横波斜探头时，从晶片发出的纵波传入斜楔后，斜射到探伤面上，如果传入第二介质钢中同时存在纵波和横波时，对判别会发生困难。为了便于探伤，要适当调节探头的入射角，即调整斜楔的角度，使入射角的角度大于第一临界角（就是使纵波全部反射，而不进入第二介质），使被检物中只有横波射入。但斜楔的角度也不能太大，当入射角大于第二临界角时，第二介质中的折射横波也将不存在，波将沿工件表面传播。为了在被检材料中获得单一的横波，就要求纵波的入射角必须在第一临界角与第二临界角之间。如斜楔采用有机玻璃（纵波声速为 2.73×10^3 m/s），被检材料为钢（纵波声速为 5.9×10^3 m/s），则第一临界角 $\alpha_1=27°36'$，第二临界角 $\alpha=57°48'$。实用的折射角范围为 38°～80°。折射角大小也可用其正切值表示，称为 K 值，例如折射角 45°的探头 K 值为 1，$K2$ 探头就是折射角为 63.4°的探头。

7. 指向性

声束集中向一个方向辐射的性质，叫做声波的指向性。探伤采用高频超声波，其理由之一就是希望它具有指向性。只有这样，才便于超声波探伤发现缺陷，确定缺陷位置。

如图 9—6 所示，晶片发出的超声波，其方向在某一个范围内。声速是不扩散的。可是，发射到一定程度时，由于晶片的制约力减弱，波束就扩散了。

超声波探头的声场中，在一定角度 θ 中包含了大部分的超声波能量，这个角度就叫做指向角（或叫半扩散角）。指向角 θ_0 与超声波波长 λ、晶片直径 D 的关系为：

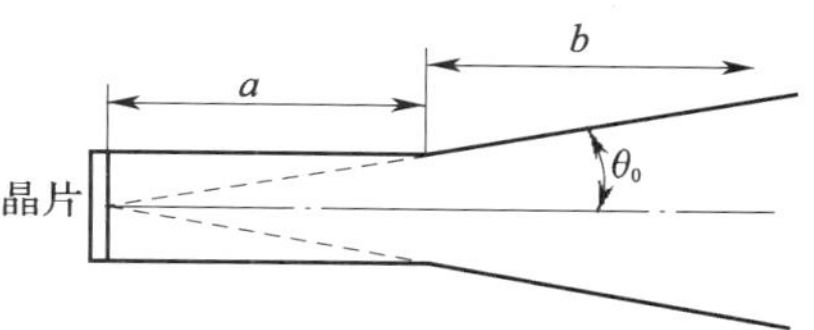

图 9—6　声束的指向性

a—非扩散区　b—扩散区　θ_0— 指向角

$$\theta_0 = \arcsin(1.12\lambda/D) \tag{9.1.8}$$

频率愈高（即波长愈短），晶片愈大，指向角就愈小。目前实际应用的探头，其指向角 θ_0 在几度到十几度的范围内。

8. 近场区与远场区

在超声波探头的声场中，按声压变化规律分为近场区和远场区两个区域。靠近探头附近的区域叫近场区。在近场区内，由于波的干涉效应使某些地方声压相互干涉而加强，另一些地方相互干涉而减弱，其结果是声压起伏变化很大，出现许多个声压极大和极小点。声束轴线上最后一个声压极大值至声源的距离称为近场长度，用 N 表示。N 值大小与晶片直径 D 以及波长有关：

$$N \approx \frac{D}{4\lambda} \tag{9.1.9}$$

近场区内探测缺陷在定量上会出现误差，声压极大值处即使小缺陷的回波也可能较高，而声压极小值处，有可能发生较大缺陷的回波较低的情况。因此要避免在近场区对缺陷定量。

声场中近场区以外的区域称为远场区，远场区内声束轴线上的声压随距离的增大而降低。

9. 小物体上的超声波反射

当超声波碰到缺陷时，会发生反射和散射。可是，当缺陷的尺寸小于波长的一半时，由于衍射，波就会绕过缺陷传播。这样波的传播就与缺陷的存在与否没有关系了。因此，在超声波探伤中，缺陷尺寸的检出极限约为超声波波长的一半。

缺陷的尺寸愈大，愈容易反射。但由于缺陷形状和方向不同，其反射的方式也有所不同。超声波与光波十分相似，具有直线前进的性质，其反射的方式如图 9—7 所示。

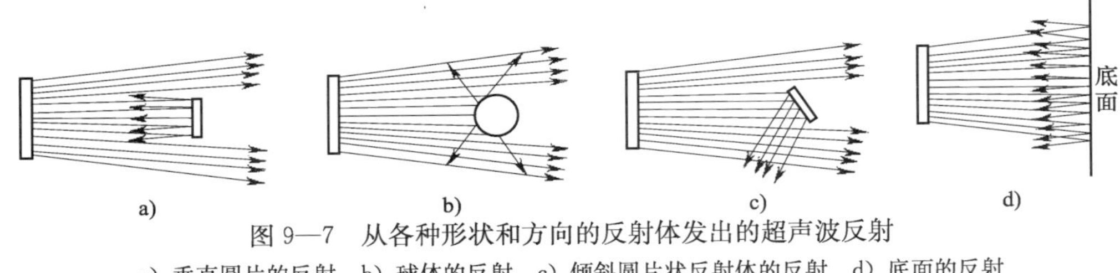

图 9—7 从各种形状和方向的反射体发出的超声波反射

a）垂直圆片的反射 b）球体的反射 c）倾斜圆片状反射体的反射 d）底面的反射

当超声波垂直地入射到平面状的反射体（如裂纹）时，大部分反射波都返回到晶片，可以得到很高的缺陷回波。可是球形缺陷（如气孔）的反射波，因为是各个方向的反射，回到晶片的反射波较少，所以缺陷回波较低。另外，虽然是平面状缺陷，但如果是倾斜的话，也可能几乎没有反射波返回晶片。从超声波入射面（即探伤面）对面，即工件的底面，反射回来的超声波叫做底面回波。

9.2 超声波检测的原理

超声波检测可以分为超声波探伤和超声波测厚，以及超声波测晶粒度、测应力等。在超声探伤中，有根据缺陷的回波和底面的回波进行判断的脉冲反射法；有根据缺陷的阴影来判断缺陷情况的穿透法；还有根据由被检物产生驻波来判断缺陷情况或者判断板厚的共振法。目前用得最多的方法是脉冲反射法。脉冲反射法在垂直探伤时用纵波，在斜入射探伤时大多用横波。把超声波射入被检物的一面，然后在同一面接收从缺陷处反射回来的回波，根据回波情况来判断缺陷的情况。纵波垂直探伤和横波倾斜入射探伤是超声波探伤中两种主要探伤方法。两种方法各有用途，互为补充，纵波探伤容易发现与探测面平行或稍有倾斜的缺陷，主要用于钢板、锻件、铸件的探伤，而斜射的横波探伤，容易发现垂直于探测面或倾斜较大的缺陷，主要用于焊缝的探伤。脉冲反射法的纵波和横波探伤原理如下：

1. 垂直探伤法

垂直检测法原理如图 9—8 所示。

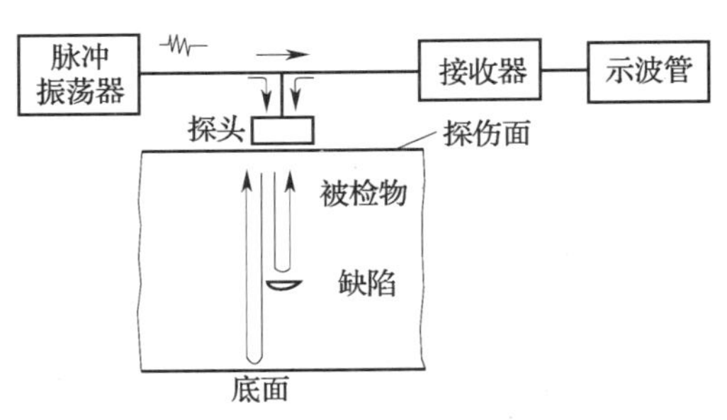

图 9—8 脉冲反射法的原理

当把脉冲振荡器发生的电压加到晶片上时，晶片振动，产生超声波脉冲。如果被检物是钢工件的话，超声波以 5 900 m/s 的固定速度在钢工件内传播，超声碰到缺陷时，一部分从缺陷反射回到晶片，而另一部分未碰到缺陷的超声波继续前进，一直到被检物底面才反射回来。因此，缺陷处反射的超声波先回到晶片，底面反射的超声波后回到晶片。回到晶片上的超声波又反过来被转换成高频电压。电信号被接收和放大后进入示波器。示波器将缺陷回波和底面回波显示在荧光屏。因此，在示波管上可以得到图9—9所示的图形。从这个图形上可以看出有没有缺陷、缺陷的位置及其大小。

对于脉冲反射式超声波探伤仪，荧光屏的时基线和激励脉冲是被同时触发的，即处于同步状态下工作。当探头被激励而向工件发射超声波时，激励脉冲也被馈致接收电路触发时基电路开始扫描，在时基线的始端出现一个很强的脉冲波，这个波称为“始波”，用 T 表示；当探头接收到底面反射回来的声波时，时基线上右边相应呈现一个表示底面反射的脉冲波，称为“底波”，用 B 表示。时基线由 T 扫描到 B 的时间正等于超声脉冲从探头到底面又返回探头的传播时间。因此，可以说从 T 到 B 之间的距离代表了工件的厚度。如果工件中有缺陷，探头接收到缺陷反射回来的声波时，时基线上相应呈现出一个代表缺陷的脉冲波，称为“缺陷波”或“伤波”，用 F 表示。显然，缺陷波所经时间短于底波所经时间，故缺陷波 F 应处于与月之间。如果探伤仪的时基线良好，就可以利用 T、F、B 之间的距离关系，对缺陷定位。

另外，因缺陷回波高度 h_f 是随缺陷尺寸的增大而增高的。所以可由缺陷回波高度 h_f 来估计缺陷大小。当缺陷很大时，可以移动探头，按显示缺陷的范围来求出缺陷的延伸尺寸。

2. 斜射探伤法

倾斜入射横波检测法原理如图9—10所示。

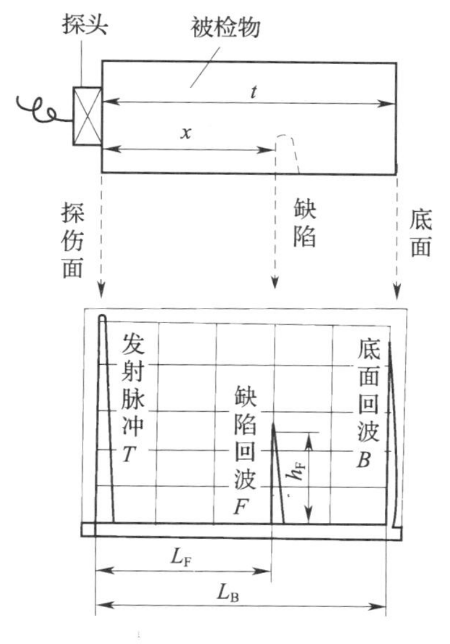

图9—9 纵波探伤法原理示意图

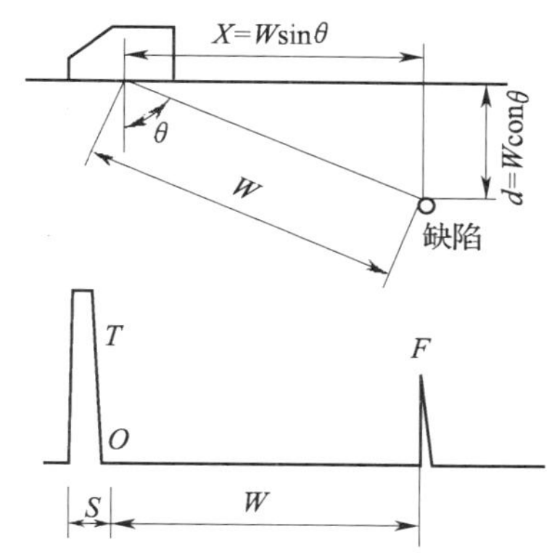

图9—10 斜射法探伤的几何关系

S—斜楔中的延迟 W—缺陷的声程 θ—折射角

X—缺陷的水平距离 d—缺陷的垂直距离

F—缺陷反射波 T—始波

在斜射法探伤中，由于超声波在被检物中是斜向传播的，超声波是斜向射到底面，所以不会有底面回波。因此，不能再用底面回波调节来对缺陷进行定位。而要知道缺陷位置，需要用适当的标准试块来把示波管横坐标调整到适当状态。通常采用JB/T 4730标准规定的CSK—ⅠA试块和横孔试块来进行调整。

在测定范围作了适当调整后，探测到缺陷时，从示波管上显示的探头到缺陷的距离 W 与缺陷位置的关系如图9—10所示。从以下关系式可以求出缺陷位置水平距离 X 和缺陷深度（垂直距离）d。

$$X = W\sin\theta \tag{9.2.1}$$

$$d = W\cos\theta \tag{9.2.2}$$

从图 9—10 看出，横波探伤中的位置不仅取决于声程 W，还取决于折射角 θ，所以横波探伤中扫描线的调节比纵波要复杂一些。对扫描线的调节是横波探伤中一个重要的不可缺少的步骤。

目前，对扫描线的调整有三种方法：

（1）按水平距离调整扫描线。通过调整，使时基线刻度按一定比例代表反射点的水平距离 x，在探伤时，根据缺陷波在荧光屏上水平刻度位置可直接读出缺陷的水平距离。

（2）按深度调整扫描线。通过调整，使时基线刻度按一定比例代表反射点的深度 d。在探伤时，根据缺陷波在荧光屏上水平刻度线上的位置可直接读出缺陷的深度。

（3）按声程调整扫描线。通过调整，使时基线刻度按一定比例代表反射点的声程 W。在探伤时，根据缺陷波在荧光屏上时基线上的位置可直接读出缺陷的声程。

以上三种扫描线调节方法，其中第一种主要用于中薄板焊缝探伤中，第二种用于厚板焊缝探伤中，第三种用于形状复杂的工件，例如发电厂汽轮机部件的探伤。

9.3 试块

1. 试块的用途

在无损检测技术中，常常采用与已知量相比较的方法来确定被检物的状况。例如在射线探伤中，是以透度计（象质计）的影像来作为比较的依据。超声探伤中是以试块作为比较的依据。试块上有各种已知的特征，例如特定的尺寸，规定的人工缺陷，即某一尺寸的平底孔、横通孔、凹槽等。用试块作为调节仪器、定量缺陷的参考依据，是超声探伤的一个特点。超声波探伤的发展，一直与试块的研制、使用分不开。

试块在超声探伤中的用途主要有三方面：

（1）确定合适的探伤方法。在超声探伤中，可以应用在某个部位有某种人工缺陷（平底孔、槽等）的试块来摸索探伤方法。在这种试块上摸到的探伤规律和方法，可应用到与试块同材质、同形式、同尺寸的工件探伤中去。

（2）确定探伤灵敏度和评价缺陷大小。对于不同种类，不同厚度、不同要求的工件，需要不同的探伤灵敏度。为了确定探伤时的灵敏度，就需要带有各种人工缺陷的试块。用人工缺陷的波高来表示探伤灵敏度，这是试块常用的一种方法。为了评价工件中某一深度处缺陷大小，用试块中同一深度各种尺寸的人工缺陷与之相比较，这就是探伤中应用的缺陷当量法。

（3）校验仪器和测试探头性能。通过试块可以测试仪器声或探头的性能，以及仪器和探头连接在一起的系统综合性能。

2. 试块的种类

根据试块的用途，可分为三大类：

（1）调节仪器及测试探头的试块，如 CSK－ⅠA 试块。见图 9—11 所示。

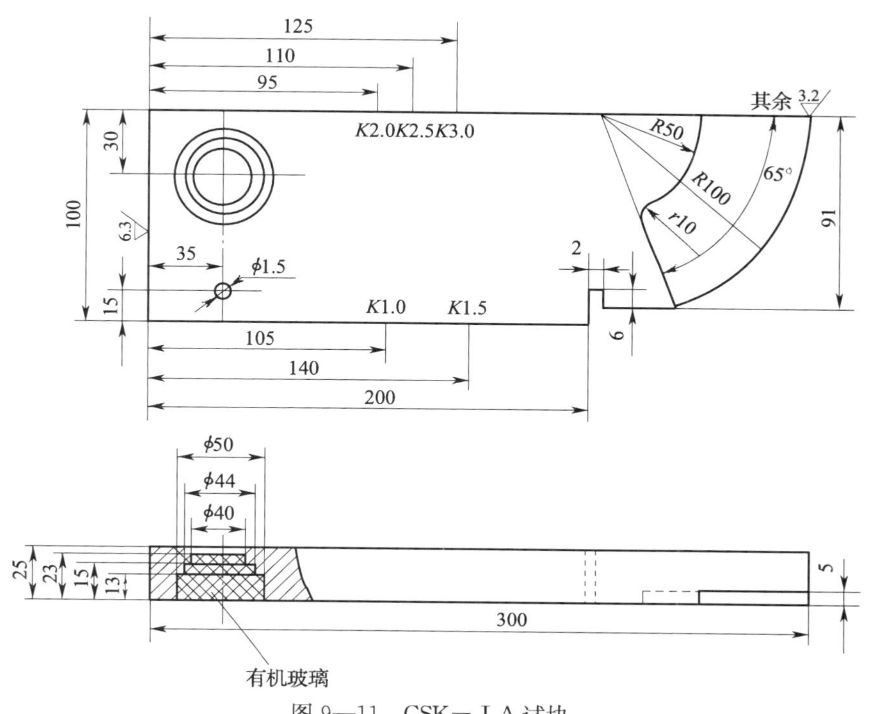

图 9—11　CSK－ⅠA 试块

（尺寸公差±0.1，各边不垂直度不大于 0.05）

（2）纵波探伤用试块，人工缺陷为平底孔。

（3）横波探伤用试块，人工缺陷为横孔，如 JB/T 4730 标准中规定的 CSK－ⅡA 和ⅢA 试块，见图 9—12 所示。

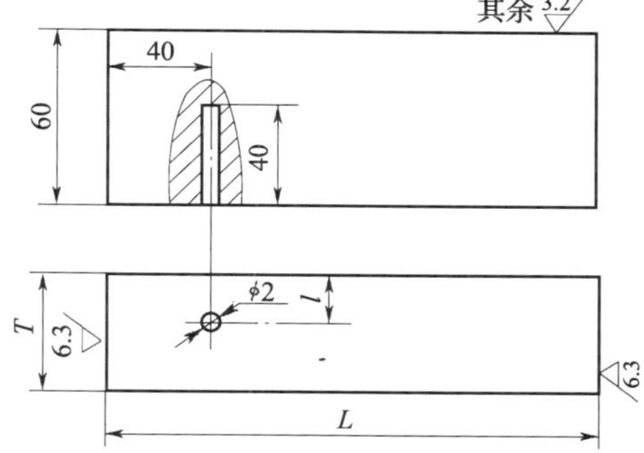

图 9—12　CSK－ⅡA 试块

（尺寸公差±0.1，各边不垂直度不大于 0.05）

9.4　超声波检测工艺要点

1. 探伤方法的分类

超声波探伤有多种分类方法：

（1）按原理分类　超声波探伤按原理来分：有脉冲反射法、穿透法和共振法三种。目前用得最多的是脉冲反射法。

（2）按显示方式分类　按超声波探伤图形的显示方式分：有 A 型显示、B 型显示、C 型显示等。目前用得最多的是 A 型显示探伤法。

（3）按探伤波型分类　按超声波的波形来分，脉冲反射法大致可分为直射探伤法（纵波探伤法）、斜射探伤法（横波探伤法）、表面波探伤法和板波探伤法 4 种。用的较多的是纵波和横波探伤法。

（4）按探头数目分类　按探伤时使用的探头数目分：有单探头法，双探头法，多探头法

3种，用得最多的是单探头法。

（5）按接触方法分类　按接触方法分类有直接接触法和水浸法两种。直接接触法的操作要领是，在探头和试件表面之间要涂布耦合剂，以消除空隙，让超声波能顺利地进入被检工件。耦合剂可以用机油、水、甘油和水玻璃等。

用水浸法时，探头和试件之间有一水层，超声波通过水层传播，探头不接触试件，受表面状态影响不大，可以进行稳定的探伤。

2. 基本操作

现将超声脉冲A显示探伤操作要点叙述如下：

（1）探伤时机选择　根据要达到的检测目的，选择最适当的探伤时机。例如，为减小粗晶粒的影响，电渣焊焊缝应在正火处理后探伤；为估计锻造后可能产生的锻造缺陷，应在锻造全部完成后对锻件进行探伤。

（2）探伤方法选择　根据工件情况，选定探伤方法。例如，对焊缝，选择单斜探头接触法；对钢管，选择聚焦探头水浸法；对轴类锻件，选用单探头垂直探伤法。

（3）探伤仪器的选择　根据探伤方法及工件情况，选定能满足工件探伤要求的探伤仪去探伤。

（4）探伤方向和扫查面的选定　进行超声波探伤时，探伤方向很重要。探伤方向应以能发现缺陷为准，应根据缺陷的种类和方向来决定。例如，轧制钢板中，钢板内的缺陷是沿轧制方向伸展的，因此，采用纵波垂直探伤使超声波束垂直投射在缺陷上，这样缺陷回波最大；焊缝探伤时，应根据焊缝坡口形式和厚度选择扫查面，决定是从一面两侧还是两面四侧探伤。

（5）频率的选择　根据工件的厚度和材料的晶粒大小，合理的选择探伤频率。例如，对粗晶的探伤，不宜选用高频，因为高频衰减大，往往得不到足够的穿透力。

（6）晶片直径、折射角的选定　根据探伤的对象和目的，合理选用晶片尺寸和折射角。例如，探测大厚度工件要选择大尺寸晶片。又例如，焊缝的单斜探头探伤主要用45°～70°的折射角。在板厚大或没有余高时，用小折射角。板厚小或有余高时，用大折射角。

（7）探伤面修整　对不合探伤要求的探伤表面，必须进行适当的修整，以免不平整的探伤面影响探伤灵敏度和探伤结果。

（8）耦合剂和耦合方法的选择　为使探头发射的超声波传入试件，应使用合适的耦合剂。例如，对粗糙表面进行探伤时，应选用黏性大的水玻璃或糨糊作耦合剂。手工探伤时，为保持耦合稳定，要用手或重物适当压探头（施加约10～20 N的力）。为使耦合稳定，在曲面上探伤时，探头可装上弧形导块。

（9）确定探伤灵敏度　用适当的标准试块的人工缺陷或试件无缺陷底面调节到一定的波高，确定探伤灵敏度。

（10）进行粗探伤和精探伤　为了大致了解缺陷的有无和分布状态，以较高的灵敏度进行全面扫查，称为粗探伤。对粗探伤发现的缺陷进行定性、定量、定位，就是精探伤。

（11）写出检验报告　根据有关标准，对探伤结果进行分级、评定，写出检验报告。

9.5 关于超声波检测特点的概括

超声波检测的优点和局限性概括如下：

1. 面积型缺陷的检出率较高，而体积型缺陷的检出率较低

从理论上说，反射超声波的缺陷面积越大，回波越高，越容易检出。因为面积型缺陷反射面积大而体积型缺陷反射面积小，所以面积型缺陷的检出率高。实践中，对较厚（约30 mm以上）焊缝的裂纹和未熔合缺陷检测，超声波检测确实比射线照相灵敏。但在较薄的焊缝中，这一结论不一定成立。

必须注意，面积型缺陷反射波并不总是很高的，有些细小裂纹和未熔合反射波并不高，因而也有漏检的例子。此外，厚焊缝中的未熔合缺陷反射面如果较光滑，单探头检测可能接收不到回波，也会漏检。对厚焊缝中的未熔合缺陷缺陷检测可采用一些特殊超声波检测技术，例如TOFD技术，串列扫查技术等。

2. 适合检验厚度较大的工件，不适合检验较薄的工件

超声波对钢有足够的穿透能力，检测直径达几米的锻件，厚度达上百毫米的焊缝并不太困难。另外，对厚度大的工件检测，表面回波与缺陷波容易区分。因此相对于射线检测来说，超声波更加适合检验厚度较大的工件。但对较薄的工件，例如厚度小于8 mm的焊缝和6 mm的板材，进行超声波检测检验则存在困难。薄焊缝检测困难是因为上下表面形状回波容易与缺陷波混淆，难以识别；薄板材检测困难除了表面回波容易与缺陷波混淆的问题外，还因为超声波探伤存在盲区以及脉冲宽度影响纵向分辨率。

3. 应用范围广，可用于各种试件

超声波探伤应用范围包括对接焊缝、角焊缝、T形焊缝、板材、管材、棒材、锻件，以及复合材料等。但与对接焊缝检测相比，角焊缝、T形焊缝检测工艺相对不成熟，有关标准也不够完善。板材、管材、棒材、锻件，以及复合材料的内部缺陷检测超声波是首选方法。

4. 检测成本低、速度快，仪器体积小，重量轻，现场使用较方便

便携式手工探伤超声波仪器有模拟式和数字式两种，模拟式仪器（1～2）万元，数字式仪器3万～8万元。检测过程消耗材料费用很少。正常情况下，1名检测人员1天能检测数十米焊缝，检测结果当场就能得到。目前数字式仪器的体积只有词典大小，重2～3 kg，与射线仪器相比，现场使用要方便得多。

5. 无法得到缺陷直观图像，定性困难，定量精度不高

超声波探伤是通过观察脉冲回波来获得缺陷信息的。缺陷位置根据回波位置来确定，对小缺陷（一般10 mm以下）可直接用波高测量大小，所的结果称为当量尺寸；对大缺陷，需要移动探头进行测量，所的结果称指示长度或指示面积。由于无法得到缺陷图像，缺陷的形状、表面状态等特征也很难获得，因此判定缺陷性质是困难的。在定量方面，所谓缺陷当量尺寸、指示长度或指示面积与实际缺陷尺寸都有误差，因为波高变化受很多因素影响。超声波对缺陷定量的尺寸与实际缺陷尺寸误差几毫米甚至更大，一般认为是正常的。

近些年来，在超声波定性和定量技术方面有一些进展。例如，用不同扫查手法结合动态波形观察对缺陷定性、采用聚焦探头结合数字式探伤仪对缺陷定量，以及各种自动扫查、信号处理和成像技术等。但是，实际应用效果还不能令人满意。

6. 检测结果无直接见证记录

由于不能像射线照相那样留下直接见证记录，超声波检测结果的真实性、直观性、全面性和可追踪性都比不上射线照相。超声波检测的可靠性在很大程度上受检测人员责任心和技术水平的影响。如果检测方法选择不当，或工艺制订不当，或操作方面失误，便有可能导致大缺陷漏检。此外，对超声波检测结果的审核或复查也是困难的，因其错误的检测结果不像射线照相那样容易发现和纠正。这是超声波检测的一大不足。

有些便携式数字式超声波探伤仪虽然能记录波形，但仍不能算检测结果的直接见证记录。只有做到对检测全过程的探头位置、回波反射点位置，以及回波信号三者关联记录，才能算真正的检测直接记录。不过，近年来发展的自动化数字式超声检测系统，以及带编码器的高级便携式超声波仪器已经能够实现上述要求。

7. 对缺陷在工件厚度方向上的定位较准确

这一条是相对射线照相说的。由于射线照相无法对缺陷在工件厚度方向上定位，射线照相发现的缺陷通常要用超声波检测定位。

8. 材质、晶粒度对探伤有影响

晶粒粗大的材料，例如铸钢、奥氏体不锈钢焊缝，未经正火处理的电渣焊焊缝等，一般认为不宜用超声波进行探伤。这是因为粗大晶粒的晶界会反射声波，在屏幕上出现大量“草状回波”，容易与缺陷波混淆，因而影响检测可靠性。

近年来，有人对奥氏体不锈钢焊缝超声波探伤技术进行了专门研究。结果表明，如果采用特殊的探头（纵波窄脉冲探头）降低信噪比，并制订专门工艺，可以实施奥氏体不锈钢焊缝超声波检测，其精度和可靠性基本上是能够得到保证的。

9. 工件不规则的外形和一些结构会影响检测

例如，台、槽、孔较多的锻件，不等厚削薄的焊缝，管板与筒体的对接焊缝，直边较短的封头与筒体连接的环焊缝，高颈法兰与管子对接焊缝等，会使检测变得困难。

对锻件，一般在台、槽、孔加工前进行超声波检测。管板与筒体的对接焊缝，直边较短的封头与筒体连接的环焊缝一类结构对超声波检测的影响，主要是探头扫查面长度不够。可通过增加扫查面，或采用两种角度探头，或把焊缝磨平后检测等方法来解决。不等厚削薄的焊缝或类似结构的问题，是扫查面不规则。对此可通过改变扫查面，或采用计算法选择合适角度探头和对缺陷定位等方法来解决。

对上述结构无论采用何种方法检测，都必须仔细检查是否做到所有检测区域100%被扫查到。检查可通过计算法或作图法进行。

10. 不平或粗糙的表面会影响耦合和扫查，从而影响检测精度和可靠性

探头扫查面的平整度和粗糙度对超声波检测有一定影响。一般轧制表面或机加工表面即可满足要求。严重腐蚀表面、铸、锻原始表面无法实施检测。用砂轮打磨处理表面要特别注意平整度，防止沟槽和凹坑的产生，否则严重影响耦合以及检测的进行。

第10章 磁粉检测基础知识

10.1 磁粉检测原理

自然界有些物体具有吸引铁、钴、镍等物质的特性。我们把这些具有磁性的物体称为磁体。使原来不带磁性的物体变得具有磁性叫磁化。能够被磁化的材料称为磁性材料。磁体各处的磁性大小不同，在它的两端最强。这两端称为磁极。每一磁体都有一对磁极即N极和S极。它们具有不可分割的特性，即使把磁体分割成无数小磁体，每一个小磁体同样存在N极和S极。

1. 磁场与磁力线

如果把两块磁铁的同性磁极靠在一起，两个磁铁之间存在的相斥的力将使磁体分离。而把两个磁体的异性磁极靠近，则两块磁体之间存在的相吸的力将使磁铁靠在一起。这说明磁体周围空间存在有力。我们把磁力作用的空间称为磁场。

为了形象地描述磁场，人们采用了磁力线（如图10—1）的概念，并且规定：磁力线密度表示磁感应强度大小，磁力线密度大的地方表示磁感应强度大，磁力线密度小的地方表示磁感应强度小；磁力线方向表示磁场的方向；磁力线永远不会相交；磁力线由磁铁的N极出发经外部空间到达S极，再由S极经磁体内部回到N级，形成闭合曲线。

2. 通电导体产生的磁场

当电流通过导体时，会在导体的周围产生磁场。通电导线产生的磁场方向与电流方向的关系可用右手定则来描述。

如图10—2所示，用右手握住导线，大拇指表示电流的方向，其余四指的弯曲方向即为导线产生周向磁场方向。

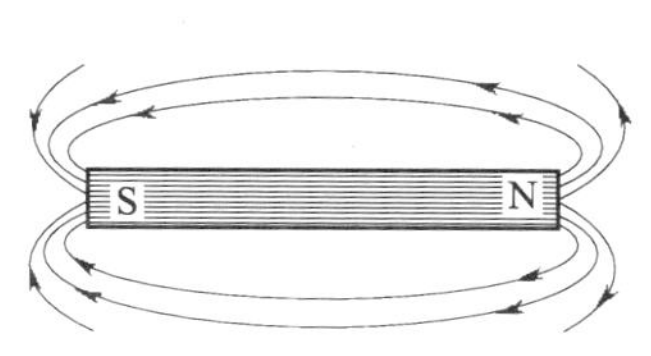

图10—1 磁铁的磁力线

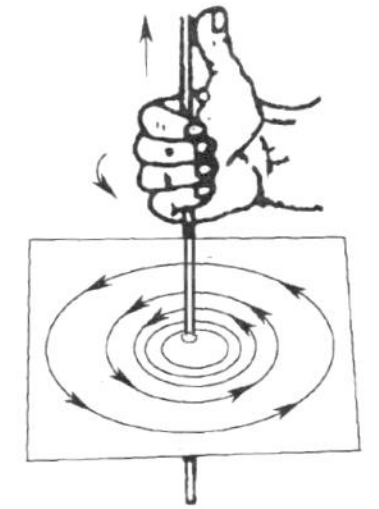
图10—2 右手定则

如通电导体是一个螺管线圈，也可用右手定则来判断磁场方向，其方法是：用右手握住线圈，弯曲的四指表示电流在线圈中的方向，伸直的大拇指则表示磁场的方向（见图10—3）。

3. 描述磁场的几个物理量

(1) 磁场强度 H 它是表征磁化强度的物理量，其数值大小取决于电流 I，I 越大，H 值也越大。单位：A/m（安培/米）。

(2) 磁感应强度 B 它是表征被磁化了的磁介质中磁场强度大小的物理量，单位：T（特斯拉）。

(3) 磁导率 μ 它是表征介质磁特性的物理量。$\mu=\mu_0\mu_r$，其中 μ_0 为真空中的磁导率，$\mu_0=4\pi\times10^{-7}$ A/m。μ_r 为相对磁导率，不同介质的 μ_r 值不同，其中非铁磁材料的 μ_r 值约等于1，铁磁材料的 μ_r 值在几十到几千之间。

磁感应强度 B，磁导率 μ，磁场强度 H 三者之间有以下关系。

$$B=\mu H=\mu_0\mu_r H \tag{10.1.1}$$

由上式可以看出，在磁场强度 H（电流 I）一定的情况下，不同介质中感生的磁感应强度 B 各不相同，铁磁材料中的 B 值比非铁磁材料可大几百甚至几千倍。

4. 铁磁材料的磁化曲线

通用B—H 曲线来描述铁磁性材料的磁化过程，(见图 10—4)。

B—H 曲线又称为磁化曲线。它有下列几个阶段：

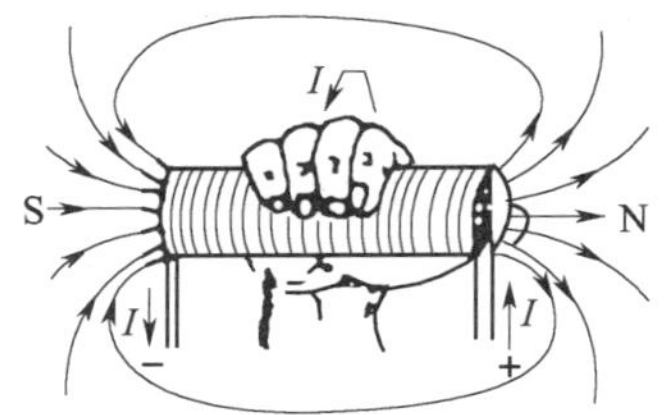

10—3 螺管磁力线右手定则示意图

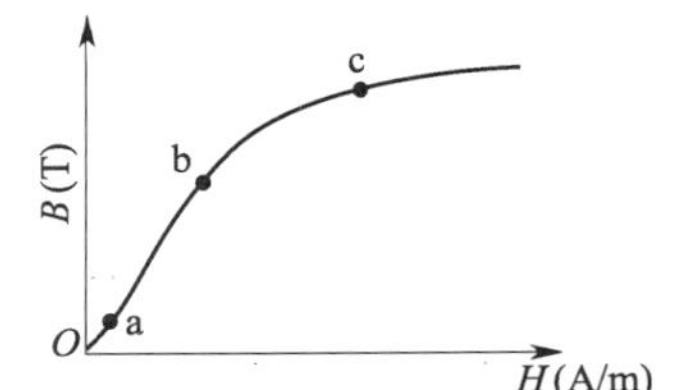

图 10—4 铁磁质的磁感应强度 B 与磁场强度 H 之间的关系

(1) oa 段，称为起始磁化段，由于磁畴的惯性，当 H 增加时，B 不能立即上升很快，使得这一阶段曲线较平缓。这时的磁化过程是可逆的；即当 H 退回到零，B 也会退回到零。

(2) ab 段，称为直线段，随着 H 的增加很快。这个阶段的过程是不可逆的，即 H 退回到零，B 并不沿原曲线减退。

(3) bc 段，由于大部分磁畴已转向 H 方向，H 增加只有少数磁畴转向，B 增加变慢，曲线变缓。

(4) c 点以后，称为磁饱和阶段，由于磁畴几乎全部转向 H 方向，H 增加，B 几乎不再增加。

如果磁化电流是交流电，随着电流 I 的方向和大小的改变，H、B 的方向和大小也随之改变。

表示循环交变过程 B 与 H 关系的曲线叫做磁滞曲线。如图 10—5 所示。铁磁性材料磁化到饱和磁感应强 B_m时，再减小正向外加磁场 H 值，就会发现 B 值减小缓慢，这一现象称为磁滞。当 H 减小到零时，B 并不为零，而有剩余磁感应强度 B_r（剩磁）。如果

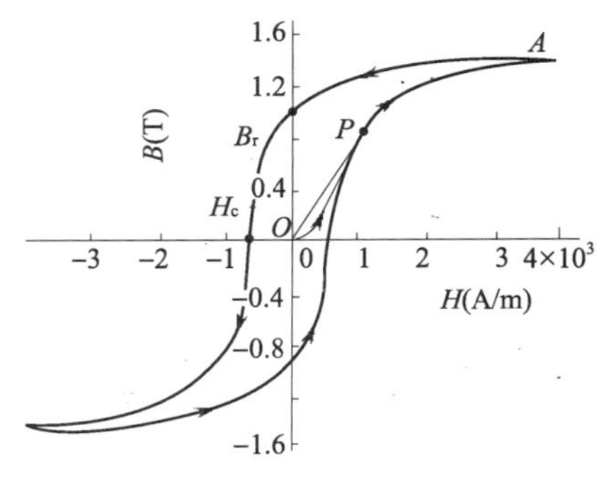

图 10—5 磁滞回线

在消除这个剩磁，则要外加反向磁场 H_c。称为矫顽力，反向增大磁场到 $-H_m$，再由 $-H_m$ 到 $+H_m$，这样形成的一个闭合曲线叫做磁滞回线。

5. 磁粉检测原理

铁磁性材料被磁化后，其内部产生很强的磁感应强度，磁力线密度增大几百倍到几千倍。如果材料中存在不连续性（包括缺陷造成的不连续性和结构、形状、材质等原因造成的不连续性），磁力线便会发生畸变，部分磁力线有可能逸出材料表面，从空间穿过，形成漏磁场。漏磁场的局部磁极能够吸引铁磁物质。

图10—6所示，为试件中裂纹造成的不连续性使磁力线畸变。由于裂纹中空气介质的磁导率远远低于试件的磁导率，使磁力线受阻，一部分磁力线挤到缺陷的底部，一部分穿过裂纹，一部分排挤出工件的表面后再进入工件。如果这时在工件上撒上磁粉，漏磁场就会使磁粉，形成与缺陷形状相近的磁粉堆积。我们称其为磁痕，从而显示缺陷。当裂纹方向平行于磁力线的传播方向时，磁力线的传播不会受到影响，这时缺陷也不可能检出。

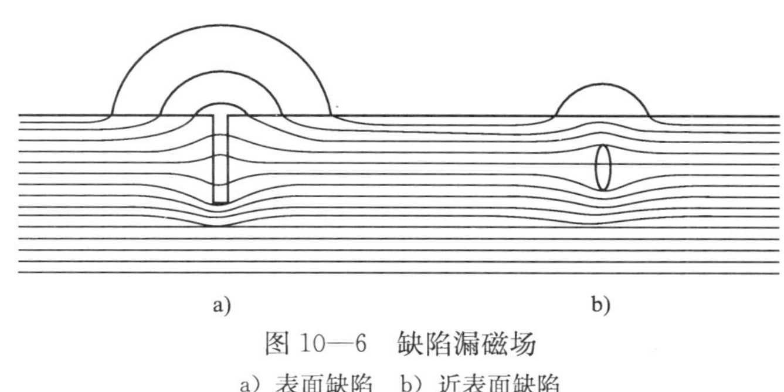

图10—6　缺陷漏磁场

a）表面缺陷　b）近表面缺陷

6. 影响漏磁场的几个因素

（1）外加磁场强度越大，形成的漏磁场强度也越大。

（2）在一定外加磁场强度下，材料的磁导率越高，工件越易被磁化，材料的磁感应强度越大，漏磁场强度也越大。

（3）当缺陷的延伸方向与磁力线的方向成90°时，由于缺陷阻挡磁力线穿过的面积最大，形成的漏磁场强度也最大。随着缺陷的方向与磁力线的方向从90°逐渐减小（或增大）漏磁场强度明显下降；因此，磁粉探伤时，通常需要在两个（两次磁力线的方向互相垂直）或多个方向上进行磁化。

（4）随着缺陷的埋藏深度增加，溢出工件表面的磁力线迅速减少。缺陷的埋藏深度越大，漏磁场就越小。因此，磁粉探伤只能检测出铁磁材料制成的工件表面或近表面的裂纹及其他缺陷。

10.2　磁粉检测设备器材

1. 磁力探伤机分类

按设备体积和重量，磁力探伤机可分为固定式、移动式、携带式三类。

（1）固定式探伤机　最常见的固定式探伤机为卧式湿法探伤机，设有放置工件的床身，可进行包括通电法、中心导体法、线圈法多种磁化，配置了退磁装置和磁悬液搅拌喷洒装置，紫外线灯，最大磁化电流可达 12 kA，主要用于中小型工件探伤。

(2) 移动式探伤机　体积重量中等，配有滚轮，可运至检验现场作业，能进行多种方式磁化，输出电流为 3～6 kA。检验对象为不易搬运的大型工件。

(3) 便携式探伤机　体积小、重量轻；适合野外和高空作业，多用于锅炉压力容器压力管道焊缝和大型工件局部探伤，最常使用的是电磁轭探伤机。

电磁轭探伤机是一个绕有线圈的 U 形铁芯，当线圈中通过电流，铁芯中产生大量磁力线，轭铁放在工件上，两极之间的工件局部被磁化。轭铁两极可做成活动式的，极间距和角度可调。磁化强度指标是磁轭能吸起的铁块重量，称作提升力，标准要求交流电磁轭的提升力至少 44 N，直流电磁轭的提升力至少 177 N。

2. 灵敏度试片

灵敏度试片用于检查磁粉探伤设备、磁粉、磁悬液的综合性能。

灵敏度试片通常是由一侧刻有一定深度的直线和圆形细槽的薄铁片制成。A 型试片是用 100 μm 厚的软磁材料制成，见图 10—7。型号有$\frac{15}{100}$、$\frac{30}{100}$、$\frac{60}{100}$三种。数字含义为：分子表示槽深多少微米、分母表示片厚多少微米。

使用时，将试片刻有人工槽的一侧与被检工件表面贴紧，然后对工件进行磁化并施加磁粉。如果磁化方法、规范选择得当，在试片表面上应能看到与人工刻槽相对应的清晰显示。

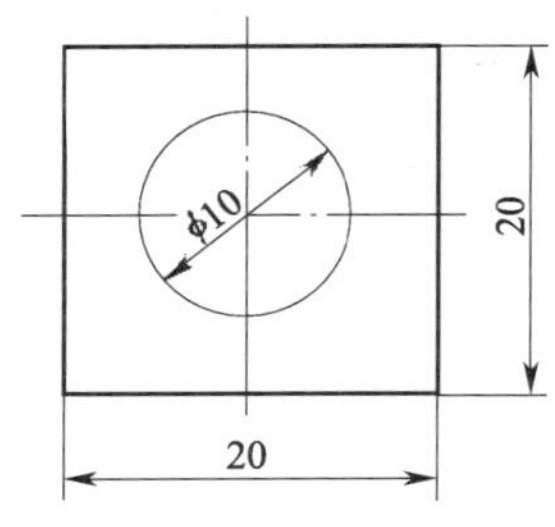

图 10—7　A 型灵敏度试片

3. 磁粉与磁悬液

磁粉是具有高磁导率和低剩磁的四氧化三铁或三氧化二铁粉末。湿法磁粉平均粒度为 2～10 μm，干法磁粉平均粒度不大于 90 μm。按加入的染料可将磁粉分为荧光磁粉和非荧光磁粉，非荧光磁粉有黑、红、白几种不同颜色供选用。由于荧光磁粉的显示对比度比非荧光磁粉高得多，所以采用荧光磁粉进行检测具有磁痕观察容易，检测速度快，灵敏度高的优点。但荧光磁粉检测需一些附加条件：暗环境和黑光灯。

磁悬液是以水或煤油为分散介质，加入磁粉配成的悬浮液。配制含量一般为：非荧光磁粉 10～201 g/L，荧光磁粉 1～3 g/L。

10.3　磁粉检测工艺要点

1. 磁化方法

常用的磁化方法如图 10—8 所示，可分为线圈法、磁轭法、轴向通电法、触头法、中心导体法和旋转磁场磁化法。

按磁力线方向分类：图 10—8 的 a、b 称为纵向磁化；c～e 称为周向磁化；f 称为两相交流复合磁化。实际工作中，可根据试件的情况选择适当的磁化方法。

2. 磁粉探伤方法分类

磁粉探伤方法有多种分类方法。按检验时机可分为连续法和剩磁法。磁化、施加磁粉和观察同时进行的方法称为连续法。先磁化，后施加磁粉和检验的方法称为剩磁法。后者只适用于剩磁很大的硬磁材料。按使用的电流种类可分为交流法、直流法两大类。交流电因有集肤效应，对表面缺陷检测灵敏度较高。按施加磁粉的方法分类可分为湿法和干法，其中湿法采用磁悬液，干法则直接喷洒干粉。前者适宜检测表面光滑的工件上的细小缺陷，后者多用于粗糙表面。

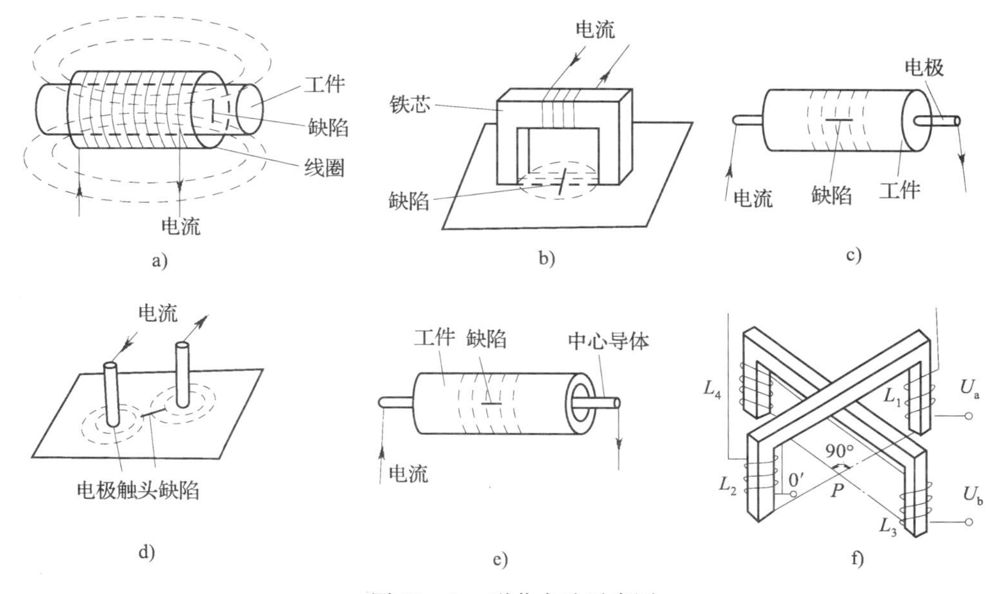

图 10—8　磁化方法示意图

a）线圈法　b）磁轭法　c）轴向通电法　d）触头法

e）中心导体法　f）交叉磁轭

3. 磁粉探伤的一般程序

探伤操作包括以下几个步骤：预处理、磁化和施加磁粉、观察、记录以及后处理（包括退磁）等。

（1）预处理　把试件表面的油脂、涂料以及铁锈等去掉，以免妨碍磁粉附着在缺陷上。用干磁粉时还应使试件表面干燥。组装的部件要一件一件地拆开后进行探伤。

（2）磁化　选定适当的磁化方法和磁化电流值。然后接通电源，对试件进行磁化操作。

（3）施加磁粉　按所选的干法或湿法施加干粉或磁悬液。磁粉的喷撒时间，按连续法和剩磁法两种施加方式。连续法是在磁化工件的同时喷撒磁粉，磁化一直延续到磁粉施加完成为止。而剩磁法则是在磁化工件之后才施加磁粉。

（4）磁痕的观察与判断　磁痕的观察是在施加磁粉后进行的，用非荧光磁粉探伤时，在光线明亮的地方，用自然的日光和灯光进行观察；而用荧光磁粉探伤时，则在暗室等暗处用紫外线灯进行观察。在磁粉探伤中，肉眼见到的磁粉堆积，简称磁痕。但不是所有的磁痕都是缺陷。形成磁痕的原因很多，所以对磁痕必须进行分析判断，把假磁痕排除掉。有时还需用其他探伤方法（如渗透检测法）重新探伤进行验证。

（5）为了记录磁粉痕迹，可采用照相或用透明胶带把磁痕粘下备查。这样的记录具有简便、直观的优点。

（6）后处理　探伤完后，应根据需要对工件进行退磁、除去磁粉和防锈的处理。进行退磁处理的原因是，剩磁可能造成工件运行受阻和加大零件的磨损。尤其是，转动部件经磁粉探伤后，更应进行退磁处理。退磁时，要一边使磁场反向，一边降低磁场强度。

10.4　关于磁粉检测特点的概括

磁粉检测的优点和局限性概括如下：

1. 适宜铁磁材料探伤，不能用于非铁磁材料检验

用于制造承压类特种设备的材料中，属于铁磁材料的有：各种碳钢、低合金钢、马氏体不锈钢、铁素体不锈钢、镍及镍合金；不具有铁磁性质的材料有：奥氏体不锈钢、钛及钛合金、铝及铝合金、铜及铜合金。

2. 可以检出表面和近表面缺陷，不能用于检查内部缺陷

可检出的缺陷埋藏深度与工件状况、缺陷状况以及工艺条件有关，对光洁表面，例如经磨削加工的轴，一般可检出深度为 1～2 mm 的近表面缺陷，采用强直流磁场可检出深度达 3～5 mm 近表面缺陷。但对焊缝检测来说，因为表面粗糙不平，背景噪声高，弱信号难以识别，近表面缺陷漏检的几率是很高的。

3. 检测灵敏度很高，可以发现极细小的裂纹以及其他缺陷

有关理论研究和试验结果表明：磁粉检测可检出的最小裂纹尺寸大约为：宽度 1 μm，深度 10 μm，长度 1 mm，但实际现场应用时可检出的裂纹尺寸达不到这一水平，比上述数值要大得多。虽然如此，在 RT、UT、MT、PT 四种无损检测方法中，对表面裂纹检测灵敏度最高的仍是 MT。

4. 检测成本很低，速度快

磁粉探伤设备不贵，锅炉压力容器压力管道常用的磁轭式磁粉探伤机和用于荧光磁粉探伤的黑光灯都只有几千元，用于轴类工件直接通电检测的固定床式大功率探伤机也就几万元。至于消耗材料，费用更低，一台大型球罐探伤所消耗的材料成本只有几十元。磁粉检测速度很快，例如使用交叉磁轭检测焊缝，每分钟检测速度可达 2 m 左右，轴类工件直接通电检测，完成磁化只需数秒。

5. 工件的形状和尺寸对探伤有影响，有时因其难以磁化而无法探伤

磁粉探伤的磁化方法有很多种，根据工件的形状、尺寸和磁化方向的要求，选取合适的磁化方法是磁粉探伤工艺的重要内容。磁化方法选择不当，有可能导致检测失败。对不利于磁化的某些结构，可通过连接辅助块加长或形成闭合回路来改善磁化条件。对没有合适的磁化方法且无法改善磁化条件的结构，应考虑采用其他检测方法。

第11章 渗透检测基础知识

11.1 渗透检测的基本原理

渗透检测的原理是：零件表面被施涂含有荧光染料或着色染料的渗透液后，在毛细管作用下，经过一定时间，渗透液能够渗进表面开口的缺陷中；经去除零件表面多余的渗透液后，再在零件表面施涂显像剂，同样，在毛细管作用下，显像剂将吸引缺陷中保留的渗透液，渗透液回渗到显像剂中；在一定的光源下（紫外线光或白光），缺陷处的渗透液痕迹被显示，（黄绿色荧光或鲜艳红色），从而探测出缺陷的形貌及分布状态。

渗透检测操作的基本步骤有以下四个：

1. 渗透

首先将试件浸渍于渗透液中，或者用喷雾器或刷子把渗透液涂在试件表面。试件表面有缺陷时，渗透液就渗入缺陷。这个过程叫渗透，见图 11—1a。

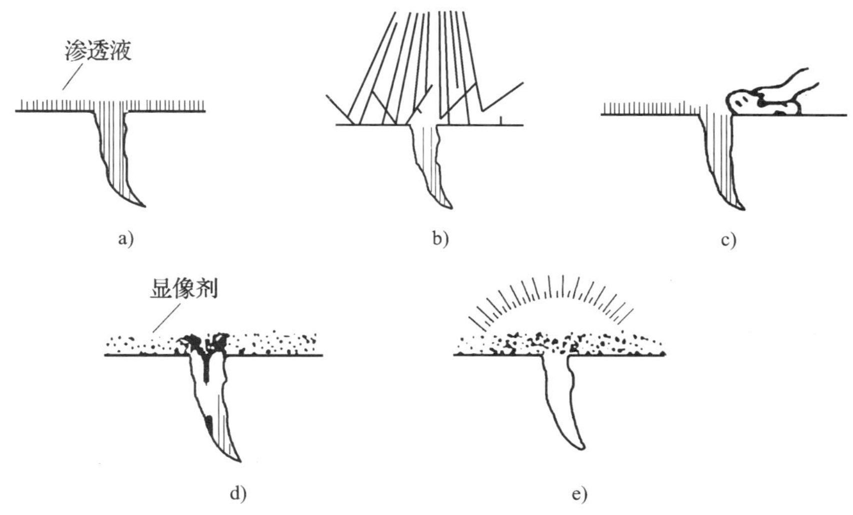

图 11—1　渗透探伤的基本操作过程

a）渗透　b）水清洗　c）溶剂清洗　d）显像　e）观察

2. 清洗

待渗透液充分地渗透到缺陷内之后，用水或清洗剂把试件表面的渗透液洗掉。这个过程叫清洗，见图 11—1b 和图 11—1c。

3. 显像

把显像剂喷撒或涂敷在试件表面上，使残留在缺陷中的渗透液吸出，表面上形成放大的黄绿色荧光或者红色的显示痕迹，这个过程叫作显像，见图 11—1d。

4. 观察

荧光渗透液的显示痕迹在紫外线照射下呈黄绿色，着色渗透液的显示痕迹在自然光下呈红色。用肉眼观察就可以发现很细小的缺陷。这个过程叫观察，见图 11—1e。

在渗透探伤中，除上述的基本步骤外，还有可能增加另外一些工序。例如，有时为了渗透容易进行，要进行预处理；使用某些种类显像剂时，要进行干燥处理；为了使渗透液容易洗掉，对某些渗透液要作乳化处理。

渗透探伤能检测出的缺陷的最小尺寸，是由探伤剂的性能、探伤方法、探伤操作的好坏和试件表面的状况等因素决定的，不能一概而论。但试验表明，使用好的渗透探伤技术与工艺能将深 0.02 mm、宽 0.001 mm 的缺陷检测出来。

11.2　渗透检测的分类

1. 根据渗透液所含染料成分分类

根据渗透液所含染料成分，可分为荧光法、着色法两大类。渗透液内含有荧光物质，缺陷图像在紫外线下能激发荧光的为荧光法。渗透液内含有有色染料，缺陷图像在白光或日光下显色的为着色法。此外，还有一类渗透剂同时加入荧光和着色染料，缺陷图像在白光或日光下能显色，在紫外线下又激发出荧光。

2. 根据渗透液去除方法分类

根据渗透液去除方法，可分为水洗型、后乳化型和溶剂去除型三大类。水洗型渗透法所用渗透液内含有一定量的乳化剂，零件表面多余的渗透液可直接用水洗掉。有的渗透液虽不含乳化剂，但溶剂是水，即水基渗透液，零件表面多余的渗透液也可直接用水洗掉，它也属于水洗型渗透法。后乳化型渗透法所用渗透液不能直接用水从零件表面洗掉，必须增加一道乳化工序，即零件表面上多余的渗透液要用乳化剂“乳化”后方能用水洗掉。在溶剂去除型渗透法中，要用有机溶剂去除零件表面多余的渗透液。

按以上两种分类方法，可组合成六种渗透探伤方法，即：

（1）水洗型荧光渗透探伤法。

（2）后乳化型荧光渗透探伤法。

（3）溶剂去除型荧光渗透探伤法。

（4）水洗型着色渗透探伤法。

（5）后乳化型着色渗透探伤法。

（6）溶剂去除型着色渗透探伤法。

3. 显像法的种类

在渗透探伤中，显像的方法有湿式显像、快干式显像、干式显像和无显像剂式显像四种。

（1）湿式显像法　湿式显像法是把白色细粉末状的显像材料调匀在水中作为显像剂的一种方法。把试件浸渍在显像剂中或者用喷雾器把显像剂喷在试件上，当显像剂干燥时，在试件上就形成白色显像薄膜，由白色显像薄膜吸出缺陷中的渗透液而形成显示痕迹。这种方法适合于大批量工件的探伤，其中水洗型荧光渗透探伤法用得最多。但必须注意，缺陷显示痕迹是会扩散的，所以随着时间的推移，痕迹大小和形状会发生变化。

（2）快干式显像法　快干式显像法是把白色细粉末状的显像材料调匀在高挥发性的有机溶剂中作为显像剂的一种方法。将显像剂喷涂到试件上，在试件表面快速形成白色显像薄膜，由白色显像薄膜吸出缺陷中的渗透液而形成显示痕迹。这种显像方法，操作简单，在溶剂去除型荧光渗透探伤和着色渗透探伤法中用得最多。但与湿式显像法一样，随着时间的推移，缺陷显示痕迹也会扩散。因此，必须注意显示痕迹的大小和形状变化。

（3）干式显像法　干显像法是直接使用干燥的白色显像粉末作为显像剂的一种方法。显像时，直接把白色显像粉末喷洒到试件表面，显像剂附着在试件表面上并从缺陷中吸出渗透液形成显示痕迹。用这种方法，缺陷部位附着的显像剂粒子全部附在渗透剂上，而没有渗透剂的部分就不附着显像剂。因此，显像痕迹不会随着时间的推移发生扩散而能显示出鲜明的图像。这种显像方法在后乳化型荧光渗透探伤和水洗型荧光渗透探伤中用得较多。而着色渗透探伤法，其显示痕迹的识别性能很差，所以不适于干式显像法。

（4）无显像剂式显像法　无显像剂式显像法是在清洗处理之后，不使用显像剂来形成缺陷显示痕迹的一种方法。它在用高辉度荧光渗透液水洗型荧光渗透探伤法中，或者在把试件加交变应力的同时作渗透探伤显示痕迹的方法中使用。这种方法与干式显像法一样，其缺陷显示痕迹是不会扩散的。

11.3　渗透检测工艺要点

1. 不同渗透检测方法的操作程序

（1）水洗型渗透检测法（见图11—2）

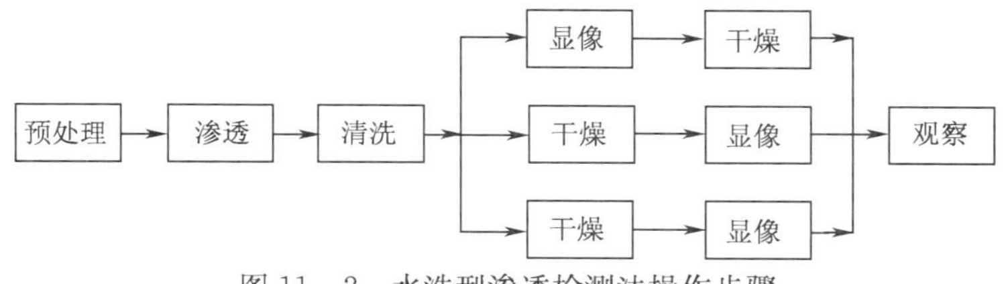

图11—2　水洗型渗透检测法操作步骤

（2）后乳化型渗透检测法（见图11—3）

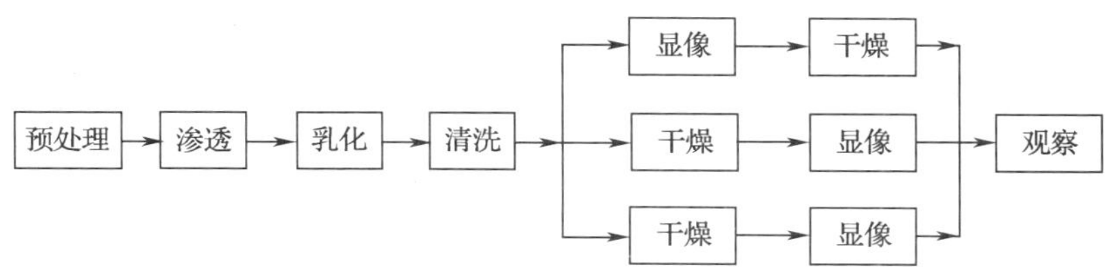

图11—3　后乳化型渗透检测法操作步骤

（3）溶剂去除型渗透检测法（见图11—4）

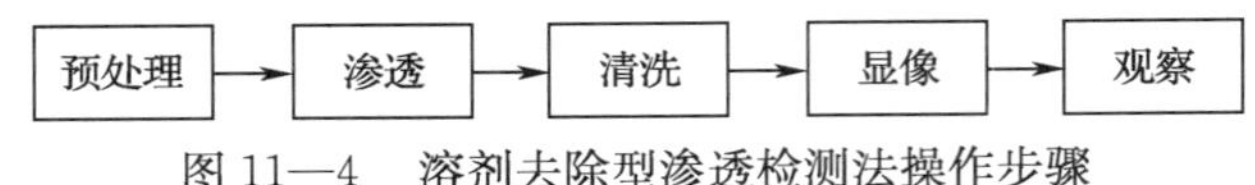

图 11—4　溶剂去除型渗透检测法操作步骤

2. 各种渗透检测方法的优缺点和应用选择

着色法只需在白光或日光下进行，在没有电源的场合下也能使用。荧光法需要配备黑光灯和暗室，无法在没有电源及暗室的场合下使用。

水洗着色法适于检查表面较粗糙的零件，操作简便，成本较低。该法灵敏度较低，不易发现细微缺陷。水基渗透液着色法适用于检查不能接触油类的特殊零件，但灵敏度很低。

后乳化型着色法具有较高灵敏度，适宜检查较精密零件，但对螺栓，有孔、槽零件，以及表面粗糙零件不适用。

溶剂去除型着色法应用较广，特别是使用喷罐，可简化操作，适宜于大型零件的局部检验。

水洗型荧光法成本较低，有明亮的荧光，易于水洗，检查速度快，适用于表面较粗糙零件，带有螺纹、键槽的零件及大批量小零件的检查。但灵敏度较低，宽而浅的缺陷容易漏检，光洁度高的零件重复检查效果差，水洗操作时容易过洗，荧光液容易被水污染。

后乳化型荧光法具有极明亮的荧光，对细小缺陷检验灵敏度高，能检出宽而浅的缺陷，重复检验效果好，但成本较高，因清洗困难，不适用有螺纹、键槽及盲孔零件的检查，也不适用于表面粗糙零件的检验。

溶剂去除型荧光法轻便，适用于局部检查，重复检查效果好，可用于无水源场所，灵敏度较高，成本亦较高。

3. 渗透检测操作注意事项

（1）预处理时，要在试件表面上造成充分的湿润条件，以便形成渗透液的薄膜。要充分除去试件表面油脂、涂料、锈蚀和水等影响渗透液渗透的障阻物。

（2）要根据渗透液的种类，试件的材质、预计缺陷种类和大小以及渗透时的温度等来考虑确定适当的渗透时间。正常的渗透温度范围为15～50℃，渗透时间不得少于10 min。

（3）清洗时，只需除去附着在试件表面的渗透液，不要过度清洗，不要使在缺陷中的渗透液流出，而要使其保留下来。采用溶剂清洗时，只能用蘸有溶剂的布或纸擦洗，且应沿一个方向擦拭，不得往复擦拭，不得用清洗剂直接冲洗。

（4）干式显像前进行干燥时，要有合适的干燥温度，在尽可能短的时间里有效地完成干燥。

11.4　渗透检测的安全管理

渗透探伤所用的探伤剂，几乎都是油类可燃性物质。喷罐式探伤剂有时是用强燃性的丙烷气充装的，使用这种探伤剂时，要特别注意防火。它属于消防法规所规定的危险品。因此，必须遵守有关法规规定的贮存和使用要求。

渗透探伤所用的探伤剂一般是无毒或低毒的，但是如果人体直接接触和吸收渗透液、清洗剂等，有时会感到不舒服，会出现头痛和恶心。尤其是在密封的容器内或室内探伤时，容易聚集挥发性的气体和有毒气体，所以必须充分地进行通风。使用有机溶剂，应根据有机溶剂预防中毒的规则，限定工作场所空气有机溶剂的含量。

在规定波长范围内的紫外线对眼睛和皮肤是无害的，但必须注意，如果长时间地直接照射眼睛和皮肤，有时会使眼睛疲劳和灼红皮肤。在探伤操作中，必须注意保护眼睛和皮肤。

11.5 关于渗透检测特点的概括

渗透检测的优点和局限性概括如下：

1. 渗透探伤可以用于除了疏松多孔性材料外任何种类的材料。工程材料中，疏松多孔性材料很少。绝大部分材料，包括钢铁材料、有色金属、陶瓷材料和塑料等都是非多孔性材料。所以渗透检测对承压类特种设备材料的适应性是最广的。但考虑到方法特性、成本、效率等各种因素，一般对铁磁材料工件首选磁粉探伤，渗透探伤只是作为替代方法。但对非铁磁材料，渗透探伤是表面缺陷检测的首选方法。

2. 形状复杂的部件也可用渗透探伤，并一次操作就可大致做到全面检测。工件几何形状对磁粉探伤影响较大，但对渗透探伤的影响很小。对因结构、形状、尺寸不利于实施磁化的工件，可考虑用渗透探伤代替磁粉探伤。

3. 同时存在几个方向的缺陷，用一次探伤操作就可完成检测。为保证缺陷不漏检，磁粉探伤需要进行至少两个方向的磁化检测，而渗透探伤只需一次探伤操作。

4. 不需要大型的设备，可不用水、电。对无水源、电源、或高空作业的现场，使用携带式喷罐着色渗透探伤剂十分方便。

5. 试件表面粗糙度影响大，探伤结果往往容易受操作人员水平的影响。工件表面粗糙度值高会导致本底很高，影响缺陷识别，所以表面粗糙度值越低，渗透探伤效果越好。由于渗透探伤是手工操作，过程工序多，如果操作不当，就会造成漏检。

6. 可以检出表面开口的缺陷，但对埋藏缺陷或闭合型的表面缺陷无法检出。由渗透探伤原理可知，渗透液渗入缺陷并在清洗后能保留下来，才能产生缺陷显示，缺陷空间越大，保留的渗透液越多，检出率越高。埋藏缺陷渗透液无法渗入，闭合型的表面缺陷没有容纳渗透液的空间，所以无法检出。

7. 检测工序多，速度慢。渗透检测至少包括以下步骤：预清洗、渗透、去除、显像、观察。即使很小的工件，完成全部工序也要20～30 min。大型工件大面积渗透检测是非常麻烦的工作。每一道工序，包括预清洗、渗透、去除、显像，都很费时间。

8. 检测灵敏度比磁粉探伤低。从实际应用的效果评价，渗透探伤的灵敏度比磁粉探伤要低很多，可检出缺陷尺寸大约要大3～5倍。即便如此，与射线照相或超声波检测相比，渗透探伤的灵敏度还是很高的，至少要高一个数量级。

9. 材料较贵、成本较高。最常用的携带式喷罐着色渗透探伤剂，每套可探测的焊缝长度约为十多米。由于检测工序多，速度慢，人工成本也是很高的。

10. 渗透检测所用的检测剂大多易燃有毒，必须采取有效措施保证安全。为确保操作安全，必须充分注意工作场所通风，以及对眼睛和皮肤的保护。

第12章　涡流检测基础知识

涡流检测的理论基础是电磁感应原理。金属材料在交变磁场作用下产生涡流。根据涡流的大小和分布，可检出铁磁性和非铁磁性材料的缺陷，或分选材料、测量膜层厚度和工件尺寸，以及材料某些物理性能等。

12.1　涡流检测的原理

电磁感应现象可通过以下试验观察到。

如图 12—1 所示，使线圈 1 与线圈 2 相靠近，在线圈 1 中通过交流电，在线圈 2 中就会感应产生交流电。这是由于线圈 1 通过交流电时，能产生随时间而变化的磁力线，这些磁力线穿过线圈 2，就使它感应产生交流电。如果用金属板代替线圈 2，同样可以使金属板导体产生交流电，如图 12—2 所示。交流磁场在这里感生出的交流电叫作涡流。

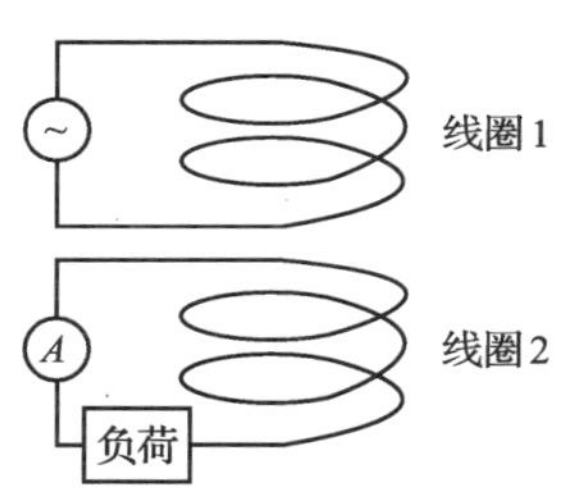

图 12—1　电磁感应现象

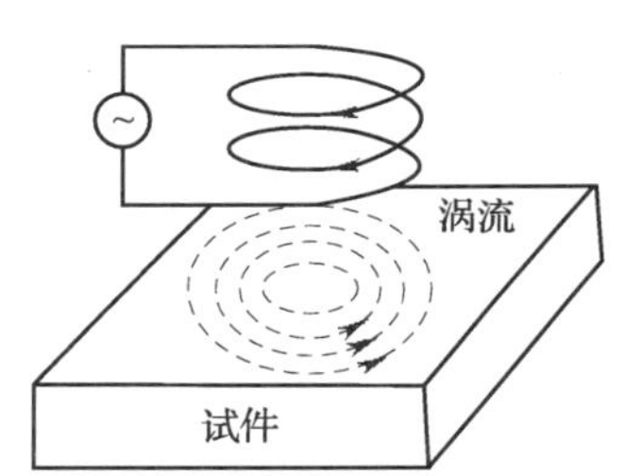

图 12—2　涡流的产生

在图 12—2 中，试件中的涡流方向与给试件施加交流磁场线圈（称为初级线圈或激磁线圈）的电流方向相反。由涡流所产生的交流磁场也产生磁力线，其磁力线也是随时间而变化，它穿过激磁线圈时又在线圈内感生出交流电。因为这个电流方向与涡流方向相反，结果就与激磁线圈中原来的电流（叫做激磁电流）方向相同了。这就是说线圈中的电流由于涡流的反作用而增加了。假如涡流变化的话，这个增加的部分（反作用电流）也变化。测定这个电流变化，就可以测得涡流的变化，从而可得到试件的信息。涡流的分布及其电流大小，是由线圈的形状和尺寸，交流频率（试验频率），导体的电导率、磁导率、形状和尺寸，导体与线圈间的距离，以及导体表面缺陷等因素所决定的。因此，根据检测到的试件中的涡流，就可以取得关于试件材质、缺陷和形状尺寸等信息。

根据电学原理，激磁电流和反作用电流的相位会出现一定差异。这个相位差随着试件的形状的不同而变化。所以这个相位的变化，也可以作为检测试件的信息来加以利用。

因为涡流是交流电，所以在导体的表面电流密度较大。随着向内部的深入，电流按指数函数而减小。这种现象叫做集肤效应。因此，从试件上取得的信息以表面上的最多，而内部的较少，缺陷越深，检测越难。涡流在深度方向上的分布可以用透入深度表示。透入深度被定义为这样的深度：在此处，涡流密度已减小到试件表面涡流密度的 e^{-1}（即 37%左右，e 为自然对数的底，约等于 2.718），相位已变化 1 rad（弧度）。频率、电导率和磁导率越大，透入深度就越小。碳钢同铝相比，碳钢的透入深度较小。

为增大透入深度，可降低涡流频率。近年来开发的远场涡流检测技术就是采用低频涡流，因此能穿透金属管壁，从而实现对金属管子内、外壁缺陷的检测。

12.2 涡流检测仪器、探头和对比试样

涡流检测系统一般包括涡流检测仪、检测线圈及辅助装置（如磁饱和装置、机械传动装置、记录装置、退磁装置等）。

涡流探伤仪都是由振荡器发生交流电通入线圈内，产生交流磁场，加到试件上去。仪器的组成如图 12—3 所示。

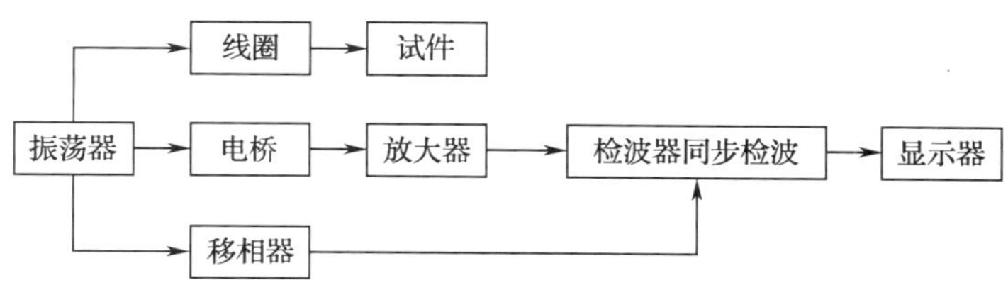

图 12—3 涡流探伤仪方框图

因为要求涡流检测检出很微小的缺陷，所以事前需要调整电桥，使没有缺陷时的交流电输出接近零。由电桥输出的电信号通过放大后送到检波器进行检波，并作为该试件的信息在显示器上显示出来。同步检波利用杂乱信号（即噪声）与缺陷信号的相位差把杂乱信号分离掉，只输出特定相位角的缺陷信号。因此必须事前调整好移相器。

从检波器输出的电信号通过滤波器送到显示器。显示器由示波器、电表、记录仪和指示灯等组成。

按试件的形状和检测目的的不同，采用不同形式的线圈。根据形状线圈可以大致分为穿过式线圈、探头式（放置式）线圈和插入式线圈三种，如图 12—4 所示。

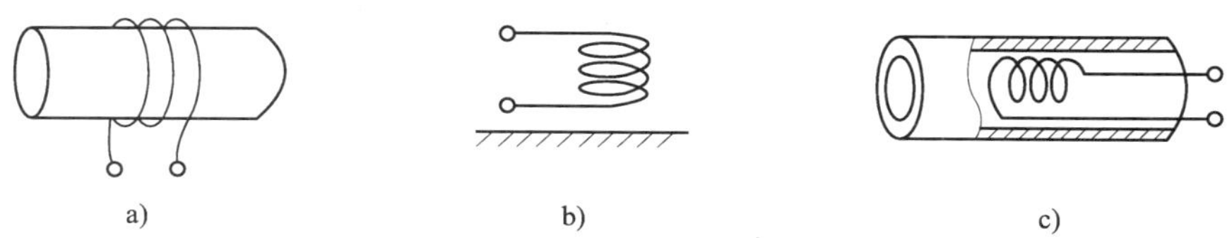

图 12—4 探测线圈的分类

a）穿过式线圈 b）探头式线圈 c）插入式线圈

穿过式线圈用来检测线材、棒材和管材，它的内径使其正好套在圆棒和管子上。探头式（放置式）线圈是放在板材、钢锭和棒材等表面之上用的，它尤其适用于局部检测。通常在线圈中装入磁芯，用来提高检测灵敏度。

插入式线圈也叫做内部探头，把它放在管子和孔内用来作内壁检测。同探头式线圈一样，在线圈中大多装有磁芯。

远场涡流检测探头一般为内穿过式，由激励线圈与检测线圈构成，检测线圈与激励线圈间距为2倍管内径长度。激励线圈通以低频交流电，检测线圈获取发自激励线圈穿过管壁后又回到管内壁的涡流信号。

对比试样用于调节涡流检测仪检测灵敏度、确定验收水平和保证检测结果准确性。对比试样应与被检对象具有相同或相近规格、牌号、热处理状态、表面状态和电磁性能。在对比试样上加工出规定尺寸和形状的人工缺陷，人工缺陷形状有孔和槽两类，包括通孔和不通的平底孔，纵向和周向槽等。对比试样应根据相关标准的要求制做。

12.3 涡流检测工艺要点

1. 试件表面的清理

探伤前要清理试件表面，除去对探伤有影响的附着物。

2. 探伤仪器的稳定

探伤仪器通电之后，应经过必要的稳定时间，方才可以选定试验规范并进行探伤。

3. 探伤规范的选择

（1）探伤频率的选定　选择探伤频率应考虑透入深度和缺陷及其他参数的阻抗变化，利用指定的对比试块上的人工缺陷找出阻抗变化最大的频率和缺陷与干扰因素阻抗变化之间相位差最大的频率。

（2）线圈的选择　线圈的选择要使它能探测出指定的对比试块上的人工缺陷，并且所选择的线圈要适合于试件的形状和尺寸。

（3）探伤灵敏度的选定　探伤灵敏度的选定是在其他调整步骤完成之后进行的，要把指定的对比试块的人工缺陷的显示图像调整在探伤仪器显示器的正常动作范围之内。

（4）平衡调整　应在实际探伤状态下，在试样无缺陷的部位进行电桥的平衡调整。

（5）相位角的选定　调整移相器的相位角，使得指定的对比试块的人工缺陷能最明显地探测出来，而杂乱信号最小。

（6）直流磁场的调整　对强磁性材料进行探伤时，用磁饱和装置对所检测的区域施加强直流磁场，使试件磁导率不均匀性所引起的杂乱信号降低到不影响探伤结果的水平。

4. 探伤试验

在选定的探伤规范下进行探伤。如果发现探伤规范有变化，应立即停止试验，重新调整之后再继续进行。

当线圈或试件被传送时，线圈与试件间距离的变动也会成为杂乱信号的原因。因此，必须注意保持固定的距离。另外，必须尽量保持固定的传送速度。

12.4 关于涡流检测特点的概括

涡流检测的特点（优点和局限性）如下：

1. 适用于各种导电材质的试件探伤。包括各种钢、钛、镍、铝、铜及其合金。
2. 可以检出表面和近表面缺陷。
3. 探测结果以电信号输出，容易实现自动化检测。
4. 由于采用非接触式检测，所以检测速度很快。
5. 对形状复杂的试件很难应用。因此一般只用其检测管材、板材等轧制型材。
6. 不能显示出缺陷图形，因此无法从显示信号、判断出缺陷性质。
7. 检测干扰因素较多，容易引起杂乱信号。
8. 由于集肤效应，埋藏较深的缺陷无法检出。
9. 不能用于不导电的材料。

第13章　声发射检测基础知识

13.1　声发射检测原理

材料或结构受外力或内力作用产生变形或断裂，以弹性波形式释放出应变能的现象称为声发射，也称为应力波发射。各种材料声发射的频率范围很宽，从次声频、声频到超声频。应力波在材料中传播，可以使用压电材料制作的换能器将其接收，并转换为电信号进行处理。

声发射检测就是通过探测受力时材料内部发出的应力波判断容器内部结构损伤程度的一种新的无损检测方法。它与X射线、超声波等常规检测方法的主要区别在于，声发射技术是一种动态无损检测方法。它能连续监视容器内部缺陷发展的全过程。

材料在力的作用下能产生多种声发射信号，但无损检测关注的主要是裂纹的形成和扩展。材料的断裂过程大致可分为三个阶段：①裂纹成核阶段；②裂纹扩展阶段；③最终断裂阶段。这三个阶段都可成为强烈的声发射源。单个原子排列位错滑移也会产生声发射，但裂纹形成产生的声发射比单个位错滑移产生的声发射至少大两个数量级。因此，能够将两者区别开来。

在微观裂纹扩展成为宏观裂纹之前，需要经过裂纹的慢扩展阶段。但裂纹扩展所需要的能量比裂纹成核需要的能量大100倍以上。裂纹向前扩展，积蓄的能量大部分是以弹性波的形式释放出来，使得裂纹扩展产生的声发射比裂纹成核的声发射大得多。

如果裂纹持续扩展，接近临界裂纹长度时，就开始失稳扩展。形成快速断裂。这时的声发射强度更大，以至于人耳都可听见。

13.2　声发射检测仪器

目前的声发射仪器大体可分为两种基本类型，即单通道声发射检测仪和多通道声发射源定位和分析系统。

单通道声发射检测仪一般采用一体结构，它由换能器、前置放大器、衰减器、主放大器门槛电路、声发射率计数器以及数模转换器组成（图13—1）。多通道的声发射检测系统则是在单通道的基础上增加了数字测定系统（时差测定装置等）以及计算机数据处理和外围显示系统。

1. 换能器

声发射装置使用的换能器与超声波检测的换能器相似，也是由壳体、保护膜、压电元件、阻尼块、连接导线及高频插座组成。压电元件通常使用锆钛酸铅、钛酸钡和铌酸锂等，但一般灵敏度比超声波换能器的灵敏度要高。常用换能器的谐振频率范围大致在100 kHz

至 400 kHz。工件中裂纹形成扩展或其他原因所发出的声发射信号，由换能器将弹性波变成电信号输入前置放大器。

2. 微信号的传输——前置放大器

声发射信号经换能器转换成电信号，其输出可低至十几微伏。这样微弱的信号若经过长的电缆输送，可能无法分辨出信号和噪声。设置低噪前置放大器，是为了增大信噪比，增加微弱信号的抗干扰能力。前置放大器的增益为 40～60 dB。

3. 信号频率的选择——滤波器

声发射信号是宽频谱的信号，频率范围可从几千赫兹到几兆赫兹。为了消除噪声，可选择需要的频率范围来检测。声发射信号频率范围为 60 kHz～2 MHz。

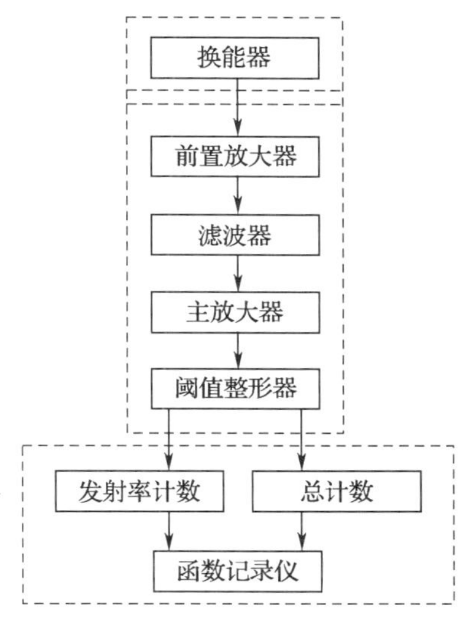

图 13—1　单通道声发射检测仪方框图

4. 主放大器和阈值整形器

目前一般选择的频率范信号经前述处理之后，再经过主放大器放大，整个系统的增益可达到 80～100 dB。

为了剔除背景噪声，设置适当的阈值电压，低于阈值电压的噪声波剔除，高于阈值电压的信号则经处理后，形成脉冲信号，包括振铃脉冲和事件脉冲。

5. 信号计数

声发射信号的计数包括事件计数和振铃计数。图 13—2 所示的一个突发信号波形进行包络检波后，信号电平超过了设定的阈值电压 V_t 后形成一个矩形脉冲。一个矩形脉冲叫做一个事件。这些事件脉冲数就是事件计数。单位时间的事件计数称为事件计数率，其计数的累积就称为事件总数。

如图 13—3 所示。设置一个阈值电压 V_t，当振铃波形超过这个阈值电压时，超过的部分就形成矩形脉冲。这些矩形脉冲的计数就是振铃计数，又称声发射撞击数。图 13—3 所示的振铃计数（撞击数）为 4。单位时间的振铃计数称为声发射率，累加起来称为振铃总数。

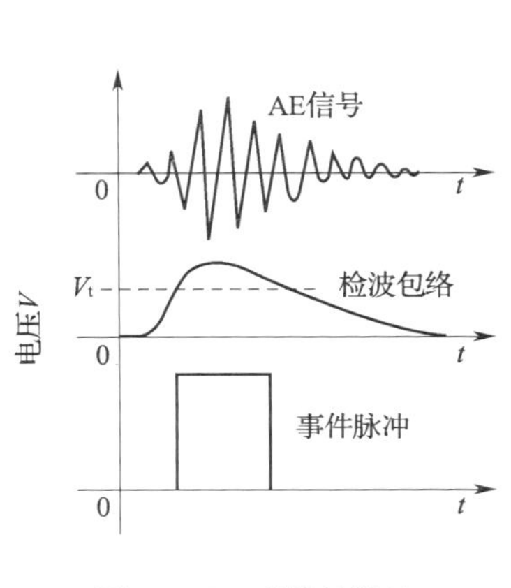

图 13—2　事件计数法

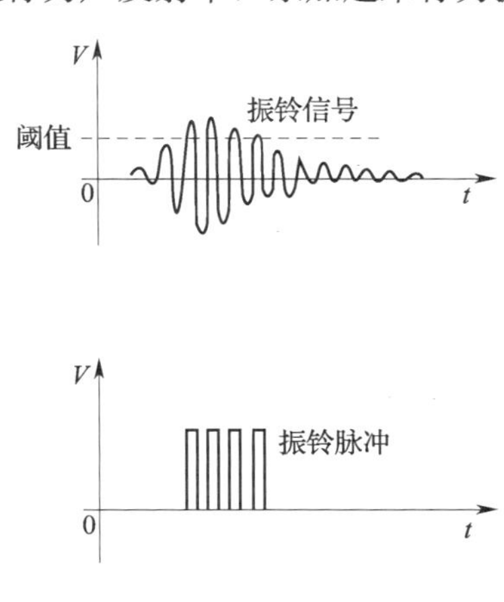

图 13—3　振铃计数法

13.3　压力容器的声发射检测

承压类特种设备中，以压力容器声发射检测应用最多。压力容器声发射检测应按照 GB/T 18182—2000《金属压力容器声发射检测及结果评价方法》的有关规定执行。

现就压力容器耐压试验时进行声发射检测的程序，简单介绍如下：

1. 准备工作

包括耐压试验准备和声发射检测准备，后者包括检测方案和设备器材准备。

2. 布置换能器和校准声发射仪器

包括确定使用通道数；换能器布置方式和位置；施加耦合剂；固定换能器；用模拟声发射源检查和校正耦合质量，信号衰减特性，换能器间距，各通道增益，源定位精度；并根据背景噪声调整门槛电压。

3. 升压并进行声发射检测

试验应尽可能采用两次加压循环过程。在升压和保压过程中应连续测量和记录声发射各参数。声发射检测参数至少应包括以下三个：声发射事件数、声发射源位置、声发射信号幅度。

4. 检测结果的分析与评价

按活度和强度划分声发射源的等级，并确定源的综合等级。活度是指声发射源的事件数随着加压过程或时间变化的程度。当事件数随着升压或保压呈快速增加时，则认为该部位的源具有强活性；当事件数随着升压或保压呈连续增加时，则认为该部位的源具有活性。如果在升压和保压过程中事件数是离散的，或间断出现的，则认为该部位的源是弱活性或非活性的。

源的强度用能量、幅度或计数参数来表示。声发射信号的幅度 Q 与材料特性有关，标准规定，对 16 MnR，$Q>80$ dB 为高强度源，60 dB$\leqslant Q\leqslant$80 dB 为中强度源。

源的综合等级根据活度和强度分为 6 级，其中 A 级声发射源不需复验，B、C 级由检验人员决定是否复验，D、E、F 级声发射源必须采用常规无损检测方法复验。

13.4　关于声发射检测特点的概括

声发射检测的特点（优点和局限性）如下：

1. 能够探测出活动的缺陷，即材料的断裂与裂纹扩展，从而为使用安全性评价提供依据。
2. 可远距离操作，实现对设备运行状态和缺陷扩展情况的监控。
3. 无法探测静态缺陷。
4. 设备价格较高。
5. 检测试验过程干扰因素较多。

第14章 无损检测方法的应用选择

承压类特种设备制造过程中的无损检测的应用，以及各种检测方法对检测对象的适应性小结如下：

14.1 承压类特种设备制造过程中无损检测方法的选择

1. 原材料检验

(1) 板材　UT。

(2) 锻件和棒材　UT、MT (PT)。

(3) 管材　UT (RT)、MT (PT)。

(4) 螺栓　UT、MT (PT)。

2. 焊接检验

(1) 坡口部位　UT、PT (MT)。

(2) 清根部位　PT (MT)。

(3) 对接焊缝　RT (UT)、MT (PT)。

(4) 角焊缝和T形焊缝　UT (RT)、PT (MT)。

3. 其他检验

(1) 工卡具焊疤　MT (PT)。

(2) 复合材料复合层检测，爆炸复合层　UT。

(3) 复合材料复合层检测，堆焊复合层，堆焊前　MT (PT)。

(4) 复合材料复合层检测，堆焊复合层，堆焊后　UT、PT。

(5) 水压试验后　MT。

14.2 检测方法对检测对象的适应性（见表14—1）

表14—1　检测方法对检测对象的适应性

	检测对象	内部缺陷检测方法		表面近表面缺陷检测方法		
		RT	UT	MT	PT	ET
试件分类	锻件	×	●	●	●	△
	铸件	●	○	●	○	△
	压延件（管、板、型材）	×	●	●	○	●
	焊缝	●	●	●	●	×

续表

		检测对象	内部缺陷检测方法		表面近表面缺陷检测方法		
			RT	UT	MT	PT	ET
缺陷分类	内部缺陷	分层	×	●	—	—	—
		疏松	×	○	—	—	—
		气孔	●	○	—	—	—
		缩孔	●	○	—	—	—
		未焊透	●	●	—	—	—
		未熔合	△	●	—	—	—
		夹渣	●	○	—	—	—
		裂纹	○	○	—	—	—
		白点	×	○	—	—	—
	表面缺陷	表面裂纹	△	△	●	●	●
		表面针孔	○	×	△	●	△
		折叠	—	—	○	○	○
		断口白点	×	×	●	●	—

注：●很适用；○适用；△有附加条件适用；×不适用；—不相关

附录 A1

《蒸汽锅炉安全技术监察规程》(1996)有关无损检测的规定

第一章　总则

第 1 条　为了确保锅炉安全运行，保护人身安全，促进国民经济的发展，根据《锅炉压力容器安全监察暂行条例》的有关规定，制定本规程。

第 2 条　本规程适用于承压的以水为介质的固定式蒸汽锅炉及锅炉范围内管道的设计、制造、安装、使用、检验、修理和改造。

汽水两用锅炉除应符合本规程的规定外，还应符合《热水锅炉安全技术监察规程》的有关规定。

本规程不适用于水容量小于 30 L 的固定式承压蒸汽锅炉和原子能锅炉。

第五章　受压组件的焊接

（一）一般要求

第 68 条　锅炉受压组件的焊接接头质量应进行下列项目的检查和试验：

1. 外观检查。
2. 无损探伤检查。
3. 力学性能试验。
4. 金相检验和断口检验。
5. 水压试验。

第 70 条　焊接质量检验报告及无损探伤记录（包括底片），由施焊单位妥善保存至少 5 年或移交使用单位长期保存。

（二）焊接工艺要求和焊后热处理

第 78 条　需要焊后热处理的受压组件，接管、管座、垫板和非受压组件等与其连接的全部焊接工作，应在最终热处理之前完成。

已经热处理过的锅炉受压组件，如锅筒和集箱等，应避免直接在其上焊接非受压组件。如不能避免，在同时满足下列条件下，焊后可不再进行热处理：

1. 受压组件为碳素钢或碳锰钢材料。
2. 角焊缝的计算厚度不大于 10 mm。
3. 应按经评定合格的焊接工艺施焊。
4. 应对角焊缝进行 100%表面探伤。

此外，锅炉制造单位应对受压件现场焊接连接件提出检验方法和质量保证措施。

（四）无损探伤检查

第 81 条　无损探伤人员应按劳动部颁发的《锅炉压力容器无损检测人员资格考核规则》考核，取得资格证书，可承担与考试合格的种类和技术等级相应的无损探伤工作。

第82条 锅筒（锅壳）的纵向和环向对接焊缝、封头（管板）、下脚圈的拼接焊缝以及集箱的纵向对接焊缝无损探伤检查的数量如下：

1. 额定蒸汽压力小于或等于0.1 MPa的锅炉，每条焊缝应进行10%射线探伤（焊缝交叉部位必须在内）。

2. 额定蒸汽压力大于0.1 MPa但小于或等于0.4 MPa的锅炉，每条焊缝应进行25%射线探伤（焊缝交叉部位必须在内）。

3. 额定蒸汽压力大于0.4 MPa但小于2.5 MPa的锅炉，每条焊缝应进行100%射线探伤。

4. 额定蒸汽压力大于或等于2.5 MPa但小于3.8 MPa的锅炉，每条焊缝应进行100%超声波探伤至少25%射线探伤，或进行100%射线探伤。焊缝交叉部位及超声波探伤发现的质量可疑部位应进行射线探伤。

5. 额定蒸汽压力大于或等于3.8 MPa的锅炉，每条焊缝应进行100%超声波探伤加至少25%射线探伤。焊缝交叉部位及超声波探伤发现的质量可疑部位必须进行射线探伤。

封头（管板）、下脚圈的拼接焊缝的无损探伤应在加工成形后进行。

电渣焊焊缝的超声波探伤应在焊缝正火热处理后进行。

本条规定了锅筒及集箱无损探伤的数量和比例。

与原规程比较，本条主要修订内容有：

(1) 0.1 MPa及以下压力的锅炉，探伤比例由原来的25%，降低为10%，这条的修订主要也是考虑到小型锅炉安全裕度较大，这样处理后可降低成本，提高抵制土锅炉的能力。

(2) 新增0.4 MPa及以下压力的锅炉25%的探伤比例，主要是考虑到E_1级锅炉完全按大型锅炉的要求，进行100%探伤有些过严而修改的。

(3) 新增压力为2.5～3.8 MPa档内的锅炉，探伤可100%射线，亦可100%超声加25%射线，新增这一档，主要是为了使不同企业按照自己的设备情况，在保证质量的前提下，自由选择不同的探伤方法和比例。

(4) 明确了封头（管板）、下脚圈的拼接焊缝无损探伤应在加工成型后进行。上述拼接焊缝中如果存在缺陷，则在加工过程中，缺陷有可能发生变化，原来合格范围内的缺陷、经过加工变形后，也可能成为不允许的缺陷，因而这些焊缝的无损探伤应在加工成形之后进行。以前在许可证审查时，我们虽有此要求，但无明确规定，为此，新增此内容，以明确统一要求。

关于压力大于或等于3.8 MPa锅炉探伤的问题，仍保留了100%超声加25%射线探伤比例，个别企业提出能否增加100%射线加25%超声的选择，考虑到大锅炉，厚壁的情况下，超探的灵敏度要高于射线探伤，且经济性较好，现一般都采用此种探伤配比。因而此次不再增加此项内容了。

第83条 炉胆的纵向和环向对接焊缝、回燃室的对接焊缝及炉胆顶的拼接焊缝的无损探伤数量如下：

1. 额定蒸汽压力小于或等于0.1 MPa的锅炉，每条焊缝应进行10%射线探伤（焊缝交叉部位必须在内）。

2. 额定蒸汽压力大于0.1 MPa的锅炉，每条焊缝应进行25%射线探伤（焊缝交叉部位必须在内）。

第 84 条 额定蒸汽压力小于或等于 1.6 MPa 的内燃壳锅炉，其管板与炉胆、锅壳的角接连接焊缝的探伤数量如下：

1. 管板与锅壳的 T 形连接部位的每条焊缝应进行 100%超声波探伤。

2. 管板与炉胆、回燃室及其 T 形连接部位的焊缝应进行 50%超声波探伤。

本条款规定了卧式内燃锅炉 T 形连接焊缝的探伤比例。

该条款属新增条款，主要是在增加 T 形连接的基础上，对该焊缝的无损探伤比例和方法提出具体要求。

第 85 条 集箱、管子、管道和其他管件的环焊缝（受热面管子接触焊除外），射线或超声波探伤的数量规定如下：

1. 当外径大于 159 mm，或者壁厚大于或等于 20 mm 时，每条焊缝应进行 100%探伤。

2. 外径小于或等于 159 mm 的集箱环缝，每条焊缝长度应进行 25%探伤，也可不少于每台锅炉集箱环缝条数的 25%。

3. 工作压力大于或等于 9.8 MPa 的管子，其外径小于或等于 159 mm 时，制造厂内为接头数的 100%，安装工地至少为接头数的 25%。

4. 工作压力大于或等于 3.8 MPa 但小于 9.8 MPa 的管子，其外径小于或等于 159 mm 时，制造厂内至少为接头数的 50%，安装工地至少为接头数的 25%。

5. 工作压力大于或等于 0.10 MPa 但小于 3.8 MPa 的管子，其外径小于或等于 159 mm 时，制造厂内及安装工地应各至少抽查接头数的 10%。

本条规定了管件类连接环缝的无损探伤比例。

与原规程相比，主要变动内容有：

（1）将原 94）款中 0.1 MPa 至 9.8 MPa 管子一档分为二档，即 0.1 MPa 至小于 3.8 MPa 为一档，3.8 MPa 至 9.8 MPa 为一档，这样调整后，避免了原跨度过大，统一要求困难的缺陷。

（2）较大幅度地调整了管子对接探伤比例，原来规定为 2%～5%的探伤比例，实际情况看，质量保证不力，安装工地常常发现制造质量问题，而对于安装工地的探伤比例，同有关安装规范相比，要求过低，因而此次进行了较大的调整，对于 0.1 MPa 至 3.8 MPa 内的管子对接探伤比例为，制造厂内和安装工地至少 10%。对于 3.8 MPa 范围内的管子对接，工厂内 50%，安装工地 25%。

第 86 条 额定蒸汽压力大于或等于 3.8 MPa 的锅炉，集中下降管的角接接头应进行 100%射线或超声波探伤；每个锅筒和集箱上的其他管接头角接接头，应进行至少 10%的无损探伤抽查。

第 87 条 对接接头的射线探伤应按 GB 3323《钢熔化焊对接接头射线照相和质量分级》的规定执行。射线照相的质量要求不应低于 AB 级。

额定蒸汽压力大于 0.1 MPa 的锅炉，对接接头的质量不低于Ⅱ级为合格；额定蒸汽压力小于或等于 0.1 MPa 的锅炉，对接接头的质量不低于Ⅲ级为合格。

第 88 条 对接接头的超声波探伤，当壁厚小于或等于时，应按 JB 1152《锅炉和钢制压力容器对接焊缝超声波探伤》的规定进行；当壁厚超过 120 mm 时，可按 GB 11345《钢焊缝手工超声波探伤方法和探伤结果分级》的规定进行；管子和管道的对接接头超声波探伤可按 SDJ 67《电力建设施工及验收技术规范（管道焊缝超声波检验篇）》的规定进行；超出 SDJ 67 适用范围的，按企业标准执行。

采用超声波探伤时，对接接头的质量不低于Ⅰ级为合格。

本条规定了超声波探伤执行标准的有关规定。

与原规程相比，主要修改内容为

(1) 明确了 JB 1152 适用范围内仍采用 JB 1152，对于 120 mm 以上壁厚的超探，可按 GB 11345 执行。JB 1152 是我国锅炉行业多年探伤经验的总结。执行多年反映良好，特别是对于中等厚度内的板材，灵敏度较适应，而 GB 11345 除了试块更新等问题外，对于中厚板，灵敏度不如 JB 1152 合理，因此，此次再次明确了 JB 1152 的合法地位。对于 120 mm 以上的板材，可按 GB 11345 执行。

(2) 考虑到 SDJ 67 标准适用范围为 15～120 mm 的壁厚，且管径大于 150 mm 的管子超探，而在此范围之外的超探，以前没说明，本次修订明确由企业自定标准。

第 89 条 集中下降管的角接接头的超声波探伤可按 JB 3144《锅炉大口径管座角焊缝超声波探伤》的规定执行。

卧式内燃锅壳锅炉的管板与炉胆、锅壳的 T 形接头的超声波探伤按有关规定进行。

本条款规定了集中下降管和卧式内燃炉 T 形接头探伤方法和标准。

该条款属新增条款，主要内容有：

(1) 明确了集中下降管超探的标准，按照 JB 3144 执行，一来方便企业，二来统一要求。

(2) 关于卧式内燃锅炉 T 形焊缝超声波探伤的标准问题，以前，我们曾以劳锅局[1990] 8 号文做过规定，由企业自己做工艺试验，形成企业的标准经劳动部批准后执行，近年行业虽有了一个相应标准，但问题不少，实际执行尚有差距，因而本次规定中大致讲了按有关规定执行，而无法明确执行标准，我们拟在前几年行业有关工作的基础上，进行总结，形成一套切实可行的规定，以利统一标准，方便企业。

第 90 条 焊缝用超声波和射线两种方法进行探伤时，按各自标准均合格者，方可认为焊缝探伤合格。

第 91 条 经过部分射线或超声波探伤检查的焊缝，在探伤部位任意一端发现缺陷有延伸的可能时，应在缺陷的延长方向做补充射线或超声波探伤检查。在抽查或在缺陷的延长方向补充检查中有不合格缺陷时，该条焊缝应做抽查数量双倍数目的补充探伤检查。补充检查后，仍有不合格时，该条焊缝应全部进行探伤。

受压管道和管子对接接头做探伤抽查时，如发现有不合格的缺陷，应做抽查数量的双倍数目的补充探伤检查。如补充检查仍不合格，应对该焊工焊接的全部对接接头做探伤检查。

本条规定了局部探伤后，出现不合格问题的补探要求。

该条款主要修订内容有：

(1) 将原两端发现缺陷有延伸可能时，进一步明确为任意一端，其内涵无变化。

(2) 增加出现不合格缺陷时，应补做原抽探比例双倍数目的探伤。按原规程要求。只要探伤不合格时，应全部焊缝进行探伤。这样要求有些过严。因而本次修订为一次不合格，应补做原抽探比例双倍数目补探，仍不合格时，才全部探伤。

（六）金相检验和断口检验

第 110 条 额定蒸汽压力大于或等于 3.8 MPa 的锅炉，受热面管子的对接接头应做断口检验。

每 200 个焊接接头抽查一个，不足 200 个的也应抽查一个。100%探伤合格或氩弧焊焊接（含氩弧焊打底手工电弧焊盖面）的对接接头可免做断口检验。

断口检验包括整个焊缝断面。断口检验的合格标准见表 5—2（略）。

（七）水压试验

第 111 条 受压焊件的水压试验应在无损探伤和热处理后进行。

1. 单个锅筒和整装出厂的焊制锅炉，应按本规程第 207 条的试验压力在制造单位进行水压试验。

2. 散件出厂锅炉的集箱及其类似组件，应以组件工作压力的 1.5 倍压力在制造单位进行水压试验，并在试验压力下保持 5 min。小于或等于 2.5 MPa 锅炉无管接头的集箱，可不单独进行水压试验。

3. 对接焊接的受热面管子及其他受压管件，应在制造单位逐根逐件进行水压试验，试验压力应为组件工作压力的 2 倍（对于额定蒸汽压力大于或等于 13.7 MPa 的锅炉，此试验的压力可为 1.5 倍），并在此试验压力下保持 10～20 s。如对接焊缝经氩弧焊打底并 100%无损探伤检查合格，能够确保焊接质量，在制造单位内可不做此项水压试验。工地组装的受热面管子、管道的焊接接头可与本体同时进行水压试验。

水压试验方法应按照本规程第 208 条的规定进行。

水压试验的结果，应符合本规程第 209 条的规定。

（八）焊接接头的返修

第 112 条 如果受压组件的焊接接头经无损探伤发现存在不合格的缺陷，施焊单位应找出原因，制订可行的返修方案，才能进行返修。补焊前，缺陷应彻底清除。补焊后，补焊区应做外观和无损探伤检查。要求焊后热处理的组件，补焊后应做焊后热处理。同一位置上的返修不应超过三次。

第 117 条 采用堆焊修理锅筒（锅壳），堆焊后应进行渗透探伤或磁粉探伤。

第 120 条 受压组件更换、挖补、主焊缝补焊的焊缝，应按本章中有关规定进行无损探伤检查。

附录 A2

《热水锅炉安全技术监察规程》(1997)有关无损检测的规定

第一章　总则

第 1 条　为了保证热水锅炉安全经济运行，促进国民经济的发展，保护人身安全，根据《锅炉压力容器安全监察暂行条例》的有关规定，特制定本规程。

第 2 条　本规程适用于同时符合下列条件的以水为介质的固定式热水锅炉（以下简称锅炉）：

(1) 额定热功率大于或等于 0.1 MW。

(2) 额定出水压力大于或等于 0.1 MPa（表压、下同）。

对于上述范围以外的固定式承压锅炉，省级劳动部门锅炉压力容器安全监察机构可参照本规程结合本地具体情况制订安全监察规定。

汽水两用锅炉应符合《蒸汽锅炉安全技术监察规程》，并应符合本规程。

第五章　受压组件的焊接

第一节　一般要求

一、经过部分射线探伤检查的焊缝，在探伤部位任意一端发现缺陷有延伸的可能时，应在缺陷的延长方向做补充射线探伤检查。在抽查或在缺陷的延长方向补充检查中有不合格缺陷时，该条焊缝应做抽查数量双倍数目的补充探伤检查。补充检查后，仍不合格时，该条焊缝应全部进行探伤。

受压管道和管子对接接头做探伤抽查时，如发现不合格的缺陷，应做抽查数量的双倍数目的补充探伤检查。如补充检查仍不合格，应对该焊工焊接的全部对接接头做探伤检查。

第 48 条　锅炉受压组件的焊接接头质量应从以下四个方面进行检查和试验。

(1) 外观检查；

(2) 无损探伤检查；

(3) 力学性能试验；

(4) 水压试验。

第 50 条　焊接质量检验报告及无损探伤记录（包括底片），由施焊单位妥善保存至少 5 年或移交使用单位长期保存。

第四节　无损探伤检查

第 60 条　无损探伤人员应按原劳动人事部颁发的《锅炉压力容器无损检测人员资格考核规则》考核，取得资格证书，且只能承担与考试合格的种类和技术等级相应的无损探伤工作。

第 61 条　锅筒的纵向和环向对接焊缝、封头（管板）的拼接焊缝以及集箱的纵向对接焊缝的射线探伤数量如下：

（1）对于额定出口热水温度高于或等于120℃的锅炉，每条焊缝100%。

（2）对于额定出口热水温度低于120℃的锅炉，每条焊缝至少25%（必须包括焊缝交叉部位）。

第62条 炉胆的纵向和环向对接焊缝，炉胆顶的接接焊缝，其射线探伤数量为每条焊缝至少25%（必须包括焊缝交叉部位）。

第63条 对于集箱、管子、管道和其他管件的环焊缝，射线探伤的数量规定见表5—1。

表5—1

锅炉额定出口热水温度℃ / 元件种类 / 外径mm	≥120		<120	
	集箱	管道、管子、管件	集箱	管道、管子、管件
>159	100%		≥25%	
≤159	≥25%*	≥2%	≥10%*	可免查

*按每条环缝的长度计算，也允许按环缝的条数计算。

第64条 对接焊缝的射线探伤应按GB 3323《钢熔化焊对接接头射线照相和质量分级》的规定执行。射线照相的质量要求不应低于AB级。

对于额定出口热水温度高于或等于120℃的锅炉，对接焊缝的质量不低于Ⅱ级为合格；对于额定出口热水温度低于120℃的锅炉，对接焊缝的质量不低于Ⅲ级为合格。

第65条 经过部分射线探伤检查的焊缝，在探伤部位两端发现有不允许的缺陷时，应在缺陷的延长方向做补充射线探伤检查。补充检查后，对焊缝质量仍有怀疑时，该焊缝应全部进行射线探伤。

锅炉范围内的受压管道和管子对接接头，如发现有不能允许的缺陷，应做双倍数目的补充探伤检查。如补充检查仍不合格，应对该焊工焊接的全部对接接头做探伤检查。

第五节 焊接接头的力学性能试验

第67条 检查试件经过外观检查和无损探伤检查后，在合格部位制取试样。需要返修检查试件的焊缝时，其焊接工艺应与产品焊缝返修的焊接工艺相同。

第七节 焊接接头的返修

第72条 如果受压组件的焊接接头存在不允许的缺陷，施焊单位应找出原因，制订可行的返修方案才能进行返修。补焊前，缺陷应彻底清除。补焊后，补焊区应做外观和无损探伤检查。要求焊后热处理的组件，补焊后应做焊后热处理。同一位置上的返修不应超过三次。

第八节 用焊接的方法修理

第75条 在锅筒和炉胆挖补、更换封头或管板、去除裂纹后的补焊之后，应对焊缝按有关规定进行外观检查、射线探伤或超声波探伤、水压试验。

对接焊缝的超声波探伤应按JB 1152《锅炉和钢制压力容器对接焊缝超声波探伤》的规定执行。对于额定出口热水温度高于或等于120℃的锅炉，对接焊缝质量达到Ⅰ级为合格。对于额定出口热水温度低于120℃的锅炉，对接焊缝质量不低于Ⅱ级为合格。

附录 A3

《有机热载体炉安全技术监察规程》(1993)有关无损检测的规定

第 1 条 为了提高有机热载体炉设计、制造、使用等方面安全技术管理水平，保证有机热载体炉安全运行，根据《锅炉压力容器安全监察暂行条例》的要求，制定本规程。

第 2 条 本规程适用于固定式的有机热载体气相炉（以下简称气相炉）和有机热载体液相炉（以下简称液相炉）。

本规程也适用于以电加热的有机热载体炉，但电器加热部分除外。

第 3 条 本规程规定了有机热载体炉的特殊要求。有机热载体炉的设计、制造、安装、使用、检验、修理、改造等环节应符合《锅炉压力容器安全监察暂行条例》和本规程的规定。此外，气相炉还应符合《蒸汽锅炉安全技术监察规程》有关要求；液相炉还应符合《热水锅炉安全技术监察规程》有关要求。

各级劳动行政主管部门负责监督本规程的执行。

第 6 条 受压组件焊接与探伤应符合下列要求：

1. 管子与锅筒、集箱、管道应采用焊接连接。

2. 锅筒筒体的纵缝、环缝和封头拼接缝必须采用埋弧自动焊，当受工装限制时锅筒最后一道环缝的内侧允许采用手工电弧焊。

3. 有机热载体炉的受热面管的对接焊缝应采用气体保护焊。

4. 锅筒的纵环焊缝、封头的拼接缝应进行 100%的射线探伤或 100%超声波探伤加至少 25%的射线探伤；受热面管的对接焊缝应进行射线探伤抽查，其数量为：辐射段不低于接头数的 10%，对流段不低于 5%。抽查不合格时，应以双倍数量进行复查。

5. 批量生产的气相炉的锅筒每 10 台做一块（不足 10 台也做一块）纵缝焊接检查试板；液相炉的锅筒及管子，管道对接接头可免做焊接检查试板。

有机热载体炉的焊接工艺评定应按《蒸汽锅炉安全技术监察规程》的规定执行。

第 6 条说明：关于接接头的探伤是在听取有关单位意见基础上，参照国外有关规范的规定而做出的。本规程没有按气相炉和液相炉对探伤分别提出要求，而是根据不同受压组件提出了不同要求。

1. 锅筒的纵环焊缝、封头拼接缝为 100%射线或 100%超声波加至少 25%射线探伤，完全可以查出焊缝中存在的缺陷，达到安全要求，又可以降低生产成本。25%射线探伤必须包括纵缝和环缝交叉接头部分。

2. 对于受热面管的对接接头的探伤，是按受热情况不同分别提出要求。受热不同是指受辐射热和对流热。在征求意见稿中，有的单位认为要求低了，建议改为 100%和 50%为宜；有的单位认为这一要求还可以低一些。经分析研究，我们采纳了后一种意见，辐射段不低于10%射线探伤抽查；对流段不低于5%射线探伤抽查。主要考虑受热面管的对接焊缝规定要采用气体保护焊，质量可以得到保证。另外，本规程还对探伤方法和抽查率的计算做出了规定，使本规程更具有可操作性。

附录 A4

《压力容器安全技术监察规程》(1999)有关无损检测的规定

第一章　总则

第 1 条　为了保证压力容器的安全运行，保护人民生命和财产的安全，促进国民经济的发展，根据《锅炉压力容器安全监察暂行条例》的有关规定，制定本规程。

第 2 条　本规程适用范围如下：

1. 本规程适用于同时具备下列条件的压力容器：

(1) 最高工作压力 (p_w) (注 1) 大于等于 0.1 MPa (不含液体静压力，下同)；

(2) 内直径 (非圆形截面指其最大尺寸) 大于等于 0.15 m，且容积 (V) (注 2) 大于等于 0.025 m^3；

(3) 盛装介质为气体、液化气体或最高工作温度高于等于标准沸点的液体。(注 3)

2. 本规程第三章、第四章和第五章适用于下列压力容器：

(1) 与移动压缩机一体的非独立的容积小于等于 0.15 m^3 的储罐、锅炉房内的分汽缸；

(2) 容积小于 0.025 m^3 的高压容器；

(3) 深冷装置中非独立的压力容器、直燃型吸收式制冷装置中的压力容器、空分设备中的冷箱；

(4) 螺旋板换热器；

(5) 水力自动补气气压给水 (无塔上水) 装置中的气压罐，消防装置中的气体或气压给水 (泡沫) 压力罐；

(6) 水处理设备中的离子交换或过滤用压力容器、热水锅炉用膨胀水箱；

(7) 电力行业专用的全封闭式组合电器 (电容压力容器)；

(8) 橡胶行业使用的轮胎硫化机及承压的橡胶模具。

3. 本规程适用于上述压力容器所用的安全阀、爆破片装置、紧急切断装置、安全联锁装置、压力表、液面计、测温仪表等安全附件。

4. 本规程适用的压力容器除本体外还应包括：

(1) 压力容器与外部管道或装置焊接连接的第一道环向焊缝的焊接坡口、螺纹连接的第一个螺纹接头、法兰连接的第一个法兰密封面、专用连接件或管件连接的第一个密封面；

(2) 压力容器开孔部分的承压盖及其紧固件；

(3) 非受压元件与压力容器本体连接的焊接接头。

第 3 条　本规程不适用于下列压力容器：

1. 超高压容器

2. 各类气瓶

3. 非金属材料制造的压力容器

4. 核压力容器、船舶和铁路机车上的附属压力容器、国防或军事装备用的压力容器、真空下工作的压力容器（不含夹套压力容器）、各项锅炉安全技术监察规程适用范围内的直接受火焰加热的设备（如烟道式余热锅炉等）。

5. 正常运行最高工作压力小于 0.1 MPa 的压力容器（包括在进料或出料过程中需要瞬时承受压力大于等于 0.1 MPa 的压力容器，不包括消毒、冷却等工艺过程中需要短时承受压力大于等于 0.1 MPa 的压力容器）。

6. 机器上非独立的承压部件（包括压缩机、发电机、泵、柴油机的气缸或承压壳体等，不包括造纸、纺织机械的烘缸、压缩机的辅助压力容器）。

7. 无壳体的套管换热器、波纹板换热器、空冷式换热器、冷却排管。

注 1：

①承受内压的压力容器，其最高工作压力是指在正常使用过程中，顶部可能出现的最高压力；

②承受外压的压力容器，其最高工作压力是指压力容器在正常使用过程中，可能出现的最高压力差值；对夹套容器指夹套顶部可能出现的最高压力差值。

注 2：p 代表设计压力，p_w代表最高工作压力，V 代表容积。容积是指压力容器的几何容积，即由设计图样标注的尺寸计算（不考虑制造公差）并圆整，且不扣除内件体积的容积。多腔压力容器（如换热器的管程和壳程、余热锅炉的汽包和换热室、夹套容器等）按照类别高的压力腔作为该容器的类别并按该类别进行使用管理。但应按照每个压力腔各自的类别分别提出设计、制造技术要求。对各压力腔进行类别划定时，设计压力取本压力腔的设计压力，容积取本压力腔的几何容积。

注 3：容器内主要介质为最高工作温度低于标准沸点的液体时，如气相空间（非瞬时）大于等于 0.025 m^3，且最高工作压力大于等于 0.1 MPa 时，也属于本规程的适用范围。

第二章　材料

第 14 条　用于制造压力容器壳体的碳素钢和低合金钢钢板，凡符合下列条件之一的，应逐张进行超声检测：

1. 盛装介质毒性程度为极度、高度危害的压力容器。

2. 盛装介质为液化石油气且硫化氢含量大于 100 mg/L 的压力容器。

3. 最高工作压力大于等于 10 MPa 的压力容器。

4. GB 150 第 2 章和附录 C、GB 151《管壳式换热器》、GB 12337《钢制球形储罐》及其他国家标准和行业标准中规定应逐张进行超声检测的钢板。

钢板的超声检测应按 JB 4730《压力容器无损检测》的规定进行。用于本条第 1、第 2、第 5 款所述容器的钢板的合格等级应不低于Ⅱ级；用于本条第 3 款所述容器的钢板的合格等级不应低于Ⅲ级，用于本条第 4 款所述容器的钢板，合格等级应符合 GB 150、GB 151 或 GB 12337 的规定。

移动式压力容器罐体应每批抽 2 张钢板进行夏比（V 形缺口）低温冲击试验，试验温度为－20℃或按图样规定，试件取样方向为横向。低温冲击功指标应符合 GB 150 附录 C

的规定。

第20条 钛材（指工业纯钛、钛合金及其复合材料，下同）制造压力容器受压组件，应符合下列要求：

1. 设计温度：工业纯钛不应高于230℃，钛合金不应高于300℃，钛复合板不应高于350℃。

2. 用于制造压力容器壳体的钛材应在退火状态下使用。

3. 钛材压力容器封头成形应采用热成形或冷成形后热校形。对成形的钛钢复合板封头，应做超声检测。

4. 钛材压力容器一般不要求进行热处理，对在应力腐蚀环境中使用的钛容器或使用中厚板制造的钛容器，焊后或热加工后应进行消除应力退火。钛钢复合板爆炸复合后，应做消除应力退火处理。

5. 钛材压力容器的下列焊缝应进行渗透检测：

（1）接管、法兰、补强圈与壳体或封头连接的角焊缝；

（2）换热器管板与管子连接的焊缝；

（3）钛钢复合板的复层焊缝及镶条盖板与复合板复层的搭接焊缝。

第21条 镍材（指镍和镍基合金及其复合材料，下同）制造压力容器受压组件，应符合下列要求：

1. 设计温度：退火状态的纯镍材料不应高于650℃，镍一铜合金不应高于480℃，镍一铬一铁合金不应高于650℃，镍一铁一铬合金不应高于900℃。

2. 用于制造压力容器主要受压组件的镍材应在退火状态下使用，换热器用纯镍管应在消除应力退火状态下使用。

3. 镍材压力容器封头采用热成形时应严格控制加热温度。对成形的镍钢复合板封头，应做超声检测。

4. 镍材热成形的加热温度及加热炉气氛应严格控制，防止硫脆污染。推荐的热加工温度范围是：

（1）工业纯镍（N 6－2.5－1.5）为280～350℃；

（2）蒙乃尔（NCU 28－2.5－1.5）为350～500℃；

（3）Inconel（NS312）为470～550℃；

（4）Hastelloy（NS 334）为930～1 200℃。

5. 镍材压力容器一般不要求进行焊后热处理，如有特殊要求，应按图样上的规定进行焊后热处理。镍钢复合板爆炸复合后，应做消除应力退火处理。

6. 镍材压力容器的下列焊缝应进行磁粉或渗透检测：

（1）接管、法兰、补强圈与壳体或封头连接的角焊缝；

（2）换热器管板与管子连接的焊缝；

（3）镍钢复合板的复层焊接接头。

第25条 压力容器的筒体、封头（端盖）、人孔盖、人孔法兰、人孔接管、膨胀节、开孔补强圈、设备法兰；球罐的球壳板；换热器的管板和换热管；M36以上的设备主螺栓及公称直径大于等于250 mm的接管和管法兰均作为主要受压组件，对其用材的复验要求如下：

1. 用于制造第三类压力容器的钢板必须复验。复验内容至少包括：逐张检查钢板表面质量和材料标志；按炉复验钢板的化学成分；按批复验钢板的力学性能、冷弯性能；当钢厂未提供钢板超声检测保证书时，应按本规程第 14 条的要求进行超声检测复验。

2. 用于制造第一、第二类压力容器的钢板，有下列情况之一的应复验：

(1) 设计图样要求复验的；

(2) 用户要求复验的；

(3) 制造单位不能确定材料真实性或对材料的性能和化学成分有怀疑的；

(4) 钢材质量证明书注明复印件无效或不等效的。

3. 用于制造第三类压力容器的锻件复验要求如下：

(1) 应按压力容器锻件国家标准或行业标准规定的项目进行复验。

(2) 对制造单位经常使用且已有信誉保证的外协锻件，如质量证明书（原件）项目齐全，可只进行硬度和化学成分复验，复验结果出现异常时，则应进行力学性能复验。

(3) 压力容器制造单位锻制且供本单位使用的锻件，可免做复验。

4. 取得国家安全监察机构产品安全质量认证并有免除复验标志的材料，可免做复验。

第三章　设计

第 30 条　压力容器的设计总图上，至少应注明下列内容：

1. 压力容器名称、类别。

2. 设计条件 [包括温度、压力、介质（组分）、腐蚀裕量、焊缝系数、自然基础条件等]，对储存液化石油气的储罐应增加装量系数；对有应力腐蚀倾向的材料应注明腐蚀介质的限定含量；对有时效性的材料应考虑工作介质的兼容性，还应注明压力容器使用年限。

3. 主要受压组件材料牌号及材料要求。

4. 主要特性参数（如压力容器容积、换热器换热面积与程数等）。

5. 制造要求。

6. 热处理要求。

7. 防腐蚀处理要求。

8. 无损检测要求。

9. 耐压试验和气密性试验要求。

10. 安全附件的规格和订购特殊要求。

11. 压力容器铭牌的位置。

12. 包装、运输、现场组焊和安装要求。

13. 下列情况下的特殊要求：

……

第 43 条　用焊接方法制造的压力容器，其焊接接头系数应按表 3—5 选取。按 JB 4732 标准设计时，焊接接头系数取 1.0。

表 3—5　　　　压力容器的焊接接头系数

焊接接头系数 / 无损检测比例 / 接头形式	全部无损检测①					局部无损检测①					无法无损检测				
	钢	有色金属				钢	有色金属				钢	有色金属			
		② 铝	② 铜	② 镍			② 铝	② 铜	② 镍			铝	铜	镍	钛
双面焊或相当于双面焊全熔透的对接焊③	1.0	0.85 0.90	0.85 0.95	0.85 0.95	0.90	0.85	0.80 0.85	0.80 0.85	0.80 0.85	0.85	/	/	/	/	/
有金属垫板的单面焊对接焊缝	0.9	0.80 0.85	0.80 0.85	0.80 0.85	0.85	0.80	0.70 0.80	0.70 0.80	0.70 0.85	0.80	/	/	/	/	0.65
无垫板的单面焊环向对接焊	/	/	/	/	/			0.65 0.70	0.65 0.70	/	/	/	/	/	0.60

注：①此表所指无损检测，对钢制压力容器以射线和超声波检测为准，对有色金属压力容器原则上以射线检测为准。

②表中所列有色金属制压力容器焊接接头系数上限值指采用熔化极惰性气体保护焊；下限值指采用非熔化极惰性气体保护焊。

③相当于双面焊全熔透的对接焊缝指单面焊双面成形的焊缝，按双面焊评定（含焊接试板的评定），如氩弧焊打底的焊缝或带陶瓷、铜衬垫的焊缝等。

第 47 条　不属于第 46 条所规定条件的压力容器，因特殊情况不能开设检查孔时，则应同时满足以下要求：

1. 对每条纵、环焊缝做 100%无损检测（射线或超声）。
2. 应在设计图样上注明计算厚度，且在压力容器在用期间或检验时重点进行测厚检查。
3. 相应缩短检验周期。

注：第 46 条所规定条件的压力容器有：

1. 筒体内径小于等于 300 mm 的压力容器。
2. 压力容器上设有可以拆卸的封头、盖板等或其他能够开关的盖子，其封头、盖板或盖子的尺寸不小于所规定检查孔的尺寸。
3. 无腐蚀或轻微腐蚀，无需做内部检查和清理的压力容器。
4. 制冷装置用压力容器。
5. 换热器。

第四章　制造

一、一般要求

第 63 条　压力容器出厂时，制造单位应向用户至少提供以下技术文件和资料：

1. 竣工图样。竣工图样上应有设计单位资格印章（复印章无效）。若制造中发生了材料代用、无损检测方法改变、加工尺寸变更等，制造单位应按照设计修改通知单的要求在竣工图样上直接标注。标注处应有修改人和审核人的签字及修改日期。竣工图样上应加盖竣工图章，竣工图章上应有制造单位名称、制造许可证编号和“竣工图”字样。

二、焊接工艺和焊工

第 69 条　压力容器的组焊要求如下：

1. 不宜采用十字焊缝。相邻的两筒节间的纵缝和封头拼接焊缝与相邻筒节的纵缝应错开，其焊缝中心线之间的外圆弧长一般应大于筒体厚度的 3 倍，且不小于 100 mm。

2. 在压力容器上焊接的临时吊耳和拉筋的垫板等，应采用与压力容器壳体相同或在力学性能和焊接性能方面相似的材料，并用相适应的焊材及焊接工艺进行焊接。临时吊耳和拉筋的垫板割除后留下的焊疤必须打磨平滑，并应按图样规定进行渗透检测或磁粉检测，确保表面无裂纹等缺陷。打磨后的厚度不应小于该部位的设计厚度。

3. 不允许强力组装。

4. 受压组件之间或受压组件与非受压组件组装时的定位焊，若保留成为焊缝金属的一部分，则应按受压组件的焊缝要求施焊。

第 71 条　焊接接头返修的要求如下：

1. 应分析缺陷产生的原因，提出相应的返修方案。

2. 返修应编制详细的返修工艺，经焊接责任工程师批准后才能实施。返修工艺至少应包括缺陷产生的原因；避免再次产生缺陷的技术措施；焊接工艺参数的确定；返修焊工的指定；焊材的牌号及规格；返修工艺编制人、批准人的签字。

3. 同一部位（指焊补的填充金属重叠的部位）的返修次数不宜超过 2 次。超过 2 次以上的返修，应经制造单位技术总负责人批准，并应将返修的次数、部位、返修后的无损检测结果和技术总负责人批准字样记入压力容器质量证明书的产品制造变更报告中。

4. 返修的现场记录应详尽，其内容至少包括坡口形式、尺寸、返修长度、焊接工艺参数（焊接电流、电弧电压、焊接速度、预热温度、层间温度、后热温度和保温时间、焊材牌号及规格、焊接位置等）和施焊者及其钢印等。

5. 要求焊后热处理的压力容器，应在热处理前焊接返修；如在热处理后进行焊接返修，返修后应再做热处理。

6. 有抗晶间腐蚀要求的奥氏体不锈钢制压力容器，返修部位仍需保证原有的抗晶间腐蚀性能。

7. 压力试验后需返修的，返修部位必须按原要求经无损检测合格。由于焊接接头或接管泄漏而进行返修的，或返修深度大于 1/2 壁厚的压力容器，还应重新进行压力试验。

六、无损检测

第 81 条　无损检测人员应按照《锅炉压力容器无损检测人员资格考核规则》进行考核，取得资格证书，方能承担与资格证书的种类和技术等级相应的无损检测工作。

第 82 条　压力容器的焊接接头，应先进行形状尺寸和外观质量的检查，合格后，才能进行无损检测。有延迟裂纹倾向的材料应在焊接完成 24 h 后进行无损检测；有再热裂纹倾向的材料应在热处理后再增加一次无损检测。

第 83 条　压力容器的无损检测方法包括射线、超声、磁粉、渗透和涡流检测等。压力容器制造单位应根据设计图样和有关标准的规定选择检测方法和检测长度。

第 84 条　压力容器的对接焊接接头的无损检测比例，一般分为全部（100%）和局部（大于等于 20%）两种。对铁素体钢制低温容器，局部无损检测的比例应大于等于 50%。

第 85 条　符合下列情况之一时，压力容器的对接接头必须进行全部射线或超声检测：

1. GB 150 及 GB 151 等标准中规定进行全部射线或超声检测的压力容器。

2. 第三类压力容器。

3. 第二类压力容器中易燃介质的反应压力容器和储存压力容器。

4. 设计压力大于 5.0 MPa 的压力容器。

5. 设计压力大于等于 0.6 MPa 的管壳式余热锅炉。

6. 设计选用焊缝系数为 1.0 的压力容器（无缝管制筒体除外）。

7. 疲劳分析设计的压力容器。

8. 采用电渣焊的压力容器。

9. 使用后无法进行内外部检验或耐压试验的压力容器。

10. 符合下列之一的铝、铜、镍、钛及其合金制压力容器：

(1) 介质为易燃或毒性程度为极度、高度、中度危害的；

(2) 采用气压试验的；

(3) 设计压力大于等于 1.6 MPa 的。

第 86 条 压力容器焊接接头检测方法的选择要求如下：

1. 压力容器壁厚小于等于 38 mm 时，其对接接头应采用射线检测；由于结构等原因，不能采用射线检测时，允许采用可记录的超声检测。

2. 压力容器壁厚大于 38 mm（或小于等于 38 mm，但在大于 20 mm 且使用材料抗拉强度规定值下限大于等于 540 MPa）时，其对接接头如采用射线检测，则每条焊缝还应附加局部超声检测；如采用超声检测，则每条焊缝还应附加局部射线检测。无法进行射线检测或超声检测时，应采用其他检测方法进行附加局部无损检测。附加局部检测应包括所有的焊缝交叉部位，附加局部检测的比例为本规程第 84 条规定的原无损检测比例的 20%。

3. 对有无损检测要求的角接接头、T 形接头，不能进行射线或超声检测时，应做 100%表面检测。

4. 铁磁性材料压力容器的表面检测应优先选用磁粉检测。

5. 有色金属制压力容器对接接头应尽量采用射线检测。

第 87 条 除本规程第 85 条规定之外的其他压力容器，其对接接头应做局部无损检测，并应满足第 84 条、第 86 条的规定。局部无损检测的部位由制造单位检验部门根据实际情况指定。但对所有的焊缝交叉部位以及开孔区将被其他组件覆盖的焊缝部分必须进行射线检测，拼接封头（不含先成形后组焊的拼接封头）、拼接管板的对接接头必须进行 100%无损检测（检测方法的选择按第 86 条规定），拼接补强圈的对接接头必须是行 100%超声或射线检测，其合格级别与压力容器壳体相应的对接接头一致。

拼接封头应在成形后进行无损检测，若成形前进行无损检测，则成形后应在圆弧过渡区再做无损检测。

搪玻璃设备下、下接环与夹套组装焊接接头、公称直径小于 250 mm 的搪玻璃设备接管焊接接头可免做无损检测，但应按 JB 4708 做焊接工艺评定，编制切实可行的焊接工艺规程，经制造单位技术负责人或总工程师批准后严格执行。上、下接环与筒体连接的焊接接头，应做渗漏试验。

经过局部射线检测或超声检测的焊接接头，若在检测部位发现超标缺陷时，则应进行不少于该条焊接接头长度 10%的补充局部检测；如仍不合格，则应对该条焊接接头全部检测。

第 88 条 压力容器的无损检测按 JB 4730《压力容器无损检测》执行。

对压力容器对接接头进行全部（100%）或局部（20%）无损检测：当采用射线检测时，其透照质量不应低于 AB 级，其合格级别为Ⅲ级，且不允许有未焊透；当采用超声检测时，其合格级别为Ⅱ级。

对 GB 150、GB 151 等标准中规定进行全部（100%）无损检测的压力容器、第三类压力容器、焊缝系数取 1.0 的压力容器以及无法进行内外部检验或耐压试验的压力容器，其对接接头进行全部（100%）无损检测：当采用射线检测时，其透照质量不应低于 AB 级，其合格级别为Ⅱ级；当采用超声检测时，其合格级别为Ⅰ级。

公称直径大于等于 250 mm（或公称直径小于 250 mm，其壁厚大于 28 mm）的压力容器接管对接接头的无损检测比例及合格级别应与压力容器壳体主体焊缝要求相同；公称直径小于 250 mm，其壁厚小于等于 28 mm 时仅做表面无损检测，其合格级别为 JB 4730 规定的Ⅰ级。

有色金属制压力容器焊接接头的无损检测合格级别、射线透照质量按相应标准或由设计图样规定。

第 89 条 压力容器的对接接头进行全部或局部无损检测，采用射线或超声两种方法进行时，均应合格。其质量要求和合格级别，应按各自合格标准确定。

第 90 条 进行局部无损检测的压力容器，制造单位也应对未检测部分的质量负责。

第 91 条 压力容器表面无损检测要求如下：

1. 钢制压力容器的坡口表面、对接、角接和 T 形接头，符合本规程第 69 条第 2 款条件且使用材料抗拉强度规定值下限大于等于 540 MPa 时，应按 GB 150、GB 151、GB 12337 等标准的有关规定进行磁粉或渗透检测。检查结果不得有任何裂纹、成排气孔、分层，并应符合 JB 4730 标准中磁粉或渗透检测的缺陷显示痕迹等级评定的Ⅰ级要求。

2. 有色金属制压力容器应按相应的标准或设计图样规定进行。

第 92 条 现场组装焊接的压力容器，在耐压试验前，应按标准规定对现场焊接的焊接接头进行表面无损检测；在耐压试验后，应按有关标准规定进行局部表面无损检测，若发现裂纹等超标缺陷，则应按标准规定进行补充检测，若仍不合格，则应对该焊接接头做全部表面无损检测。

第 93 条 制造单位必须认真做好无损检测的原始记录，检测部位图应清晰、准确地反映实际检测的方位（如：射线照相位置、编号、方向等），正确填发报告，妥善保管好无损检测档案和底片（包括原缺陷的底片）或超声自动记录资料，保存期限不应少于 7 年。7 年后若用户需要可转交用户保管。

第 81 条至 93 条说明：

第 81 条 强调压力容器无损检测人员应按照《锅炉压力容器无损检测人员资格鉴定考核规则》进行考试，取得资格证书后，方可承担工作。

第 82 条 强调焊接接头应在外观检查合格后才能进行无损检测。对有裂纹倾向的材料如 $\sigma_b \geq 540$ MPa 的高强钢或 CrMo 钢等应在焊接完成 24 h 后进行无损检测；对有再热裂纹倾向的材料应在热处理后再增加一次无损检测。

第 83 条 无损检测方法的选择，由制造单位根据设计图样、《容规》和有关标准的规定确定。GB 150 将无损检测方法的选择权交给设计单位，由其在设计图样上确定。

第 84 条 规定射线和超声检测比例分为两种，即 100%（全部）和≥20%、≥50%（局部）。与原《容规》比较，增加≥50%（局部）一档。

第 85 条 本条规定必须进行全部射线或超声检测的对接接头，与原《容规》基本相同，仅将公称直径大于等于 250 mm 的接管对接接头除外，另列于第 88 条。

第 86 条 本条对无损检测方法的选择提出要求。

1. 对于壁厚小于 38 mm 的应选射线检测，对由于结构原因，不能采用射线检测的（不是由于射线能力不足）允许采用超声检测。

2. 对标准抗拉强度下限大于等于 540 MPa 的材料，且壳体厚度大于 20 mm 的钢制压力容器规定要增加局部超声检测。是由于这类材料在制造过程中易出现裂纹，而射线检测对发现裂纹性缺陷不如超声检测敏感。

3. 对于壁厚大于 38 mm 的，两种无损检测方法均可，但都要增加另一种方法的局部无损检测。

第 87 条 本条规定必须是行局部射线或超声检测的对接接头。与原《容规》相比明确了拼接封头、拼接管板，拼接补强圈的对接接头必须进行 100%无损检测。

对搪玻璃设备根据行业标准并与搪玻璃协会协调研究后作了规定。

局部探伤部位，由制造单位检验部门确定，但强调所有 T 形连接部位、拼接封头的对接头，必须进行全部的射线检测。局部无损检测的焊接接头若在检测部位发现超标缺陷时，则应增加该条焊缝长度的 10%的补充检测，补充检测长度为存在超标缺陷的该条焊缝长度的 10%。

第 88 条 本条对压力容器无损检测的标准和合格级别作了规定，与原《容规》基本相同。由于对公称直径 250 mm 的接管无损检测探伤问题，过去各地反映意见较多，所以，本条作了专门的规定。

第 89 条 强调采用二种无损检测方法时，应按各自标准均合格后，方可认为检测合格。反之，用另一种无损检测方法检测不合格，则应增加无损检测比例或根据产品制造特点选择无损检测方法。

第 90 条 对进行局部无损检测的压力容器，未检测部位的质量仍应由制造单位负责，这是因为不管采取何种无损检测方法，产品质量都应由制造单位负责。制造单位应有一套可靠的质量保证体系和工艺，保证未检部位符合要求，如果没把握，则应采取全部无损检测。

第 91 条 对表面无损检测的要求。钢制压力容器应按 GB 150、GB 151、GB 12337 以及《罐车规程》的有关规定；有色金属制压力容器应按相应标准或设计图样规定，目前尚无国家标准。

第 92 条 在对现场组装焊接的压力容器耐压试验前，应对现场焊接的焊接接头进行表面无损检测。这是因为现场设备、环境较差，焊接质量不易保证，现行球形储罐标准等也有规定。

耐压试验后还应作局部表面无损检测抽查。

第 93 条 本条强调制造单位应认真作好无损检测的原始记录，正确填写报告，妥善保管档案和底片（或超声检测自动记录资料），特别是原缺陷底片一定要妥善保存，便于今后事故调查和换证审查。档案的保存期改为7年，这是各地返回意见的要求，因为定检周期为6年，原《容规》规定保存5年过短，不利于质量追踪。

七、耐压试验和气密试验

第99条 液压试验后的压力容器，符合下列条件为合格：

1. 无渗漏。

2. 无可见的变形。

3. 试验过程中无异常的响声。

4. 对抗拉强度规定值下限大于等于540 MPa的材料，表面经无损检测抽查未发现裂纹。

第五章 安装、使用管理和修理改造

第126条 采用焊接方法对压力容器进行修理或改造时，一般应采用挖补或更换，不应采用贴补或补焊方法，且应符合以下要求：

1. 压力容器的挖补、更换筒节及焊后热处理等技术要求，应参照相应制造技术规范，制订施工方案及适合于使用的技术要求。焊接工艺应经焊接技术负责人批准。

2. 缺陷清除后，一般均应进行表面无损检测，确认缺陷已完全消除。完成焊接工作后，应再做无损检测，确认修补部位符合质量要求。

3. 母材焊补的修补部位，必须磨平。焊接缺陷清除后的修补长度应满足要求。

4. 有热处理要求的，应在焊补后重新进行热处理。

5. 主要受压组件焊补深度大于1/2壁厚的压力容器，还应进行耐压试验。

附录 A5

GB 150—1998《钢制压力容器》有关无损检测的规定

1　范围

本标准规定了钢制压力容器的设计、制造、检验和验收要求。

1.1　本标准适用于设计压力不大于 35 MPa 的容器。

1.2　本标准适用的设计温度范围按钢材允许的使用温度确定。

1.3　下列各类容器不属于本标准的范围：

直接用火焰加热的容器；

核能装置中的容器；

旋转或往复运动的机械设备（如泵、压缩机、涡轮机、液压缸等）中自成整体或作为部件的受压器室；

经常搬运的容器；

设计压力低于 0.1 MPa 的容器；

真空度低于 0.02 MPa 的容器；

内直径（对非圆形截面，指宽度、高度或对角线，如矩形为对角线，椭圆为长轴）小于 150 mm 的容器；

要求作疲劳分析的容器；

已有其他行业标准的容器。诸如制冷、制糖、造纸、饮料等行业中的某些专用容器和搪玻璃容器。

3　总论

3.7　焊接接头系数

焊接接头系数 φ 应根据受压组件的焊接接头形式及无损检测的长度比例确定。

双面焊对接接头和相当于双面焊的全焊透对接接头：

100%无损检测 $\varphi=1.00$

局部无损检测 $\varphi=0.85$

单面焊对接接头（沿焊缝根部全长有紧贴基本金属的垫板）：

100%无损检测 $\varphi=0.9$

局部无损检测 $\varphi=0.8$

4　材料

4.2.9　用于壳体的下列碳素钢和低合金钢钢板，应逐张进行超声检测，钢板的超声检测方法和质量标准按 JB 4730 的规定。

a）厚度大于 30 mm 的 20R 和 16MnR，质量等级应不低于Ⅲ级；

b）厚度大于 25 mm 的 15MnVR、15MnVNR、18MnMoNbR、13MnNiMoNbR 和 Cr—

Mo 钢板，质量等级应不低于Ⅲ级；

c）厚度大于 20 mm 的 16MnDR、15MnNiDR、09Mn2VDR 和 09MnNiDR，质量等级应不低于Ⅲ级；

d）多层包扎压力容器的内筒钢板，质量等级应不低于Ⅱ级；

e）调质状态供货的钢板，质量等级应不低于Ⅱ级。

4.2.12　不锈钢复合钢板应符合以下规定：

a）复合界面的结合剪切强度应不小于 200 MPa；

b）复合界面的结合率指标及超声检测范围，应在图样或相应技术文件中注明；

c）基材为本标准中所列的碳素钢和低合金钢钢板或锻件。复材为本标准中所列的高合金钢钢板；

d）复合钢板应在热处理后供货，基层的状态应符合本章的有关规定；

e）复合钢板的使用范围应同时符合基材和复材使用范围的规定。

复合钢板的技术要求除符合上述有关规定外，尚应按 GB 8165 或 JB 4733 的相应规定。

9　法兰

9.1.4　带颈法兰应采用热轧或锻件加工制成，加工后的法兰轴线须与原坯件的轴线平行。必要时采用钢板制造带颈法兰时，必须符合下列要求：

a）钢板应经超声检测、无分层缺陷；

b）应沿钢板轧制方向切割出板条，经弯制，对焊成为圆环，并使钢板表面成为环的侧面；

c）圆环的对接接头应采用全焊透结构；

d）圆环对接接头应经焊后热处理及 100%射线或超声检测，合格标准按 JB 4700 规定。

10　制造检验与验收

10.1.5　容器的无损检测应由持有相应方法的“锅炉压力容器无损检测人员资格证”的人员担任。

10.2.2　坡口表面要求

a）坡口表面不得有裂纹、分层、夹杂等缺陷。

b）标准抗拉强度下限值 σ_b>540 MPa 的钢材及 Cr－Mo 低合金钢材经火焰切割的坡口表面，应进行磁粉或渗透检测。当无法进行磁粉或渗透检测时，应由切割工艺保证坡口质量。

c）施焊前，应清除坡口及其母材两侧表面 20 mm 范围内（以离坡口边缘的距离计）的氧化物、油污、熔渣及其他有害杂质。

10.2.6　螺栓、螺柱和螺母

10.2.6.3　公称直径大于 M 48 的螺柱和螺母除应符合 10.2.5.2 中 c）和 d）的规定外，还应满足如下要求：

a）有热处理要求的螺柱，其试样与试验按第 4 章的有关规定；

b）螺母毛坯热处理只作硬度试验；

c）螺柱应进行磁粉检测，不得存在裂纹。

10.6.3　层板包扎

10.6.3.4　每层层板的 C 类接头修磨后应经外观检查，不得存在裂纹、咬边和密集气孔。

材料的标准抗拉强度下限值 σ_b>540 MPa 层板的 C 类接头在修磨后，应进行磁粉或渗透检测，不得存在裂纹、咬边和密集气孔。

10.8 无损检测

10.8.1 容器的焊接接头，经形状尺寸及外观检查合格后，再进行本规定的无损检测。

10.8.2 射线和超声的检测范围。

凡符合下列条件之一的容器及受压组件，需采用图样规定的方法，对其 A 类和 B 类焊接接头，进行百分之百射线或超声检测。

a）钢材厚度 δ_s>30 mm 的碳素钢、16MnR；

b）钢材厚度 δ_s>25 mm 的 15MnVR、15MnV、20MnMo 和奥氏体不锈钢；

c）标准抗拉强度下限值 σ_b>540 MPa 的钢材；

d）钢材厚度 δ_s>16 mm 的 12CrMo、15CrMoR、15CrMo；其他任意厚度的 Cr－Mo 低合金钢；

e）进行气压试验的容器；

f）图样注明盛装毒性为极度危害或高度危害介质的容器；

g）图样规定须 100％ 检测的容器；

h）多层包扎压力容器内筒的 A 类焊接接头；

i）热套压力容器各单层圆筒的 A 类焊接接头；

j）对于上述进行百分之百射线或超声检测的焊接接头，是否需采用超声或射线检测进行复查，以及复查的长度，由设计者在图样上予以规定。

注：公称直径小于 250 mm 的接管与长颈法兰、接管与接管对接连接的 B 类焊接接头除外。

10.8.2.2 除 10.8.2.1 和 10.8.2.3 规定以外的容器，允许对其 A 类及 B 类焊接接头进行局部射线或超声检测。检测方法按图样规定。检测长度不得少于各条焊接接头长度的 20％，且不小于 250 mm。焊缝交叉部位及以下部位应全部检测，其检测长度可计入局部检测长度之内。

a）先拼板后成形凸形封头上的所有拼接接头；

b）凡被补强圈、支座、垫板、内件等所覆盖的焊接接头；

c）以开孔中心为圆心，1.5 倍开孔直径为半径的圆中所包容的焊接接头；

d）嵌入式接管与圆筒或封头对接连接的焊接接头；

e）公称直径不小于 250 mm 的接管与长颈法兰、接管与接管对接连接的焊接接头。

注：按本条规定检测后，制造部门对未检查的质量仍需负责。但是，若作进一步检测可能会发现气孔等不危及容器安全的超标缺陷，如果这也不允许时，就应选择百分之百射线或超声检测。

10.8.2.3 对容器直径不超过 800 mm 的圆筒与封头的最后一道环向封闭焊缝，当采用不带垫板的单面焊对接接头，且无法进行射线或超声检测时，允许不进行检测，但需采用气体保护焊打底。

10.8.3 凡符合下列条件之一的焊接接头，需按图样规定的方法，对其表面进行磁粉或渗透检测。

a）凡属 10.8.2.1 中 e）、d）条容器上的 C 类和 D 类焊接接头；

b）层板材料标准抗拉强度下限值 σ_b > 540 MPa 的多层包扎压力容器的层板 C 类焊接接头；

c）堆焊表面；

d）复合钢板的复合层焊接接头；

e）标准抗拉强度下限值 σ_b > 540 MPa 的材料及 Cr－Mo 低合金钢经火焰切割的坡口表面，以及该容器的缺陷修磨或补焊处的表面，卡具和拉肋等拆除处的焊痕表面；

f）凡属 10.8.2.1 容器上公称直径小于 250 mm 的接管与长颈法兰、接管与接管对接连接的焊接接头。

10.8.4　无损检测标准

按 JB 4730 对焊接接头进行射线、超声、磁粉和渗透检测，其合格指标如下：

10.8.4.1　射线检测

a）若容器及受压组件符合 10.8.2.1 的规定，不低于Ⅱ级为合格；

b）若容器符合 10.8.2.2 的规定，不低于Ⅲ级为合格。

10.8.4.2　超声检测

a）若容器及受压组件符合 10.8.2.1 的规定，Ⅰ级合格；

b）若容器符合 10.8.2.2 的规定，不低于Ⅱ级为合格。

10.8.4.3　磁粉和渗透检测，Ⅰ级为合格。

10.8.5　重复检测

10.8.5.1　经射线或超声检测的焊接接头，如有不允许的缺陷，应在缺陷清除干净后进行补焊，并对该部分采用原检测方法重新检查，直至合格。

进行局部探伤的焊接接头，发现有不允许的缺陷时，应在该缺陷两端的延伸部位增加检查长度，增加的长度为该焊接接头长度的 10%，且不小于 250 mm。若仍有不允许的缺陷时，则对该焊接接头做百分之百检测。

10.8.5.2　磁粉与渗透检测发现的不允许缺陷，应进行修磨及必要的补焊，并对该部位采用原检测方法重新检测，直至合格。

10.10　质量证明书、标志、油漆、包装、运输

10.10.1.3　质量证明书。质量证明书至少应包括下列内容：

a）主要零部件材料的化学成分和力学性能；

b）无损检测要求和结果；

c）焊接质量的检查结果（包括超过两次的返修记录）；

d）压力试验与气密性试验结果；

e）与本标准和图样不符的项目。

GB 150 附录 A　材料的补充规定

A4　高合金钢钢材

A4.2.1　奥氏体不锈钢焊接钢管的技术要求除下列规定外，还应遵循 GB 12771—91《流体输送用不锈钢焊接钢管》的规定。

a）采用热轧钢板或钢带制造的焊接钢管，其壁厚允许偏差为±12.5%；

b）钢管的弯曲度不大于1.5 mm/m；

c）钢管应逐根进行涡流或射线（对大直径管子）检测，检测方法和合格标准按JB 4730规定；

d）根据需方要求，钢管应逐根进行水压试验。水压试验压力为容器设计压力的2倍，保压时间为10 s，试验后管壁无渗漏现象。

GB 150 附录 C　低温压力容器

C4　制造、检验与验收

C4.6　焊接接头检验

C4.6.1　容器的对接接头（A、B类接头）凡符合下列条件之一者，应进行100%射线或超声检测：

a）容器设计温度低于－40℃；

b）容器设计温度虽高于或等于－40℃，但接头厚度大于25 mm；

c）符合10.8.2.1和10.8.2.2者。

C4.6.2　除C4.6.1规定者外，允许进行局部无损检测。检查长度不得少于各条焊接接头长度的50%，且不少于250 mm。

C4.6.3　凡符合C4.6.1规定进行100%射线或超声检测的容器，其T形接头、对接焊缝、角焊缝，均需做100%磁粉或渗透检测。受压组件与非受压件的连接焊缝亦按本条要求检查。

GB 150 附录 D　非圆形截面容器

D9　制造与验收

D9.4　矩形截面容器相邻两侧板转角处的焊接接头的无损检测要求按A类焊接接头。

附录 A6

GB 151—1999《管壳式换热器》有关无损检测的规定

1　范围

本标准规定了非直接受火管壳式换热器（以下简称“换热器”）的设计、制造、检验和验收的要求。

1.1　本标准适用于固定管板式、浮头式、U形管式和填料函式换热器。

1.2　适用的参数为

公称直径　$D_N \leqslant 2\,600$ mm；

公称压力　$p_N \leqslant 35$ MPa

且公称直径（mm）和公称压力（MPa）的乘积不大于 1.75×10^4。

超出上述参数范围的换热器也可参照本标准进行设计与制造。

1.3　本标准适用的设计温度范围按金属材料允许的使用温度确定。

1.4　下列各类换热器不属本标准管辖

直接火焰加热的换热器及废热锅炉；

受核辐射的换热器；

要求作疲劳分析的换热器；

已有其他行业标准管辖的换热器。诸如制冷、制糖、造纸、饮料等行业中的某些专用换热器。

3　总则

3.1　换热器的设计、制造、检验和验收除必须符合本标准的规定外，还应遵守 GB 150 和国家颁布的有关法令、法规和规章。

4　材料

4.1　选材原则

4.1.1　换热器用钢的标准、冶炼方法、热处理状态、许用应力、无损检测标准及检测项目均按 GB 150—1998 第 4 章及其附录 A 的规定。设计温度低于或等于－20℃时，应按本标准附录 A（标准的附录）选择低温用钢。

4.1.2　换热器用有色金属的冶炼方法、热处理状态、许用应力、无损检测标准、检测项目按相应的国家标准、行业标准或参照附录 D 选取。有色金属的使用范围规定如下：

a）铝和铝合金设计压力应不大于 8 MPa。设计温度为－269～200℃，当设计温度高于65℃时，不宜选用含镁量大于 3%的铝镁合金；

b）铜和铜合金应在退火状态下使用。纯铜设计温度应不高于 150℃；铜合金应不高于 200℃；

c）纯钛和钛合金材料的设计温度不高于 300℃；钛复合板应不高于 350℃。

4.3.2　钢板

4.3.2.2　当采用钢板制造长颈法兰时，必须符合下列要求：

a）钢板不得有分层等缺陷，且应按 JB 4730 进行超声检测，质量等级不低于Ⅲ级；

b）应沿钢板轧制方向切割板条，经弯制对焊成圆环，并使钢板表面成为环的柱面；

c）圆环对接接头应采用全焊透结构；

d）圆环对接接头应经焊后热处理及 100%射线或超声检测；按 JB 4730 规定的射线检测Ⅱ级合格，超声检测Ⅰ级合格。

6.3.3　换热管拼接时，应符合以下要求：

a）对接接头应作焊接工艺评定。试件的数量、尺寸、试验方法按 JB 4708 规定；铝、铜、钛焊接接头可参照执行；

b）同一根换热管的对接焊缝，直管不得超过一条；U 形管不得超过二条；最短管长不应小于 300 mm；包括至少 50 mm 直管段的 U 形弯管段范围内不得有拼接焊缝；

c）管端坡口应采用机械方法加工，焊前应清洗干净；

d）对口错边量应不超过换热管壁厚的 15%，且不大于 0.5 mm；直线度偏差以不影响顺利穿管为限；

e）对接后，应按表 50 选取钢球直径对焊接接头进行通球检查，以钢球通过为合格：

表 50　　（mm）

换热管外径	$d \leqslant 25$	$25 < d \leqslant 40$	$d > 40$
钢球直径	$0.75d_i$	$0.8d_i$	$0.85d_i$

注：d_i—换热管内径

f）对接接头应进行射线检测，抽查数量应不少于接头总数的 10%，且不少于一条，以 JB 4730 的Ⅲ级为合格；如有一条不合格时，应加位抽查；再出现不合格时，应 100%检查；

g）对接后的换热管，应逐根进行液压试验，试验压力为设计压力的 2 倍。

6.4　管板

6.4.1　拼接管板的对接接头应进行 100% 射线或超声检测，按 JB 4730 射线检测不低于Ⅱ级，或超声检测中的Ⅰ级为合格。

6.4.2　除不锈钢外，拼接后管板应作消除应力热处理。

6.4.3　堆焊复合管板

a）堆焊前应作堆焊工艺评定；

b）基层材料的待堆焊面和复层材料加工后（钻孔前）的表面，应按 JB 4730 进行表面检测，检测结果不得有裂纹、成排气孔，并应符合Ⅱ级缺陷显示；

c）不得采用换热管与管板焊接加桥间空隙补焊的方法进行管板堆焊。

6.17　无损检测

焊接接头无损检测的检查要求和评定标准，应根据换热器管、壳程不同的设计条件，按 GB 150—1998 中 10.8 的规定和图样要求执行。

GB 151 附录 A　低温管壳式换热器

A4.8　焊接接头检测

A4.8.1　换热器的对接接头（A、B类接头）凡符合下列条件之一者，应进行100%射线或超声检测：

a）换热器设计温度低于−40℃；

b）换热器设计温度虽高于等于−40℃，但接头厚度大于25 mm；

c）符合GB 150—1998 10.8.2.1和10.8.2.2者。

A4.8.2　除A4.8.1规定者外，允许进行局部无损检测。检查长度不得少于各条焊接接头长度的50%，且不小于250 mm。

A4.8.3　凡符合A4.8.1规定进行100%射线或超声检测的换热器，所有受压组件焊接接头均需做100%磁粉或渗透检测；受压组件与非受压件的连接焊接接头亦按本条要求检查。

GB 151 附录 C　换热管用奥氏体不锈钢焊接钢管

C1.8　钢管应按GB/T 12771逐根进行涡流检测。

GB 151 附录 D　有色金属设计数据

D1　焊接接头系数

铝、铅、钛及其合金的焊接接头系数 φ，应根据受压组件焊接接头的形式和射线检测的长度比例按表D1选取。

表 D1

<table>
<tr><th colspan="2" rowspan="2">接头形式</th><th colspan="3">全部无损检测</th><th colspan="3">局部无损检测</th></tr>
<tr><th>铝</th><th>铜</th><th>钛</th><th>铝</th><th>铜</th><th>钛</th></tr>
<tr><td rowspan="2">双面焊或相当于双面焊的全焊透对接接头</td><td>熔化极惰性气体保护焊</td><td>0.90</td><td>0.95</td><td rowspan="2">0.90</td><td>0.85</td><td>0.85</td><td rowspan="2">0.85</td></tr>
<tr><td>非熔化极气体保护焊</td><td>0.85</td><td>0.85</td><td>0.80</td><td>0.80</td></tr>
<tr><td rowspan="2">有金属垫板的单面焊对接接头</td><td>熔化极惰性气体保护焊</td><td>0.85</td><td>0.85</td><td rowspan="2">0.85</td><td>0.80</td><td>0.80</td><td rowspan="2">0.80</td></tr>
<tr><td>非熔化极气体保护焊</td><td>0.80</td><td>0.80</td><td>0.70</td><td>0.70</td></tr>
</table>

注：1. 本表所指无损检测，系射线检测。

2. 无法进行无损检测的有金属垫板的单面对接焊钛制换热器取 $\varphi=0.65$。

附录 A7

《液化气体汽车罐车安全监察规程》(1994)有关无损检测的规定

第一章　总则

第 1 条　为了适应国民经济的发展，加强液化气体汽车罐车（以下简称汽车罐车）的安全运行，保障人民生命和财产的安全，根据国务院发布的《锅炉压力容器安全监察暂行条例》的有关规定，特制定本规程。

第 2 条　本规程适用于运输最高工作压力大于等于 0.1 MPa，设计温度不大于 50℃的液化气体，且为钢制罐体的汽车罐车。

本规程不适用于罐体为有色金属材料和非金属材料制造的汽车罐车。

本规程所指的汽车罐车包括罐体固定在汽车底盘上的单车式汽车罐车和半挂式汽车罐车，罐体可为裸式，有保温层或绝热层形式。

第二章　设计

第 11 条　制造主要受压组件的材料应符合 GB 150 第二章和附录 A 及附录 C 的有关规定，当对材料有特殊要求时，应在设计图样或相应的技术条件中注明。

制造罐体的钢板，有下列情况之一，应逐张按 ZBJ 74003《压力容器钢板超声波探伤》规定进行探伤，合格级别为不低于Ⅲ 级。

第 23 条　制造主要受压组件的材料及焊接材料，必须具有质量证明书，各项性能应符合相应的材料标准的规定。

制造罐体的板材，投用前应进行复验。复验内容至少应包括每批材料的力学性能，每个炉号的化学成分和按本规程第 11 条的要求进行超声波探伤。复验数量由制造单位根据材料质量状况确定材料复验结果，各项性能应符合相应的材料标准和图样要求。材料代用还应符合 GB 150 附录 A 的规定。

第 26 条　罐体应每台制作产品焊接试板，且应符合下列要求：

1. 产品焊接试板的材料牌号，焊接和热处理工艺，应与所代表的罐体一致；
2. 罐体纵焊缝的产品焊接试板应在筒节纵焊缝的延长部位上；
3. 产品焊接试板应有产品编号和材料标记代号钢印，应由焊接罐体的焊工焊接，焊后应打上焊工和检验员代号钢印；
4. 产品焊接试板应经外观检查和射线探伤检查，评定标准与所代表的罐体一致；

……

第三章　制造

第 27 条　受压组件的焊接必须严格按图样的要求和经评定合格的焊接工艺施焊；对接焊缝和要求全焊透的 T 形或角接接头以及受压组件与非受压组件之间要求全焊透的 T 形或角接接头，应按 JB 4708《钢制压力容器焊接工艺评定》的规定进行焊接工艺评定。

从事主要受压组件焊接和焊接接头返修的焊工，必须持有劳动部门颁发的焊工合格证书，且只能从事批准范围内的焊接工作。

焊接接头返修应制定返修工艺。同一部位的返修次数一般不应超过二次。对经过二次返修仍不合格的焊缝，如再进行返修，应经制造单位技术总负责人批准。返修的次数、部位和无损检测结果等，应记入罐体质量证明书中。

主要受压组件的焊缝焊完后，应在焊缝附近 50 mm 处的指定部位打上焊工钢印。对不能打钢印的，可用简图记载，并列入产品质量证明书，提供给用户。

要求焊后热处理的罐体，其焊接接头返修，应在热处理前进行，如在热处理后返修，应重做热处理。

耐压试验后进行返修的部位，必须按原要求经无损检测合格。

由于焊缝或接管泄漏而进行的返修，或返修深度大于 1/2 壁厚的罐体，还应重新作耐压试验。

第 29 条 罐体焊缝的无损检测除应符合本条的规定外，还应满足有关标准和设计文件的要求。

1. 无损检测人员应持有劳动部门颁发的无损检测人员资格证书，且只能承担资格证书允许的种类和技术等级相应的无损检测工作。

2. 罐体焊缝，应先对其形状，尺寸以及外观质量检查合格后方可进行无损检测。有裂纹倾向的材料应在焊缝完成 24 h 后进行无损检测。

3. 罐体和人孔对接焊缝必须全部（100%长度）进行射线探伤，外套对接焊缝局部射线探伤长度必须大于等于 20%（每条纵环缝）。射线探伤按 GB 3323《钢熔化焊对接接头射线照相和质量分级》的规定执行。合格级别为：罐体Ⅱ级，外套 Ⅲ级。

4. 罐体人孔、补强板、接管等角焊缝表面应进行全部（100%长度）磁粉或渗透探伤。

磁粉探伤按 JB 3965《钢制压力容器磁粉探伤》的规定执行。检查结果不得有任何裂纹、气孔，并应符合Ⅱ级的线性和圆形缺陷显示。

渗透探伤 GB 150《钢制压力容器》附录 H《钢制压力容器探伤》的规定执行。检查结果不得有裂纹。

汽车罐车制造单位必须认真做好无损检测的原始记录，正确签发报告，妥善保管好底片（包括原始返修片）和资料，保存期限不少于 6 年。

第 40 条 产品质量证明书应包括下列内容：

1. 底盘、安全附件的合格证和检验报告；
2. 罐体主要受压组件材料牌号、炉批号、化学成分、力学性能和制造单位的复验报告；
3. 焊接材料牌号及产品焊接试板的力学和弯曲性能检验报告；
4. 焊缝无损检测报告，并应附有检测部位简图，注明返修位置和长度；
5. 钢板、锻件无损检测报告；
6. 罐体焊后热处理报告；
7. 罐体耐压试验报告；
8. 汽车罐车气密性试验报告；
9. 罐体外观及几何尺寸检验报告；

10. 汽车罐车车体检验报告；

11. 低温型汽车罐车罐体日蒸发损失测定报告、外套真空度测定报告、漏放气速率测定报告。

第五章　定期检验与修理改造

第 56 条　罐体年度检验的内容：

1. 罐体技术档案资料审查；
2. 罐体表面漆色、铭牌和标志检查；
3. 罐体内外表面，有无裂纹、腐蚀、划痕、凹坑、泄漏、损伤等缺陷检查；
4. 罐体对接焊缝内表面和角焊缝全部进行表面探伤检查；对有怀疑的对接焊缝进行射线或超声波探伤检查；
5. 安全阀、爆破片装置、紧急切断装置、液面计、压力表、温度计、导静电装置、装卸软管和其他附件的检查或校验；
6. 罐体与底盘的紧固装置检查和测量导静电带电阻；
7. 气密性试验。

第 57 条　罐体全面检验的内容：

1. 罐体年度检验的全部内容；
2. 罐体外表面除锈喷漆；
3. 测定罐体壁厚（含强度计算）；
4. 耐压试验。

第 58 条　承担罐体主要受压组件修理的单位，必须经省级以上劳动部门批准。

承担罐体主要受压组件焊接的焊工，必须持有劳动部门颁发的《锅炉压力容器焊工合格证书》并有相应的、有效的合格项目。

罐体修理前，罐内液化气体必须排尽，经置换、清洗、检测，并有记录，罐内有害气体成分达到卫生标准、可燃气体含量符合动火规定，并办理动火批准手续后，方可进行罐体动火作业；修理作业的照明应使用 12 或 24 V 电压的低压防爆灯。

罐体补焊部位应经表面探伤合格，必要时应经射线探伤合格，并进行局部热处理。

修理后应有详细的修理记录，经有关人员签字存档。

低温型汽车罐车的修理一般应由原制造单位进行。

附录 A8

《液化气体铁路罐车安全管理规程》(1987)有关无损检测的规定

第一章　总则

第 1 条　为了贯彻国家安全生产的方针，加强对液化气体铁路罐车（以下简称罐车）设计、制造、使用、检修、运输的安全管理，保障人民生命和财产的安全，特制定本规程。

第 2 条　本规程适用于设计压力为 0.8～2.2 MPa（8～22 kgf/cm²），设计温度为 50℃，容积大于 30 m²的液化气体铁路罐车。

适用的液化气体（以下简称为介质）包括：液氨、液氯、液态二氧化硫、丙烯、丙烷、丁烯、丁烷、丁二烯及液化石油气（指丙烯、丙烷、丁烯、丁烷、丁二烯中两种或两种以上）。

第二章　设计

第 7 条　材料选择

制造罐体受压组件的板材、管材、棒材和锻件，除应符合《钢制石油化工压力容器设计规定》（以下简称《容器设计规定》）第二章规定外，还应满足下列要求：

1. 制造罐体的钢板应符合 JB 1150《压力容器用钢板超声波探伤》的Ⅱ级规定。

当采用屈服点规定值等于或大于 400 MPa（40 kgf/mm²）的压力容器用钢板时，除满足上述要求外，钢板供货状态及有关设计选用、制造、试验、检验等均应严格符合现行有关标准规定。

2. 锻件不应低于 JB 755《压力容器锻件技术条件》中的Ⅱ级要求。

3. 当选用国外材料时，罐体材质应选用压力容器用钢，并符合材料生产国的标准和本规程要求。

4. 罐体材料应满足－20℃夏比 V 形冲击试验要求，$AKV \geqslant 21$ J（焦耳，即 2.1 kgf·m）

第三章　制造

第 18 条　制造罐体和受压组件的材料和焊接材料，必须具有质量合格证明书。

制造罐体的钢板使用前，制造厂应对材料进行复检。复检主要内容如下：

1. 化学成分、机械性能、低温性能（每炉批至少检一组试件）；
2. 逐张检查钢板的表面质量；
3. 钢板超声波探伤。

对钢厂有探伤保证的材料，一般可不进行超声波探伤复检。对外观质量或质保书有疑问的钢板应进行复检，抽查率不少于 20%，但每炉批不少于一张。若出现不合格品，应逐张检查。对钢厂无探伤保证的材料，应逐张进行检查。

材料复检结果，各项性能应符合相应材料标准和第七条的要求。

第 23 条　焊缝的无损探伤检查

1. 罐体无损探伤检查，应由持有锅炉压力容器无损检测资格证的人员进行。检查结果应有详细记录。

2. 罐体对接焊缝，必须经过100%无损探伤检验。当选用100%超声波探伤时，至少还应补加20%的射线复查。射线复查部位应包括焊缝交叉部位和超声部探伤的可疑部位。经复查发现有超标缺陷时，应增加10%（相应焊线总长）的复检长度，如仍发现超标缺陷，则应100%进行复验。对接焊缝无损探伤标准和合格级别，按表5规定。

表5

探伤方法	射 线 探 伤	超 声 波 探 伤
评定标准	GB 33233《钢焊缝射线照相及底片等级分类法》	JB 33233《锅炉和钢制压力容器对接焊缝超声波探伤》
合格级别	二	一

3. 焊缝内外表面的外观质量应符合JB 741的要求。

4. 罐体人孔，补强板、接管等的角焊缝，应保证焊透，在施焊时严格检查。其角焊缝表面应经100%的磁粉或着色探伤检查，不得有裂纹存在。

5. 凡采用新材料或国外材料制造的罐车，其无损检验要求应不低于本条第2款规定及图样要求。

第47条 罐车的检验内容和要求

……

三、大修

1. 进行中修所规定的全部检修项目。

2. 检查罐体内外表面的腐蚀情况，并测定壁厚。

3. 检查罐体内外表面焊缝、伤痕，对内表面焊缝100%进行磁探或着色检查，对外表面焊缝和角焊缝外观检查不良并有怀疑的部位应作磁探或着色检查，上述部位发现裂纹时应扩大检查，必要时用射线和超声波探伤进一步检查。评定标准按第三章第二十三条要求。

4. 对接焊缝未作100%无损探伤的罐车在第一次大修时按二十三条第2款项目进行检验。评定标准按原设计制造标准，以后的大修检查项目按本条第3款进行。

5. 对检查发现的问题进行妥善处理，对返修的焊缝及补焊区应进行无损检验并进行局部或整体热处理，评定标准按第三章第二十三条要求。

6. 按第二十五条要求进行罐体水压试验，试验完毕后，进行干燥处理，并按本条二中修第7款要求进行置换或密封试验。

7. 检修或更换各附件：

（1）检修或更换所有阀门（安全阀、紧急切断阀、气、液相阀等）、压力表、温度计、液面计和液下管等；

（2）更换人孔部分垫片及不良螺栓（液氯罐车严禁使用橡胶垫片）；

（3）检查修理遮阳罩、操作台；

（4）1981年前制造的液氨、液化石油气罐车的附件应参照第二章第十条要求进行改装。

8. 罐体按规定进行除锈刷漆，并在罐车性能标志下面喷写大修日期。

9. 检验罐车自重。

…………

附录 A9

GB 12337—1998《钢制球形储罐》有关无损检测的规定

1 范围

本标准规定了碳素钢和低合金钢制球形储罐（以下简称“球罐”）的设计、制造、组焊、检验与验收的要求。

1.1 本标准适用于设计压力不大于 4 MPa 的橘瓣式或混合式以支柱支撑的球罐。

1.2 本标准适用的设计温度范围按钢材允许的使用温度确定。

1.3 本标准不适用于下列球罐：

受核辐射的球罐；

经受相对运动（如车载或船载）的球罐；

公称容积小于 50 m^3 的球罐；

要求作疲劳分析的球罐；

双壳结构的球罐

3 总则

3.2.4.2 制造单位对每台球罐应提供下列技术文件

a）球壳板及其组焊件的出厂合格证；

b）材料质量证明书；

c）球壳板与人孔、接管、支柱的组焊记录；

d）无损检测报告；

e）球壳排版图；

必要时，还应提供下列技术文件：

f）材料代用审批文件；

g）与球壳板焊接的组焊件热处理报告；

h）球壳板热压成型工艺试验试板的力学和弯曲性能报告；

i）球壳板材料的复验报告；

j）极板试板焊接接头的力学和弯曲性能试验报告。

3.2.4.3 组焊单位对每台球罐应提供下列技术文件：

a）原设计图和竣工图；

b）球罐竣工验收证明书。证明书至少应包括下列内容：

球壳板及其组焊件的质量证明书；

球罐基础检验记录；

球罐施焊记录（附焊缝布置图）；

焊接材料质量证明书或复验报告；

产品焊接试板试验报告；
焊接接头无损检测报告；
焊接接头返修记录；
球罐焊后整体热处理报告；
球罐几何尺寸检查记录；
球罐支柱检查记录；
球罐压力试验报告；
基础沉降观测记录；
球罐气密性试验报告。

3.7　焊接接头系数

双面焊全焊透对接接头的焊接接头系数 φ 按下列规定选取：

100％无损检测：φ＝1.00

局部无损检测：φ＝0.85

说明：焊接接头是球罐上比较薄弱的环节，较多事故的发生是由于焊缝金属或焊接热影响区材料的破坏，一般情况下焊缝金属的强度和基本金属的强度相等，甚至超过，但由于焊缝及热影响区有焊接残余应力存在，焊缝金属晶粒粗大，以及焊接接头中可能出现的气孔和未焊透等缺陷，从而影响焊接接头的强度。因此必须采用焊接接头系数，以补偿焊接时可能产生的强度削弱。

标准中焊接接头系数是依据焊接接头形式和无损检测程度确定的。本标准取：双面焊全焊透对接接头的焊接接头系数 φ，当 100％无损检测时取 φ＝1.0；局部无损检测时取 φ＝0.85，这与 ASMEⅧ－1、JISB 8270、GB 150 是一致的。

焊接接头系数只能为球罐强度计算所用，不可以焊接接头系数值的高低来推定无损检测的长度或焊接接头形式。

4　材料

4.2.6　凡符合下列条件的球壳用钢板，应逐张进行超声检测：

a）厚度大于 30 mm 的 20R 和 16MnR 钢板；

b）厚度大于 25 mm 的 15MnVR 和 15MnVNR 钢板；

c）厚度大于 20 mm 的 16MnDR 和 09Mn2VDR 钢板；

d）调质状态供货的钢板；

e）上下极板和与支柱连接的赤道板。

钢板的超声检测应按 JB 4730 的规定，热轧、正火状态供货的钢板质量等级应不低于Ⅲ级，调质状态供货的钢板质量等级应不低于Ⅱ级。

说明：钢中有硫化物夹杂存在时，由于其熔点低、强度低的特点，将会引起钢板的强度和塑性大大下降（主要是厚度方向），致使不能承受较大的应力。从焊接试验证明，焊接接头坡口处有严重硫化物夹杂存在时，在焊接应力的作用下易产生裂纹，严重影响其使用的安全性。在硫化氢介质的环境中，钢中存在夹杂物等缺陷，由于氢的渗透导致夹杂物尖端产生裂纹或鼓包。

鉴于上述原因，本标准作出不同条件下球壳用钢板需逐张进行超声检测的规定：厚度大于30 mm的20R和16MnR钢板，厚度大于25 mm的15MnVR和15MnVNR钢板，厚度大于20 mm的16MnDR和09Mn2VDR钢板，调质状态供货的钢板，上下极板和与支柱连接的赤道板在下料前应经超声检测。日本JLPA201规定：钢板厚度超过19 mm时下料前应经超声波探伤并合格，以厚度分档提出超声检测要求。JLP201规定比本标准严，但本标准按球罐的不同受力部位针对性的提出进行超声检测，是可以保证球罐质量的，也是合理的。

7　制造

7.1.6　坡口

气割坡口表面应符合下列要求：

a）坡口表面应平滑，表面粗糙度 R_a 应小于或等于25 μm。

b）平面度 $\beta \leqslant 0.04\delta_s$；且不大于1 mm。

c）熔渣与氧化皮应清除干净，坡口表面不得有裂纹和分层等缺陷存在，若有缺陷时，应修磨或焊补，焊补时，应将缺陷彻底清除，并经渗透检测确认没有缺陷后方可焊补。焊补应按8.7的规定进行。焊补后磨平，使其保持原坡口的形状和尺寸。

d）标准抗拉强度下限值 σ_b＞540 MPa钢材的气割坡口表面应进行磁粉或渗透检测。

7.1.7　球壳板周边100 mm的范围内应按JB 4730的规定进行超声检测，质量等级按4.2.6的有关规定。

7.1.8　极板的焊接、焊缝质量、无损检测、极板试板以及焊接工艺评定等应符合第8章的有关规定。

说明：球壳板的坡口质量直接影响着球罐的焊接质量，因而本标准对球壳板坡口的精度要求较高，要求球壳板坡口表面及其周边必须确保平滑、无凹坑、无裂纹、无分层等影响焊接质量的缺陷。坡口表面的磁粉或渗透检测以及球壳板周边的超声检测是确保球罐焊接质量的措施。对每张球壳板周边进行超声检测，这在各国的规范中均有规定，只是宽窄不同。AS－MEA435《压力容器钢板超探标准》规定宽51 mm；法国PVAO4－305《钢板超声探伤规范设计要点》规定：大于等于板厚，但不小于50 mm。本标准规定的宽度为100 mm。

8　组焊、检验与验收

8.1.2　球罐组焊前，应对球罐零部件进行下列复验：

a）零部件的数量；

b）球壳板的曲率、几何尺寸、球壳板和坡口表面质量应符合7.1的要求；

c）对球壳板应进行超声检测抽查，抽查数量不得少于球壳板总数的20%，且每带不少于两块，上、下板各不少于一块。其结果应符合4.2.6的规定。若发现超标缺陷，应加倍抽查，若仍有超标缺陷，则应100%检验；

d）如对球壳板材质和厚度有怀疑，应进行复验。

8.6　无损检测

8.6.1　从事球罐无损检测的人员，必须持有劳动部门颁发的有效期内相应项目的锅炉压力容器无损检测人员技术等级鉴定证书，取得相应项目Ⅱ级以上证书的人员方可填写和签发检验报告。

8.6.2　焊缝表面的形状尺寸及外观检查合格后，方可进行无损检测。

8.6.3　用有延迟裂纹倾向的钢材制造的球罐，应在焊接结束至少经36 h后，方可进行焊缝的无损检测。

8.6.4　射线检测与超声检测

8.6.4.1　凡符合下列条件之一的球壳对接接头，应按图样规定的检测方法，进行100%的射线或超声检测：

a）厚度 δ_s 大于 30 mm 的碳素钢和 16MnR 钢制球罐；

b）厚度 δ_s 大于 26 mm 的 15MnVR 和任意厚度的 15MnVNR 钢制球罐；

c）材料标准抗拉强度下限值 $\sigma_b>540$ MPa 的钢制球罐；

d）进行气压试验的球罐；

e）图样注明盛装易燃和毒性为极度危害或高度危害物料的球罐；

f）图样规定须 100%检测的球罐。

8.6.4.2　对于进行 100%射线或超声检测的焊接接头，是否需采用超声或射线检测进行复测，以及复测的长度，由设计者在图样上予以规定。

8.6.4.3　除 8.6.4.1 规定以外的焊接接头，允许做局部射线或超声检测。检测方法按图样规定。检测长度不得少于各条焊接接头长度的 20%。局部无损检测应包括每个焊工所施焊的部分部位。以下部位应全部检测，其检测长度可计入局部检测长度之内。

a）焊缝的交叉部位；

b）嵌入式接管与球壳连接的对接接头；

c）以开孔中心为圆心 1.5 倍开孔直径为半径的圆内所包容的焊接接头；

d）公称直径不小于 250 mm 的接管与长颈法兰、接管与接管对接连接的焊接接头；

e）凡被补强圈、支柱、垫板、内件等所覆盖的焊接接头。

注：按本条规定检测后，制造或组焊单位对未检查的焊接接头质量仍需负责，但是，若作进一步检测可能会发现气孔等不危及球罐安全的超标缺陷，如果这也不允许时，就应选择100%的射线或超声检测。

8.6.4.4　焊接接头的射线检测按 JB 4730 进行，射线照相的质量要求不应低于 AB 级，其检测结果对 100% 检测的对接接头，不低于Ⅱ级为合格；对局部检测的对接接头，不低于Ⅲ 级为合格。

8.6.4.5　焊接接头的超声检测按 JB 4730 进行，其检测结果对 100%检测的对接接头，Ⅰ级为合格；对局部检测的对接接头，不低于Ⅱ级为合格。

8.6.5　磁粉检测与渗透检测

8.6.5.1　符合下列条件的部位应按图样规定的方法，对其表面进行磁粉或渗透检测：

a）图样注明有应力腐蚀的球罐、材料标准抗拉强度下限值 $\sigma_b>540$ MPa 的钢制球罐及用有延迟裂纹倾向的钢材制造的球罐的所有焊接接头表面；

b）嵌入式接管与球壳连接的对接接头表面；

c）焊补处的表面；

d）工卡具拆除处的焊迹表面和缺陷修磨处的表面；

e）支柱与球壳连接处的角焊缝表面；

f）凡进行 100%射线或超声检测的球罐上公称直径小于 250 mm 的接管与长颈法兰、接管与接管对接连接的焊接接头表面。

8.6.5.2　磁粉或渗透检测前应打磨受检表面至露出金属光泽，并应使焊缝与母材平滑过渡。

8.6.5.3　磁粉和渗透检测按 JB 4730 进行，检测结果均为Ⅰ级合格。

8.6.6　重复检测

8.6.6.1　经射线或超声检测的焊接接头，如有不允许的缺陷，应在缺陷清除干净后进行焊补，并对该部位按原检测方法重新检测，直至合格。

经局部检测的焊接接头，射线检测或超声检测复测的焊接接头，如发现有不允许的缺陷时，应在该焊工所焊焊接接头缺陷两端的延伸部分两倍抽测。两倍抽测时如仍发现有不允许的缺陷，则应对该焊工所焊焊接接头进行 100% 检测。

8.6.6.2　磁粉与渗透检测发现的不允许缺陷，应按 8.7 的规定进行修磨或焊补，并对该部位按原检测方法重新检查，直至合格。

说明：无损检测系指射线检测、超声检测、磁粉检测和渗透检测。从事无损检测的人员，必须持有劳动部门颁发的有效期内的锅炉、压力容器无损检测人员技术等级资格证书。取得相应项目Ⅱ级以上证书的人员方可填写和签发检验报告。

关于射线检测和超声波检测

美国 ASMEⅧ—Ⅰ、Ⅶ—Ⅱ规定：焊接完成后，按 UW—51 进行射线照相检验，若容器结构不能进行射线照相或射线照相设备不足时，可以按 UW—53 进行超声波检验来代替射线照相检验。英国 BS 5500 规定：所有熔透的对接焊缝应作射线或超声波检查。对 50 mm以下的厚度，一般采用 X 射线照相检查。西德 AD 规定；如果不具备 DN 54111 射线探伤的条件，可改用超声波检验。日本 JLPA201 规定：“储罐本体的对接焊缝中，……焊缝全长应经射线检查合格。对难于进行射线检查的焊缝如凸缘、补强件与其他……，应进行超声波探伤并合格。”从以上可以看出，国际上工业发达国家偏重于射线检验。国内以往和现行标准，对射线和超声检测不分主次，在实际使用中超声检测比射线检测多，沿用。

焊接结束到焊缝开始无损检测的停留时间，系根据标准中之钢材，同时考虑到返修的紧迫性而定。对于首次使用的钢材，应按相应之规定，由焊接工艺人员确定。日本 JLPA 201 规定：高强钢焊接结束到焊缝探伤检查的停留时间为 36 h。本标准中统一规定；用有延迟裂纹倾向的钢材制造的球罐，应在焊接结束至少 36 h 以后进行射线检测或超声检测、磁粉或渗透检测。

关于焊缝局部检测

目前球罐焊接基本上还是以手工焊为主，焊接质量与每个焊工的状态有很大关系，因此，本标准明确规定：局部无损检测应包括每个焊工所施焊的部分部位。

关于磁粉检测和渗透检测

表面裂纹是球罐的重大隐患之一，尤其是在焊接工艺不合理或执行不严格时出现问题较多，所以有关规范均作了规定，基本上是根据材质、板厚和使用条件而定。本标准基本上是参照 GB 150 和 JLPA 而制定。

“球罐耐压试验后再次进行表面裂纹检查”，目的是证明交付使用的球罐是无表面裂纹存在的完好球罐。随着我国工业的发展，球罐的大量使用，建造球罐的队伍已达到专业化，各项质保体系业已健全。根据调查，按现行标准建造的球罐耐压试验后没有发现有裂纹存在，故本标准不再要求耐压试验后再次进行表面裂纹的检查。

对于本标准 8.6.5.1 以外的情况，如果组焊单位不能保证做到交付使用的球罐不存在表面裂纹，则在交付使用前，所有焊缝应经表面检测确保无表面裂纹等超标缺陷存在。

8.7.2 焊补

a）对球壳表面缺陷进行焊补时，每处的焊补面积应在 5 000 mm^2 以内。如有两处以上焊补时，任何两处的净距应大于 50 mm。每块球壳板上焊补面积总和必须小于该块球壳板面积的 5%。补焊后的表面应修磨平滑，修磨范围内的斜度至少为 3∶1，且高度不大于 1.5 mm。

当球壳板表面焊补深度超过 3 mm 时，还应进行超声检测。

坡口表面缺陷按 7.1.6 修磨和焊补。

b）焊缝表面缺陷进行焊补时，焊补长度应大于 50 mm。材料标准抗拉强度下限值 $\sigma_b>$ 540 MPa 的钢材焊缝焊补后，应在焊补焊道上加焊一道凸起的回火焊道。回火焊道焊完后，应磨去回火焊道多余的焊缝金属，使其与主体焊缝平缓过渡。

c）焊缝的内部缺陷焊补时，清除的缺陷深度不得超过球壳板厚度的 2/3。若清除到球壳板厚度的 2/3 处还残留缺陷时，应在该状态下焊补，然后在其背面再次清除缺陷，进行焊补。焊补长度应大于 50 mm。

当采用碳弧气刨清除缺陷时，应符合 8.3.5.5 的规定。

d）焊接接头同一部位的焊补次数不宜超过两次。如超过两次，焊补前应经制造（组焊）单位技术总负责人批准，焊补次数、部位和焊补情况应记入球罐质量证明书。

e）焊补工艺应按评定合格的焊接工艺进行。

GB 12337 附录 A 低温球形储罐

A2 材料

A2.1.3 钢材的超声检测、磁粉检测，除以下要求外，均按第 4 章的有关规定。

用于球壳的钢板厚度大于 20 mm 时，应逐张进行超声检测，钢板超声检测以不低于 JB 4730规定的Ⅲ 级为合格。

A4.5 焊接接头检验

A4.5.1 低温球罐应按图样规定的检测方法，对所有对接接头进行 100%射线或超声检测。

A4.5.2 应对球罐的所有焊接接头表面、工卡具焊迹及缺陷修磨、焊补处进行磁粉或渗透检测。非受压件与球壳的连接焊缝亦按本条要求检测。

说明：钢板超声检测是低温球罐选材的主要检验措施。国外多数压力容器规范虽无明文规定检测界限，但从引进的石油化工装置中的一些主要容器来看，均要求制造容器用钢板逐张进行无损检测。本附录规定，当球壳用钢板厚度大于或等于 20 mm 时，应逐张进行超声检测，按 JB 4730—94《压力容器无损检测》规定，以Ⅲ级为合格，这一规定与 GB 3531 和日本的一些规范要求是基本一致的。

A7.2 局部无损检测时，每条焊缝的检测长度不得少于焊缝总长度的 50%。

附录 A10

GB 50094—1998《球形储罐施工及验收规范》有关无损检测的规定

1.0.1　为使球形储罐（以下简称“球罐”）在现场施工中做到技术先进、经济合理、安全适用、确保质量，制定本规范。

1.0.2　本规范适用于设计压力大于或等于 0.1 MPa，且不大于 4 MPa、公称容积大于或等于 50 m^3 的橘瓣式或混合式以支柱支撑的碳素钢和合金钢制焊接球罐。

本规范不适用于下列球罐：

受核辐射作用的球罐；

非固定（如车载或船载）的球罐；

双层结构的球罐；

要求做疲劳分析的球罐；

膨胀成形的球罐。

2　零部件的检查和验收

2.1　零部件质量证明书的检查

2.1.2　球罐的球壳板、人孔、接管、法兰、补强件、支柱及拉杆等零部件的出厂证明书应包括下列内容：

(1) 零部件厂合格证；

(2) 劳动部门监检机构出具的产品监检报告；

(3) 材料代用审批证明；

(4) 材料质量证明书及有关复验报告；

(5) 钢板、锻件及零部件无损检测报告；

(6) 球壳板周边超声检测报告；

(7) 坡口和焊缝无损检测报告（包括检测部位图）；

(8) 热压成形试板检验报告；

(9) 产品焊接试板试验报告。

2.1.2　条说明：规定对球罐零部件技术质量文件应检查的内容，包括需提供的有关复检报告和无损检测报告，并应符合本规范设计图样及合同的要求。多年来球壳板压制的实践证明，冷压成形对钢板本身的性能无明显影响，故这次修订将原规范中“成形试板检验报告”改为“热压成形试板检验报告”，不要求冷压成形的球罐提供试板检验报告。如制造厂不进行球壳板的对接焊接，则不需提供焊接试板试验报告。

2.2　球壳板和试板的检查

2.2.5　球壳板焊接坡口应符合下列要求：

2.2.5.1　气割坡口表面质量应符合下列要求：

(1) 平面度应小于或等于球壳板名义厚度（δ_n）的 0.04 倍，且不得大于 1 mm。

(2) 表面应平滑，表面粗糙度（R_a），应小于或等于 25 μm；

(3) 缺陷间的极限间距（Q）应大于或等于 0.5 m；

(4) 熔渣与氧化皮应清除干净，坡口表面不应有裂纹和分层等缺陷。用标准抗拉强度大于 540 MPa 的钢材制造的球壳板，坡口表面应经磁粉或渗透检测抽查，不应有裂纹、分层和夹渣等缺陷。抽查数量为球壳板数量的 20%，若发现有不允许的缺陷，应加倍抽查；若仍有不允许的缺陷，应逐件检测。

2.2.5 条说明：规定了标准抗拉强度大于 540 MPa 钢材制造的球壳板的气割坡口表面无损检测抽查的数量。因为坡口表面质量在出厂前已经过检查，现场只进行抽查比较合理。

2.2.6　球壳板周边 100 mm 范围内应进行全面积超声检测抽查，抽查数量不得少于球壳板总数的 20%，且每带不应小于 2 块，上、下级不应小于 1 块；对球壳板有超声检测要求的还应进行超声检测抽查，抽查数量与周边抽查数量相同。检测方法和结果应符合国家现行标准《压力容器无损检测》JB 4730 的规定，合格等级应符合设计图样的要求，若有不允许的缺陷，应加倍抽查，若仍有不允许的缺陷，应逐件检测。

2.2.6 条说明：除对超声检测复查的要求和合格标准进一步明确外，还将原规范对每块球壳板沿周边 10 mm 的超声检测改为抽查和将原规范对球壳板进行超声检测抽查的要求改为“对球壳板有超声检测要求的还应进行超声检测抽查”，这样做更具合理性。

4.5.3　焊缝内部缺陷的修补应符合下列要求：

4.5.3.1　应根据产生缺陷的原因，选用适用的焊接方法，并制定修补工艺。

4.5.3.2　修补前宜采用超声检测确定缺陷的位置和深度，确定修补侧。

4.5.3.3　当内部缺陷的清除采用碳弧气刨时，应采用砂轮清除渗碳层，打磨成圆滑过渡，并经渗透检测或磁粉检测合格后方可进行焊接修补。气刨深度不应超过板厚的 2/3，当缺陷仍未清除时，应焊接修补后，从另一侧气刨。

4.5.3.4　修补焊缝长度不得小于 50 mm。

4.5.3.5　焊接修补时如需预热，预热温度应取要求值的上限，有后热处理要求时，焊后应立即进行后热处理；线能量应控制在规定范围内，焊短焊缝时，线能量不应取下限值。

4.5.3.6　同一部位（焊缝内、外侧各作为一个部位）修补不宜超过两次，对经过两次修补仍不合格的焊缝，应采取可靠的技术措施，并经单位技术负责人批准后方可修补。

4.5.3.7　焊接修补的部位、次数和检测结果应作记录。

4.5.4　球罐修补后应按下列规定进行无损检测：

4.5.4.1　各种缺陷清除和焊接修补后均应进行磁粉或渗透检测。

4.5.4.2　当表面缺陷焊接修补深度超过 3 mm 时（从球壳板表面算起）应进行射线检测。

4.5.4.3　焊缝内部缺陷修补后，应进行射线检测或超声检测，选用的方法与修补前发现缺陷的方法相同。

5.2　无损检测人员资格

5.2.1　从事球罐无损检测人员，必须持有劳动部门颁发的锅炉压力容器无损检测人员相应的资格证书。

5.2.2　Ⅰ级无损检测人员可在Ⅱ级或 Ⅲ 级人员的指导下，进行相应无损检测操作、记录检测数据、整理检测资料。Ⅱ级和Ⅲ级人员方可评定检测结果和签发检验报告。

5.3　射线检测和超声检测

5.3.1　焊缝的射线检测和超声检测应按国家现行标准《压力容器无损检测》JB 4730进行，焊缝射线检测可选用 X 射线检测法或 γ 射线全景曝光检测法。射线照相的质量要求不应低于 AB 级。

5.3.2　球罐的对接焊缝，凡符合下列条件之一者，应按设计图样规定的检测方法进行100%的射线或超声检测：

5.3.2.1　名义厚度大于 38 mm 的碳素钢球罐的焊缝；

5.3.2.2　名义厚度大于 30 mm 的 16MnR 球罐的焊缝；

5.3.2.3　名义厚度大于 25 mm 的 15MnVR 球罐的焊缝；

5.3.2.4　材料标准抗拉强度大于 540 MPa 的球罐的焊缝；

5.3.2.5　进行气压试验的球罐的焊缝；

5.3.2.6　图样注明盛装易燃和毒性为极度或高度危害介质的球罐的焊缝；

5.3.2.7　嵌入式接管与球壳连接的对接焊缝；

5.3.2.8　以开孔中心为圆心，1.5 倍开孔直径为半径的圆内包容的焊缝，以及公称直径大于 250 mm 的接管与长颈法兰、接管与接管连接的焊缝；

5.3.2.9　被补强圈所覆盖的焊缝。

5.3.2 条说明：按国家现行标准《压力容器安全技术监察规程》和现行国家标准《钢制压力容器》GB 150、《钢制球形储罐》GB 12337 的有关规定，对需要进行 100%射线或超声检测的球罐焊缝进行了具体规定。

5.3.3　球壳板名义厚度小于或等于 38 mm 时，对接焊缝应选用射线检测。

5.3.3 条说明：本条是根据国家现行标准《压力容器安全技术监察规程》第 86 条要求制定的。

5.3.4　除本规范第 5.3.2 条规定以外的对接焊缝，允许做局部检测。检测方法按图样规定。检查长度不得小于各条焊缝长度的 20%，局部部位应包括每一相交的焊缝接头及每个焊工所施焊的部分部位。

5.3.5　焊缝复检应符合下列规定：

5.3.5.1　对于进行 100%射线或超声检测的焊缝，符合下列要求时对每条焊缝应采用超声或射线进行复检。

(1) 材料标准抗拉强度大于或等于 540 MPa，且名义厚度大于 20 mm 的球罐；

(2) 名义厚度大于 38 mm 的球罐；

(3) 设计图样规定复检。

5.3.5.2　复检比例不应小于检测焊缝长度的 20%，复检时应包括每一相交的焊缝接头，两种检测方法的结果均应符合各自的合格标准。

5.3.5 条说明：本条是根据国家现行标准《压力容器安全技术监察规程》第 86 条的要求制定的。

5.3.6　对接焊缝无损检测的合格标准应符合国家现行标准《压力容器无损检测》

JB 4730的规定，100％射线检测的对接焊缝，Ⅱ级为合格；局部射线检测的对接焊缝，Ⅲ为合格；100％超声检测的对接焊缝，Ⅰ级为合格；局部超声检测的对接焊缝，Ⅱ级为合格。

5.3.7　经射线或超声检测的焊缝，当有不合格缺陷时，应在缺陷清除并在焊接修补后，对焊接修补部位按原检测方法重新检查，直至合格。经局部检测的焊缝及复检的焊缝如有不合格缺陷时，应在焊缝不合格缺陷的延伸部位加倍抽查。加倍抽查仍有不合格缺陷时，应对该焊工所焊的全部焊缝进行检测。

5.3.8　标准抗拉强度大于540 MPa钢材制造的球罐，应在焊接结束36 h后，其他钢材制造的球罐应在焊接结束24 h后，方可进行焊缝的射线检测或超声检测。

5.3.8条说明：参照日本煤气协会《LPG储罐标准》JGA指－106－92的规定，将原规范中“焊接完成24 h以后进行检测”，改为“标准抗拉强度大于540 MPa钢材制造的球罐，应在焊接结束36 h后，其他钢材制造的球罐应在焊接结束24 h后，方可进行焊缝的射线检测或超声检测”。

5.3.9　焊缝进行射线或超声检测前，应按图样和焊缝排版图对受检部位标位，射线检测应画布片示意图。

焊缝射线检测底片的编号宜由焊缝编号和底片顺序号构成。纵焊缝的底片顺序号宜从上至下为1、2、3、…，环焊缝的底片顺序号宜0°→90°→180°→270°→0°为1、2、3、…。

5.3.9条说明：对射线检测的布片和底片的编号提出了具体要求，以便管理。

5.4　磁粉检测和渗透检测

5.4.1　球罐的下列部位应在压力试验前（如球罐需焊后整体热处理时应在热处理前）进行磁粉检测或渗透检测：

5.4.1.1　球壳对接焊缝内外表面；

5.4.1.2　人孔及公称直径大于或等于250 mm接管的对接焊缝的内外表面；

5.4.1.3　接管与球壳板焊缝内外表面；

5.4.1.4　补强圈、垫板、支柱及其他角焊缝的外表面；

5.4.1.5　工卡具焊迹打磨后及球壳体缺陷焊接修补和打磨后的部位。

5.4.1条说明：这次修订增加了对“工卡具焊迹打磨后及球壳体缺陷焊接修补和打磨后的部位”进行的磁粉检测或渗透检测的要求。

表面裂纹是球罐的重大隐患之一。在焊接工艺不合理或执行不严时问题更多。有关规范标准都对是否检测作了规定，本规范提出在压力试验前对焊缝进行100％磁粉或渗透检测。

5.4.2　球罐压力试验后应进行磁粉检测或渗透检测复查，复查比例应为焊缝全长的20％及以上，复查部位包括每一相交的焊缝接头、接管与球壳板焊缝内外表面、补强圈、垫板、支柱及其他角焊缝的外表面、每个焊工所焊焊缝及工卡具焊迹打磨和壳体缺陷焊接修补和打磨后的部位。

5.4.2条说明：压力试验后表面无损检测复验的百分率问题，在调查中不少单位反映100％没有必要，目前常用的钢种在压力试验后检查中发现裂纹的几率很少，而工作量却很大，得不偿失，因此本规范仍保持原规范复查20％及以上的规定。

5.4.3　磁粉检测和渗透检测应按国家现行标准《压力容器无损检测》JB 4730进行，并应符合下列要求：

5.4.3.1　磁粉检测和渗透检测应在射线检测和超声检测发现的缺陷修补合格后进行。标准抗拉强度大于 540 MPa 钢材制造的球罐焊接结束 36 h 后，其他钢材制造的球罐焊接结束 24 h 后，方可进行磁粉检测或渗透检测。

5.4.3.2　磁粉检测或渗透检测前应打磨受检表面至露出金属光泽，并应使焊缝与母材平滑过渡。

5.4.3.3　磁粉检测应采用圆形沟槽 A—30/100 型标准底片。在同等操作条件下，前后应各做一次灵敏度测试。

5.4.3.4　磁粉检测时，初次显示的磁痕除掉后应再进行试验，当能显示与前次相同的磁痕时，方能确认。

显示的磁痕难以判断为缺陷磁痕时，应将表面修整平滑，再进行试验。

5.4.3 条说明：依据日本煤气协会《LPG 储罐标准》JGA 指—106—92，规定了焊接结束后至磁粉检测或渗透检测的时间间隔。

5.4.4　磁粉检测和渗透检测的合格标准应符合下列规定：

5.4.4.1　不得出现下列缺陷：

(1) 任何裂纹和白点；

(2) 任何横向缺陷显示；

(3) 任何长度大于 1.5 mm 的线性缺陷显示；

(4) 单个尺寸大于或等于 2 mm 的圆形缺陷显示。

5.4.4.2　在 35 mm×100 mm 的焊缝面积上，缺陷显示累计长度不应大于 2 mm。

5.4.4 条说明：原规范中磁粉检测和渗透检测的合法标准，是参照日本 JLFA 201—81 标准，并结合我国国内当时的标准而确定的，国家现行标准《压力容器无损检测》JB 4730 标准，除规定了不允许存在的缺陷外，还将磁粉检测和渗透检测缺陷显示累积长度的等级评定分为 5 级。本次修订结合现场作业一般都以无缺陷显示为合格的实际情况，参照国家现行标准《压力容器无损检测》JB 4730 对磁粉检测和渗透检测的合格标准作出了具体规定。缺陷显示累积长度允许值符合 JB 4730 标准所规定的Ⅱ级。

5.4.5　磁粉检测和渗透检测发现的缺陷，应按本规范第 4.5.2 条的规定进行修磨或焊接修补，并对该部位按原检测方法重新检查，直至合格。

6　焊后整体热处理

6.1.2　球罐整体热处理前，应具备下列条件：

6.1.2.1　与球罐受压件连接的焊接工作全部完成；

6.1.2.2　热处理前的各项无损检测工作全部完成；

6.1.2.3　产品焊接试板已放在球罐热处理过程中高温区的外侧；

……

9　交工验收

9.0.2　球罐验收时，施工单位应提交下列技术资料，技术资料表格宜符合规范附录 C 的规定：

(1) 球罐交工验收证书；

(2) 监检证书；

(3) 竣工图；

(4) 制造厂的球罐产品质量合格证明书；

(5) 球壳板、支柱到货检验报告；

(6) 球罐基础检验记录；

(7) 产品焊接试板试验报告；

(8) 焊缝及焊接布置图；

(9) 焊接材料质量证明书及复验报告；

(10) 球罐焊后几何尺寸检查报告；

(11) 球罐支柱检查记录；

(12) 焊缝射线检测报告（附检测位置图）；

(13) 焊缝超声检测报告（附检测位置图）；

(14) 焊缝磁粉检测报告（附检测位置图）；

(15) 焊缝渗透检测报告（附检测位置图）；

(16) 焊缝返修记录；

(17) 焊后整体热处理报告、测温点布置图及自动记录温度曲线；

(18) 压力试验记录；

……

GB 50049 附录 A　低温球形储罐

A.2　球壳板检查与验收

A.2.1　厚度大于 20 mm 的球壳板，应按本规范第 2.2.6 条对球壳板进行超声检测抽查。抽查数量不应小于球壳板总数的 40%，抽查应包括全部上、下极板和与支柱连接的赤道板，每次的抽查数量不应小于 2 块。

A.2.1 条说明：本节对低温球罐球壳板的无损检测抽查提出了规定，低温球罐使用条件比较苛刻，增加球壳板无损检测抽查比例是必要的。

A.7　焊缝检查

A.7.1　符合下列条件之一的对接焊缝，必须做 100%射线或超声检测：

(1) 球罐设计温度低于－40℃；

(2) 球罐设计温度虽高于或等于－40℃，但球壳厚度大于 25 mm；

(3) 符合本规范第 5.3.2 条中的 100%射线或超声检测要求的。

A7 条说明：本节规定了低温球罐对接焊缝的无损检测要求，与现行国家标准《钢制压力容器》GB 150 保持一致。

附录 A11

DL 612—1996《电力工业锅炉压力容器安全监察规程》有关无损检测的规定

1 范围

本规程适用于额定蒸汽压力等于或大于 3.8 MPa 供火力发电用的蒸汽锅炉、火力发电厂热力系统压力容器及主要汽水管道。额定蒸汽压力小于 3.8 MPa 的发电锅炉可参照执行。

规程监察范围

a）锅炉本体受压元件、部件及其连接件；

b）锅炉范围内管道；

c）锅炉安全保护装置及仪表；

d）锅炉房；

e）锅炉承重结构；

f）热力系统压力容器：高、低压加热器、除氧器、各类扩容器等；

g）主蒸汽管道、主给水管道、高温和低温再热蒸汽管道。

4 监察管理

4.1 锅炉、压力容器及管道的设计、制造、安装、调试、修理改造、检验和化学清洗单位按国家或部颁有关规定，实施资格许可证制度。

从事锅炉、压力容器和管道的运行操作、检验、焊接、焊后热处理、无损检测人员，应取得相应的资格证书。

单位和个人的资格审查、考核发证，按部颁或劳动部有关规定执行。

6 压力容器与管道设计制造

6.14 管道焊接坡口宜用机械方法加工。用火焰切割时应清除淬硬层和热影响区，对于合金钢材，应进行裂纹检查。

在管道上开孔应采用机械方法。

6.16 管道配制和管件加工时，应做好技术记录，包括几何尺寸、材质检验、无损探伤和水压试验等。

8 受压组件的焊接

8.3 焊工和无损检测人员考核

8.3.1 焊接受压组件的焊工，按 SD 263《焊工技术考核规程》和劳动部《锅炉压力容器焊工考试规则》进行考试，并取得合格证，方可担任相应的受压组件的焊接工作。

8.3.2 从事受压组件焊接质量检验的无损检测人员，按部颁《电力工业无损检测人员资格考核规则》和劳动部《锅炉压力容器无损检测人员资格考核规则》进行考试。经取得相应技术等级的资格证书后，方可进行该技术等级的检验工作。

8.5 受压组件缺陷的焊补

8.5.1 受压组件缺陷的焊补包括局部缺陷焊补、局部区域的嵌镶焊补和焊缝局部缺陷的挖补。

受压组件及其焊缝缺陷焊补应做到：

a）分析确认缺陷产生的原因，制定可行的焊接技术方案，避免同一部位多次焊补。主要受压部件（如汽包）的焊接技术方案，应报集团公司或省电力公司锅炉监察机构审查备案。

b）焊补前应按焊接技术方案进行焊补工艺评定。

c）宜采用机械方法消除缺陷，并在焊补前用无损探伤手段确认缺陷已彻底消除。

d）焊补工作应由有经验的合格焊工担任。焊补前应按焊接工艺评定结果进行模拟练习。

e）缺陷焊补前后的检验报告、焊接工艺资料等应存档。

8.5.2 受压组件采用镶嵌板块方法进行焊补的要求如下：

a）不得将镶嵌板块与受压组件用搭接角缝连接；

b）镶嵌板块应削成圆角，其圆角半径不宜小于 100 mm；

c）镶嵌板块与受压组件的连接焊缝不应与原有焊缝重合；

d）镶嵌板块金属材料的成分和性能，应与受压组件相同或相近。

8.5.3 受压组件因应力腐蚀、蠕变和疲劳等产生的大面积损伤不宜用焊补方法处理。

8.5.4 受压组件及其焊缝缺陷焊补后，应进行 100%的无损探伤，必要时进行金相检验、硬度检验和残余应力测定。

8.6 焊接检验与质量标准

8.6.1 受压组件的焊接质量检验包括以下项目：

a）外观检查；

b）无损探伤检查；

c）割样检查（机械性能、金相、断口）；

d）硬度检查；

e）合金钢焊缝光谱复查。

8.6.2 受压组件焊接接头的分类方法、各类别焊接接头的检验项目和抽检百分比及质量标准，按 DL 5007《电力建设施工及验收技术规范·火力发电厂焊接篇》执行。但对超临界压力锅炉的受热面和一次门内管子的Ⅰ类焊接接头，应进行 100%无损探伤，其中射线透照不少于 50%。

8.6.3 受压组件不合格焊口的处理原则：

a）外观检查不合格的焊缝，不允许进行其他项目检查，但可进行修补。

b）无损探伤检查不合格的焊缝，除对不合格的焊缝返修外，在同一批焊缝中应加倍抽查。若仍不合格者，则该批焊缝以不合格论，应在查明原因后返工。

c）焊接接头热处理后的硬度超过规定值时，应按班次加倍复查。当加倍复查仍有不合格者时，应进行 100%的复查，并在查明原因后对不合格接头重新热处理。

d）割样检查若有不合格项目时，应做该项目的双倍复检。复检中有一项不合格则该批焊缝以不合格论。应在查明原因后返工。

e）合金钢焊缝光谱复查发现错用焊条、焊丝时，应对当班焊接的焊缝进行 100%复查。

错用焊条、焊丝的焊缝应全部返工。

8.6.4　受压组件焊接后应进行水压试验。水压试验应在热处理和无损探伤合格后进行。规定如下：

a）联箱及其类似组件，应以设计压力的 1.5 倍在制造厂进行水压试验。在试验压力下保持 5 min。

b）对接焊接的受热面管子及管件，应在制造厂逐根逐件进行水压试验。试验压力为设计压力的两倍。在试验压力下保持 10～20 s。对于额定蒸汽压力不大于 13.7 MPa 的锅炉，此试验压力可为 1.5 倍。

c）锅炉受压组件的水压试验在组装地进行。试验压力：再热器为设计压力的 1.5 倍；过热器、省煤器在设计压力的 1.25 倍。在试验压力下保持 5 min。

d）锅炉整体水压试验及水压试验的合格标准按本规程第 14 章的有关规定进行。

12　安装和调试

12.6　构架、汽包、联箱、压力容器、主要管道安装前，安装单位应查阅制造质量检验记录（包括无损探伤等记录）。质量证明资料不全或对质量有疑问的，应会同建设单位向制造单位提出质疑，要求补检或复查。未经检查、检验，不得安装。

12.10　锅炉、压力容器和管道在安装过程中要做好技术记录，如设备和材料的检验、受热面通球、焊接、焊后热处理、无损探伤、分项工程验收、冷态和热态的试验等记录。

附录 A12

DL 5007—1992《电力建设施工及验收技术规范·火力发电厂焊接篇》有关无损检测的规定

1 总则

1.0.1 本规范适用于能源工业电力系统设计、制造、安装和检修600 MW及以下火力发电设备的锅炉、承压管道、压力容器和钢结构的焊接工作。

1.0.2 本规范适用于碳素钢（含碳量≤0.35%）、普通低合金钢和耐热钢的手工电弧焊、手工钨极氩弧焊、氧一乙炔焊和埋弧自动焊等焊接方法。对其他材料和焊接方法，可参照本规范和有关标准制定技术要求。

1.0.3 引进国外火力发电机组的施工和验收工作，除建造合同中另有具体规定的部分外，应按本规范的规定执行。

1.0.4 焊缝质量检验根据部件工况条件和对质量要求分类进行评定。

1.0.5 金属材料检验、设备焊口检查、通球试验、焊接工艺评定、焊接接头质量检验、焊接人员考核等项工作，应分别按有关规程的规定进行。

1.0.6 焊接工作（焊接、热处理和金属检验）必须遵守安全、环保、防火等规程的有关规定。

2 焊接人员

2.0.3.3 焊接检验人员

（1）检验人员经专业技术培训和考核合格取得相应专业资格证书后，方可担任相应的焊接检验工作。

（2）焊缝质量无损检验工作应按本规范和有关规程进行，检验结果的评定工作，必须由Ⅱ级及以上人员担任。

（3）根据焊接质量检查人员所确定的受检部位进行检验，做到检验及时，结论准确，及时反馈。

（4）焊接检验人员应认真填发、整理和保管全部检验记录。

（5）对外观不合格的焊口，应拒绝无损探伤检验。

4 焊前准备

4.0.4 焊件经下料及坡口加工后按下列要求进行检查，合格后方可进行组对。

（1）淬硬性较大的钢材如使用火焰切割下料坡口，加工后要经表面探伤检验合格。

（2）坡口处母材无裂纹、重皮、坡口损伤及毛刺等缺陷。

（3）坡口加工尺寸符合图样要求。

（4）在第4.0.5条规定的清理范围内无裂纹、夹层等缺陷。

7 质量检验

7.0.2 焊接接头分类检查的方法、范围及数量，按表7.0.2进行，且应符合下列规定：

表 7.0.2　　焊接接头分类检验的项目范围及数量

焊接接头类别	范　围	检验方法及比例（%）						
		外观		射线	超声	硬度[1]	光谱	割样[2]/代样
		自 检	专 检					
Ⅰ	工作压力大于或等于 9.81 MPa 的锅炉的受热面管子	100	100	50		5	10	0.5
Ⅰ	外径大于 159 mm 的或壁厚大于 20 mm，工作压力大于 3.8 MPa 的锅炉本体范围内的管子及管道	100	100	100		100	100	—
Ⅰ	外径大于 159 mm，工作温度高于 450℃的蒸汽管道	100	100	100		100	100	—
Ⅰ	工作压力大于 8 MPa 的汽、水、油、气管道	100	100	50		100	100	—
Ⅰ	工作温度大于 300℃，且不大于 450℃的汽水管道及管件	100	50	50		100	100	—
Ⅰ	工作压力为 0.1～1.6 MPa 的压力容器	100	50	50		100	100	—
Ⅱ	工作压力小于 9.8 MPa 的锅炉的受热面管子	100	25	25		5	—	0.5
Ⅱ	工作温度高于 150℃，且不高于 300℃的蒸汽管道及管件	100	25	5		100	—	—
Ⅱ	工作压力为 4～8 MPa 的汽、水、油、气管道	100	25	5		100	—	—
Ⅱ	工作压力大于 1.0 MPa，且小于 4 MPa 的汽、水、油、气管道	100	25	5		—	—	—
Ⅱ	承受静载的钢结构	100	25	3)		—	—	—
Ⅲ	工作压力为 0.1～0.6 MPa 的汽、水、油、气管道	100	25	1		—	—	—
Ⅲ	烟、风、煤、粉、灰等管道及附件	100	25	4)			—	—
Ⅲ	非承压结构及密封结构	100	10	—		—	—	—
Ⅲ	一般支撑结构（设备支撑、梯子、平台、拉杆等）	100	10	—		—	—	—
Ⅲ	外径小于 76 mm 的锅炉水压范围内的疏水、放水、排污、取样管子	100	100	—		—	—	—

注：1）经焊接工艺评定，且具有与作业指导书规定相符的热处理自动记录曲线图的焊接接头，可免去硬度测定。

2）焊接工艺评定，且按作业指导书施焊的锅炉受热面管焊接接头，可免作割样检查。

3）结构的无损探伤方法及比例按设计要求进行。

4）风、煤、粉、灰管道应做 100%的渗油检查。

7.0.2.1　外观检查不合格的焊缝，不允许进行其他项目检查。

7.0.2.2　需做热处理的焊接接头，应在热处理后进行无损探伤。

7.0.2.3　焊接接头的射线透照或超声波探伤按下列规定选用：

(1) 厚度≤20 mm 的汽、水管道采用超声波探伤时，还应另做不小于 20%探伤量的射线透照。

(2) 厚度>20 mm，且小于 70 mm 的管子和焊件，射线透照或超声波探伤可任选其中一种。

(3) 厚度≥70 mm 的管子在焊到 20 mm 左右时做 100%的射线探伤，焊接完成后做 100%超声波探伤。

(4) 对于焊接接头为Ⅰ类的锅炉受热面管子，除做不少于 25%的射线透照外，还应另做 25%的超声波探伤。

7.0.5　无损探伤的结果若有不合格时，除对不合格焊缝进行返修外，尚应从该焊工当日的同一批焊接接头中增做不合格数的加倍检验，加倍检验中仍有不合格的，则该批接头评为不合格。

7.0.6　对于不合格的焊接接头，应查明原因，采取对策，进行返修。返修后还应重新进行检验。

7.0.8　焊接检验后，应按部件和整体分别统计出无损检验一次合格率，以反映焊接质量状况，其计算方法可按下式进行：

无损检验一次合格率＝ $(A-B)/A\times100\%$

式中　A ——首次被检焊接接头当量数（不包括复检及重复加倍当量数）；

B ——不合格焊接接头当量数（包括挖补、割口及重复返工当量数）。

当量数计算规定如下：

7.0.8.1　外径小于或等于 76 mm 的管接头，每个接头即为当量数 1。

7.0.8.2　外径大于 76 mm 的管子、容器接头，同焊口的每 300 mm 被检焊缝长度计为当量数 1。

7.0.8.3　使用射线探伤时，相邻底片上的超标缺陷实际间隔小于 300 mm 时可计为一个当量。

8　质量标准

8.0.1.2　焊缝表露缺陷应符合表 8.0.1—2 要求

表 8.0.1—2　　**焊缝表露缺陷允许范围**

焊接接头类别 / 缺陷名称	质量要求		
	Ⅰ	Ⅱ	Ⅲ
裂纹、未熔合	不允许		
根部未焊透	不允许	深度≯10%δ，且≯1.5 mm，总长度≯焊缝全长的 10%，氩弧焊打底焊缝不允许	深度≯15%δ，且≯2 mm，总长度≯焊缝全长的 15%

续表

<table>
<tr><td colspan="2" rowspan="2">焊接接头类别
缺陷名称</td><td colspan="3">质 量 要 求</td></tr>
<tr><td>Ⅰ</td><td>Ⅱ</td><td>Ⅲ</td></tr>
<tr><td colspan="2">气孔、夹渣</td><td colspan="3">不允许</td></tr>
<tr><td rowspan="2">咬边</td><td>不要求修磨的焊缝</td><td>深度≯0.5 mm，焊缝两侧总长度：管件≯焊缝全长的 10%，且≯40 mm；板件不大于焊缝全长的 10%</td><td>深度≯0.5 mm，焊缝两侧总长度：管件≯焊缝全长的 20%，板件≯焊缝全长的 15%</td><td>深度≯0.5 mm，焊缝两侧总长度：管件≯焊缝全长的 20%；板件≯焊缝</td></tr>
<tr><td>要求修磨的焊缝</td><td colspan="3">不允许</td></tr>
<tr><td colspan="2">根部的凸出</td><td>≯2 mm</td><td colspan="2">板件和直径≥108 mm 的管件；≯3 mm；
管件直径<108 mm 时以通球为准；
要求是：管外径≥32 mm 时，为管内径的 85%；
管外径<32 mm 时，为管内径的 75%</td></tr>
<tr><td colspan="2">内凹</td><td>≤1.5 mm</td><td>≤2 mm</td><td>≤2.5 mm</td></tr>
</table>

8.0.2　焊缝的无损探伤检验及结果的评定应按照以下标准进行。

8.0.2.1　承压管道：

(1) SD 143—85《电力建设施工及验收技术规范〈钢制承压管道对接焊缝射线检验篇〉》；

(2) SD 67—83《电力建设施工及验收技术规范〈管道焊缝超声波检验篇〉》。

8.0.2.2　容器及钢结构

(1) GB 3323—87《钢熔化焊对接接头射线照相和质量分级》。

(2) JB 1152—81《锅炉和钢制压力容器对接焊缝超声波探伤》。

各类焊缝的质量级别规定见表 8.0.2。

表 8.0.2　　各类焊缝的质量级别规定

<table>
<tr><td rowspan="2">焊缝类别
探伤方法</td><td rowspan="2">Ⅰ</td><td rowspan="2">Ⅱ</td><td colspan="2">Ⅲ</td></tr>
<tr><td>锅炉范围内</td><td>锅炉范围外</td></tr>
<tr><td>射　线</td><td>Ⅱ</td><td>Ⅱ</td><td>Ⅱ</td><td>Ⅲ</td></tr>
<tr><td>超　声</td><td>Ⅰ</td><td>Ⅰ</td><td>Ⅰ</td><td>Ⅱ</td></tr>
</table>

附录 A13

《超高压容器安全技术监察规程》(TSG R0002—2005)有关无损检测的规定

第一章　总则

第 1 条　为了保证超高压容器的安全运行，防止和减少事故，保护人民群众生命和财产的安全，根据《特种设备安全监察条例》的有关规定，制定本规程。

第 2 条　本规程是超高压容器安全的基本要求，超高压容器的生产（含设计、制造、安装、改造、维修，下同）、使用、检验检测及其监督检查，应当遵守《特种设备安全监察条例》的有关规定，并满足本规程的要求。

第 3 条　本规程适用范围如下：

(一) 设计压力大于或者等于 100 MPa（表压，不含液体静压，下同），且设计压力与容积的乘积大于或者等于 2.5 MPa·L 的气体、最高工作温度高于或者等于标准沸点的液体的超高压容器；

(二) 超高压容器与外部管道或装置用螺纹连接的第一个螺纹接头、法兰连接的第一个法兰密封面、专用连接件或管件连接的第一个密封面；

(三) 超高压容器开孔部分的承压盖及其紧固件；

(四) 超高压容器所用的爆破片（帽）、压力表、测温表等安全附件。

第 4 条　本规程不适用于下列超高压容器：

1. 军事装备、核设施、航空航天器、铁路机车、海上设施和船舶使用的超高压容器；

2. 机器上非独立的超高压部件（如超高压压缩机、超高压泵的缸体等）。

(三) 强度和密封性能试验研究用超高压容器。

本规程第六章不适用于绕丝式超高压容器。

第三章　设计

第 25 条　超高压容器的设计总图上，至少应当注明以下内容：

(一) 超高压容器名称；

(二) 主要受压元件材料牌号及材料要求；

(三) 设计条件（包括设计温度、设计压力、介质、腐蚀裕量等）；

(四) 主要特性参数（包括设计使用寿命，以及容积、净质量、总质量等）；

(五) 热处理要求；

(六) 防腐蚀、冲蚀处理要求（必要时）；

(七) 耐压试验要求（包括试验压力、介质等）；

(八) 无损检测要求；

(九) 安全附件的规格和订购的特殊要求；

(十) 超高压容器铭牌的位置；

（十一）包装、运输和安装的要求（必要时）；

（十二）其他特殊要求。

第四章　制造

第32条　制造单位对外协的超高压容器筒体锻件，应按材料标准逐件进行复验。复验项目包括：化学成分、力学性能、低倍组织、晶粒度、非金属夹杂物和无损检测。对外协的其他主要受压元件锻件，应由外协单位提供齐全的锻件材料质量证明书和检验报告。

第34条　超高压容器的无损检测应当符合本规程的有关规定，并且满足有关标准、设计图样的技术文件的要求。

（一）无损检测人员应当按照国家质检总局的规定，取得Ⅱ级或者Ⅱ级以上的资格证书，并且具有压力容器锻件的无损检测经验。超声检测报告应当由取得Ⅲ级资格证书者复核后签发。

（二）超高压容器的筒体在制造期间（耐压试验之前），至少应当做两次100%的超声波检测（调质热处理前后各一次）。调质热处理后必须同时做纵、横波超声波检测。其他主要受压元件应当做一次100%的超声波检测。筒体外表应当进行100%的磁粉检测或者渗透检测。无损检测按有关标准或者技术文件规定的方法执行。

（三）超声波检测验收应当符合以下要求：

1. 超高压容器筒体及要求受压元件超声波检测灵敏度为$\phi2$ mm当量直径；

2. 超高容器筒体不允许有大于$\phi3$ mm当量直径的单个缺陷或者$\phi2$ mm以及大于$\phi2$ mm当直径缺陷密集区存在，在距离筒体内表面或开孔部位边缘50 mm范围内不允许有大于或者等于$\phi2$ mm当量直径单个缺陷存在；

3. 其他主要受压元件不允许有大于3 mm当量直径的单个缺陷；

4. 可以采用其他不同的超声波检测方法，但是验收要求不得低于本规程规定。

注：缺陷密集区，系指当荧光屏扫描线上相当于50 mm的声程范围内同时有5个或5个以上的缺陷反射信号，或者在50 mm×50 mm的探测面上发现同一深度范围内有5个或5个以上的缺陷反射信号。

（四）磁粉（渗透）检测验收应当符合以下要求：

1. 不允许有裂纹、白点、气孔和折皱等缺陷存在。不允许存在长度大于2 mm的线性缺陷或者直径大于4 mm的圆形缺陷；

2. 发现4个或者4个以上呈线状分布的线性或者圆形缺陷时，其相邻缺陷首尾相距不得超过1.6 mm。

注：线性缺陷指长度与宽度之比大于3，并且长度尺寸大于或者等于1.6 mm的缺陷；圆形缺陷指长度与宽度之比等于或者小于3，并且长度尺寸大于或者等于1.6 mm的缺陷。

（五）制造单位应当认真做好无损检测的原始记录，准确详细填写报告，有关报告和资料保存期限不应当少于7年。

第35条　超高压容器的机械加工应当符合以下要求：

（一）超高压容器主要受压元件和密封件应当按照规定程序批准的产品图样和工艺规程进行加工；

（二）筒体精加工后内壁表面及密封粗糙度R_a一般应当小于或者等于零0.8 μm（经过

设计单位同意后可以取 1.6 μm)，外壁表面粗糙度应当小于或者等于 3.2 μm（管式超高压容器的外表面粗糙度 R_a应当小于或者等于 1.6 μm)。盲孔型超高压容器的筒体内壁表面形状突变部位应该圆滑过渡，并且粗糙度 R_a应当小于或者等于 3.2 μm；

（三）对于管式超高压容器，在机械加工后应该进行直线度和壁厚差检验，其结果应当符合产品图样的要求；筒体外表面不允许有深度大于 0.25 mm 的缺陷存在。

第 36 条 不得对超高压容器主要受压元件施行焊接。

第 37 条 对于需要采用自增强处理的超高压容器，应当按照设计要求和工艺规程进行，并且采用适合的手段测量筒体的残余应变值。自增强处理后的筒体可以按照设计要求进行稳定化热处理。自增强处理后当进行 100%超声检测，检测结果应满足第 35 条的要求。

第 40 条 耐压试验的超高压容器，符合以下要求为合格：

（一）试验过程中无渗漏。

（二）各元件无可见的异常变形。

（三）试验过程中无异常响声。

（四）设计有要求时，应当测量容器筒体外径的残余变形（在距端 1/4、1/2 和 3/4 筒体长度处测量)，其值不得超过筒体外直径的万分之一，且不超过 0.05 mm。

（五）耐压试验后，应对单层筒体进行超声波检测和表面磁粉检测或者渗透检测（内直径小于 500 mm 的筒体只进行外表面检测)。超声波检测比例不少于 20%；表面检测的比例为 100%。检测结果应满足本规程第 34 条的要求。

第六章 定期检验

第 50 条 超高压容器使用单位应当按照规定，做好年度检查和定期检验工作。未经年度检查、定期检验或者定期检验不合格的超高压容器不得继续使用。

第 51 条 年度检查，是指超高压容器在运行过程中的在线检查或者生产周期检验。检查工作可以由检验机构物证的压力容器检验人员进行，也可由使用单位取得特种设备作业人员证的超高压容器管理人员进行。检查人员由使用单位的安全技术部门负责实施。年度检查报告书由检查人填写、签字、并存档备查。

年度检查每年至少一次。

第 52 条 超高压容器的定期检验分为全面检验和耐压试验。

（一）全面检验，是指在超高压容器停机时的检验。全面检验由检验机构持证的压力容器检验师进行。无损检测人员资格和超声波检测结果应满足本规程第 34 条的要求。

（二）耐压试验，是指超高压容器全面检验合格后，所进行的液压试验。耐压试验由有资格的检验机构负责，使用单位协助配合实施。

第 53 条 超高压容器的定期检验周期应当根据超高压容器的安全状况和使用条件确定，其检验周期如下：

（一）全面检验，超高压人造水晶釜每 3 年至少进行一次，其他超高压容器每 3～6 年至少进行一次；

（二）耐压试验，每 10 年至少进行一次。

第 54 条 有以下情况之一的，超高压容器全面检验周期应当缩短：

（一）介质对器壁的腐蚀情况不明，设计者所确定的腐蚀数据不准确；

（二）首次检验；

（三）使用环境恶劣，使用超过 12 年，经技术鉴定并且和检验机构协商，确认不能按正常检验周期检验；

（四）使用单位或检验机构由于其他原因认为应该缩短周期。

超高压人造水晶釜使用超过 12 年后，每年至少应当进行一次全面检验。

第 55 条 超高压容器，经过全面检验合格后，有以下情况之一的，应当进行耐压试验：

（一）更换和修理主要受压元件的；

（二）改变使用条件，超过原设计参数并且经过强度校核合格的；

（三）停止使用 1 年后重新使用的；

（四）使用单位或检验机构对超高压容器的安全性能有怀疑的。

第 56 条 超高压容器进行全面检验前，应当做好以下工作：

（一）将被检容器内部介质排放、清理干净，用盲板从被检超高压容器的第一道法兰处隔断所有介质的来源，并且设置明显的隔离标记。

（二）内有易燃、有毒介质的被检超高压容器，使用单位必须进行置换、中和、清洗、消毒和取样分析，分析结果必须达到有关规定范围标准的规定。

（三）切断与容器有关的电源，设置明显的安全标志。

第 57 条 超高压容器年度检查项目应至少包括以下内容：

（一）隔热层、铭牌是否完好；

（二）外表面有无裂纹、变形、局部过热等不正常现象；

（三）密封部位有无泄漏；

（四）安全附件是否齐全、可靠；

（五）紧固螺栓是否完好；

（六）壁厚是否符合规定。

第 58 条 超高压容器的全面检验项目至少包括以下内容：

（一）第 57 条中规定的年度检查的全部项目；

（二）制造技术条件、运行记录和历次年度检查、全面检查记录是否完善；

（三）符合第 39、40 条的规定（使用温度超过 300℃时，可取 $\phi=1.05$）；

（四）耐压试验场地和设备经使用单位安全部门和检验机构认可，并且报当地质量技术监督部门备案；

（五）试验报告书上应有在场检查的压力容器师签字。

第 60 条 超高压容器定期检验后，检验机构应当出具检验报告。检验结论分为继续使用和判废。检验机构应当对检验结果和检验结论负责。

继续使用的超高压容器，应当按 53 条的规定，确定下次检验时间。

符合以下情况之一的超高压人的人造水晶釜应当判废：

（一）主要受压元件材质不清；

（二）主要受压元件内、外表面发现裂纹，未做修磨和修磨后强度核算不能满足要求；

（三）主要受压元件发现穿透性裂纹；

（四）主要受压元件材质发生劣化，影响安全行动；

（五）底部严重变形；

（六）从距釜体内表面 20 mm 处至外表面的壁厚范围内，存在埋藏缺陷，经过检验发现缺陷已经扩展；

（七）容器本身原因引起耐压试验不合格；

（八）其他影响安全运行的缺陷。

其他超高压容器的判废，可参照由省级以上质量技术监督部门认可或者批准的有关规定执行。

第 61 条 因特殊情况不能按定期检验周期或者项目进行检验时，使用单位须申明理由，经单位安全部门和技术负责人批准，提前提出申请，报办理超高压容器使用登记的质量技术监督部门同意后，方可延长检验时间或者减少检验项目。检验周期的延长期不得超过 12 个月。

附录 A14

JB 4732—1995《钢制压力容器——分析设计标准》有关无损检测的规定

1　主题内容与适用范围

1.1　主题内容

本标准是以分析设计为基础的钢制压力容器标准，提供了以弹性应力分析和塑性失效准则、弹塑性失效准则为基础的设计方法；对选材、制造、检验和验收规定了比 GB 150《钢制压力容器》更为严格的要求。

本标准与 GB 150 同时实施，在满足各自要求的条件下，可选择其中之一使用。

1.2　适用范围

1.2.1　本标准适用于：

a. 设计压力大于等于 0.1 MPa，且小于 100 MPa 的容器；

b. 真空度高于或等于 0.02 MPa 的容器。

1.2.2　本标准适用的设计温度应是低于以钢材蠕变控制其许用应力强度的相应温度。

1.3　不适用范围

本标准不适用于下列各类容器：

a. 核能装置中的容器；

b. 旋转或往复运动的机械设备（如泵、压缩机、涡轮机、液压缸等）中自成整体或作为部件的受压器室；

c. 经常搬运的容器；

d. 内直径（对非圆形截面，指宽度、高度或对角线）小于 150 mm 的任何长度的容器。

6　材料

6.2.5　下列碳素钢和低合金钢板，应逐张进行超声波检测，钢板的超声波检测方法和质量标准按 JB/T 2970 的规定。

a. 调质状态供货的钢板，质量等级应不低于Ⅱ级；

b. 多层包扎压力容器的内筒钢板，质量等级应不低于Ⅱ级；

c. 用于容器壳体厚度大于 20 mm 的钢板，质量等级应不低于Ⅲ级。

11　制造、检验与验收

11.1.4　压力容器的焊接必须由持有劳动部门颁发的相应类别焊工合格证的焊工担任。

压力容器无损检测必须由持有劳动部门颁发的相应方法的Ⅱ级或Ⅰ级无损探伤人员资格证书的人员担任。

11.2.2　坡口表面要求

11.2.2.1　坡口表面不得有裂纹、分层、夹渣等缺陷。

11.2.2.2　标准抗拉强度 σ_b>540 MPa 的钢材及 Cr－Mo 低合金钢材经火焰切割的坡

口表面，应进行磁粉或渗透检测。当无法进行磁粉或渗透检测时，应由切割工艺保证坡口质量。

11.2.2.3　施焊前应将坡口表面的氧化物、油污、熔渣及其他有害杂质清除干净，清除的范围（以离坡口边缘的距离计）不得小于 20 mm。

11.2.6.3　公称直径大于 M48 的螺柱和螺母除应符合 11.2.5.2 条中 c 和 d 的规定外，还应满足如要下要求：

a. 有热处理要求的螺柱，其试样与试验按 11.5.9 条的规定。

b. 螺母毛坯热处理只作硬度试验。

c. 螺柱应进行磁粉检测，不得存在裂纹。

11.3.5　焊接返修

11.3.5.1　当焊接接头需要返修时，应首先对缺陷去除部位进行磁粉检测或渗透检测，以确认缺陷已完全去除。

11.3.5.2　返修的焊接工艺应符合 11.3.2 条的有关规定。

11.3.5.3　补焊好的表面应进行磁粉检测或渗透检测，并应合格。

当补焊深度超过 10 mm 或母材厚度的 1/2 时，还应按图样规定的无损检测方法进行射线检测或超声波检测，并应合格。

11.3.5.4　焊接接头同一部位返修次数不宜超过两次。如超过两次，返修前均应经制造单位技术总负责人批准。返修次数、部位和返修情况记入容器的质量证明书。

11.3.5.5　要求热处理的容器，一般应在热处理前进行返修。如在热处理后返修，补焊后应作必要的热处理。

11.3.5.6　有抗晶间腐蚀要求的奥氏体不锈钢制容器，返修部位仍需保证原有要求。

11.6　多层包孔压力容器

多层包扎容器的制造除应符合以下规定外，还应满足本章的其他有关规定。

11.6.1　内筒成形允差

11.6.1.1　同一断面上最大直径与最小直径之差不应大于内直径 D_i 的 0.5%，且不大于 6 mm（图 11—12 略）。

11.6.1.2　A 类焊接接头的对口错边量 b（图 11—5 略）不大于 1.5 mm。

11.6.1.3　A 类焊接接头处形成的棱角 E，用弦长等于 1/6 内直径 D_i 且不小于 300 mm 的内样板或外样板（图 11—7 略）检查，其 E 值不得大于 2 mm。

11.6.2　内筒焊接

11.6.2.1　内筒 A 类焊接接头应做焊后热处理。

11.6.2.2　内筒 A 类焊接接头经外观检查合格后，应按图样规定的方法进行百分之百射线检测或超声波检测。

11.6.2.3　内筒外表面如不做机加工，则应将 A 类焊接接头表面修磨平滑。

11.6.3　层板包孔

11.6.3.1　包扎前应清除层板的铁锈、油污和影响层板贴合的杂物。

11.6.3.2　各层层板 C 类焊接接头应均匀错开。

11.6.3.3　每包扎下一层层板前，应将前一层 C 类焊接接头表面修磨平滑。

11.6.3.4　每层层板的 C 类焊接接头修磨后应经外观检查（材料标准抗拉强度 σ_b>540 MPa层板的 C 类焊接接头修磨后应进行磁粉检测或渗透检测），不得存在裂纹、咬边和密集气孔。

11.6.3.5　每层层板包扎后需经松动面积检查，对内直径 D_i 不大于 100 mm 的容器，每一有松动的部位，沿环向长度不得超过 D_i 的 30%，沿轴向长度不得超长 600 mm；对内直径 D_i 大于 1 000 mm 的容器，每一有松动的部位，沿环向长度不得超过 300 mm，沿轴向不得超过 600 mm。

11.6.4　每一圆筒上必须按图样要求钻泄放孔。

11.6.5　B 类焊接接头以及圆筒与球形封头相连的 A 类焊接接头，不做焊后热处理。

11.6.6　焊接试板应包括内筒焊接试板和层板焊接试板。层板的焊接试板在某一层 C 类焊接接头的延长部位焊制，在试板的焊缝根部需垫上与层板同材料、同厚度的垫板。

11.7　热套压力容器

热套压力容器的制造除应符合以下规定外，还应满足本章的其他有关规定。

注：热套压力容器是指套合面经机械加工或不经机械加工，各层之间以过盈相互配合，其套合应力需经热处理尽量消除的容器。

11.7.1　单层圆筒

11.7.1.1　单层圆筒成形后沿其轴向分上、中、下三个断面测量单层圆筒的内径。同一断面最大内径与最小内径之差应不大于该单层圆筒内直径的 0.5%。

11.7.1.2　单层圆筒的直线度用不小于圆筒长度的直尺检查。将直尺沿轴向靠在筒壁上，直尺与筒壁之间的间隙不大于 1.5 mm。

11.7.1.3　A 类焊接接头表面需进行机加工或修磨加工，不允许保留余高、错边、咬边，并使 A 类焊接接头区的圆度与筒身一致。用弦长等于该单层圆筒内直径的 1/3，且不小于 300 mm 的内样板或外样板进行检查（图 11—7 略），形成的棱角 E 应符合表 11—4 的规定。(图 11—7、表 11—4 略)

11.7.1.4　单层圆筒的 A 类焊接接头，需采用图样规定的方法，进行百分之百射线检测或超声波检测。

11.9　无损检测

11.9.1　受压部件的焊接接头，经形状尺寸和外观检查合格后，再进行本规定的无损检测。

11.9.2　受压部件的焊接接头，凡符合下列条件之一者，需采用图样规定的方法，进行百分之百的射线检测或超声波检测。

11.9.2.1　A 类或 B 类焊接接头。

11.9.2.2　筒体或封头名义厚度 δ_n 大于 65 mm 的 C 类焊接接头（多层包扎容器层板层的 C 类焊接接头除外）。

11.9.2.3　开孔直径大于 100 mm，且筒体或封头名义厚度 δ_n 大于 65 mm 的 D 类焊接接头。

11.9.2.4　对于上述进行百分之百射线检测或超声波检测的焊接接头，是否需采用超声波检测或射线检测进行复查，以及复查的长度，由设计者在图样上予以规定。

11.9.3　受压部件及其焊接接头，凡符合下列条件之一者，需采用图样规定的方法，进行磁粉检测或超声波检测。

11.9.3.1　除 11.9.2.2 条以外的 C 类焊接接头；

11.9.3.2　除 11.9.2.3 条以外的 D 类焊接接头；

11.9.3.3　堆焊表面；

11.9.3.4　复合钢板的复层焊接接头；

11.9.3.5　标准抗拉强度 σ_b＞540 MPa 的钢材及 Cr－Mo 低合金钢材经火焰切割的坡口表面；

11.9.3.6　直径大于 M48 的螺柱；

11.9.3.7　因电弧擦伤而产生的弧坑和焊疤以及因割除卡具、拉筋板等临时性附件后遗留的焊疤经修磨后的表面；

11.9.3.8　缺陷去除表面以及焊补表面；

11.9.3.9　非受压组件与容器相连的焊接接头。

11.9.4　评定标准

11.9.4.1　射线检测按 JB 4730 进行，检测结果Ⅱ级为合格。

11.9.4.2　超声波检测按 JB 4730 进行，检测结果Ⅰ级为合格。

11.9.4.3　磁粉检测按 JB 4730 进行，检测结果Ⅰ级为合格。

11.9.4.4　渗透检测按 JB 4730 进行，检测结果Ⅰ级为合格。

11.9.5　重复检测

11.9.5.1　经射线检测或超声波检测的焊接接头，如有不允许的缺陷，应在缺陷清除干净后进行补焊，并对该部分采用原检测方法重新检测，直至合格。

11.9.5.2　经磁粉检测或渗透检测发现的不允许缺陷，应在缺陷清除后或补焊后，对该部分采用原检测方法重新检测，直至合格。

……

JB 4732 附录Ⅰ　管壳式换热器管板的应力分析

Ⅰ1.3　管板与壳体法兰连接

管板与壳体法兰的连接可参见图Ⅰ1—4。在制造过程中，应注意防止焊接变形。为保证焊缝质量，应对焊缝表面进行磁粉或着色渗透检测。

对使用条件苛刻的换热器（如需考虑疲劳操作情况等），在其法兰（或壳体）内表面与管板间的内角焊缝成形过程中，应对每层焊道表面进行磁粉或着色渗透检测，并最终将焊缝表面打磨成 R 不少于 20 mm 的圆角（图Ⅰ1—5 略）。

附录 A15

SH3501—1997《石油化工剧毒、可燃介质管道工程施工及验收规范》有关无损检测的规定

1 总则

1.0.1 本规范适用于石油化工企业设计压力 400 Pa［绝压］～42 MPa［表压］，设计温度－196～850℃的剧毒（毒性程度为极度危害和高度危害）、可燃介质钢制管道的新建、改建或扩建工程的施工及验收。

1.0.2 本规范不适用于长输管道及城镇公用燃气管道的施工及验收。

2 管道分级

2.0.1 剧毒、可燃介质管道的分级，应符合表 2.0.1 的规定。

表 2.0.1 管道分级

管道级别		适用范围
SHA		毒性程度为极度危害介质管道 设计压力等于或大于 10 MPa 的 SHB 级介质管道
SHB	SHBⅠ	毒性程度为高度危害介质管道 设计压力小于 10 MPa 的甲类、乙类可燃气体和甲 A 类液化烃、甲 B 类可燃液体介质管道 乙 A 类可燃液体介质管道
	SHBⅡ	乙 B 类可燃液体介质管道 丙类可燃液体介质管道

注：常用剧毒介质、可燃介质见附录 A。

2.0.2 输送同时具有毒性和可燃特性介质的管道，应按本规范规定级别高的处理。

2.0.3 输送混合介质的管道，应以主导介质为管道分级的依据。

3 管道组成件检验

3.2 管子检验

3.2.5 SHA 级管道中，设计压力等于或大于 10 MPa 的管子，外表面应按下列方法逐根进行无损检测，不得有线性缺陷：

1 外径大于 12 mm 的导磁性钢管，应采用磁粉检测；

2 非导磁性钢管，应采用渗透检测。

3.2.6 管子经磁粉或渗透检测发现的表面缺陷允许修磨，修磨后的实际壁厚不应小于管子公称壁厚的 90%。

3.2.7 SHA 级管道中，设计压力小于 10 MPa 的输送极度危害介质管道的管子，每批（指同批号、同炉罐号、同材质、同规格）应抽 5%且不少于一根，进行外表面磁粉或渗透检测，不得有线性缺陷。抽样检验不合格时，应按第 3.1.7 条的规定处理。

3.2.8　输送剧毒介质管子的质量证明书中应有超声检测结果，否则应按现行《无缝钢管超声波探伤方法》GB 5777 或《不锈钢管超声波探伤方法》GB 4163 的规定，逐根进行补项试验。

3.2.1～3.2.2 条说明所有用在输送剧毒、可燃介质管道的管子，使用前应按设计要求核对管子的规格、标记和数量。

质量证明书中应有“产品标准中规定的各项检验结果”。各项检验主要指化学成分分析，拉力试验，冲击试验，水压试验，压扁试验，扩口试验，超声检测，涡流试验等，其中水压试验，超声检测均是逐根进行。

3.2.4　奥氏体不锈钢管的产品标准规定，需抽检作晶间腐蚀试验。本条规定，使用的场合有耐晶间腐蚀要求，质量证明书上又没有这一试验结果时，必须按相关标准作补项试验。

3.2.5～3.2.6　设计压力等于或大于 10 MPa 的管子，制造单位已做过一系列试验，所以本规范规定只作表面裂纹的无损检测。如果有缺陷允许打磨，打磨后的实际壁厚应采用超声测厚仪进行检测，其厚度不得小于公称壁厚的 90%。

3.2.7～3.2.8　SHA 级管道中，设计压力小于 10 MPa，输送极度危害介质的管子，应抽 5%作表面无损检测。抽样检验过程应符合第 3.1.7 条的规定。

另外，输送剧毒介质（极度危害、高度危害）的管子，如果质量证明书上没有超声检测结果，还应按现行《无缝钢管超声波探伤方法》GB 5777 或《不锈钢管超声波探伤方法》GB 4163 的规定进行补项检验，这是根据输送介质的特性规定的。

3.4　其他管道组成件检验

3.4.1　对管道组成件的产品质量证明书，应进行核对，且下列项目应符合设计要求：

1　化学成分及力学性能；

2　合金钢锻件的金相分析结果；

3　热处理结果及焊缝无损检测报告。

若对质量证明书中的特性数据有异议，应及时追溯到制造单位。异议未解决前，该批产品不得使用。

4　管道预制及安装

4.1　管道预制

4.1.8　SHA 级管道弯制后，应进行磁粉检测或渗透检测。若有缺陷应予以修磨，修磨后的壁厚不得小于管子公称壁厚的 90%。

4.1.9　SHA 级管道弯管加工、检测合格后，应填写 SHA 级管道弯管加工记录，见附录 B（略）。

4.1.10　夹套管内的主管必须使用无缝钢管。当主管有环焊缝时，该焊缝应经 100%射线检测，经试压合格后方可进行隐蔽作业。

套管与主管间的间隙应均匀并按设计要求焊接支承块。

5　管道焊接

5.2　焊前准备与接头组对

5.2.1　管道焊缝的设置，应便于焊接、热处理及检验，并应符合下列要求：

4　在焊接接头及其边缘上不宜开孔，否则被开孔周围 1 倍孔径范围内的焊接接头，应

100%进行射线检测。

5 管道上被补强圈或支座垫板覆盖的焊接接头，应进行100%射线检测，合格后方可覆盖。

5.2.6 焊接接头的坡口的渗透检测应按下列规定进行：

1 材料淬硬倾向较大的管道坡口100%检测；

2 设计温度低于或等于−29℃的非奥氏体不锈钢管道坡口抽检5%。

5.2.6条说明本条规定了焊接接头坡口应进行渗透检测的两类管道。其中淬硬倾向较大的管道，主要指标准抗拉强度$\sigma_b \geqslant 540$ MPa的钢管或Cr−Mo合金钢管道。

5.2.15 当采用氧乙炔焰切割合金钢管道上的焊接卡具时，应在离管道表面3 mm处切割，然后用砂轮进行修磨。有淬硬倾向的材料，修磨后尚应作磁粉检测或渗透检测。

5.4 预热及热处理

5.4.12 在需要进行焊后热处理的管道上，应避免直接焊接非受压件，如不能避免，若同时满足下列条件，焊后可不进行热处理。

1 管道为非合金钢或低合金钢材料；

2 角焊缝的计算厚度不大于10 mm；

3 按评定合格的焊接工艺施焊；

4 角焊缝进行100%表面无损检测。

5.5 质量检验

5.5.1 检验焊接接头前，应按检验方法的要求，对焊接接头的表面进行相应处理。

5.5.2 焊缝外观应成型良好，宽度以每边盖过坡口边缘2 mm为宜。角焊缝的焊脚高度应符合设计规定，外形应平缓过渡。

5.5.3 焊接接头表面的质量应符合下列要求：

1 不允许有裂纹、未熔合、气孔、夹渣、飞溅存在。

2 设计温度低于−29℃的管道、不锈钢和淬硬倾向较大的合金钢管道焊缝表面，不得有咬边现象。其他材质管道焊缝咬边深度不应大于0.5 mm，连续咬边长度不应大于100 mm，且焊缝两侧咬边总长不大于该焊缝全长的10%。

3 焊缝表面不得低于管道表面。焊缝余高$\Delta h \leqslant 1+0.2b_1$，且不大于3 mm。

注：b_1为焊接接头组对后坡口的最大宽度（mm）。

4 焊接接头错边不应大于壁厚的10%，且不大于2 mm。

5.5.4 管道焊接接头无损检测后焊缝缺陷等级的评定，应符合现行《压力容器无损检测》JB 4730的规定。

射线透照质量等级不得低于AB级。焊接接头经射线检测后的合格标准：SHA、SHBⅠ级管道的焊接接头Ⅰ级合格，SHBⅡ级管道的焊接接头Ⅱ级合格。

超声检测时，管道焊接接头经检测后的合格标准：SHA、SHBⅠ级管道的焊接接头Ⅰ级合格，SHBⅡ级管道的焊接接头Ⅱ级合格。

5.5.4条说明：本条规定射线透照质量等级要求不得低于AB级。这是根据本规范适用范围内管道的重要性，在《压力容器无损检测》JB 4730规定的A、AB、B级中确定的。

5.5.5 当设计未规定时，每名焊工焊接的同材质、同规格管道的焊接接头射线检测百分率，应符合表 5.5.5 的规定，且不少于一个焊接接头。

当管道的公称直径等于或大于 500 mm 时，其焊接接头射线检测的百分率，应按每个焊接接头的焊缝长度计算。

表 5.5.5　　焊接接头射线检测百分率

<table>
<tr><th colspan="2" rowspan="2">管道级别</th><th colspan="2">设计条件</th><th rowspan="2">检测百分率（%）</th><th rowspan="2">合格等级</th></tr>
<tr><th>压力［表压］(MPa)</th><th>温度（℃）</th></tr>
<tr><td colspan="2">SHA</td><td>—</td><td>—</td><td>100</td><td>Ⅱ</td></tr>
<tr><td rowspan="6">SHB</td><td rowspan="5">SHBⅠ</td><td>≥4</td><td>>400</td><td rowspan="2">100</td><td rowspan="2">Ⅱ</td></tr>
<tr><td>—</td><td><−29</td></tr>
<tr><td>≥4</td><td>−29～400</td><td rowspan="2">20</td><td rowspan="2">Ⅱ</td></tr>
<tr><td><4</td><td>>400</td></tr>
<tr><td><4</td><td>−29～400</td><td>10</td><td>Ⅱ</td></tr>
<tr><td>SHBⅡ</td><td>—</td><td>—</td><td>5</td><td>Ⅲ</td></tr>
</table>

注：①设计压力小于 4 MPa［表压］的管道中，包括真空管道。

②甲 A 类液化烃管道的焊接接头，射线检测数量不应少于 20%。

③高度危害介质管道的焊接接头，射线检测数量不应少于 40%。

④在被检测的焊接接头中，固定焊的焊接接头不得少于检测数量的 40%，且不少于一个。

5.5.5 条说明：本条表 5.5.5 中，甲 A 类液化烃介质，其压力有可能小于 4 MPa，温度在−29～400 之间，按表 5.5.5，射线检测数量应为 10%，但考虑到甲 A 类液化烃的性质，所以注②规定射线检测数量不应少于 20%，即提高一档来要求。同样，对于高度危害介质管道的焊接接头，射线检测数量，按注③的要求，不得少于 40%。这些，应用本规范时，要特别注意。

表 5.5.5 中采用的数据：压力 4 MPa［表压］；温度−29℃，400℃是参照 GB 50235、HG 20225 而确定的。

5.5.6　每名焊工焊接的同材质、同规格管道的承插焊和跨接式三通支管的焊接接头，应采用磁粉检测或渗透检测，抽查数量应符合下列要求，且不少于一个焊接接头。

SHA 级管道不应少于 30%；

SHBⅠ级管道不应少于 10%；

SHBⅡ级管道不应少于 5%。

5.5.7　抽样检测的焊接接头，应由质量检查员根据焊工和现场的情况随机确定。

5.5.7 条说明：本条规定凡抽样检测的焊接接头，应由焊接质量检查员来确定。固定焊接接头按表 5.5.5 注④的要求，应占抽查数的 40%以上。表 5.5.5 中规定的检测数量是不分转动焊接接头或固定焊接接头。这一规定，是要求通过抽检能反映焊工的真实技术水平，杜绝特意焊接供检验的焊接接头或焊工自选焊接接头供检测的情况发生，以保证焊接接头的可靠性。

5.5.8　无损检测时，若采用超声检测，应经施工单位技术总负责人批准，并以射线检测复检，复检数量不得少于 20%。

5.5.9　同一管线的焊接接头抽样检验，若有不合格时，应按该焊工的不合格数加倍检验，若仍有不合格，则应全部检验。

5.5.10　不合格的焊缝同一部位的返修次数，非合金钢管道不得超过三次，其余钢种管道不得超过二次。

5.5.11　焊接接头热处理后，首先应确认热处理自动记录曲线，然后在焊缝及热影响区各取一点测定硬度值。抽检数不得少于20%，且不少于一处。

5.5.12　热处理后焊缝的硬度值，一般不超过母材标准布氏硬度值HB加100，且不得超过下列规定：

1　合金总含量小于3%，HB≤270；

2　合金总含量3%～10%，HB≤300；

3　合金总含量大于10%，HB≤350。

5.5.13　热处理自动记录曲线异常，且被查部件的硬度值超过规定范围时，应按班次作加倍复检，并查明原因，对不合格焊接接头重新进行热处理。

5.5.14　无损检测和硬度测定完成后，应填写相应的检测报告与检测记录。

5.5.15　管道的焊缝应有管道焊接工作记录和焊工布置、射线检测布片图。其内容应包括焊缝位置、焊缝编号、焊工代号，无损检测方法、焊缝返修位置、热处理记录等。

6　管道系统试验

6.1　管道系统压力试验

6.1.1　管道系统压力试验，应按设计要求，在管道安装完毕，热处理和无损检测合格后进行。

6.1.2　管道系统试压前，应由业主、施工单位和有关部门对下列资料进行审查确认：

5　管道的焊接工作记录及焊工布置、射线检测布片图；

6　无损检测报告；

6.1.4　管道系统的压力试验应以液体进行。液压试验确有困难时，可用气压试验代替。但应符合下列条件：

3　管道系统内焊接接头的射线检测已按本规范第5.5.4条和第5.5.5条的规定检测合格，设备应全部隔离，并有经施工单位技术总负责人批准的安全措施；

4　若超过上述条件的管道系统必须用气压试验代替，未经射线检测的焊接接头，必须经射线检测或超声检测合格；角焊缝必须经磁粉检测或渗透检测合格。

7　交工文件

7.0.3　工程交接验收时，施工单位应向业主提交下列技术文件：

6　管道的焊接工作记录，管段焊工布置、射线检测布片图；

7　无损检测报告。

附录 A16

GB 50236—1998《现场设备、工业管道焊接工程施工及验收规范》有关无损检测的规定

1 总则

1.0.1 为了保证工程建设施工现场设备和工业金属管道焊接工程的质量，制定本规范。

1.0.2 本规范适用于碳素钢、合金钢、铝及铝合金、铜及铜合金、工业纯钛、镍及镍合金的手工电弧焊、氩弧焊、二氧化碳气体保护焊、埋弧焊和氧乙炔焊的焊接工程施工及验收。

1.0.3 本规范不适用于施工现场组焊的锅炉、压力容器的焊接工程。

2 通用规定

2.0.2.2 焊接质检人员应由相当于中专及以上文化水平，有一定的焊接经验和技术水平的人员担任。

焊接质检人员应对现场焊接作业进行全面检查和控制，负责确定焊缝检测部位，评定焊接质量，签发检查文件，参与焊接技术措施的审定。

2.0.2.3 无损探伤人员应由国家授权的专业考核机构考核合格的人员担任，并应按考核合格项目及权限，从事焊接检测和审核工作。

无损探伤人员应根据焊接质检人员确定的受检部位进行检验，评定焊缝质量，签发检验报告，对外观不符合检验要求的焊缝应拒绝检验。

2.0.3 施工单位应具备下列条件：

2.0.3.1 施工单位应建立焊接质量管理体系，并应有符合第 2.0.2 条规定的焊接技术人员、焊接质检人员、无损探伤人员、焊工和焊接热处理人员。

4 焊接工艺评定

4.3 试验与评定

4.3.1 评定试件的检验、试验项目应为外观检查、射线照相检验和力学性能试验。

4.3.2 外观检查及射线照相检验，焊缝质量不应低于本规范表 11.3.2 中的Ⅱ级标准。

4.3.1 条说明：规定了工艺评定试件的检验项目，国外标准如美国机械工程师协会标准 ASME—Ⅸ，日本工业标准 JIS—Z3040 标准中均未规定对工艺评定试件进行外观检验和射线照相检验，但考虑到外观检验和射线照相检验能够发现试件焊缝外部和内部的缺陷，从缺陷的性质可以分析产生缺陷的工艺因素，因此对工艺评定有一定意义，同时根据射线照相检验结果，在截取试样时可避开影响力学性能试验的内在缺陷。所以规定了试件需作外观检验和射线照相检验，这一规定与国家现行标准《钢制压力容器焊接工艺评定》JB 4708 是一致的。

4.3.2 条说明：对试件焊缝的外观检验和射线照相检验质量提出要求，在试验条件下能否焊接出外部和内部质量符合要求的焊缝，是评价一个焊接工艺正确与否的必须条件。

5 焊工考试

5.1 一般规定

5.1.3 企业焊工考试委员会的组成中应有焊接工程师、射线照相检验人员和焊接技师。

5.1.4 企业焊工考试委员会应具有相应的焊接设备、场地、试件及试样加工设备、试验及检测手段。

5.1.12.1 连续 6 个月以上中断焊接作业的焊工，当能满足下述规定之一时，可重新担任原合格项目的焊接作业。

（1）重新进行该项目的操作技能考试合格；

（2）现场焊接相应项目长度不得少于 300 mm 的板状对接焊缝，或焊接相应项目的管状对接焊缝，且不得少于 1 个焊口，周长不得小于 360 mm，经射线照相检验全部合格。

5.1.12.2 焊工在合格项目的有效期内，焊接一次合格率以射线照相检验的底片张数统计时累计在 90%以上；或超声波检验的一次合格率以焊缝延长米统计时累计在 99%以上，可延长该合格项目的 3 年有效期。

5.3 考试试件评定

5.3.1 考试试件的检验项目应符合下列规定：

5.3.1.1 板状及管状坡口对接焊缝试件，应进行外观检验、射线照相检验，对于直径小于或等于 76 mm 的管状坡口对接焊缝试件也可采用断口检验；

5.3.1.2 管板全焊透角焊缝试件应进行外观检验和断面宏观金相检验；其余角焊缝试件应进行外观检验。

5.3.2 板状试件距两端各 20 mm 的焊缝不应作为考试试件评定的范围。

5.3.1 条说明：本条规定了各种试件的检验项目，由于焊工考试的目的是评定焊工焊制合格焊缝的能力，一般情况下，外观检验与射线照相检验是评定焊缝合格与否的主要方法，因此本条规定在无特殊要求的情况下，对接焊缝试件只做外观与射线照相检验，取消了原规范中弯曲性能试验，弯曲性能检验主要是检查焊缝的塑性，它是由工艺评定来保证的。此规定是依据美国机械工程师协会标准 ASME—Ⅸ—QW142 修订的。

5.3.2 条说明：在起弧和收弧处产生的焊接缺陷不能反映焊工正常的技能因素，故规定板状试件距两端 20 mm 的焊缝不作为考试试件评定的范围。

5.3.4 考试试件评定合格指标应符合下列规定：

5.3.4.1 板状及管状坡口对接焊缝试件的外观检验及射线照相检验的质量不应低于本规范表 11.3.2 中的Ⅱ级。

11 焊接检验

11.1 焊接前检查

11.1.2.3 当设计文件、相关规定对坡口表面要求进行无损检验时，检验及对缺陷的处理必须在施焊前完成。

11.2　焊接中间检查

11.2.5　对规定进行层间无损检验的焊缝，无损检验应在外观检查合格后进行，表面无损检验应在射线照相检验及超声波检验前进行，经检验的焊缝在评定合格后方可继续进行焊接。

11.2.8　焊接双面焊件时应清理并检查焊缝根部的背面，消除缺陷后方可施焊背面焊缝。规定清根的焊缝，应在清根后进行外观检查及规定的无损检验，消除缺陷后方可施焊。

11.3　焊接后检查

11.3.1　除焊接作业指导书有特殊要求的焊缝外，焊缝应在焊完后立即去除渣皮、飞溅物，清理干净焊缝表面，然后进行焊缝外观检查。

11.3.1 条说明：焊接作业指导书有特殊要求的焊缝，是指要求焊后减低冷却速度缓冷的焊缝。焊工在焊缝完成后不去除药皮进行表面外观检查，甚至在交工工程的焊缝上仍有药皮保留是经常发生的。这样就失去了发现焊缝缺陷的最好的机会，为了纠正这一劣习，这里规定应在焊完后立即去除渣皮、飞溅，清理干净焊缝表面，然后进行焊缝外观检查。

11.3.2　焊缝质量应按表 11.3.2 的规定进行分级。

11.3.3　焊缝外观质量应符合下列规定：

11.3.3.1　设计文件规定焊缝系数为 1 的焊缝或规定进行 100％射线照相检验或超声波检验的焊缝，其外观质量不得低于本规范表 11.3.2 中的Ⅱ级。

11.3.3.2　设计文件规定进行局部射线照相检验或超声波检验的焊缝，其外观质量不得低于本规范表 11.3.2 中的Ⅲ级。

11.3.3.3　不要求进行无损检验的焊缝，其外观质量不得低于本规范表 11.3.2 中的Ⅳ级。

11.3.2 条说明：在这次修编中，为了与现行国家标准《焊接质量保证》GB/T 12467～12469—90 保持一致，将焊缝分级改为焊缝质量分级。

焊接质量分为Ⅰ、Ⅱ、Ⅲ、Ⅳ四个等级。其中Ⅰ级要求最严，焊缝质量要求最高，Ⅱ、Ⅲ、Ⅳ级要求逐级放宽，焊缝质量标准逐级递减。

对焊缝表面的质量及内部的质量要求进行分级（见本规范表 11.3.2）。就是不管焊缝在什么工程中作用，也不管焊缝是在什么条件下工作，只要质量要求是相同的，对缺陷的限制是相同的，它们就为同一等级的焊缝。

11.3.3.1 条说明：设计规定焊缝系数为 1 的焊缝以及规定全部进行射线检测或超声检测的焊缝其表面外观检查质量不得低于本规范表 11.3.2 中的Ⅱ级；这是按焊缝系数及检测方法判定焊缝重要性而规定的表面外观检查的最低质量要求。

11.3.3.2 条说明：规定必须进行局部射线检测或超声检测的焊缝，外观检验质量不得低于本规范表 11.3.2 中的Ⅲ级，这是根据选定无损检测方法和数量及焊缝在工程结构中的位置判定焊缝重要性而提出的最低质量要求。

11.3.3.3 条说明：本款提出了焊接工程中最低质量要求的焊缝表面外观检查质量标

准。这样不仅能有效的控制焊接工程质量，并对焊接工程质量总体水平的提高也将有良好作用。

11.3.4　焊缝的表面无损检验应符合下列规定：

11.3.4.1　对规定进行表面无损检验的焊缝，其检验方法、检验数量及质量应符合设计文件和相关标准的规定。

11.3.4.2　当规定进行表面无损检验有再热裂纹倾向的焊缝，其表面无损检验应在焊后及热处理后各进行一次。

11.3.4 条说明：本条对焊缝表面检测作了规定。

11.3.4.1 条说明：焊缝表面无损检测方法及合格标准，目前尚难以做出统一的规定。只能由设计及相关标准，根据具体工程及焊缝质量的需要做出规定。

11.3.4.2 条说明：有再热裂纹倾向的金属，有可能在热处理时出现新的裂纹，所以宜在焊后及热处理后各进行一次表面无损检测。

焊缝质量分级标准

<table>
<tr><th rowspan="2">检验项目</th><th rowspan="2">缺陷名称</th><th colspan="4">质　量　分　级</th></tr>
<tr><th>Ⅰ</th><th>Ⅱ</th><th>Ⅲ</th><th>Ⅳ</th></tr>
<tr><td rowspan="5">焊缝外观质量</td><td>裂纹</td><td colspan="4">不　允　许</td></tr>
<tr><td>表面气孔</td><td colspan="2">不　允　许</td><td>每 50 mm 焊缝长度内允许直径≤0.3δ，且≤2 mm 的气孔 2 个孔间距≥6 倍孔径</td><td>每 50 mm 焊缝长度内允许直径≤0.4δ，且≤3 mm 的气孔 2 个孔间距≥6 倍孔径</td></tr>
<tr><td>表面夹渣</td><td colspan="2">不　允　许</td><td>深≤0.1δ
长≤0.3δ，且≤10 mm</td><td>深≤0.2δ
长≤0.5δ，且≤20 mm</td></tr>
<tr><td>咬边</td><td colspan="2">不　允　许</td><td>≤0.05δ，且≤0.5 mm
连续长度≤100 mm，且焊缝两侧咬边总长≤10%焊缝全长</td><td>≤0.1δ，且≤1 mm 长度不限</td></tr>
<tr><td>未焊透</td><td colspan="2">不　允　许</td><td>不加垫单面焊允许值
≤0.15δ，且≤1.5 mm 缺陷总长在 6δ 焊缝长度内不超过 δ</td><td>≤0.2δ，且≤2.0 mm 每 100 mm 焊缝内缺陷总长≤25 mm</td></tr>
<tr><td rowspan="5">焊缝外观质量</td><td rowspan="2">根部收缩</td><td rowspan="2">不允许</td><td>≤0.2+0.02δ
且≤0.5 mm</td><td>≤0.2+0.02δ 且≤1 mm</td><td>≤0.2+0.04δ 且≤2 mm</td></tr>
<tr><td colspan="3">长　度　不　限</td></tr>
<tr><td>角焊缝厚度不足</td><td colspan="2">不　允　许</td><td>≤0.3+0.05δ
且≤1 mm
每 100 mm 焊缝长度内缺陷总长度≤25 mm</td><td>≤0.3+0.05δ
且≤2 mm
每 100 mm 焊缝长度内缺陷总长度≤25 mm</td></tr>
<tr><td>角焊缝焊脚不对称</td><td colspan="2">差值≤1+0.1a</td><td>≤2+0.15a</td><td>≤2+0.2a</td></tr>
<tr><td>余高</td><td colspan="2">≤1+0.10b，且最大为 3 mm</td><td colspan="2">≤1+0.2b，且最大为 5 mm</td></tr>
</table>

续表

<table>
<tr><th rowspan="2">检验项目</th><th rowspan="2" colspan="2">缺 陷 名 称</th><th colspan="4">质 量 分 级</th></tr>
<tr><th>Ⅰ</th><th>Ⅱ</th><th>Ⅲ</th><th>Ⅳ</th></tr>
<tr><td rowspan="6">对接焊缝内部质量</td><td rowspan="5">射线照相检验</td><td>碳素钢和合金钢</td><td>GB 3323 的Ⅰ级</td><td>GB 3323 的Ⅱ级</td><td>GB 3323 的Ⅲ级</td><td rowspan="3">不要求</td></tr>
<tr><td>铝及铝合金</td><td>附录 E 的Ⅰ级</td><td>附录 E 的Ⅱ级</td><td>附录 E 的Ⅲ级</td></tr>
<tr><td>铜及铜合金</td><td>GB 3323 的Ⅰ级</td><td>GB 3323 的Ⅱ级</td><td>GB 3323 的Ⅲ级</td></tr>
<tr><td>工业纯钛</td><td colspan="2">附录 F 的合格级</td><td colspan="2">不 要 求</td></tr>
<tr><td>镍及镍合金</td><td>GB 3323 的Ⅰ级</td><td>GB 3323 的Ⅱ级</td><td>GB 3323 的Ⅲ级</td><td>不要求</td></tr>
<tr><td colspan="2">超声波检验</td><td colspan="2">GB 11345 的Ⅰ级</td><td>GB 11345 的Ⅱ级</td><td>不要求</td></tr>
</table>

注：①当咬边经磨削修整并平滑过渡时，可按焊缝一侧较薄母材最小允许厚度值评定。

②角焊缝焊脚不对称在特定条件下要求平缓过渡时，不受本规定限制（如搭接或不等厚板的对接和角接组合焊缝）。

③除注明角焊缝缺陷外，其余均为对接、角接焊缝通用。

④表中 a—设计焊缝厚度；b—焊缝宽度；δ—母材厚度。

11.3.5　焊缝的射线照相检验及超声波检验应符合下列规定：

11.3.5.1　碳素钢和合金钢焊缝的射线照相检验应符合现行国家标准《钢熔化焊对接接头射线照相和质量分级》GB 3323的规定；超声波检验应符合现行国家标准《钢焊缝手工超声波探伤方法和探伤结果分级》GB 11345 的规定；

11.3.5.2　铝及铝合金焊缝的射线照相检验应符合本规范附录 E 的规定；

11.3.5.3　铜及铜合金焊缝的射线照相检验应符合现行国家标准《钢熔化焊对接接头射线照相和质量分级》GB 3323 的规定。像质计的材料应选用铜丝，底片黑度应为 1.2～3.5；

11.3.5.4　工业纯钛焊缝的射线照相检验应符合本规范附录 F 的规定；

11.3.5.5　镍及镍合金焊缝的射线照相检验应符合现行国家标准《钢熔化焊对接接头射线照相和质量分级》GB 3323的规定；

11.3.5.6　焊缝的射线照相检验、超声波检验的数量应符合设计文件和相关标准的规定；

11.3.5.7　设计文件规定焊缝系数为 1 的焊缝、规定进行 100％射线照相检验或超声检验的焊缝，其质量不应低于本规范表 11.3.2 中的Ⅱ级；

11.3.5.8　规定进行局部射线照相检验或超声波检验的焊缝，其质量不应低于规范表 11.3.2 中的Ⅲ级。

11.3.5 条说明：本条对焊缝射线照相检验及超声检验做了规定。

11.3.5.7 条说明：设计规定焊缝系数为 1 的焊缝，应进行全部射线检测或超声检测的焊缝，其合格标准不得低于本规范表 11.3.2 中的Ⅱ级，这是根据设计因素判定焊缝重要性而对其内部质量检测方法及合格标准做出的最低要求。

11.3.6　对焊缝无损检验时发现的不允许缺陷，应消除后进行补焊，并对补焊处用原规定的方法进行检验，直至合格。对规定进行局部无损检验的焊缝，当发现不允许缺陷时，应进一步用原规定的方法进行扩大检验，扩大检验的数量应执行设计文件及相关标准。

11.3.7　规定进行局部射线照相检验或超声波检验的焊缝，其检验位置应由质检人员指定。

11.3.8　射线照相检验或超声波检验应在被检验的焊缝覆盖前或影响检验作业的工序前进行。

11.3.9　当必须在焊缝上开孔或开孔补强时，应对开孔直径1.5倍或开孔补强板直径范围内的焊缝进行无损检验，确认焊缝合格后，方可进行开孔。补强板覆盖的焊缝应磨平。

11.3.10　设计文件没有规定进行射线照相检验或超声波检验的焊缝，质检人员应对全部焊缝的可见部分进行外观检查，其质量应符合本规范表11.3.2中的Ⅳ级，当质检人员对焊缝不可见部分的外观质量有怀疑时，应做进一步检验。

11.3.6条说明：原规范规定若发现不合格者，应对被检焊工所焊焊缝，按原规定比例加倍探伤。因现行各行业标准中已规定了扩大探伤比例，为适应各行业的规定，故改为扩大探伤的数量执行相关专业标准。

11.3.7条说明：局部射线检测或超声检测位置应由质检人员指定，是为了保证检测工作的代表性，减少检测的盲目性。

11.3.8条说明：本条规定的目的是避免发生漏检及便利检测工作的进行，减少影响检测工作质量的因素。

11.3.10条说明：此次我们规定设计没有规定进行射线照相检验或超声检验的焊缝，强调质检人员对全部焊缝的可见部分进行外观检查，当质检人员根据现场实际施工情况，对焊缝内部质量有怀疑时，可以提出使用射线或超声波检验方法对焊缝作进一步检验。

11.3.11　焊缝焊后热处理应符合下列规定：

11.3.11.1　焊缝焊后热处理应在焊缝外观检查及规定的无损检验合格后进行；

11.3.11条说明：规定焊缝外观检查及规定的无损检测应在焊缝热处理之前进行，这样提高了检查工作的效果，避免了由于热处理过程产生的温度应力而引起的缺陷扩展。

11.3.14　焊缝的强度试验及严密度试验应在射线照相检验或超声波检验以及焊缝热处理后进行。焊缝的强度试验及严密度试验方法及要求应符合设计文件、相关标准的规定。

11.4　焊接工程交工验收

11.4.1　对有无损检验要求的焊缝，竣工图上应标明焊缝编号、无损检验方法、局部无损检验焊缝的位置、底片编号、热处理焊缝位置及编号、焊缝补焊位置及施焊焊工代号。

附录E：铝及铝合金焊缝射线照相检验（略）

附录F：工业纯钛焊缝射线照相检验（略）

附录 A17

GB 50235—1997《工业金属管道工程施工及验收规范》有关无损检测的规定

1　总则

1.0.1　为了提高工业金属管道工程的施工水平，保证工程质量，制订本规范。

1.0.2　本规范适用于设计压力不大于 42 MPa，设计温度不超过材料允许的使用温度的工业金属管道（以下简称“管道”）工程的施工及验收。

1.0.3　本规范不适用于核能装置的专用管道、矿井专用管道、长输管道。

4　管道加工

4.2　弯管制作

4.2.10　高压钢管制作弯管后，应进行表面无损探伤，需要热处理的应在热处理后进行；当有缺陷时，可进行修磨。修磨后的弯管壁厚不得小于管子公称壁厚的 90%，且不得小于设计壁厚。

7　管道检验、检查和试验

7.3　焊缝表面无损检验

7.3.1　焊缝表面应按设计文件的规定，进行磁粉或液体渗透检验。

7.3.2　有热裂纹倾向的焊缝应在热处理后进行检验。

7.3.3　磁粉检验和液体渗透检验应按国家现行标准《压力容器无损检测》的规定进行。

7.3.4　当发现焊缝表面有缺陷时，应及时消除，消除后应重新进行检验，直至合格。

7.3.2 条说明：有热裂纹倾向的焊缝，在热处理过程中可能出现裂纹等缺陷，为此检验应在热处理后进行。

7.3.3 条说明：《压力容器无损检测》JB 4730 规定了磁粉检验和液体渗透检验应遵守的标准。

7.3.4 条说明：本条的要点在“及时”两字。

7.4　射线照相检验和超声波检验

7.4.1　管道焊缝的内部质量，应按设计文件的规定进行射线照相检验或超声波检验。射线照相检验和超声波检验的方法和质量分级标准应符合现行国家标准《现场设备、工业管道焊接工程施工及验收规范》的规定。

7.4.2　管道焊缝的射线照相检验或超声波检验应及时进行。当抽样检验时，应对每一焊工所焊焊缝按规定的比例进行抽查，检验位置应由施工单位和建设单位的质检人员共同确定。

7.4.3　管道焊缝的射线照相检验数量应符合下列规定：

7.4.3.1　下列管道焊缝应进行 100%射线照相检验，其质量不得低于Ⅱ级：

（1）输送剧毒流体的管道；

（2）输送设计压力大于等于 10 MPa 或设计压力大于等于 4 MPa，且设计温度大于等于

400℃的可燃流体、有毒流体的管道；

(3) 输送设计压力大于等于 10 MPa，且设计温度大于等于 400℃的非可燃流体、无毒流体的管道；

(4) 设计温度小于－29℃的低温管道；

(5) 设计文件要求进行 100%射线照相检验的其他管道。

7.4.3.2　输送设计压力小于等于 1 MPa，且设计温度小于 400℃的非可燃流体管道、无毒流体管道的焊缝，可不进行射线照相检验。

7.4.3.3　其他管道应进行抽样射线照相检验，抽检比例不得低于 5%，其质量不得低于Ⅲ级。抽检比例和质量等级应符合设计文件的要求。

7.4.4　经建设单位同意，管道焊缝的检验可采用超声波检验代替射线照相检验，其检验数量应与射线照相检验相同。

7.4.5　对不要求进行内部质量检验的焊缝，质检人员应按本章第 7.2 节的规定全部进行外观检验。

7.4.6　当检验发现焊缝缺陷超出设计文件和本规范规定时，必须进行返修，焊缝返修后应按原规定方法进行检验。

7.4.7　当抽样检验未发现需要返修的焊缝缺陷时，则该次抽样所代表的一批焊缝应认为全部合格；当抽样检验发现需要返修的焊缝缺陷时，除返修该焊缝外，还应采用原规定方法按下列规定进一步检验。

7.4.7.1　每出现一道不合格焊缝应再检验两道该焊工所焊的同一批焊缝。

7.4.7.2　当这两道焊缝均合格时，应认为检验所代表的这一批焊缝合格。

7.4.7.3　当这两道焊缝又出现不合格时，每道不合格焊缝应再检验两道该焊工的同一批焊缝。

7.4.7.4　当再次检验的焊缝均合格时，可认为检验所代表的这一批焊缝合格。

7.4.7.5　当再次检验又出现不合格时，应对该焊工所焊的同一批焊缝全部进行检验。

7.4.1 条说明：由于管道的种类错综复杂，其焊接检验要求也不同，一般应由设计单位根据管道的工况条件提出检验数量和等级。

7.4.2 条说明：抽样检验和 100%检验的目的不同，前者是过程控制的手段，对象是焊工，如在抽检时发现不合格的焊缝，应立即对该焊工负责的焊缝一查到底，直到停止其工作。因此，必须及时，不然将失去控制作用。原规范未明确由谁指定被抽查焊缝的位置，现明确由施工单位和建设单位的质检人员共同确定。

7.4.3 条说明：对管道焊缝的射线照相检验数量作了规定。本条对应进行 100%射线照相检验的管道和可不进行射线照相检验的管道范围作了明确规定。对其他需抽样检验的管道，只规定了抽检比例的下限，具体检验数量和质量等级由设计单位确定。

7.4.4 条说明：超声波探伤是检验焊缝内部质量的有效方法，但它不直观，对检验人员的判断缺陷技能要求较高，且不能像射线照相检验那样留下底片备查。因此本条规定用超声波探伤代替射线照相应经建设单位同意。

7.4.5 条说明：因为对这类管道不要求内部质量检验，所以更应加强外观检验。

7.5　压力试验

7.5.1.2　当现场条件不允许使用液体或气体进行压力试验时，经建设单位同意，可同时采用下列方法代替：

（1）所有焊缝（包括附着件上的焊缝），用液体渗透法或磁粉法进行检验。

（2）对接焊缝用100％射线照相进行检验。

11　工程交接验收

11.0.3.2　施工记录和试验报告：

……

（9）射线照相检验报告；

（10）超声波检验报告；

（11）磁粉检验报告；

（12）渗透检验报告；

（13）其他检验报告；

……

11.0.3.4　要求100％射线照相检验的管道，应在单线图上准确标明焊缝位置、焊缝编号、焊工代号、无损检验方法、焊缝补焊位置、热处理焊口编号。对抽样射线照相检验的管道，其焊缝位置、焊缝编号、焊工代号、无损检验方法、焊缝补焊位置、热处理焊口编号等应有可追溯性记录。

附录 A18

《锅炉定期检验规则》(1999) 有关无损检测的规定

第一章　总则

第 1 条　为了保证在用锅炉定期检验工作质量，确保锅炉安全运行，防止事故发生，根据《锅炉压力容器安全监察暂行条例》和《蒸汽锅炉安全技术监察规程》《热水锅炉安全技术监察规程》(以下简称《规程》)，制订本规则。

第 2 条　本规则是在用蒸汽锅炉和热水锅炉的定期检验及检验管理的基本通则。

第 3 条　本规则适用于承压的以水为介质的固定式蒸汽锅炉和热水锅炉。

本规则不适用于原子能锅炉。

第 4 条　锅炉定期检验工作包括外部检验、内部检验和水压试验三种：

外部检验是指锅炉在运行状态下对锅炉安全状况进行的检验；

内部检验是指锅炉在停炉状态下对锅炉安全状况进行的检验；

水压试验是指锅炉以水为介质，以规定的试验压力对锅炉受压部件强度和严密性进行的检验。

第 5 条　锅炉的外部检验一般每年进行一次，内部检验一般每 2 年进行一次，水压试验一般每 6 年进行一次。

对于无法进行内部检验的锅炉，应每 3 年进行一次水压试验。

电站锅炉的内部检验和水压试验周期可按照电厂大修周期进行适当调整。

只有当内部检验、外部检验和水压试验均在合格有效期。

第二章　内部检验

第一节　工业锅炉内部检验

第 16 条　内部检验的承压部件是：锅筒（壳）、封头、管板、炉胆、回燃室、水冷壁、烟管、对流管束、集箱、过热器、省煤器、外置式汽水分离器、导汽管、下降管、下脚圈、冲天管和锅炉范围内的管道等部件；分汽（水）缸原则上应跟随一台锅炉进行同周期的检验。

第 17 条　内部检验主要是检验锅炉承压部件是否在运行中出现裂纹、起槽、过热、变形、泄漏、腐蚀、磨损、水垢等影响安全的缺陷。

第 18 条　内部检验的重点：

1. 历次检验是缺陷的部位，应采用同样的检验方法或增加相应的检验方法对存有缺陷或缺陷修复的部位进行重点复检复测。

2. 锅筒（壳）、封头、管板、炉胆、回燃室和集箱：

(1) 内、外表面和对接焊缝及热影响区有无裂纹等缺陷，必要时应采用表面探伤或其他探伤方法；

(2) 拉撑件、人孔圈、手孔圈、下降管、立式锅炉的炉门圈、喉管、进水管等处的角焊缝是否有裂纹等缺陷，必要时应采用表面探伤；

(3) 部件扳边区有无裂纹、沟槽，高温烟区管板有无泄漏和裂纹，必要时应采用表面探伤；

(4) 是否有严重的腐蚀、磨损减薄和结垢，特别是锅筒底部、管孔区、水位线附近、进水管或排污管与锅筒集箱连接处、炉胆的内外表面、立式锅炉的下脚圈等部位，必要时应进行厚度测定；从锅筒内部检查水位表、压力表等的连通管是否有堵塞；

(5) 受高温辐射和较大应力的部位是否有裂纹和严重的变形；

(6) 胀接口是否严密，胀接管口和孔桥有无裂纹和苛性脆化，必要时应采用表面探伤方法或附加金相分析。

3. 管子：

(1) 是否有严重的腐蚀和磨损，重点是烟管、对流管束、沸腾炉埋管、吹灰口附近等受烟气高速冲刷部位和易受低温腐蚀的尾部烟道管束，必要时应进行厚度测定；

(2) 是否有严重的变形，重点是高温部位，必要时应对变形量进行定量测量；

(3) 管子表面是否有裂纹，必要时应进行表面探伤检查。

4. 对于采用T形接头的焊缝，应检查其是否有变形和焊缝的表面裂纹，必要时应进行表面探伤和超声波探伤。

5. 承受锅炉本身重量的主要支撑件是否有过热、过烧、变形等现象。

6. 燃烧设备（如：燃烧器、炉排等）是否有烧损、变形；炉拱、保温是否有脱落；炉排是否有卡死；燃油、燃气锅炉是否有漏油、气现象。

第二节　电站锅炉内部检验

第21条　电站锅炉是指以发电或热、电联产为主要目的的锅炉，一般是指额定工作压力大于等于3.8 MPa的锅炉。

第26条　锅筒的检验重点：

1. 检验内表面是否有裂纹、腐蚀等缺陷，必要时应进行测厚、无损探伤、腐蚀产物及垢样分析；

2. 检查下降管孔、给水套管及管孔、加药管孔、再循环管孔、安全阀管座等有无裂纹、腐蚀、冲刷情况，必要时应进行探伤检查；

3. 内部预埋件的焊缝有无裂纹，必要时进行表面探伤检查；

4. 水位计的汽水连通管、压力表连通管、蒸汽加热管、汽水取样管、连续排污管等是否完好、畅通，加强型管座是否则裂纹，必要时应进行无损探伤检查；

5. 锅筒与吊挂装置接触是否良好，90°内圆弧应吻合，吊杆装置牢固，受力均匀；支座的预留膨胀间隙足够，方向正确；

6. 对于运行时间超过5万h的锅炉锅筒还应增加以下的无损探伤检验：

(1) 对内表面纵、环焊缝及热影响区应进行不少于25%的表面探伤（应包括所有的T字焊缝）；

(2) 对纵、环焊缝进行超声波探伤或射线探伤抽查，探伤比例一般为：纵缝25%，环缝10%（应包括所有的T形焊口）；

(3) 对集中下降管、给水管角焊缝进行100%超声波探伤检查；

(4) 对安全阀、对空排气阀、引入管、引出管等管座角焊缝进行表面探伤抽查，发现裂纹时应进行超声波探伤复查。

第27条 水冷壁的检验重点：

1. 应定点监测管壁厚度和胀粗情况；

2. 热负荷较高或水循环流速较低区域水冷壁管是否有过热、变形、鼓包、磨损、高温腐蚀、胀粗、裂纹等缺陷，必要时应增加测厚、胀粗量、变形量、割管和金相检查；

3. 燃烧器周围、各门孔两侧、水冷壁底部、沸腾炉的埋管、液态除渣炉的出渣口及炉底耐火混凝土与水冷壁管交界等处是否有碰伤、砸扁、磨损、开裂、腐蚀等缺陷，必要时应增加测厚和变形量测量；

4. 顶棚水冷壁管是否有过热、变形、胀粗等缺陷；

5. 折焰角处水冷壁管是否有过热、变形、胀粗、磨损等缺陷；

6. 防渣管是否有过热、胀粗、变形、鼓包和疲劳裂纹等缺陷，必要时应增加测厚或表面探伤检查；

7. 吹灰器附近和炉膛出口窗的水冷壁管是否有磨损减薄，必要时应附加测厚检查；

8. 膜式水冷壁是否有开裂和严重变形，固定件是否有损坏、脱落现象。

第28条 水冷壁上下集箱的检验重点：

1. 抽查集箱内外表面有无严重腐蚀，必要时应测厚；

2. 管座角焊缝有无超标缺陷、裂纹，必要时应进行表面探伤；

3. 对于内部有挡板的集箱，应用内窥镜检查挡板是否完好、有无开裂，连通管是否被堵，水冷壁入口节流圈有无脱落、结垢、磨损；

4. 集箱支座接触是否良好，吊耳与集箱焊缝有无裂纹，必要时应进行表面探伤；

5. 对于已运行10万h或调峰机组的锅炉，应对集箱封头焊缝、孔桥部位、管座角焊缝、环形集箱弯头对接焊缝进行表面探伤，探伤比例应不少于25%，必要时应进行超声波探伤。

第29条 省煤器的检验重点：

1. 定点检测每组上部管排、弯头附近管子和烟气走廊管子的壁厚；

2. 整体管排有无变形、磨损；支吊架、管卡、阻流板、防磨瓦等有无烧坏、脱落、磨损；

3. 低温省煤器管排处有无严重积灰和低温腐蚀；

4. 膜式省煤器膜片焊缝两端有无裂纹；

5. 对于已运行5万h的锅炉，应检查入口端管子内部的氧腐蚀情况，必要时应进行割管抽样检查。

第30条 省煤器进出口集箱的检验重点：

1. 抽查集箱内部是否有腐蚀和水渣、泥垢；

2. 检查省煤器入口集箱内部的氧腐蚀情况；

3. 集箱短管角焊缝是否有裂纹，必要时应进行表面探伤；

4. 集箱支座接触是否良好，吊耳或吊挂管与集箱焊缝是否有裂纹，必要时应进行表面探伤；

5. 对于已运行10万h的集箱，应对集箱封头焊缝进行表面探伤，探伤比例应不少于25%。

第31条 过热器和再热器的检验重点：

1. 对高温出口段管子的外径和金相进行定点监测，并计算蠕胀值；

2. 过热器、再热器管是否有磨损、腐蚀、氧化、变形、鼓包等缺陷；

3. 过热器、再热器管排间距是否均匀，有无变形、移位；

4. 过热器、再热器管穿墙和烟气走廊部分以及包墙管过热器有无磨损；

5. 过热器、再热器管束的悬吊结构件、固定卡、管卡、阻流板、防磨板等是否有烧坏、脱落、变形、移位、磨损等情况；

6. 吹灰器附近的管子是否有严重磨损，必要时应进行测厚；

7. 抽查过热器、再热器管弯头是否有裂纹和蠕变；

8. 对运行时间已达10万h的，与不锈钢连接的异种钢接头进行无损探伤抽查，必要时可进行割管检查。

第32条 过热器、再热器集箱和集汽集箱的检验重点：

1. 抽查表面有无严重氧化、腐蚀情况；

2. 环焊缝是否有裂纹等缺陷，必要时应进行无损探伤；

3. 吊耳、支座与集箱和管座角焊缝是否有裂纹，必要时应进行表面探伤；

4. 与集箱连接的大直径管等焊缝是否有裂纹等缺陷，必要时应进行无损探伤；

5. 集箱筒体是否能自由膨胀；

6. 对运行时间已达5万h的，应对集箱外表面的主焊缝和角焊缝进行表面探伤检查，探伤比例应不少于25%，必要时应进行超声波探伤或射线探伤；

7. 检查炉顶各集箱有无由于炉顶漏烟而产生集箱及板梁的永久变形；

8. 对出口集箱引入管孔桥部位宜进行超声波探伤检查，以确定是否有内部裂纹；

9. 对于使用时间超过10万h的，应增加硬度和金相检查，同时应检查集汽集箱有无胀粗、变形情况，特别是孔桥部位。

第33条 减温器的检验重点：

1. 筒体表面有无严重氧化、腐蚀情况，必要时应进行测厚、硬度和金相检查；

2. 筒体环焊缝、封头焊缝是否有裂纹等缺陷，必要时应进行无损探伤；

3. 吊耳、支座与集箱和管座角焊缝是否有裂纹，必要时应进行表面探伤；

4. 对于混合式减温器应用内窥镜检查内衬套及喷嘴是否有裂纹；喷口是否有磨损；内壁是否有腐蚀、裂纹等缺陷；

5. 对于面式减温器应进行抽芯抽查，内壁和管板是否有腐蚀、裂纹等缺陷；对于运行5万h的，应对不少于50%的芯管进行不低于1.25倍工作压力的水压试验；

6. 筒体是否能自由膨胀；

7. 对运行时间已达5万h的，应对筒体外表面的主焊缝和角焊缝进行表面探伤检查，探伤比例应不少于25%，必要时应进行超声波探伤或射线探伤。

第34条 外置式分离器、集中下降管主分配管的检验重点：

1. 表面是否有腐蚀、裂纹、变形等缺陷，必要时应进行测厚和无损探伤；

2. 固定装置是否完好。

第 35 条 锅炉范围内管道的检验重点：

1. 导汽管、主蒸汽管、再热蒸汽管、给水管、旁路管等是否有腐蚀、裂纹等缺陷，抽查弯头厚度；应用无损探伤检查是否有裂纹或其他缺陷；对于运行时间已达 10 万 h 的主蒸汽管和再热蒸汽管，还应对弯曲部位等进行硬度、蠕变裂纹和金相检查；

2. 其他承压管道是否有腐蚀、裂纹、变形等缺陷，必要时应进行测厚和无损探伤；

3. 管道支吊装置是否完好牢固。

第 18 条说明　进一步明确了内部检验的重点。本条依据《蒸汽锅炉安全技术监察规程》第 204 条，并进行了细化。同时也赋予检验员较大的主动权，可根据实际情况和需要决定采取表面探伤、超声波探伤、测厚、金相分析等检测手段，以确保检验质量。

第 26 条说明　锅筒（包括上下锅筒）内部检验的重点是内部腐蚀、结垢等情况和焊缝质量情况。如果内壁腐蚀较严重，应对腐蚀产物、垢样进行分析，并进行测厚、计算腐蚀速率，壁厚减薄较大时还应进行强度校核计算，若怀疑有腐蚀裂纹时应增加无损探伤检查。

下降管孔、进水管孔、加药管孔、再循环管孔等由于其特定的工作条件，容易产生裂纹、冲刷、腐蚀等情况。内部汽水分离装置，因受汽水冲击容易发生分离器脱落、配水槽开裂、预埋件焊缝表面裂纹等情况。

对运行时间超过 5 万 h 的锅筒应采用无损探伤对焊接部位进行抽查。

第 32 条说明　过热器、再热器和集汽箱介质温度较高，在高温条件下易产生高温氧化腐蚀和蠕变情况。

运行了 5 万 h 的高温集箱，对环焊缝及封头焊缝进行表面探伤的主要目的是检查在运行工况各种应力的作用下焊缝中缺陷变化情况，以及有无发展为新的缺陷。

与集箱联结的大直径三通往往受到热面管子的主蒸汽、再热蒸汽大直径出口管的热应力影响，产生附加应力，如焊缝中藏有缺陷时容易发展成为裂纹，检验时应加强对三通焊缝的外观检查和表面探伤。

集箱引入管座角焊缝由于应力复杂，膨胀不畅部位易产生裂纹，这类部位是高温集箱的重点检验内容。

第 35 条说明　炉外管道如炉顶的各种导汽（水）管，发生爆管将严重威胁运行人员的人身安全，一些电厂高温过热器导汽管发生过爆破事故，所以要加强金属监督和进行无损探伤检查及弯头外弧面测厚检查。

附录 A19

《在用工业管道定期检验规程》(2003)
有关无损检测的规定

第一章　总则

第一条　为了加强压力管道安全监察，规范在用工业管道检验工作，确保在用工业管道的安全运行，保障公民生命和财产的安全，根据《压力管道安全管理与监察规定》的有关规定，制定本规程。

第二条　本规程是在用工业管道检验、安全状况等级（划分方法见附件一）评定和缺陷处理的基本要求，有关单位制定的实施细则，应满足本规程的要求。

第三条　本规程适用于《压力管道安全管理与监察规程》适用范围的在用工业管道及附属设施，但不包括下列管道：

（一）公称直径≤25 mm 的管道；

（二）非金属管道；

（三）最高工作压力>42 MPa 或<0.1 MPa 的管道。

第四条　本规程适用范围内的在用工业管道的级别划分如下：

（一）符合下列条件之一的工业管道为 GC1 级：

1. 输送现行国家标准《职业接触毒物危害程度分级》GB 5044 中规定的毒性程度为极度危害介质的管道；

2. 输送现行国家标准《石油化工企业设计防火规范》GB 50160 及《建筑防火规范》GB J 16 中规定的火灾危险性为甲、乙类可燃气体或甲类可燃液体，并且设计压力≥4.0 MPa 的管道；

3. 输送可燃流体介质、有毒流体介质，设计压力≥4.0 MPa，并且设计温度≥400℃的管道；

4. 输送流体介质并且设计压力≥10.0 MPa 的管道。

（二）符合下列条件之一的工业管道为 GC2 级：

1. 输送现行国家标准《石油化工企业设计防火规范》GB 50160 及《建筑防火规范》GB J 16 中规定的火灾危险性为甲、乙类可燃气体或甲类可燃液体，并且设计压力<4.0 MPa 的管道；

2. 输送可燃流体介质、有毒流体介质，设计压力<4.0 MPa，并且设计温度≥400℃的管道；

3. 输送非可燃流体介质、无毒流体介质，设计压力<10.0 MPa，并且设计温度≥400℃的管道；

4. 输送流体介质，设计压力<10.0 MPa，并且设计温度<400℃的管道。

（三）符合下列条件之一的 GC2 级工业管道划分为 GC3 级：

1. 输送可燃流体介质、有毒流体介质，设计压力<1.0 MPa，并且设计温度<400℃的管道；

2. 输送非可燃流体介质、无毒流体介质，设计压力<4.0 MPa，并且设计温度<400℃的管道；

其中穿跨越铁路干线、重要桥梁、住宅及工厂重要设施的输送火灾危险性为甲、乙类介质或毒性程度为中度危害以上介质的GC2、C3级工业管道，其穿跨越部分按GC1级管道的检验要求进行检验。

第五条 在用工业管道定期检验分为在线检验和全面检验。

第六条 从事在用工业管道检验的单位和检验人员，应履行以下义务：

（一）应在认可的资格范围内从事压力管道的检验工作。

（二）接受质量技术监督部门的监督检查和业务指导。

（三）保证检验质量，并对检验的结果负责。

第三章 全面检验

第二节 检验项目及要求

第二十九条 表面无损检测：

（一）宏观检查中发现裂纹或可疑情况的管道，应在相应部位进行表面无损检测；

（二）绝热层破损或可能渗入雨水的奥氏体不锈钢管道，应在相应部位进行外表面渗透检测；

（三）处于应力腐蚀环境中的管道，应进行表面无损检测抽查；

（四）长期承受明显交变载荷的管道，应在焊接接头和容易造成应力集中的部位进行表面无损检测；

（五）检验人员认为有必要时，应对支管角焊缝等部位进行表面无损检测抽查。

第三十条 GC1、GC2级管道的焊接接头一般应进行超声波或射线检测抽查。GC3级管道如未发现异常情况，一般不进行其焊接接头的超声波或射线检测抽查。超声波或射线检测抽查的比例与重点检测部位按下述原则确定：

（一）GC1、GC2级管道焊接接头的超声波或射线检测抽查比例见表2。

表2　管道焊接接头超声波或射线检测抽查比例

管道级别	超声波或射线检测比例
GC1	焊接接头数量的15%，且不少于2个
GC2	焊接接头数量的10%，且不少于2个

注：1. 温度、压力循环变化和振动较大的管道的抽查比例应为表中数值的2倍。

2. 耐热钢管道的抽查比例应为表中数值的2倍。

3. 抽查的焊接接头进行全长度无损检测。

抽查时若发现安全状况等级3级或4级的缺陷，应增加检查比例，增加量由检验人员与使用单位结合管道运行参数和运行经验协商确定。

（二）抽查的部位应从下述重点检查部位中选定：

1. 制造、安装中返修过的焊接接头和安装时固定口的焊接接头；

2. 错边、咬边严重超标的焊接接头；

3. 表面检测发现裂纹的焊接接头；

4. 泵、压缩机进出口第一道焊接接头或相近的焊接接头；

5. 支吊架损坏部位附近的管道焊接接头；

6. 异种钢焊接接头；

7. 硬度检验中发现的硬度异常的焊接接头；

8. 使用中发生泄漏的部位附近的焊接接头；

9. 检验人员和使用单位认为需要抽查的其他焊接接头。

当重点检查部位确需进行无损检测抽查，而表 2 所规定的抽查比例不能适应检查需要时，检验人员应与使用单位协商确定具体抽查比例。

第三十一条 下列管道一般应选择有代表性的部位进行金相和硬度检验抽查。

（一）工作温度大于 370℃的碳素钢和铁素体不锈钢管道；

（二）工作温度大于 450℃的钼钢和铬钼钢管道；

（三）工作温度大于 430℃的低合金钢和奥氏体不锈钢管道；

（四）工作温度大于 220℃的输送临氢介质的碳钢和低合金钢管道。

第三十二条 对于工作介质含湿 H_2S 或介质可能引起应力腐蚀的碳钢和低合金钢管道，一般应选择有代表性的部位进行硬度检验。当焊接接头的硬度值超过 HB200 时，检验人员视具体情况扩大焊接接头内外部无损检验抽查比例。

第三十三条 对于使用寿命接近或已经超过设计寿命的管道，检验时应进行金相检验或硬度检验，必要时应取样进行力学性能试验或化学成分分析。

第三节 压力试验

第三十六条 在用工业管道应按一定的时间间隔进行压力试验，具体要求如下：

（一）经全面检验的管道一般应进行压力试验。

（二）管道有下列情况之一时，应进行压力试验：

1. 经重大修理改造的；

2. 使用条件变更的；

3. 停用 2 年以上重新投用的。

对因使用条件变更而进行压力试验的管道，在压力试验前应经强度校核合格。

（三）本条（二）款所述的管道，如果现场条件不允许使用液体或气体进行压力试验，经使用单位和检验单位同意，可同时采用下列方法代替：

1. 所有焊接接头和角焊缝（包括附着件上的焊接接头和角焊缝），用液体渗透法或磁粉法进行表面无损检测；

2. 焊接接头用 100％射线或超声波检测；

3. 泄漏性试验。

（四）不属于本条（二）款所述的管道，如果现场条件不允许使用液体或气体进行压力试验，经使用单位和检验单位同意，通过泄漏性试验的可以不进行压力试验。

第四十九条 焊接缺陷（不包括裂纹）的安全状况等级划分如下：

（一）若焊接缺陷在制造或安装验收规范所允许的范围内，则不影响定级。焊接缺陷超过或安装验收规范所允许的范围时，如果同时满足以下条件，则按本条二款有关规定定级；否则管道安全状况等级为 4 级。

1. 管道结构符合设计规范或管道的应力分析结果满足有关规范；

2. 焊接缺陷附近无新生裂纹类缺陷；

3. 管道材料的抗拉强度小于 5 470 MPa；

4. 在实际工况下，材料韧性良好，并且未出现材料性能劣化及劣化趋向；

5. 管道最低工作温度高于−20℃，或管道最低工作温度低于−20℃，但管道材料为奥氏全钢；

6. 管道不承受疲劳载荷。

（二）焊接缺陷的安全状况等级划分方法

1. 咬边

GC2 级或 GC3 级管道，咬边深度不超过 0.8 mm；GC1 级管道咬边深度不超过 0.5 mm 时，不影响定级。否则应打磨消除或圆滑过渡，并按第四十七条的规定定级。

2. 气孔

若气孔率不大于 5%，并且单个气孔的长径小于 $0.5t$ 与 6 mm 二者中的较小值，则不影响定级，否则定为 4 级。

注：气孔率指在射线底片有效长度范围内，气孔投影面积占焊接接头投影面积的百分比；

射线底片有效长度按现行行业标准《压力容器无损检测》JB 4730 的规定确定；

焊接接头投影面积为射线底片有效长度与焊接接头平均宽度的乘积。

3. 夹渣

GC2 级或 GC3 级管道，当夹渣自身高度或宽度的最大值不大于 0.35 t，并且不大于 6 mm时，按表 5 定级，否则定为 4 级。

GC1 级管道，当夹渣自身高度或宽度的最大值不大于 0.3 t，并且不大于 5 mm 时，按表 5 定级，否则定为 4 级。

表 5　各级管道所允许的单个焊接接头中夹渣总长度的最大值　（mm）

2 级	3 级
$0.50\pi D$	$1.00\pi D$

4. 未焊透

（1）管子的材料为 20 钢、16 Mn 或奥氏体不锈钢时，未焊透按局部减薄定级；

（2）管子的材料为除 20 钢、16 Mn 或奥氏体不锈钢外的其他材料时，未焊透按未熔合定级。

5. 未熔合

GC2 级或 GC3 级管道，未熔合的长度不限，根据其自身高度按表 6 定级。

GC1 级管道，当单个焊接接头未熔合的总长度不大于焊接接头长度的 50%时，根据其自身高度按表 6 定级；否则定为 4 级。

表 6　各级管道所允许的单个焊接接头中未熔合自身高度的最大值

壁厚	2 级	3 级
t<2.5 mm	存在未熔合时，定为 4 级	
2.5 mm≤t<4 mm	不超过 0.15t，且不超过 0.5 mm 不影响定级；否则定为 4 级	
4 mm≤t<8 mm	0.15t 与 1.0 mm 中的较小值	0.20t 与 1.5 mm 中的较小值
8 mm≤t<12 mm	0.15t 与 1.5 mm 中的较小值	0.20t 与 2.0 mm 中的较小值
12 mm≤t<20 mm	0.15t 与 2.0 mm 中的较小值	0.20t 与 3.0 mm 中的较小值
t≥20 mm	3.0 mm	0.20t 与 5.0 mm 中的较小值

6. 错边缺陷

错边缺陷，按表 7 定级。

当错边缺陷超过表 7 的范围时，若管道经过长期使用且该部位在全面检验中未发现较严重的缺陷时，安全状况等级可定为 2 级或 3 级；若伴有裂纹、未熔合、未焊透等严重缺陷时，定为 4 级。

表 7　错边缺陷的安全状况等级评定方法

管道级别	错边量（mm）	安全状况等级
GC1	外壁错边量小于壁厚的 20%，且不大于 3 mm	2 级
GC2、GC3	外壁错边量小于壁厚的 25%，且小于 5 mm	2 级

第五十条　下述管道组成件缺陷，安全状况等级划分方法如下：

（一）管子表面的皱褶和重皮，应打磨消除，打磨凹坑按第四十七条的规定定级。

（二）管子的碰伤，应打磨消除，打磨凹坑按第四十七条的规定定级；其他管道组成件的碰伤，不影响管道安全使用的，则可定为 2 级，反之则可定为 3 级或 4 级。

（三）管道组成件的变形，不影响管道安全使用的，则可定为 2 级，反之则可定为 3 级或 4 级。

附录 A20

《压力容器定期检验规则》(2004)
有关无损检测的规定

第一章　总则

第一条　为了保证在用压力容器定期检验工作的质量，确保压力容器安全运行，防止事故发生，根据《特种设备安全监察条例》《压力容器安全技术监察规程》(以下简称《容规》)的有关规定，制定本规则。

第二条　本规则适用于属于《容规》适用范围的压力容器的年度检查和定期检验。其中，在用罐车(以下简称罐车)、在用罐式集装箱(以下简称罐式集装箱)的年度检查和定期检验，除符合本规则正文的有关要求外，还应当遵照本规则附件一《移动式压力容器定期检验附加要求》的规定。

在用医用氧舱(以下简称医用氧舱)的年度检查和定期检验应当按本规则附件二《医用氧舱定期检验要求》进行。

第三章　全面检验

第二十一条　全面检验前，使用单位做好有关的准备工作，检验前现场应当具备以下条件：

(一)影响全面检验的附属部件或者其他物体，应当按检验要求进行清理或者拆除。

(二)为检验而搭设的脚手架、轻便梯等设施必须安全牢固(对离地面 3 m 以上的脚手架设置安全护栏)。

(三)需要进行检验的表面，特别是腐蚀部位和可能产生裂纹性缺陷的部位，必须彻底清理干净，母材表面应当露出金属本体，进行磁粉、渗透检测的表面应当露出金属光泽。

(四)被检容器内部介质必须排放、清理干净、用盲板从被检容器的第一道法兰处隔断所有液体、气体或者蒸汽的来源，同时设置明显的隔离标志。禁止用关闭阀门代替盲板隔断。

(五)盛装易燃、助燃、毒性或者窒息性介质的，使用单位必须进行置换、中和、消毒、清洗，取样分析，分析结果必须达到有关规范、标准的规定。取样分析的间隔时间，应当在使用单位的有关制度中做出规定。盛装易燃介质的，严禁用空气置换。

(六)人孔和检查孔打开后，必须清除所有可能滞留的易燃、有毒、有害气体。压力容器内部空间的气体含氧量应当在 18%～23%(体积比)之间。必要时，还应当配备通风、安全救护等设施。

(七)高温或者低温条件下运行的压力容器，按照操作规程的要求缓慢地降温或者升温，使之达到可以进行检验工作的程度，防止造成伤害。

(八)能够转动的或者其中有可动部件的压力容器，应当锁住开关，固定牢靠。移动式压力容器检验时，应当采取措施防止移动。

（九）切断与压力容器有关的电源，设置明显的安全标志。检验照明用电不超过 24 V，引入容器内的电缆应当绝缘良好，接地可靠。

（十）如果需现场射线检测时，应当隔离出透照区，设置警示标志。

（十一）全面检验时，应当有专人监护，并且有可靠的联络措施。

（十二）检验时，使用单位压力容器管理人员和相关人员到场配合，协助检验工作，负责安全监护。

第二十二条 检验人员认真执行使用单位有关动火、用电、高空作业、罐内作业、安全防护、安全监护等规定，确保检验工作安全。

第二十三条 检验用的设备和器具应当在有效的检定或者校准期内。在易燃、易爆场所进行检验时，应当采用防爆、防火花型设备、器具。

第二十四条 检验的一般程序包括检验前准备、全面检验、缺陷及问题的处理、检验结果汇总、结论和出具检验报告等常规要求（见图 5），检验人员可以根据实际情况，确定检验项目，进行检验工作。

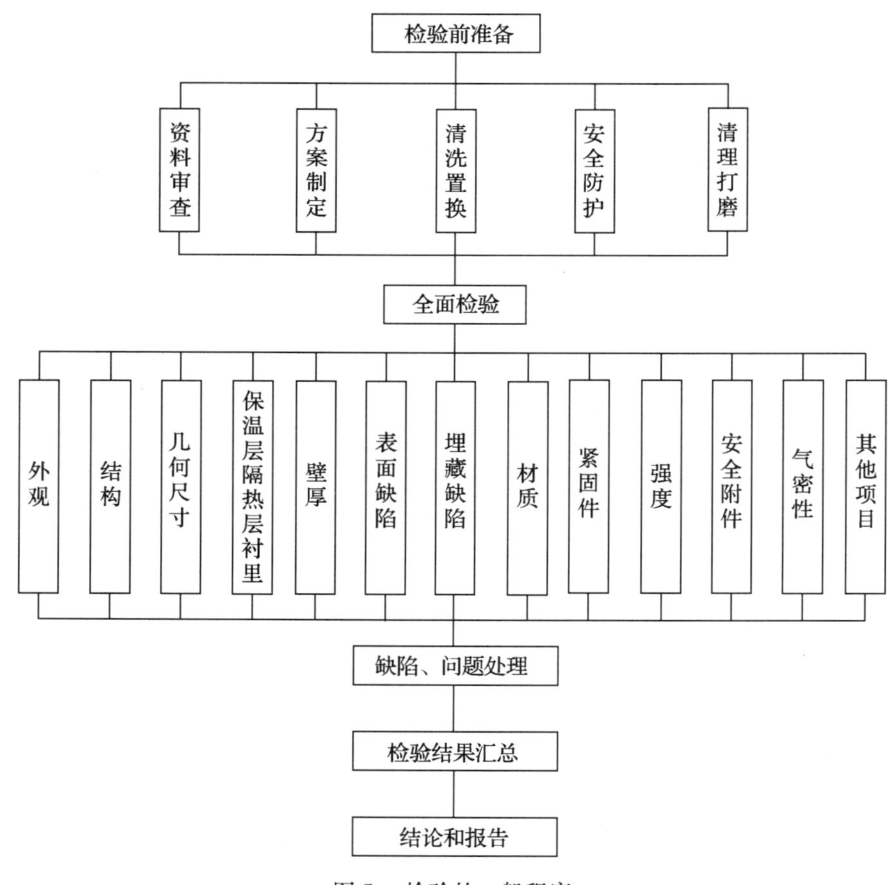

图 5　检验的一般程序

第二十五条 检验的具体项目包括宏观（外观、结构以及几何尺寸）、保温层隔热层衬里、壁厚、表面缺陷、埋藏缺陷、材质、紧固件、强度、安全附件、气密性以及其他必要的项目。

（一）检验的方法以宏观检查、壁厚测定、表面无损检测为主，必要时可以采用以下检验方法：

1. 超声检测；
2. 射线检测；
3. 硬度测定；
4. 金相检验；
5. 化学分析或者光谱分析；
6. 涡流检测；
7. 强度校核或者应力测定；
8. 气密性试验；
9. 声发射检测；
10. 其他。

（五）表面无损检测

1. 有以下情况之一的，对容器内表面对接焊缝进行磁粉或者渗透检测，检测长度不少于每条对接焊缝长度的20％。

（1）首次进行全面检验的第三类压力容器；

（2）盛装介质有明显应力腐蚀倾向的压力容器；

（3）Cr－Mo钢制压力容器；

（4）标准抗拉强度下限$\sigma_b \geqslant 540$ MPa钢制压力容器。

在检测中发现裂纹，检验人员应当根据可能存在的潜在缺陷，确定扩大表面无损检测的比例；如果扩检中仍发现裂纹，则应当进行全部焊接接头的表面无损检测。内表面的焊接接头已有裂纹的部位，对其相应外表面的焊接接头应当进行了抽查。

如果内表面无法进行检测，可以在外表面采用其他方法进行检测。

2. 对应力集中部位、变形部位，异种钢焊接部位、奥氏体不锈钢堆焊层、T形焊接接头、其他有怀疑的焊接接头，补焊区，工卡具焊迹、电弧损伤处和易产生裂纹部位，应当重点检查。对焊接裂纹敏感的材料，注意检查可能发生的焊趾裂纹。

3. 有晶间腐蚀倾向的，可以采用金相检验检查。

4. 绕带式压力容器的钢带始、末端焊接接头，应当进行表面无损检测，不得有裂纹。

5. 铁磁性材料的表面无损检测优先选用磁粉检测。

6. 标准抗拉强度下限$\sigma_b \geqslant 540$ MPa钢制压力容器，耐压试验后应当进行表面无损检测抽查。

（六）埋藏缺陷检测

1. 有以下情况之一时，应当进行射线检测或者超声检测抽查，必要时相互复检：

（1）使用过程中补焊过的部位；

（2）检验时发现焊缝表面裂纹，认为需要进行焊缝埋藏缺陷检查的部位；

(3) 错边量和棱角度超过制造标准要求的焊缝部位;

(4) 使用中出现焊接接头泄漏的部位及其两端延长部位;

(5) 承受交变载荷设备的焊接接头和其他应力集中部位;

(6) 有衬里或者因结构原因不能进行内表面检查的外表面焊接接头;

(7) 用户要求或者检验人员认为有必要的部位。

已进行过此项检查的,再次检验时,如果无异常情况,一般不再复查。

2. 抽查比例或者是否采用其他检测方法复验,由检验人员根据具体情况确定。

3. 必要时,可以用声发射判断缺陷的活动性。

(八) 对无法进行内部检查的压力容器,应当采用可靠检测技术(例如内窥镜、声发射、超声检测等)从外部检测内表面缺陷。

(九) 紧固件检查

对主螺栓应当逐个清洗,检查其损伤和裂纹情况,必要时进行无损检测。重点检查螺纹及过渡部位有无环向裂纹。

(十二) 气密性试验

6. 对长管拖车中的无缝气瓶(气密)试验时可以按相应的标准进行声发射检测。

第四章　耐压试验

第三十四条　压力容器液压试验后,符合以下条件为合格:

(一) 无渗漏;

(二) 无可见的变形;

(三) 试验过程中无异常的响声;

(四) 标准抗拉强度下限 $\sigma_b \geqslant 540$ MPa 钢制压力容器,试验后经过表面无损检测未发现裂纹。

第五章　安全状况等级评定

第四十二条　内表面焊缝咬边深度不超过 0.5 mm、咬边连续长度不超过 100 mm,并且焊缝两侧咬边总长度不超过该焊缝长度的 10%时;外表面焊缝咬边深度不超过 1.0 mm、咬边连续长度不超过 100 mm、并且焊缝两侧咬边总长度不超过该焊缝长度的 15%时,其评定如下:

(一) 对一般压力容器不影响定级,超过时应当予以修复;

(二) 对有特殊要求的压力容器或者罐车,检验时如果未查出新生缺陷(例如焊趾裂纹),可以定为 2 级或者 3 级,查出新生缺陷或者超过上述要求的,应当予以修复;

(三) 低温压力容器不允许有焊缝咬边。

第四十四条　错边量和棱角度超出相应的制造标准,根据以下具体情况进行综合评定:

(一) 错边量和棱角度尺寸在表 2 范围内,容器不承受疲劳载荷并且该部位不存在裂纹、未熔合、未焊透等严重缺陷的,可以定为 3 级或者 4 级;

(二) 错边量和棱角度在上表范围内,但该部位伴有未熔合、未焊透等严重缺陷时,应当通过应力分析,确定能否继续使用。在规定的操作条件下和检验周期内,能安全使用的定为 4 级。

表 2　　　　错边量和棱角尺寸范围　　　　单位：mm

对口处钢材厚度 t	错边量	棱角度
≤20	≤1/3 t 且≤5	≤（1/10 t+3）且≤8
＞20～50	≤1/4 t 且≤8	
＞50	≤1/6 t 且≤20	
对所有厚度锻焊容器		≤1/6 t 且≤8

注：测量棱角度所用样板按相应制造标准的要求选取。

第四十五条　制造标准允许的焊缝埋藏缺陷，不影响定级；超出制造标准的，按以下要求划分安全状况等级：

（一）单个圆形缺陷的长径大于壁厚的 1/2 或者大于 9 mm 时，定为 4 级或者 5 级；圆形缺陷的长径小于壁厚的 1/2 并且小于 9 mm 的，其相应的安全状况等级见表 3 和表 4。

表 3　　按规定只要求局部无损检测的压力容器（不包括低温压力容器）

评定区（mm）	10×10			10×20		10×30
安全状况等级 \ 缺陷点数 \ 实测厚度（mm）	t≤10	10＜t≤15	15＜t≤25	25＜t≤50	50＜t≤100	t＞100
2 或者 3	6～15	12～21	18～27	24～33	30～39	36～45
4 或者 5	＞15	＞21	＞27	＞33	＞39	＞45

注：圆形缺陷尺寸换算成缺陷点数，以及不计点数的缺陷尺寸要求，见 JB 4730 的规定。

表 4　　按规定要求 100%无损检测的压力容器（包括低温压力容器）

评定区（mm）	10×10			10×20		10×30
安全状况等级 \ 缺陷点数 \ 实测厚度（mm）	t≤10	10＜t≤15	15＜t≤25	25＜t≤50	50＜t≤100	t＞100
2 或者 3	3～12	6～15	9～18	12～21	15～24	18～27
4 或者 5	＞12	＞15	＞18	＞21	＞24	＞27

注：圆形缺陷尺寸换算成缺陷点数，以及不计点数的缺陷尺寸要求，见 GB 3323 的规定。

（二）非圆形缺陷与相应的安全状况等级，见表 5 和表 6。

表 5　　一般压力容器非圆形缺陷与相应的安全状况等级

缺陷位置	缺　陷　尺　寸			安全状况等级
	未熔合	未焊透	条状夹渣	
球壳对接焊缝；圆筒体纵焊缝，以及与封头连接的环焊缝	H≤0.1t 且 H≤2 mm L≤2t	H≤0.15t 且 H≤3 mm L≤3t	H≤0.2t 且 H≤4 mm L≤6t	3
圆筒体环焊缝	H≤0.15t 且 H≤3 mm L≤4t	H≤0.2t 且 H≤4 mm L≤6t	H≤0.25t 且 H≤5 mm L≤12t	

表 6　有特殊要求的压力容器非圆形缺陷与相应的安全状况等级

缺陷位置	缺陷尺寸			安全状况等级
	未熔合	未焊透	条状夹渣	
球壳对接焊缝；圆筒体纵焊缝，以及与封头连接的环焊缝	$H\leqslant 0.1t$ 且 $H\leqslant 2$ mm $L\leqslant t$	$H\leqslant 0.15t$ 且 $H\leqslant 3$ mm $L\leqslant 2t$	$H\leqslant 0.2t$ 且 $H\leqslant 4$ mm $L\leqslant 3t$	3 或者 4
圆筒体环焊缝	$H\leqslant 0.15t$ 且 $H\leqslant 3$ mm $L\leqslant 2t$	$H\leqslant 0.2t$ 且 $H\leqslant 4$ mm $L\leqslant 4t$	$H\leqslant 0.25t$ 且 $H\leqslant 5$ mm $L\leqslant 6t$	

注：(1) 表 5、表 6 中 H 是指缺陷在板厚方向的尺寸，亦称缺陷高度；L 是指缺陷长度；单位为 mm。对所有超标非圆形缺陷均应当测定其长度和自身高度，并且在下次检验时对缺陷尺寸进行复验。

(2) 表 6 所指有特殊要求的压力容器主要包括承受疲劳载荷的压力容器，采用应力分析设计的压力容器，盛装极度、高度危害介质的压力容器，盛装易燃易爆介质的大型压力容器，材料的标准抗拉强度下限 $\sigma_b\geqslant 540$ MPa 钢制压力容器等。

（三）如果能采用有效方式确认缺陷是非活动的，则表 5、表 6 中的缺陷长度容限值可以增加 50%。

第四十六条　有夹层的，其安全状况等级划分如下：

（一）与自由表面平行的夹层，不影响定级；

（二）与自由表面夹角小于 10°的夹层，可以定为 2 级或者 3 级；

（三）与自由表面夹角大于或者等于 10°的夹层，检验人员可以采用其他检测或者分析方法综合判定，确认夹层不影响容器安全使用的，可以定为 3 级，否则定为 4 级或者 5 级。

附录 B1

中国特种设备法规体系表

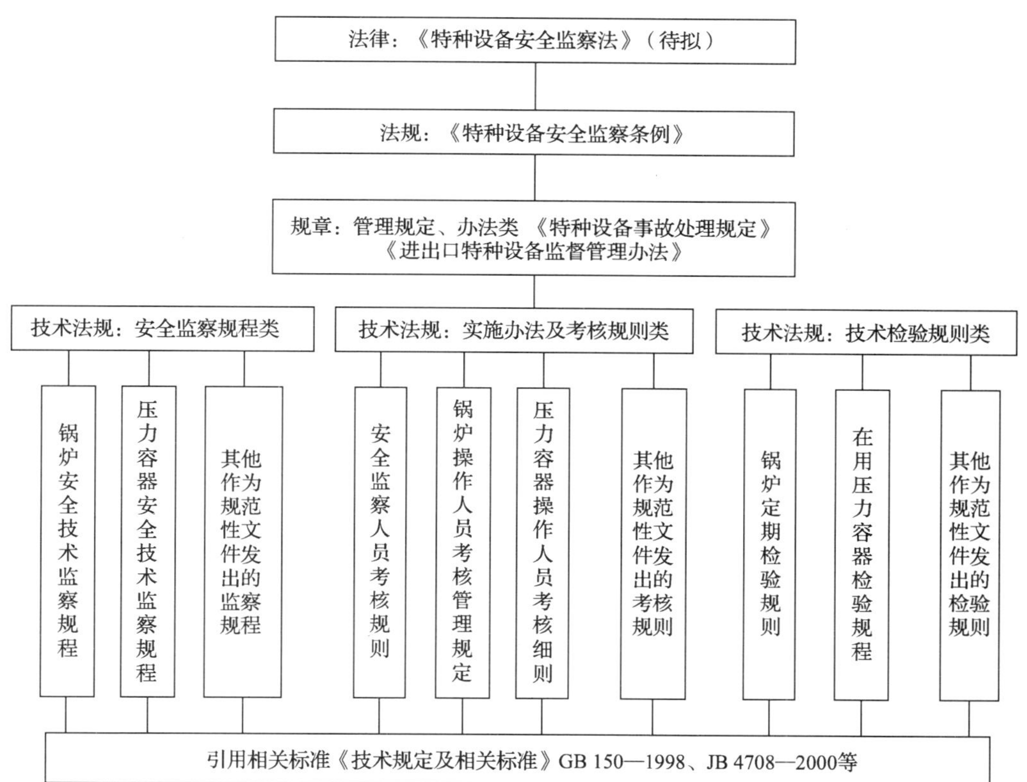

附录 B2

承压类特种设备法规目录

一、国务院颁布的行政法规——《特种设备安全监察条例》；

二、行政监察部门制订的技术法规——附表 C2—1 至附表 C2—5。

（类别划分：1. 安全监察规程类，2. 技术检验规则类，3. 资格认可规则类，4. 监督管理办法类）；

附表 B2—1　　锅炉类技术规范目录

序号	类别	名　　称	1 版	2 版	3 版	4 版	5 版
1	1	蒸汽锅炉安全技术监察规程	60.10	65.11	80.7	87.2	96.8
2	1	热水锅炉安全技术监察规程	83.6	91.5	97.2		
3	1	有机热载体炉安全技术监察规程	93.11				
4	2	锅炉定期检验规则	88.8	99.9			
5	2	锅炉压力容器产品安全性能监督检验规则	89.8	01.6	03.7		
6	2	锅炉化学清洗规则	89.12	99.9			
7	3	锅炉压力容器制造许可条件	95.8	03.7			
8	3	锅炉压力容器制造许可工作程序	03.7				
9	3	锅炉司炉工人安全技术考核管理办法	62.10	86.2	01.6		
10	4	锅炉房安全管理规则	88.1				
11	4	锅炉水处理监督管理规则	93.11	99.9			
12	4	锅炉使用登记办法	62.10	86.2			

附表 B2—2　　容器类技术规范目录

序号	类别	名　　称	1 版	2 版	3 版	4 版
1	1	压力容器安全技术监察规程	65.12	81.5	90.5	99.6
2	1	超高压容器安全监察规程	93.12			
3	1	液化气体汽车罐车安全监察规程	81.2	94.6		
4	1	液化气体铁路罐车安全管理规程	82.3	87.12		
5	1	医用氧舱安全管理规定	99.9			
6	2	锅炉压力容器产品安全性能监督检验规则	90.8	03.7		
7	2	在用压力容器检验规程	90.2	2004		
8	3	压力容器压力管道设计单位资格许可与管理规则	92.10	02.8		
9	3	锅炉压力容器制造许可条件	95.8	03.7		
10	3	锅炉压力容器制造许可工作程序	03.7			
11	4	压力容器使用登记管理规则	93.12			
12	4	液化气体汽车罐车定期检验工作管理规定	95.4			

附表 B2—3　　气瓶类技术规范目录

序号	类别	名　　称	1版	2版	3版	4版
1	1	气瓶安全监察规程	61.7	79.4	89.12	00.12
2	1	溶解乙炔气瓶安全监察规程	81.6	93.3		
3	2	气瓶产品安全质量监督检验规则	90.8			

附表 B2—4　　管道类技术规范目录

序号	类别	名　　称	1版	2版
1	1	压力管道安全管理与监察规定	96.4	
2	3	压力容器压力管道设计单位资格许可与管理规则	99.12	02.8
3	3	压力管道元件制造单位安全注册与管理办法	00.1	
4	3	压力管道元件制造单位安全注册与压力管道安装许可证评审机构资格认可与管理办法	00.1	
5	3	压力管道元件制造单位安全注册与压力管道安装许可证评审员考核注册与管理办法	00.1	
6	3	压力管道元件形式试验机构资格认可与管理办法	00.1	
7	3	压力管道安装单位资格认可实施细则	00.6	
8	2	压力管道安装安全质量监督检验规则	02.3	
9	2	在用工业管道定期检验规程（试行）	03.4	
10	4	压力管道使用登记管理规则（试行）	03.7	

附表 B2—5　　综合类技术规范目录

序号	类别	名　　称	1版	2版	3版	4版
1	3	锅炉压力容器压力管道焊工考试与管理规则	80.9	88.1	02.4	
2	3	特种设备无损检测人员考核与监督管理规则	82.7	87.3	93.12	03.8
3	3	锅炉压力容器产品安全性能监督检验规则	04.1			
4	3	特种设备检验检测机构管理规定	03.8			
5	4	锅炉压力容器制造监督管理办法	02.7			

附录 C

压力容器类别划分

压力等级 p (MPa)	介质特性	气体、液化气体或最高工作温度高于常压沸点的液体									
		非易燃轻度危害		易　燃			中度危害			极度危害或高度危害	
	pV 乘积 (MPa×m³)			<0.5	≥0.5 <10	≥10	<0.5	≥0.5 <10	>10	<0.2	≥0.2
低压≥0.1 <1.6	分离容器	第一类	第一类	第一类	第一类	第一类	第一类	第一类	第一类	第二类	第三类
	换热容器	第一类	第一类	第一类	第一类	第一类	第一类	第一类	第一类	第二类	第三类
	贮存容器	第一类	第一类	第二类	第二类	第二类	第二类	第二类	第二类	第二类	第三类
	反应容器	第一类	第一类	第二类	第二类	第二类	第二类	第二类	第二类	第二类	第三类
	管壳余热锅炉	第二类	第二类	第二类	第二类	第二类	第二类	第二类	第二类	第三类	第三类
	搪玻璃容器	第二类	第二类	第二类	第二类	第二类	第二类	第二类	第二类	第三类	第三类
中压≥1.6 <10	分离容器	第二类	第二类	第二类	第二类	第二类	第二类	第二类	第二类	第三类	第三类
	换热容器	第二类	第二类	第二类	第二类	第二类	第二类	第二类	第二类	第三类	第三类
	反应容器	第二类	第二类	第二类	第三类	第三类	第二类	第三类	第三类	第三类	第三类
	贮存容器	第二类	第二类	第二类	第二类	第三类	第二类	第二类	第三类	第三类	第三类
	管壳余热锅炉	第三类	第三类	第三类	第三类	第三类	第三类	第三类	第三类	第三类	第三类
	搪玻璃容器	第三类	第三类	第三类	第三类	第三类	第三类	第三类	第三类	第三类	第三类
高压≥10 <100	分离容器	第三类	第三类	第三类	第三类	第三类	第三类	第三类	第三类	第三类	第三类
	换热容器	第三类	第三类	第三类	第三类	第三类	第三类	第三类	第三类	第三类	第三类
	贮存容器	第三类	第三类	第三类	第三类	第三类	第三类	第三类	第三类	第三类	第三类
	反应容器	第三类	第三类	第三类	第三类	第三类	第三类	第三类	第三类	第三类	第三类
	管壳余热锅炉	第三类	第三类	第三类	第三类	第三类	第三类	第三类	第三类	第三类	第三类
超高压 ≥100	超高压容器	第三类	第三类	第三类	第三类	第三类	第三类	第三类	第三类	第三类	第三类

其他第三类压力容器：

移动式压力容器（介质为液化气体、低温液体铁路罐车、罐式集装箱、罐式半挂汽车，以及介质为永久气体罐式半挂汽车）；

标准中抗拉强度规定值下限大于等于 540 MPa 的材料制造的压力容器；

容积大于等于 50 m³ 的球形储罐；

容积大于 5 m³ 的低温液体储存容器。

附录 D

承压类特种设备常用材料的化学成分和力学性能

表 1　　Q235 钢的化学成分

钢号	化学成分（质量分数）（%）				
	C	Mn	Si	S	P
			不大于		
Q235－A·F	0.14～0.22	0.30～0.60	≤0.070	0.050	0.45
Q235－A		0.30～0.65	0.30		
Q235－B	0.12～0.20	0.30～0.70		0.45	
Q235－C	≤0.18	0.35～0.80		0.40	0.40

表 2　　Q235 钢的力学性能

钢号	σ_s（MPa）					σ_b（MPa）	伸长率 δ_5（%）						冲击功 A_k	
	钢材厚度或直径（mm）						钢材厚度或直径（mm）						试验温度（℃）	A_{KV}（J）
	≤16	＞16～40	＞40～100	＞100～150	＞150		≤16	＞16～40	＞40～60	＞60～100	＞100～150	＞150		
Q235－A·F	235	225	205	195	185	375～460	26	25	24	23	22	21	—	—
Q235－A													—	—
Q235－B													20	27
Q235－C													0	27

表 3　　碳素钢钢管的化学成分和力学性能

钢号	化学成分（质量分数）（%）								壁厚（mm）	常温强度指标	
	C	Si	Mn	S	P	Cr	Ni	Cu		σ_b（MPa）	σ_s（MPa）
				不大于							
10	0.07～0.14	0.17～0.37	0.35～0.65	0.040	0.035	0.15	0.25	0.25	≤10	335	205
20	0.17～0.24	0.17～0.37	0.35～0.65	0.040	0.035	0.25	0.25	0.25	≤16	410	245

表 4 碳素钢锻件的化学成分和力学性能

钢号	化学成分（质量分数）（%）							公称厚度（mm）	常温强度指标	
	C	Si	Mn	S	P	Cr	Ni		σ_b（MPa）	σ_s（MPa）
				不大于						
20	0.17～0.24	0.17～0.37	0.35～0.65	0.035	0.035	0.25	0.25	≤100	370	215
35	0.32～0.40	0.17～0.37	0.50～0.80	0.035	0.035	0.25	0.25	≤100	510	265

表 5 焊接气瓶用碳素钢钢板化学成分和力学性能

钢号	化学成分（质量分数）（%）					常温力学性能			
	C	Si	Mn	S	P	σ_b（MPa）	σ_s（MPa）	δ_5（%）	A_{KV}（J）
HP245	≤0.16	≤0.35	≤0.60	≤0.035	≤0.035	≥390	≥245	≥28	27
HP265	≤0.19		≤0.80			≥410	≥265	≥27	
HP295	≤0.20		≤1.00			≥440	≥295	≥26	

表 6 压力容器用低合金钢化学成分

钢　号	化学成分（质量分数）（%）										
	C	Mn	Si	V	Mo	Nb	N	Cr	Ni	S	P
										不大于	
16MnR	≤0.20	1.20～1.60	0.20～0.55							0.030	0.035
15MnVR	≤0.18	1.20～1.60	0.20～0.55	0.04～0.12						0.030	0.035
15MnVNR	≤0.20	1.30～1.70	0.20～0.55	0.10～0.20			0.010～0.020			0.030	0.035
18MnMoNbR	≤0.22	1.20～1.60	0.15～0.50		0.45～0.65	0.025～0.050				0.030	0.035
13MnNiMoNbR	≤0.15	1.20～1.60	0.15～0.50		0.20～0.40	0.005～0.020		0.20～0.40	0.60～1.00	0.025	0.025

表 7　　压力容器用低合金钢的力学性能和工艺性能

钢号	状态	钢板厚度（mm）	拉伸试验			冲击试验		冷弯试验
			σ_b（MPa）	σ_s（MPa）	δ_5（%）	温度（℃）	A_{KV}（J）	$b=2a$
				不小于			不小于	（180°）
16MnR	热轧、控轧或正火	6～16	510～640	345	21	20	31	$d=2a$
		＞16～36	490～620	325				$d=3a$
		＞36～60	470～600	305				
		＞60～100	460～590	285	20			
15MnVR		6～16	530～665	390	19	20	31	$d=3a$
		＞16～36	510～645	370				
		＞36～60	490～625	350				
15MnVNR	正火	6～16	570～710	440	18	20	34	$d=3a$
		＞16～36	550～690	400				
		＞36～100	530～670	400				
18MnMoNbR	正火加回火	30～60	590～740	440	17	20	34	$d=3a$
		＞60～100	570～720	410				
13MnNiMoNbR	正火加回火	≤100	570～700	390	18	0	31	$d=3a$
		＞100～120		380				

表 8　　压力容器用低合金耐热钢的化学成分

钢号	化学成分（质量分数）（%）							
	C	Si	Mn	Cr	Mo	V	S	P
							不大于	
0.5Mo	0.12～0.20	0.17～0.37	0.40～0.70		0.40～0.60		0.030	0.030
0.5Cr－0.5Mo	0.09～0.16	0.15～0.16	0.40～0.70	0.40～0.60	0.40～0.60		0.030	0.030
1Cr－0.5Mo（15CrMoR）	0.10～0.18	0.17～0.40	0.40～0.70	0.80～1.20	0.45～0.60		0.030	0.030
1.25Cr－0.5Mo（14Cr1MoR）	≤0.07	0.50～0.80	0.40～0.65	1.00～1.50	0.40～0.60		0.030	0.030
2.5Cr－1Mo（12Cr2Mo1R）	≤0.15	0.30～0.70	≤0.60	1.90～2.50	0.80～1.20		0.030	0.030
1Cr－0.5Mo－V	0.08～0.15	0.17～0.37	0.40～0.70	0.90～1.20	0.25～0.35	0.15～0.30	0.030	0.030

表 9　　部分压力容器用低合金耐热钢的力学性能

钢　号	状态	钢板厚度（mm）	拉伸试验			冲击试验		冷弯试验
			σ_b（MPa）	σ_s（MPa）	δ_5（%）	温度（℃）	A_{KV}（J）	$b=2a$（180°）
1Cr−0.5Mo（15CrMoR）	正火加回火	6～60	450～590	≥295	≥19	20	≥31	$d=3a$
		>60～100		≥275	≥18			
1.25Cr−0.5Mo（14Cr1MoR）	正火加回火	6～60	515～690	≥310	18	20	31	$d=3a$
		>60～100						-----------
2.5Cr−1Mo（12Cr2Mo1R）	正火加回火		515～610	≥310	18	20	31	$d=3a$
		>60～100			17			

表 10　　压力容器用低合金低温钢的化学成分

钢　号	化学成分（质量分数）（%）								
	C	Si	Mn	Ni	V	Nb	Als	P	S
								不大于	
16MnDR	≤0.20	0.15～0.50	1.30～1.60	—	—		≥0.015	0.030	0.025
15MnNiDR	≤0.18	0.15～0.50	1.20～1.60	0.20～0.60	≤0.06		≥0.015	0.030	0.025
09Mn2VDR	≤0.12	0.15～0.50	1.40～1.80	—	0.20～0.06		≥0.015	0.030	0.025
09MnNiDR	≤0.12	0.15～0.50	1.20～1.60	0.30～0.80	—	≤0.04	≥0.015	0.025	0.020

注：Als 为酸溶性铝。

表 11　　压力容器用低合金低温钢的力学性能

钢　号	钢板厚度（mm）	σ_b（MPa）	σ_s（MPa）	δ_5（%）	冷弯试验 $b=2a$（180°）
			不小于		
16MnDR	6～16	490～620	315	21	$d=2a$
	>16～36	470～600	295		$d=3a$
	>36～60	450～580	275		
	>60～100	450～580	255		

续表

钢号	钢板厚度（mm）	σ_b（MPa）	σ_s（MPa）	δ_5（%）	冷弯试验 $b=2a$（180°）
			不小于		
15MnNiDR	6～16 ＞16～36 ＞36～60	490～630 470～610 460～600	325 305 290	20	$d=3a$
09Mn2VDR	6～16 ＞16～36	440～570 430～560	290 270	22	$d=3a$
09MnNiDR	6～16 ＞16～36 ＞36～60	440～570 430～560 430～560	300 280 260	23	$d=2a$

表 12　　压力容器用低合金低温钢的低温冲击性能

钢号	钢板厚度（mm）	最低试验温度（℃）	试样方向	冲击功 A_{KV}（J）不小于
16MnDR	6～36	−40	横向	24
	＞36～100	−30		
15MnNiDR	6～60	−45	横向	27
09Mn2VDR	6～36	−50	横向	27
09MnNiDR	6～60	−70	横向	27

表 13　　低温钢的化学成分

钢号	化学成分（质量分数）（%）							
	C	Si	Mn	Cr	Ni	Al	P	S
10Ni3（2.5Ni）	≤0.17	0.15～0.40	≤0.7		2.15～2.50		≤0.040	≤0.035
10Ni4（3.5Ni）	≤0.17	0.15～0.40	≤0.7		3.25～3.75		≤0.040	≤0.035
Ni9（9Ni）	≤0.13	0.15～0.30	≤0.9		8.5～9.5		≤0.040	≤0.035
1Cr18Ni9	≤0.15	≤1.00	≤2.00	17～29	8～10		≤0.035	≤0.030
15Mn26Al4	0.13～0.19	≤0.60	24.5～27			3.80～4.70	≤0.035	≤0.035

表 14　　压力容器用不锈耐酸钢的化学成分

钢类	钢号	化学成分（质量分数）（%）										
		C	Si	Mn	Cr	Ni	Mo	Cu	N	P	S	其他
奥氏体钢	1Cr18Ni9	≤0.15	≤1.00	≤2.00	17.00～19.00	8.00～10.00				≤0.035	≤0.030	
	00Cr17Ni14Mo2	≤0.030	≤1.00	≤2.00	16.00～18.00	12.00～15.00	2.00～3.00			≤0.035	≤0.030	
	0Cr18Ni12Mo2Ti	≤0.08	≤1.00	≤2.00	16.00～19.00	11.00～14.00	1.80～2.50					Ti：5×C%～0.70
	00Cr18Ni14Mo2Cu2	≤0.030	≤1.00	≤2.00	17.00～19.00	12.00～16.00	1.80～2.20			≤0.035	≤0.030	
	0Cr17Mn13Mo2N	≤0.080	≤1.00	12.00～14.00	16.00～18.00		1.80～2.20	1.80～2.20		≤0.035	≤0.030	N：0.23～0.30 B：0.006（加入）
马氏体钢	0Cr13	≤0.08	≤1.00	≤1.00	11.50～13.50					≤0.035	≤0.030	
	1Cr13	≤0.15	≤1.00	≤1.00	11.50～13.50					≤0.035	≤0.030	
	1Cr17Ni2	0.11～0.17	≤0.80	≤0.80	16.00～18.00	1.10～2.50				≤0.035	≤0.030	
铁素体钢	00Cr17	≤0.030	≤0.75	≤1.00	16.00～19.00					≤0.035	≤0.030	Ti或Nb：0.10～1.00
	00Cr27Mo	≤0.010	≤0.40	≤0.40	25.00～27.50		0.75～1.50		≤0.015	≤0.030	≤0.020	

续表

钢类	钢号	化学成分（质量分数）（%）										
		C	Si	Mn	Cr	Ni	Mo	Cu	N	P	S	其他
双相钢	1Cr18Ni11Si4AlTi	0.10～0.18	3.40～4.00	≤0.80	17.50～19.50	10.00～12.00				≤0.035	≤0.030	Ti：0.40～0.70 Al：0.10～0.30
	0Cr26Ni5Mo2	≤0.08	≤1.00	≤1.50	23.00～28.00	3.00～6.00	1.00～3.00			≤0.035	≤0.030	

表 15　07MnCrMoVR、07MnNiCrMoVDR 钢的化学成分（质量分数）

企业牌号	C	Si	Mn	P	S	Ni	Cr	Mo	V	B	Pcm①
07MnCrMoVR	≤0.09	0.15～0.40	1.20～1.60	≤0.025	≤0.015	≤0.04	0.10～0.30	0.10～0.30	0.02～0.06	≤0.003 0	≤0.20
07MnNiCrMoVDR	≤0.09	0.15～0.40	1.20～1.60	≤0.020	≤0.010	0.20～0.50	0.10～0.30	0.10～0.30	0.02～0.06	≤0.003 0	≤0.20

注：①$Pcm=W_{C}+W_{Si}/30+W_{Mn}/20+W_{Cu}/20+W_{Cr}/20+W_{Ni}/60+W_{Mo}/15+W_{V}/10+5w_{B}$（%）。

表 16　07MnCrMoVR、07MnNiCrMoVDR 钢板力学性能及冷弯性能要求

企业牌号	板厚/cm	交货状态	取样部位及方向	σ_{s}/MPa	σ_{b}/MPa	δ_{5}（%）	A_{KV}（J）		冷弯（表层取样）180°
							温度/℃	平均值	
07MnCrMoVR 07MnNiCrMoVDR	10～60	调质	横向 $t/4$	≥490	610～730	≥17	−20	≥47	$D=3\alpha$
							−40	≥47	

注：t 为钢板厚度。

表 17　锅炉用低合金钢的化学成分

钢号		化学成分（质量分数）（%）										
		C	Mn	Si	V	Mo	Nb	Ni	Cr	Al	S	P
											不大于	
16Mng		≤0.20	1.20～1.60	0.20～0.55							0.030	0.035
19Mn6		0.15～0.22	1.00～1.60	0.30～0.6	0.04～0.12					≥0.020	0.030	0.035
SA299	≤25	≤0.28	0.90～1.40	0.15～0.4							0.040	0.035
	＞25～200	≤0.30	0.90～1.50	0.15～0.4								
13MnNiMoNb（BHW35）		≤0.15	1.20～1.60	0.15～0.50		0.20～0.40	0.005～0.020	0.60～1.00	0.20～0.40		0.025	0.025

表 18　　锅炉用低合金钢的力学性能

<table>
<tr><th rowspan="3">钢　号</th><th rowspan="3">状　态</th><th rowspan="3">钢板厚度（mm）</th><th colspan="3">拉　伸　试　验</th><th colspan="2">冲击试验</th><th>冷弯试验</th></tr>
<tr><th rowspan="2">σ_b（MPa）</th><th>σ_s（MPa）</th><th>δ_5（%）</th><th rowspan="2">温度（℃）</th><th rowspan="2">A_{KV}（J）
不小于</th><th rowspan="2">$b=2a$
（180°）</th></tr>
<tr><th colspan="2">不小于</th></tr>
<tr><td rowspan="4">16Mng</td><td rowspan="4">热轧、
控轧或
正火</td><td>6～16</td><td>510～640</td><td>345</td><td rowspan="3">21</td><td rowspan="4">20</td><td rowspan="4">31</td><td>$d=2a$</td></tr>
<tr><td>>16～36</td><td>490～620</td><td>325</td><td rowspan="3">$d=3a$</td></tr>
<tr><td>>36～60</td><td>470～600</td><td>305</td></tr>
<tr><td>>60～100</td><td>460～590</td><td>285</td><td>20</td></tr>
<tr><td rowspan="5">19Mn6</td><td rowspan="5">正火</td><td>16</td><td rowspan="3">510～650</td><td>390</td><td rowspan="3">20</td><td rowspan="5">20</td><td rowspan="5">31</td><td rowspan="5"></td></tr>
<tr><td>>16～40</td><td>370</td></tr>
<tr><td>>40～60</td><td>350</td></tr>
<tr><td>>60～100</td><td>490～630</td><td>315</td><td rowspan="2">20</td></tr>
<tr><td>>100～150</td><td>480～630</td><td>295</td></tr>
<tr><td rowspan="3">SA299</td><td>热轧</td><td>25</td><td>515～655</td><td>290</td><td>19</td><td rowspan="3"></td><td rowspan="3"></td><td rowspan="3"></td></tr>
<tr><td>热轧</td><td>>25～50</td><td rowspan="2">515～655</td><td rowspan="2">275</td><td rowspan="2">19</td></tr>
<tr><td>正火</td><td>>50～200</td></tr>
<tr><td rowspan="2">13MnNiMoNb
（BHW35）</td><td rowspan="2">正火加回火</td><td>≤100</td><td rowspan="2">570～700</td><td>390</td><td rowspan="2">18</td><td rowspan="2">20</td><td rowspan="2">31</td><td rowspan="2">$d=3a$</td></tr>
<tr><td>>100～120</td><td>380</td></tr>
</table>

主要参考文献

1. 顾朴等编. 材料力学. 北京：高等教育出版社，1985
2. 赵忠等编. 金属材料与热处理. 北京：机械工业出版社，1997
3. 吴粤燊主编. 压力容器安全技术手册. 北京：机械工业出版社，1999
4. 全国锅炉压力容器无损检测考委会编. 锅炉压力容器检测基础知识. 北京：劳动人事出版社，1989
5. 安询主编. 焊接技术手册. 太原：山西科技出版社，1999
6. ［日］无损检测学会编. 无损检测概论. 戴端松译. 北京：机械工业出版社，1981
7. 强天鹏. 射线检测. 昆明：云南科技出版社，1999
8. 袁振明等著. 声发射技术及其应用. 北京：机械工业出版社，1985
9. 丁伯民编. 钢制压力容器一设计、制造与检验. 上海：华东化工学院出版社，1992
10. 余国琮主编. 化工容器及设备. 北京：化学工业出版社，1980
11. 钱逸，吕忠良主编. 压力容器安全技术基础. 北京：中国劳动出版社，1990
12. 岳进才主编. 压力管道技术. 北京：中国石化出版社，2001